建筑信息模型（BIM）项目实例教程

严朝成　王丹净　陈培源　主编

·南京·

内 容 提 要

本书为建筑信息模型（BIM）项目实例教程，以 Revit 2021、建模大师软件为平台，以项目实例为载体，详细介绍建筑、结构和设备建模过程。全书共分 4 个模块，包括：BIM 基础知识、建筑专业建模、结构专业建模和设备专业建模。其中包含 23 个任务，涉及建筑、结构和设备模型的创建、布图与打印、渲染与漫游、碰撞检查。

本书可作为建筑工程技术、工程造价、建设项目信息化管理、道路桥梁工程技术等专业学习用书，也可作为职业技能培训教材和供从事建筑行业设计、施工、管理工作的技术人员参考使用。

图书在版编目（CIP）数据

建筑信息模型（BIM）项目实例教程 / 严朝成，王丹净，陈培源主编 . —南京 ：河海大学出版社，2021. 9

ISBN 978-7-5630-7196-8

Ⅰ. ①建… Ⅱ. ①严… ②王… ③陈… Ⅲ. ①建筑设计—计算机辅助设计—应用软件—教材 Ⅳ. ①TU201. 4

中国版本图书馆 CIP 数据核字（2021）第 192940 号

书　　名　建筑信息模型（BIM）项目实例教程
JIANZHU XINXI MOXING（BIM）XIANGMU SHILI JIAOCHENG
书　　号　ISBN 978-7-5630-7196-8
责任编辑　卢蓓蓓
特约编辑　李　阳
责任校对　彭志诚
封面设计　曾秋海
出版发行　河海大学出版社
地　　址　南京市西康路 1 号（邮编：210098）
电　　话　（025）83737852（总编室）　（025）83722833（营销部）
经　　销　新华书店
印　　刷　廊坊市鸿煊印刷有限公司
开　　本　889 毫米×1194 毫米　1/16
印　　张　15. 5
字　　数　480 千字
版　　次　2021 年 9 月第 1 版　2021 年 9 月第 1 次印刷
定　　价　59. 00 元

前言

建筑信息模型（BIM）技术通过数字化信息模拟建筑物所具有的构件信息，能应用于建筑物设计、施工、维护和运营的全生命周期管理，可以有力促进工程技术的发展。BIM技术目前已得到了政府、企业和学校的认可，进入了快速发展和深度应用的时期，相关行业和领域对BIM人才的需求比较大，且对BIM人才的要求也越来越高，因此对BIM人才的培养十分紧要。

《2016—2020年建筑业信息化发展纲要》指出要在建筑业建立数字化成果交付体系，对综合管廊、海绵城市、轨道交通、“一带一路”等重点工程要实行信息化管理，加强信息技术在装配式建筑中的应用，建立基于BIM、物联网等技术的云服务平台，推广基于BIM的协同设计；2019年，教育部推出职业教育改革“1+X”证书制度，教育部等四部委联合发布《关于在院校实施“学历证书＋若干职业技能等级证书”制度试点方案》，教育部门从2019年4月开始，启动试点工作，建筑信息模型等5项职业技能成为首批试点项目。本书以BIM技术发展为背景，响应国家方针政策，根据高等院校的人才培养目标，突出职业教育的特点，以企业调研为基础，确定项目，以职业技能标准为依据，确定技能点，以能力培养为主线，与企业合作，共同设计和开发。

编制《建筑信息模型（BIM）项目实例教程》的目的就是使学生在掌握基本操作技能的基础上，能进一步提高对BIM技术的运用能力和解决工程实际问题的能力。在教学中，以理论够用为度，以全面掌握Revit 2021、建模大师软件的操作使用为基础，侧重培养学生的方法运用能力以及现场分析解决问题的能力。

全书共分4个模块，包括：BIM基础知识、建筑专业建模、结构专业建模和设备专业建模。其中包含23个任务，涉及建筑、结构和设备模型的创建、布图与打印、渲染与漫游、碰撞检查。

由于编者的业务水平和教学经验有限，书中难免有不妥之处，恳请广大读者朋友批评指正。

编　者

编 委 会

主　审　李清奇

主　编　严朝成　王丹净　陈培源

副主编　(排名不分先后)

　　　　李　旋　姬　寓　李茗雨

　　　　范春雷　肖炳科　何文静

编　者　王雪力　李　婷　杨四保

目　录

模块 1　BIM 基础知识

任务 1　Revit 简介

1.1 Revit概述

1.1.1　Revit 简介

Autodesk Revit 系列软件是由全球领先的数字化设计软件供应商欧特克公司，针对建筑设计行业开发的三维参数化设计软件平台。目前以 Revit 技术平台为基础推出的专业版模块包括：Revit Architecture（Revit 建筑模块）、Revit Structure（Revit 结构模块）和 Revit MEP（Revit 设备模块——设备、电气、给排水）三个专业设计工具模块，以满足设计中各专业的应用需求。在 Revit 模型中，所有的图纸、二维视图和三维视图以及明细表都是同一个基本建筑模型数据库的信息表现形式。在图纸视图和明细表视图中操作时，Revit 将收集有关建筑项目的信息，并在项目的其他所有表现形式中协调这些信息。Revit 参数化修改引擎可自动协调在任何位置（模型视图、图纸、明细表、剖面和平面中）进行的修改。

1.1.2　Revit 历史

Revit 最早是一家名为 Revit Technology Corporation（RTC）的公司于 1997 年开发的一款三维参数化建筑设计软件。Revit 的原意为：revise immediately，意为“所见即所得”。2002 年，美国欧特克公司以 2 亿美元收购了 RTC，从此 Revit 正式成为 Autodesk 三维解决方案产品线中的一部分。经过数年的开发和发展，现在已经成为全球知名的三维参数化 BIM 设计平台。

1.1.3　Revit 与 BIM

1.1.3.1　BIM 简介

BIM 是由欧特克公司提出的一种新的流程和技术，其全称为 Building Information Modeling 或者 Building Information Model，意为“建筑信息模型”。从理念上说，BIM 试图将建筑项目的所有信息纳入一个三维的数字化模型中。这个模型不是静态的，而是随着建筑项目生命周期的不断发展逐步演进，从前期方案到详细设计、施工图设计、建造和运营维护等各个阶段的信息都可以不断集成到 BIM 模型中，因此可以说BIM模型就是真实建筑项目在电脑中的数字化记录。当设计、施工、运营等各方人员需要获取建筑项目信息时，例如图纸、材料统计、施工进度等，都可以从该模型中快速提取出来。BIM由三维CAD（Computer Aided Design，计算机辅助设计）技术发展而来，但它的目标比CAD更为高远。如果说CAD是为了提高建筑师的绘图效率，BIM则致力于改善建筑项目全生命周期的性能表现和信息整合。

所以说，BIM是以三维数字技术为基础，集成了建筑工程项目各种相关信息的工程数据模型，可以为设计和施工提供相协调的、内部保持一致的并可进行运算的信息。也就是说，BIM通过计算机建立三维建筑模型，如图1.1所示，并在模型中存储了设计师所要表达的所有信息，同时这些信息全部根据模型自动生成，并与模型实时关联。

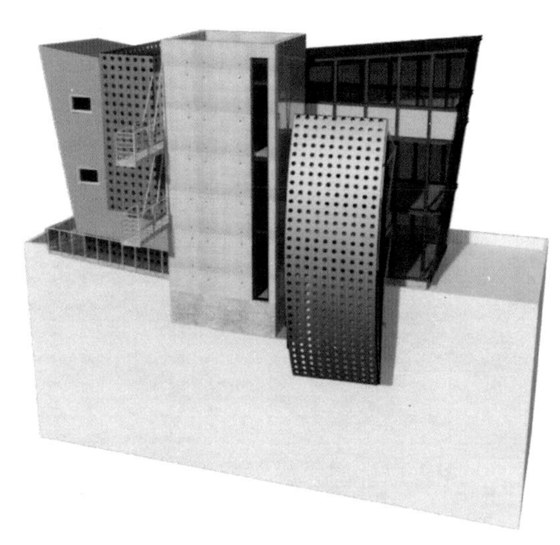

图1.1　建筑模型

1.1.3.2　Revit对BIM的意义

BIM是一种基于智能三维模型的流程，能够为建筑和基础设施项目提供洞见，从而更快速、更经济地创建和管理项目，并减少项目对环境的影响。面向建筑全生命周期的欧特克BIM解决方案以Revit软件产品创建的智能模型为基础，还有一套强大的补充解决方案用以扩大BIM的效用，其中包括项目虚拟可视化和模拟软件，AutoCAD文档和专业制图软件以及数据管理和协作系统软件。

继2002年2月收购Revit技术公司之后，欧特克公司随即提出了BIM这一术语，旨在区别Revit模型和较为传统的3D几何图形。当时，欧特克是将“建筑信息模型（Building Information Modeling）”用作欧特克战略愿景的检验标准，旨在让客户及合作伙伴积极参与交流对话，以探讨如何利用技术来支持乃至加速建筑行业采取更具效率和效能的流程，同时也是为了将这种技术与市场上较为常见的3D绘图工具区别开来。

由此可见，Revit是BIM概念的基础技术支撑和理论支撑。Revit为BIM这一理念的实践和部署提供了工具和方法，成为BIM在全球工程建设行业内迅速传播并得以推广的重要因素之一。

1.1.4　Revit在欧美及中国的应用概述

经过多年的发展，BIM已在全球范围内得到非常迅速的推广和广泛的应用。在北美和欧洲，大部分建筑设计以及施工企业已经将BIM技术广泛应用于工程项目设计和建设过程中，普及率较高；而国内一部分技术水平领先的建筑设计企业，也已经开始在应用BIM进行设计技术革新方面有所突破，取得了一定的成果。如果说前两年国内的设计院还在思考“BIM是什么”，那么现在的设计院关心更多的则是“为什么要投资BIM”“如何实现BIM”以及“BIM会带来哪些变革”。在BIM的普及过程中Revit自然也得以广为人知，并在欧美以及中国迅速普及，有了大量的用户群体，Revit的使用技术和应用水平也不断完善。全球范围内涌现出一大批Revit俱乐部、Revit用户小组、Revit论坛以及Revit博客等。

1.1.4.1　Revit在欧美的应用与普及

在北美以及欧洲，通过麦格劳·希尔公司（MHC）最近的几项市场统计数据可以看到，Revit在设计、施工以及业主单位内的发展基本进入了一个比较成熟的时期，同时具有以下特点：

Revit 在美国与欧洲应用普及率较高，用户的应用经验丰富，使用年限较长；

从应用领域上看，欧美已经将 Revit 应用在建筑工程项目的设计阶段、施工阶段甚至建成后的维护和管理阶段；

美国的施工企业对 Revit 的普及速度和比率已经超过了设计企业。

1.1.4.2 Revit 在中国的起步与应用

当前中国正在进行着世界上最大规模的工程建设，因此 Revit 在中国的应用也正在被有力地推进，尤其是在民用建筑行业，Revit 正促进着中国建筑工程技术的更新换代。Revit 于 2004 年进入国内市场，起初在一些技术领先的设计企业得以应用和实施，后来逐渐发展到一些施工企业和业主单位，同时 Revit 的应用也从传统的建筑行业扩展到了水电行业、工厂行业甚至交通行业。基本上，Revit 的应用程度实时地反映出了国内工程建设行业 BIM 的普及程度和应用广度。总结国内的 BIM 以及 Revit 应用特点如下：

在国内建筑行业，BIM 理念已经被广为接受，Revit 正在逐渐被应用，工程项目对 BIM 和 Revit 的需求逐渐旺盛，尤其是复杂、大型项目；

基于 Revit 的工程项目生态系统还不完善，基于 Revit 的插件、工具还不够完善、充分；

国内 Revit 的应用仍然以设计企业为主，部分业主和施工单位也逐步参与；

国内 Revit 用户的应用经验相对不足，使用年限较短，熟悉 Revit API 的人才匮乏；

中国勘察设计协会举办的 BIM 大奖赛极大促进了以 Revit 为首的 BIM 软件的应用和推广。

1.1.5 Revit 技术发展趋势

2011 年 8 月 18 号，住建部颁布了《建筑业发展“十二五”规划》，明确提出要快速发展 BIM 技术。BIM 已成为建筑行业发展的方向和目标，同时也展现出国内建筑行业在技术方面的一些未来发展趋势，比如 BIM 标准化、云计算、三维协同、BIM 和预加工技术、基于 BIM 的多维技术以及移动技术等。这些行业趋势也在极大影响着 Revit 的技术发展方向。下面列举其中一些技术方向。

Revit 专业模块三合一

在欧特克公司收购 Revit 之初以及发布 Autodesk Revit 前几年的时间里，Revit 基本上都是以 Revit Architecture 这个建筑模块单打独斗，缺乏结构和 MEP 部分。随着欧特克公司的投入和进一步发展，Revit 又按照建筑行业用户的专业发布了三个独立的产品：Revit Architecture（Revit 建筑版）、Revit Structure（Revit 结构版）和 Revit MEP（Revit 设备版——设备、电气、给排水）。这三款产品拥有同一个内核，概念和基本操作完全一样，但软件功能侧重点不同，从而适用于不同的专业。但随着 BIM 在行业中推广的深入和 Revit 的普及，基于 Revit 的专业协同和数据共享的需求越来越旺盛，Revit 三款产品在三个专业的独立应用对此造成了一些影响，因此在 2012 年欧特克公司又将这三款独立的产品整合为一个产品，名为 Autodesk Revit 2013，该产品包含建筑、结构和 MEP 三个专业模块，用户在使用 Revit 的时候可以自由安装、切换和使用不同的模块，从而减少对设计协同、数据交换的影响，帮助用户获得更广泛的工具集，并在 Revit 平台内简化工作流以便与其他建筑设计规程展开更有效的协作。

Revit 与云计算的集成

欧特克公司在 2011 年底正式推出云服务。截至目前，欧特克提供的云产品和服务已经超过 25 种。其中，欧特克的云应用可以分为两类，第一类云应用是桌面的延伸。欧特克把 Web 服务和桌面应用整合在一起。在桌面上进行的设计完成之后，用户可以从云端获得基于云计算的分析和渲染等服务，整个计算过程不在本地完成，而是完全送到云端进行处理，并把计算的结果返回给用户。第二类云应用是单独应用。例如美家达人、SketchBook，用户可以通过桌面电脑或者移动设备进行操作。Revit 与云计算的集成属于第一类云应用，比如 Revit 与结构分析计算 Structural Analysis 模块的集成、与云渲染的集成等。同时与 Autodesk Revit 具备相同的 BIM 引擎的 Autodesk Vasari 可以理解为简化版的 Revit，是一款简单易用的、专注于概念设计的应用程序，也集成了更多的基于云计算的分析工具，包括对碳和能源的综合分析、日照分析以及模拟太阳辐射、轨迹、风力风向等分析，如图 1.2 所示。

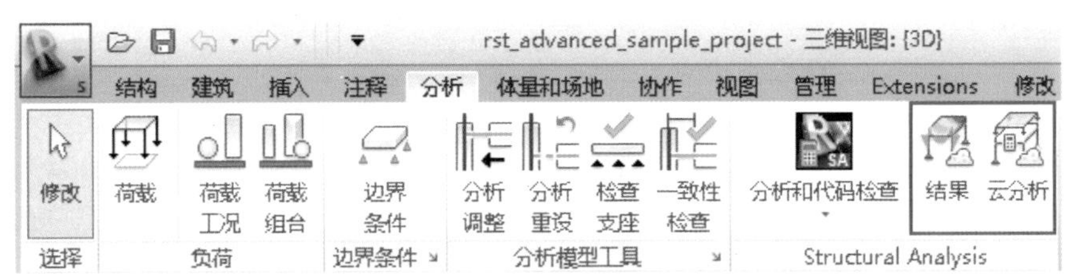

图 1.2　分析界面

1.2 Revit特性

Revit 具有以下特性：三维可视化、仿真性；一处修改、处处更新；参数化。

三维可视化、仿真性的特性体现在 Revit 软件的可见即可得，Revit 能完全真实地建立出与真实构件相一致的三维模型。

一处修改、处处更新的特性体现在 Revit 各个视图间的逻辑关联性，传统的 CAD 文件中各幅图纸之间是分离的，没有程序上的逻辑联系，当需要进行修改时，要人工手动修改每一幅图，耗费大量时间精力，且容易出错；而 Revit 的工作原理是基于整个三维模型的，每一个视图都是将三维模型进行相应的剖切得到的视图，在创建和修改图元时，是直接进行三维模型级的修改，而不是修改二维图纸，因此基于三维模型的其他二维视图也自动进行了相应的更新。

参数化的特性体现在 Revit 的参数化图元和参数化驱动引擎。要了解参数化特性，需要先了解 Revit 的图元架构。

Revit 图元架构

Revit 的图元组成架构包括横向图元分类和纵向图元层级分类。

Revit 图元分类可分为模型图元、基准图元和视图专有图元，如图 1.3 所示。

模型图元：表示三维形体的图元，如梁板柱和墙。

基准图元：放置和定位模型图元的基准框架，如轴网、标高和参照平面。

视图专有图元：对模型图元和基准图元进行描述注释和归档的图元，只存在于其放置的视图中。

Revit 图元按层级分类，分为四个层级：类别、族、类型、实例。类别分类是根据图元的功能属性进行划分的，族分类是根据图元形状特性等属性进行划分的，类型分类是根据图元具体的一类属性参数进行划分的，实例则是具体的单个图元，如图 1.4 所示。

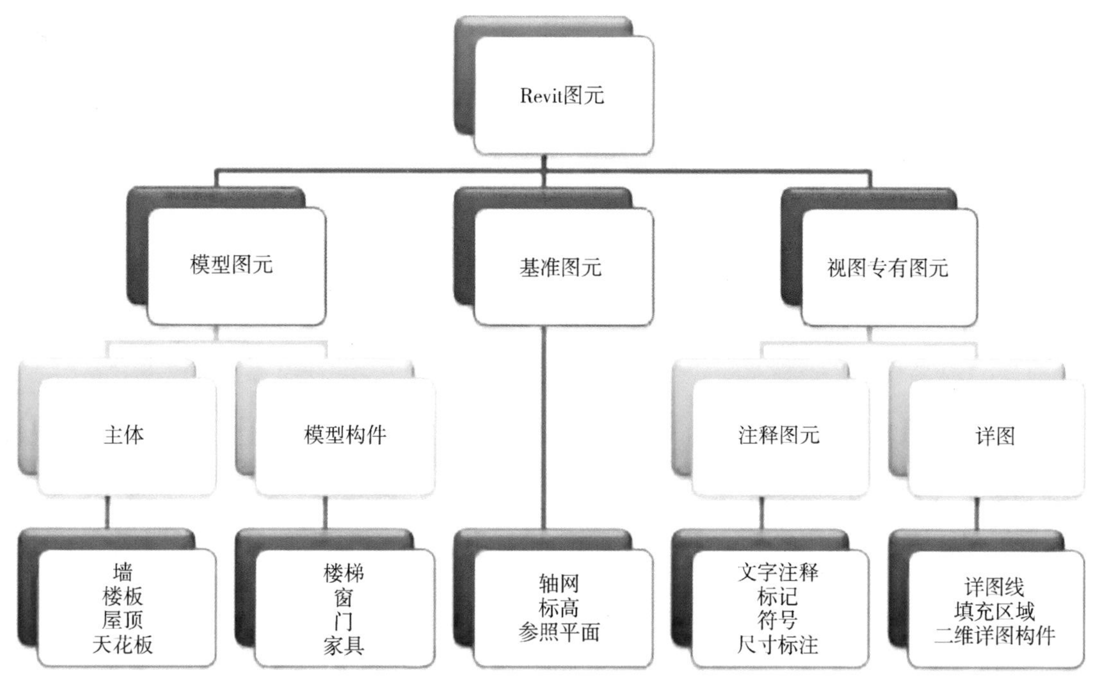

图 1.3　横向图元分类

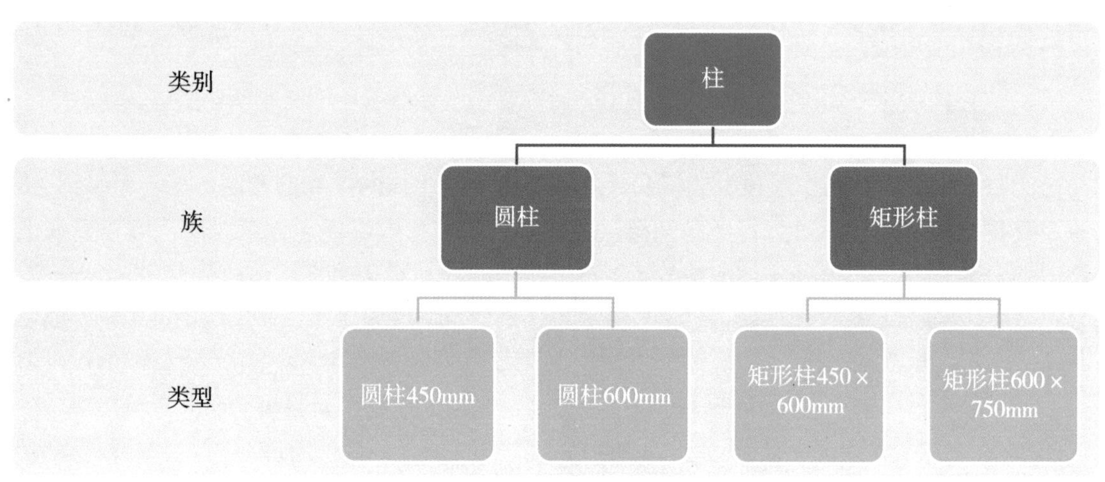

图 1.4　纵向图元层级分类

1.3 Revit基本术语

Revit 是三维参数化建筑设计工具，不同于大家熟悉的 AutoCAD 绘图系统。用于标识 Revit 中对象的大多数术语或者概念都是常见的行业标准术语。但是，一些术语对 Revit 来讲是唯一的，了解这些术语或者基本概念非常重要。

1.3.1　参数化

参数化设计是 Revit 的一个重要特征，它分为两个部分：参数化图元和参数化驱动引擎。Revit 中的图元都是以构件的形式出现，这些构件是通过一系列参数定义的。参数保存了图元作为数字化建筑构件的所有信息。举个例子来说明 Revit 中参数化的作用：当建筑师需要指定墙与门之间的距离为 200mm 的墙垛时，可以通过参数关系来“锁定”门与墙的间隔。

使用 Revit 进行建筑设计时，用户对任何部分的任何改动都可以通过参数化修改引擎自动修改其他相关联的部分。例如，在立面视图中修改了窗的高度，Revit 将自动修改与该窗相关联的剖面视图中窗的高度。任一视图下所发生的变更都能参数化地、双向地传播到所有视图，以保证所有图纸的一致性，无须逐一对所有视图进行修改，从而提高了工作效率和工作质量。

1.3.2 项目与项目样板

Revit 中，所有的设计信息都被存储在一个后缀名为“.rvt”的 Revit 项目文件中。在 Revit 中，项目就是单个设计信息数据库 – 建筑信息模型。项目文件包含了建筑的所有设计信息（从几何图形到构造数据），包括建筑的三维模型、平立剖面及节点视图、各种明细表、施工图图纸以及其他相关信息。在 Revit 项目文件中不仅可以轻松地修改设计，还可以使修改反映在所有关联区域（平面视图、立面视图、剖面视图、明细表等）中。一个项目仅需跟踪一个文件，方便了项目管理。

当在 Revit 中新建项目时，Revit 会自动以一个后缀名为“.rte”的文件作为项目的初始文件，这个“.rte”格式的文件称为“样板文件”。Revit 的样板文件功能同 AutoCAD 的“.dwt”文件相同。样板文件中定义了新建项目中默认的初始参数，例如：项目默认的度量单位、默认的楼层数量的设置、层高信息、线型设置、显示设置等。Revit 允许用户自定义样板文件的内容，并保存为新的“.rte”文件，如图 1.5 所示。

1.3.3 标高

标高是无限水平平面，用作屋顶、楼板和天花板等以层为主体的图元的参照。标高大多用于定义建筑内的垂直高度或楼层高度。可为每个已知楼层或建筑的其他必需参照（如第二层、墙顶或基础底端）创建标高。要放置标高，必须处于剖面或立面视图中。图 1.6 显示了贯穿三维视图切割的“标高 2”工作平面，以及相应的楼层平面图。

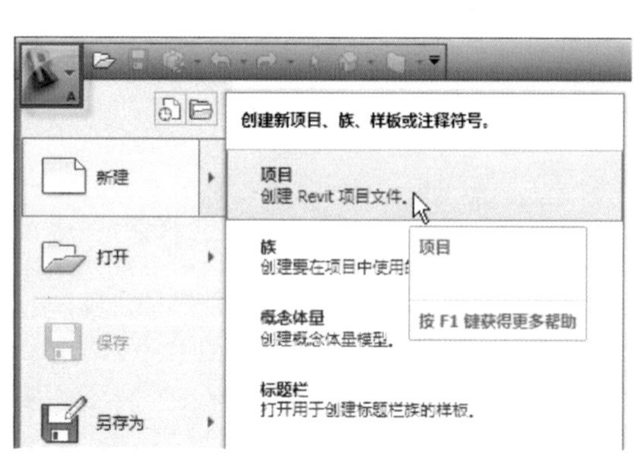

图 1.5　项目样板

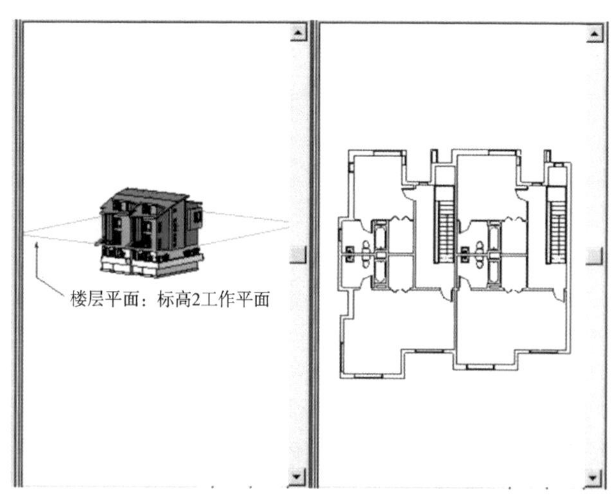

图 1.6　工作平面

1.3.4　图元

在创建项目时，可以向设计中添加参数化建筑图元。Revit 按照类别、族和类型对图元进行分类。

1.3.5　族

在 Revit 中进行项目设计时，基本的图形单元被称为图元，例如在项目中建立的墙、门、窗、文字、尺寸标注等都被称为图元。所有这些图元都是使用“族”（Family）来创建的，可以说“族”是 Revit 的设计基础。“族”中包括许多可以自由调节的参数，这些参数记录着图元在项目中的尺寸、材质、安装位置等信息，修改这些参数可以改变图元的尺寸、位置等。

Revit 使用以下类型的族：

可载入族：根据族样板创建，可以载入到项目中。用户可以创建和修改这类族的属性设置和族的图形化表示方法。

系统族：不能作为单个文件载入或创建。Revit 预定义了系统族的属性设置及图形表示，可以在项目内使用预定义类型生成属于此族的新类型。例如，标高的行为在系统中已经预定义，但可以使用不同的组合来创建其他类型的标高。系统族可以在项目之间传递。

内建族：用于定义在项目的上下文中创建的自定义图元。如果项目中需要不重复使用的独特几何图形，或者需要的几何图形必须与其他项目几何图形保持一定的关系，此时可以创建内建族。由于内建族在项目中的使用受到限制，因此每个内建族都只包含一种类型。用户可以在项目中创建多个内建族，并且可以将同一内建族的多个副本放置在项目中。与系统族和可载入族不同，用户不能通过复制内建族类型来创建多种类型。

1.4　Revit 建筑专业解决方案

Revit Architecture 是 Revit 系列软件中针对广大建筑设计师和工程师开发的三维参数化建筑设计软件。利用 Revit Architecture 可以让建筑师在三维设计模式下方便地推敲设计方案、快速表达设计意图、创建三维 BIM 模型，并以 BIM 模型为基础自动生成所需的建筑施工图档，实现从概念到方案，最终完成整个建筑设计的过程。Revit Architecture 由于功能强大，且易学易用，目前已经成为国内大中型建筑设计企业、工业设计企业首选的三维设计工具，并在数百个项目中发挥了重要作用，成为各设计企业提高设计效率、提升设计水平的利器。

Revit Architecture 适用于各行业的建筑项目设计。例如，在民用建筑设计中，可以利用 Revit Architecture 完成从方案、扩初至施工图阶段的全部设计内容。除民用建筑行业外，Revit Architecture 软件还被广泛应用在石油石化、水利、电力、冶金等多个行业，用于完成各行业内的土建专业各阶段内容设计。如图 1.7 所示为使用 Revit Architecture 设计的工业厂房 BIM 模型的内部视图。

在水利、电力行业，利用 Revit Architecture 强大的参数化建模功能，可以方便地建立三维厂房模型，并生成所需要的专业图纸。如图 1.8 所示，为发电厂房局部三维模型视图。

图 1.7　工业厂房内部视图

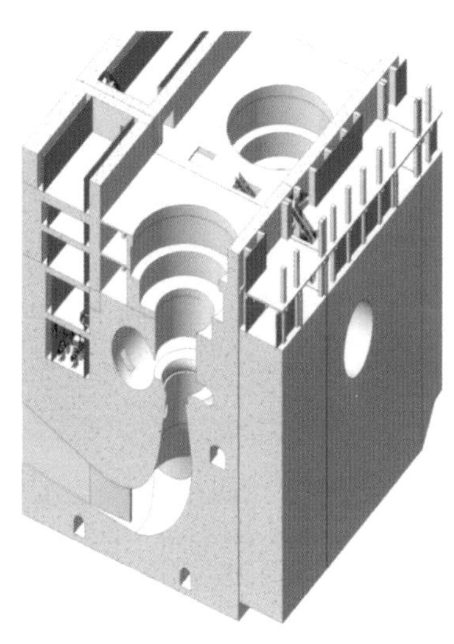
图 1.8　发电厂房三维模型

由于其强大的参数化建模能力、精确统计能力及 Revit 平台上 Structure、MEP 模块之间优秀的协同设计、碰撞检查功能，Revit Architecture 已经被越来越多的民用设计企业、专业设计院、EPC 企业采用。本书将主要以民用建筑项目实例为基础，学习 Revit Architecture 的各项基本操作，并掌握在 Revit Architecture 中进行民用建筑设计建模的方法。

1.5 Revit 结构专业解决方案

Revit Structure 是面向结构工程师的建筑信息模型设计应用程序。它可以帮助结构工程师创建更加协调、可靠的模型，增强各团队间的协作，并可与流行的结构分析软件（如 Robot Structural Analysis Professional、Etabs、Midas 等）双向关联。强大的参数化管理技术有助于协调模型和文档中的修改和更新。它具备 Revit 系列软件的自动生成平、立、剖面图档，自动统计构件明细表，各图档间动态关联等所有特性。除此之外还具有结构设计师专用的特性，如图 1.9 所示。

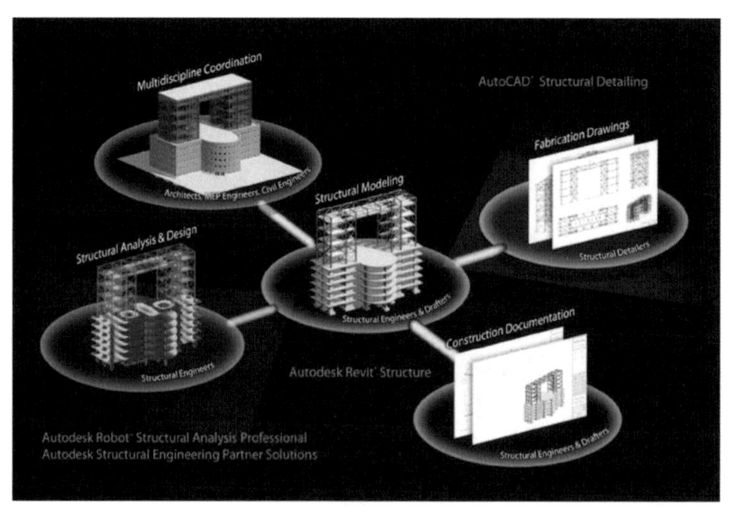

图 1.9　结构专业方案

除 BIM 模型外，Revit Structure 还为结构工程师提供了分析模型及结构受力分析工具，帮助结构工程师灵活处理各结构构件受力关系、受力类型等。Revit Structure 结构分析模型中包含荷载、荷载组合、构件大小以及约束条件等信息，以便在其他行业领先的第三方结构计算分析应用程序当中使用。欧特克公司已与世界领先的建筑结构计算和分析软件厂商达成战略合作，Revit Structure 中的结构模型，可以直接导入其他结构计算软件中，并且可以读取计算程序的计算结果，修正 Revit Structure 结构模型，如图 1.10 所示。

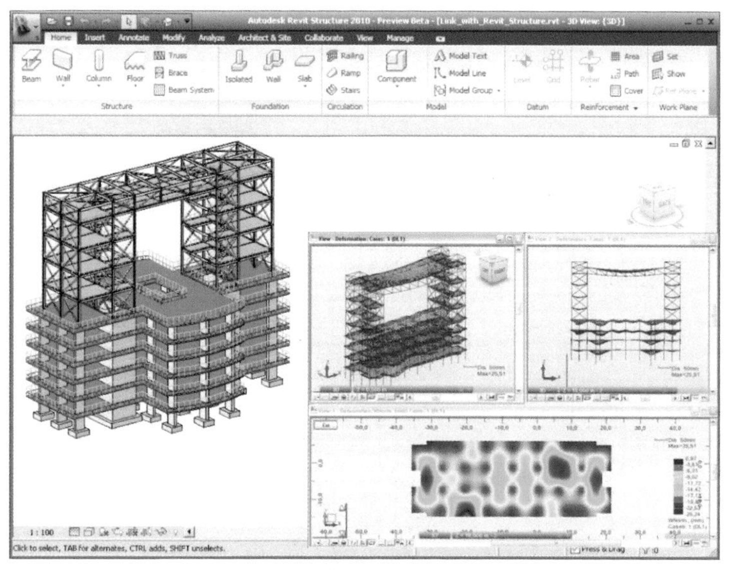

图 1.10　结构分析

Revit Structure 为结构工程师提供了非常方便的钢筋绘制工具，可以绘制平面钢筋、截面钢筋以及处理各种钢筋折弯、统计等信息。在 2021 版本中，提供了快速生成梁、柱、板等结构构件的钢筋生成向导，能够高效建立构件的钢筋信息模型，如图 1.11 所示。

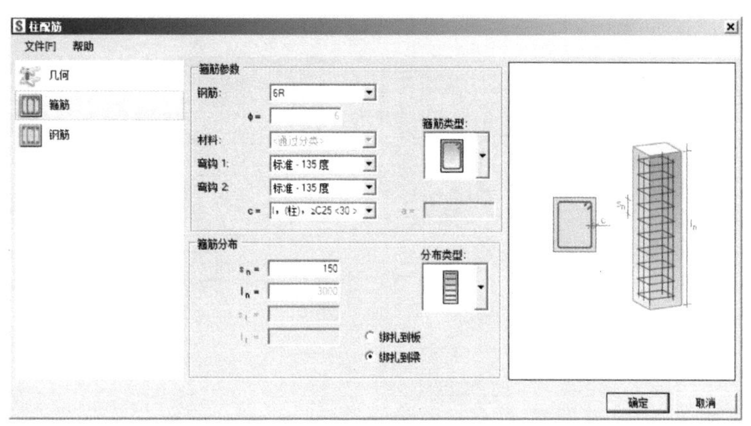

图 1.11　钢筋模型

1.6　Revit 机电专业解决方案

Revit MEP（MEP：Mechanical Electrical Plumbing）是面向机电工程师的建筑信息模型设计应用程序。

Revit MEP 以 Revit 为基础平台，针对机械设备、电气和给排水设计的特点，提供了专业的设备、管道三维建模及二维制图工具。它通过数据驱动的建模系统来优化设备与管道专业工程设计，能够让机电工程师以机电设计过程的思维方式展开设计工作，如图 1.12 所示。

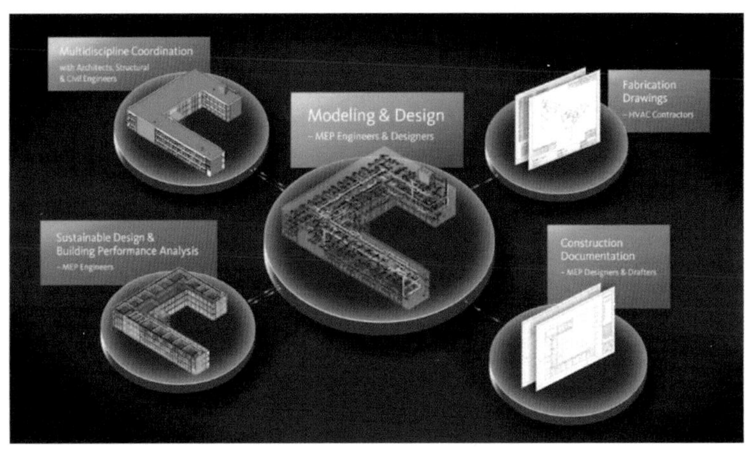

图 1.12　机电方案

Revit MEP 提供了暖通设备和管道系统建模、给排水设备和管道系统建模、电力电路及照明计算等一系列专业工具以及智能的管道系统分析和计算工具，可以让机电工程师快速完成机电 BIM 三维模型设计，并可将系统模型导入 Ecotect Analysis、IES 等能耗分析和计算工具中进行模拟和分析。如图 1.13 所示，为使用 Revit MEP 建立的供水系统模型。

在工厂设计领域，利用 Revit MEP 可以建立工厂中各类设备、连接管线的 BIM 模型，如图 1.14 所示。利用 Revit 的协调与冲突检测功能，可以在设计阶段协调各专业间可能存在的冲突与干涉。

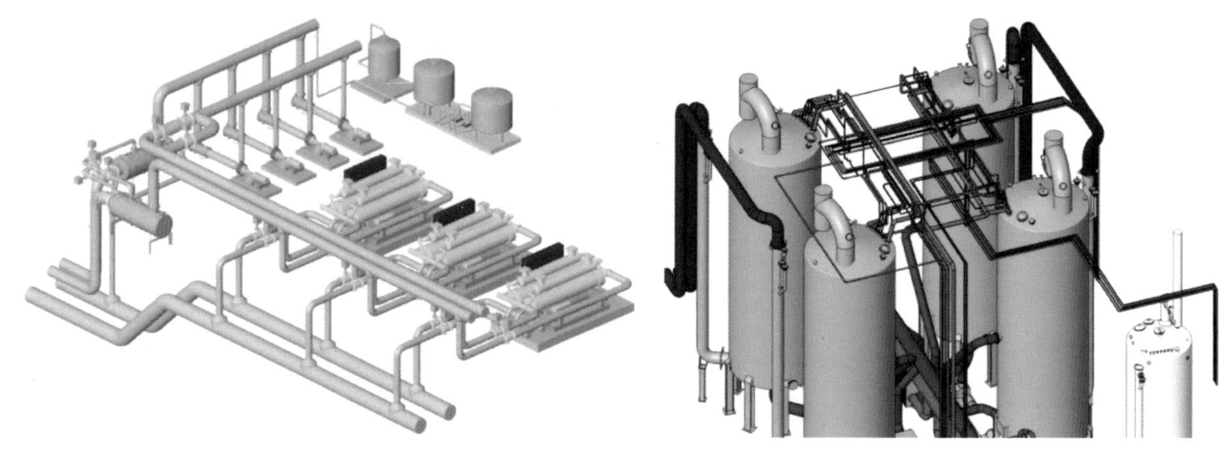

图 1.13　供水模型　　图 1.14　工厂设备模型

1.7 用户界面

打开 Revit 2021 软件之后看到的界面如图 1.15 所示。在该界面中可以打开新建项目和族。

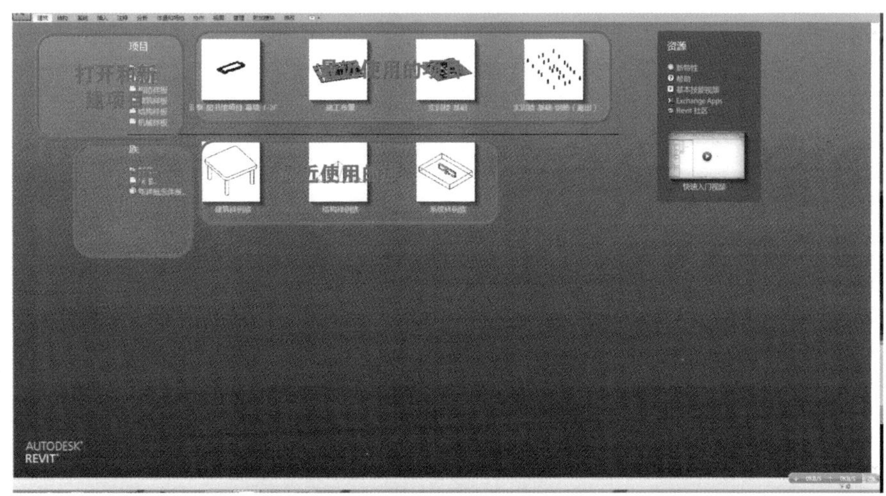

图 1.15　用户界面

1.7.1　项目样板设置

1. 样板文件与项目文件

样板文件的后缀名为“.rte”，它是新建 Autodesk Revit 项目中的初始条件，定义了项目中的初始参数，如度量单位、标高样式、尺寸标注样式、线型线宽样式等。用户可以自定义样板文件内容，并保存为新的“.rte”文件。

项目文件的后缀名为“.rvt”，它包含了设计项目的全部信息，如建筑的三维模型、平立剖面及节点视图、各种明细表、施工图图纸以及其他相关信息，Revit 会自动关联项目中所有的设计信息（如平面图上尺寸的改变会即时地反映在立面图、三维视图等其他视图和信息上）。

2. 打开样板文件

第一步：运行 Revit 2021。

单击 Windows 开始菜单 – 所有程序 –Autodesk–Revit 2021，或双击桌面上生成的“Revit 2021”快捷图标，打开 Revit 2021 程序。

第二步：创建基于样板文件的 Revit 项目文件。

打开 Revit 2021 后，可以通过点击界面左上方“项目”中的“打开”“新建”“建筑样板”三种方式，打开建筑样板文件，如图 1.16 所示。

第一种方法：点击“项目”中的“打开”命令。

点击“打开”后，弹出储存样板文件的文件夹对话框，双击“Default CHSCHS”，可打开软件自带的建筑样板文件。

图 1.16　界面左上方工具

说明：

（1）一般来说，软件自带的建筑样板文件“DefaultCHSCHS”储存于“C:\ProgramData\Autodesk\RVT2021\Templates\China”文件夹。

（2）通过这种方式打开的样板文件，不能另存为项目文件。

点击“项目”中的“打开”命令，也可以打开样板文件、族文件等其他文件。

第二种方法：点击“项目”中的“新建”。

点击“新建”后，在弹出的“新建项目”对话框中，点击“样板文件”下拉菜单，选择“建筑样板”，如图 1.17 所示，再点击“确定”，可直接打开 Revit 自带的建筑样板文件“DefaultCHSCHS”。

若有自定义的样板文件，点击“浏览”，找到自定义的样板文件并选中，再点击“确定”打开，如图1.18所示。

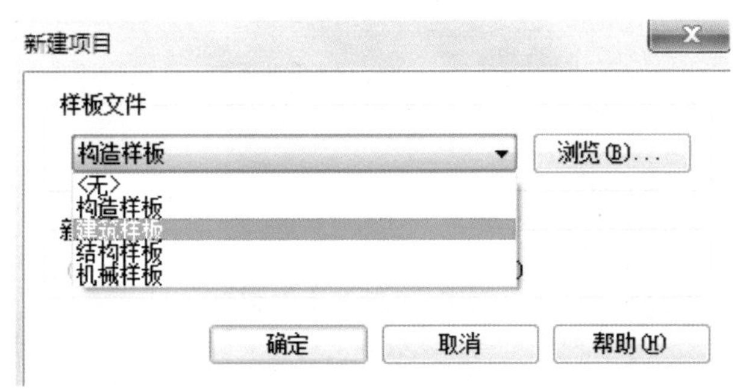

图1.17 “新建项目”对话框

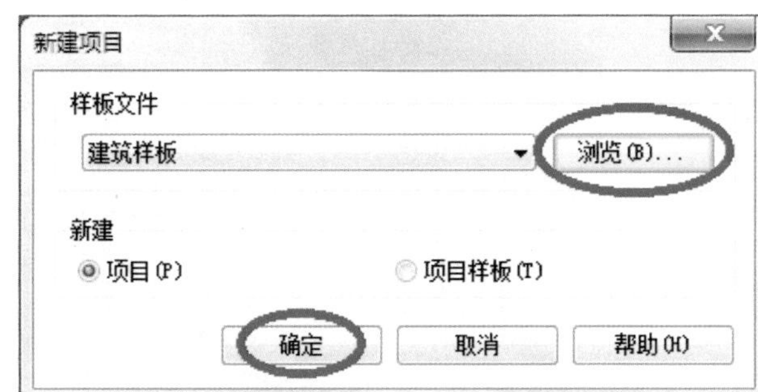

图1.18 打开自定义的样板文件

第三种方法：直接点击“项目”中的“建筑样板”。

这种方法可以直接打开Revit自带的建筑样板文件“DefaultCHSCHS”。

说明：在住房城乡建设领域BIM应用专业技能考试前，中国建设教育协会向各培训点提供统一的样板文件，可采用第二种方法点击“浏览”，打开给定的样板文件。

3. 项目样板文件的储存位置

打开Revit 2021后，点击界面左上方的应用程序“文件”按钮，再点击“选项”（图1.19），在弹出的“选项”对话框中点击“文件位置”，会出现建筑样板、构造样板等文件的默认储存位置（图1.20），用户可以对文件路径进行修改。

图1.19 应用程序按钮

图1.20 默认文件位置

1.7.2 项目工作界面

打开样板文件或项目文件后，进入到Revit 2021的工作界面，如图1.21所示。

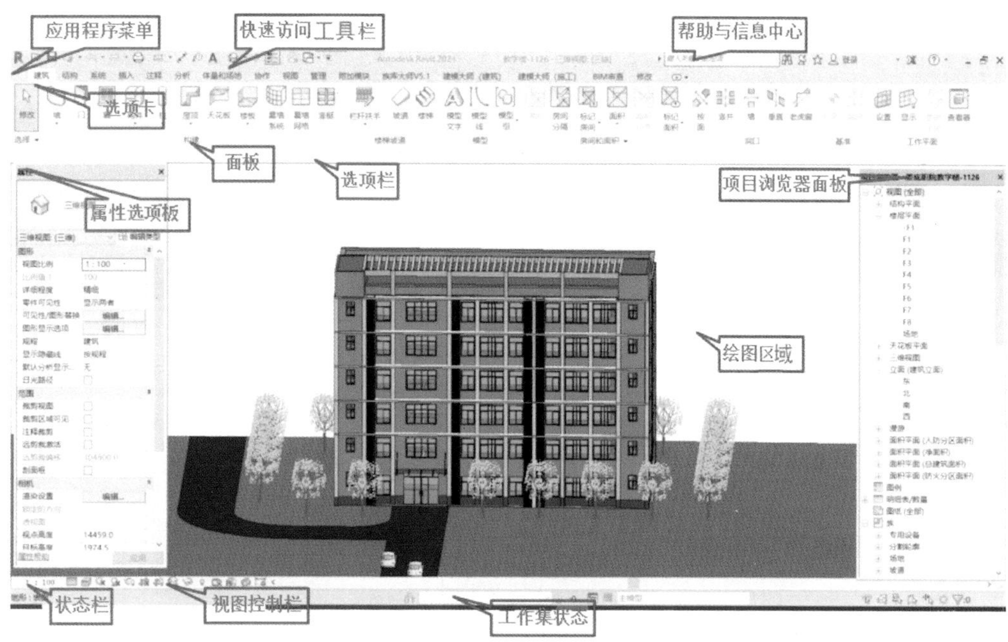

图 1.21　Revit 2021 工作界面

1.7.2.1　应用程序菜单

内有“新建”“保存”“另存为”“打印”等选项。点击“另存为”，可将自定义的样板文件另存为新的样板文件（“.rte”格式）或新的项目文件（“.rvt”格式）。

说明：设计的一般过程是先按照图 1.18 的方式打开已有的样板文件，在绘图的过程中或绘图完毕后，保存为“.rvt”项目文件。

应用程序菜单“选项”设置：

常规选项：设置保存自动提醒时间间隔，设置用户名，设置日志文件数量。

用户界面选项：配置工具和分析选项卡，快捷键设置。

图形选项：设置背景颜色，设置临时尺寸标注的外观。

文件位置选项：设置项目样板文件路径，族样板文件路径，设置族库路径。

1.7.2.2　快速访问工具栏

快速访问工具栏包含一组默认工具。可以对该工具栏进行自定义，使其显示最常用的工具。

快速访问工具栏的使用：

移动快速访问工具栏：在功能区下方显示。

将工具添加到快速访问工具栏中：在工具图标上单击鼠标右键添加到快速访问工具栏。

自定义快速访问工具栏：单击“快速访问工具栏”的下拉按钮，将弹出工具列表，可在列表中自定义“快速访问工具栏”。

1.7.2.3　帮助与信息中心

“帮助与信息中心”位于主页面右上角，如图 1.22 所示。

搜索：在搜索框中输入关键字，单击“搜索”图标即可得到需要的信息。

Subscription Center：单击该图标即可链接到欧特克公司 Subscription Center 网站，用户可自行下载相关软件的工具插件，也可管理自己的软件授权信息等。

通讯中心：单击可显示有关产品更新和通告的信息链接，可能包括至 RSS 提要的链接。

收藏夹：单击可显示保存的主题或网站链接。

登录：单击可登录到 Autodesk 360 网站以访问与桌面软件集成的服务。

Exchange Apps：单击可登录到 Autodesk Exchange Apps 网站，选择一个 Autodesk Exchange 商店，可访问已获得 Autodesk 批准的扩展程序。

帮助：单击可打开帮助文件。单击后面的下拉箭头，可找到更多的帮助资源。

图 1.22　帮助与信息中心

1.7.2.4　功能区选项卡及面板

创建或打开文件时，功能区会在界面中显示，它提供创建项目或族所需的全部工具。

功能区包括“常用”“插入”“注释”“分析”“体量和场地”“协作”“视图”“管理”“修改”选项卡。

在进行选择图元或使用工具操作时，会出现与该操作相关的“上下文选项卡”，上下文选项卡的名称与该操作相关，如选择一个墙图元时，上下文选项卡的名称显示为“修改｜墙”，如图 1.23 所示。

图 1.23　上下文选项卡

上下文功能区选项卡显示与该工具或图元的上下文相关的工具，在许多情况下，上下文选项卡与“修改”选项卡合并在一起。退出该工具或清除选择时，上下文功能区选项卡会关闭。

每个选项卡中都包含多个“面板”，每个面板内有各种工具，面板下方显示该“面板”的名称。如图 1.24 所示是“建筑”选项卡下的“构建”面板，内有“墙”“门”“窗”等工具。

图 1.24　“建筑”选项卡下的“构建”面板

单击“面板”上的工具图标，可以启用该工具。在某个工具图标上单击鼠标右键，可将该工具添加到“快速访问工具栏”，以便于快速访问。

功能区的使用：

自定义功能区：按住 Ctrl 和鼠标左键可以在功能区中移动选项卡；按住鼠标左键可以在功能区选项

卡中移动面板；可以拖动鼠标将面板移出功能区，并将多个浮动面板固定在一起，也可将多个固定面板作为一个组来移动，还能使浮动面板返回到功能区。

修改功能区的显示，如图 1.25 所示。

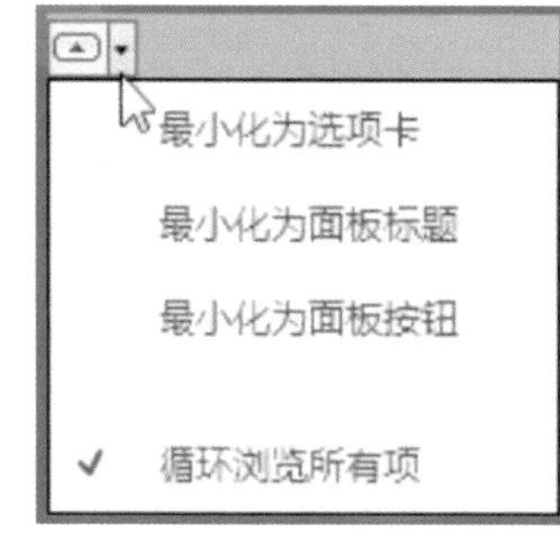

图 1.25　功能区显示

1.7.2.5　选项栏

“选项栏”位于“面板”的下方，“属性选项板”和“绘图区域”的上方。其内容随着当前命令或选定图元的变化而变化，从中可以选择子命令或设置相关参数。

如点击“建筑”选项卡下“构建”面板中的“墙”工具时，出现的选项栏如图 1.26 所示。

图 1.26　选项栏

1.7.2.6　属性选项板

通过属性选项板，可以查看和修改用来定义 Revit 中图元属性的参数。启动 Revit 2021 时，属性选项板处于打开状态并固定在绘图区域左侧项目浏览器的上方。属性选项板包括“类型选择器”“属性过滤器”“编辑类型”“实例属性”四个部分，如图 1.27 所示。

类型选择器：若在绘图区域中选择了一个图元，或有一个用来放置图元的工具处于活动状态，则属性选项板的顶部将显示“类型选择器”。“类型选择器”标识当前选择的族类型，并提供一个可从中选择其他类型的下拉列表，如图 1.28 所示。

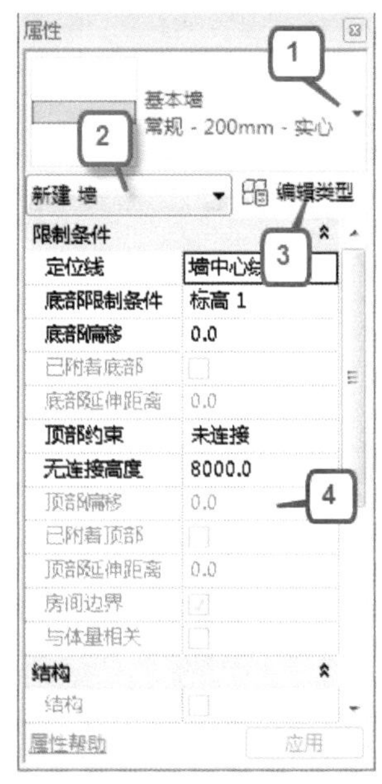

图 1.27　属性面板

图 1.28　类型选择器

属性过滤器：类型选择器的正下方是一个过滤器，该过滤器用来标识工具放置的图元类别，或者标识绘图区域中所选图元的类别和数量，如图 1.29 所示。如果选择了多个类别或类型，则选项板上仅显示所有类别或类型所共有的实例属性。当选择了多个类别时，使用过滤器的下拉列表可以查看特定类别或视图本身的属性。选择特定类别不会影响整个选择集。

编辑类型：单击“编辑类型”按钮将会弹出“类型属性”修改对话框，对“类型属性”进行修改将会影响该类型的所有图元。

实例属性：修改实例属性，如图 1.30 所示，此处仅修改被选择的图元属性，不修改该类型的其他图元。

说明：有两种方式可关闭“属性选项板”，点击“修改”选项卡下“属性”面板中的“属性”工具，如图 1.31 所示；或点击“视图”选项卡下“窗口”面板中的“用户界面”下拉菜单，将“属性”前的“√”去掉，如图 1.32 所示。同样，也可通过这两种方式来打开“属性选项板”。

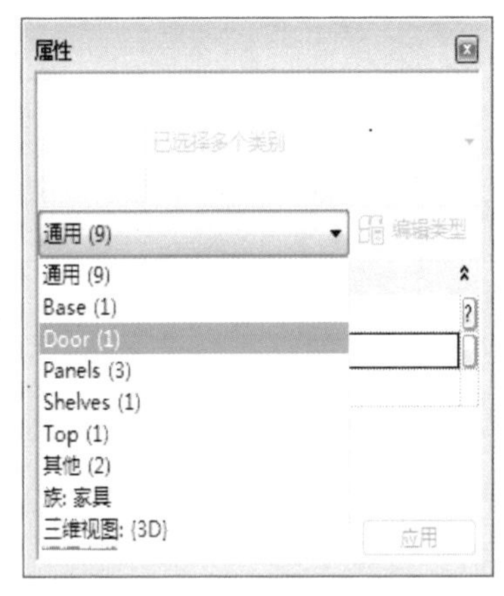

图 1.29　属性过滤器

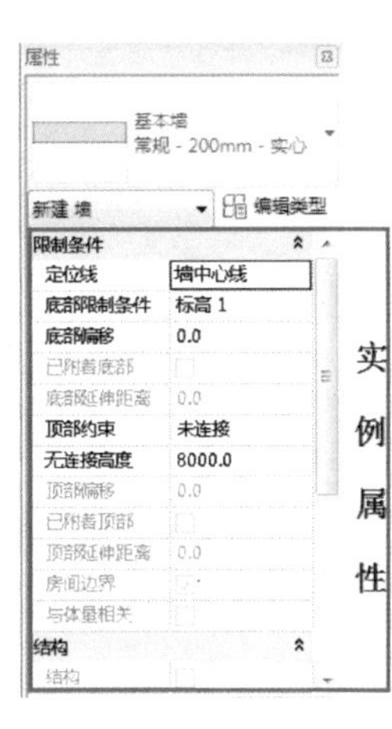

图 1.30　实例属性

图 1.31　属性工具

图 1.32　用户界面

1.7.2.7　项目浏览器面板

Revit 2021 把所有的楼层平面、天花板平面、三维视图、立面、剖面、图例、明细表、图纸，以及族等全部分门别类放在“项目浏览器”中，以便用户统一管理，如图 1.33 所示。双击视图名称即可打开视图，选择视图名称再单击鼠标右键即可找到复制、重命名、删除等常用命令。

举例：在打开程序自带的样板文件后，在项目浏览器中展开“视图（全部）”－“立面（建筑立面）”项，双击视图名称“南”，进入南立面视图。可在绘图区域内看到“标高 1”“标高 2”两个标高，如图 1.34 所示。

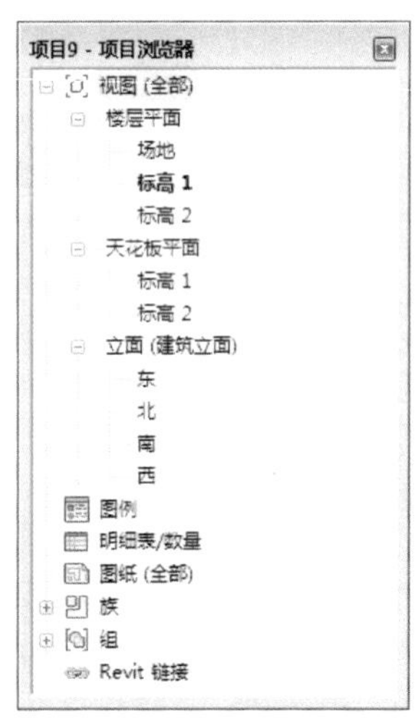

图 1.33　项目浏览器

图 1.34　南立面视图

1.7.2.8　视图控制栏

视图控制栏位于绘图区域下方，单击“视图控制栏”中的按钮，即可设置视图的比例、详细程度、模型图形样式、阴影、渲染对话框、裁剪区域、隐藏 / 隔离等。

1.7.2.9　状态栏

状态栏位于工作界面的左下方。使用某一命令时，状态栏会提供有关要执行的操作的提示。鼠标停留在某个图元或构件上时，该图元或构件会高亮显示，同时状态栏会显示该图元或构件的族及类型名称。

1.7.2.10　绘图区域

绘图区域是 Revit 软件进行建模操作的区域，绘图区域背景的默认颜色是白色，可通过“选项”设置背景颜色，再按 F5 刷新屏幕。用户可以通过视图选项卡的“窗口”面板管理绘图区域窗口，如图 1.35 所示。

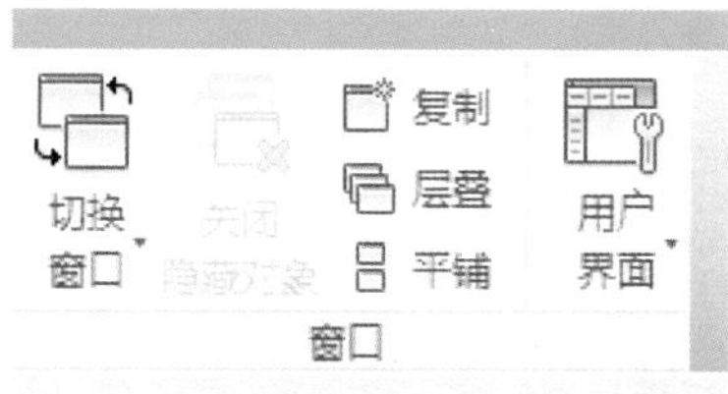

图 1.35　视图切换

切换窗口：使用快捷键 Ctrl+Tab，可以在打开的所有窗口之间进行快速切换。

平铺：将所有已打开的窗口全部显示在绘图区域中。

层叠：层叠显示所有已打开的窗口。

复制：复制一个已打开的窗口。

关闭隐藏对象：关闭除去当前显示的窗口外的所有窗口。

任务 2　Revit 基本操作

2.1　项目基本设置

2.1.1　项目信息

点击“管理”选项卡下“设置”面板中的“项目信息”工具，输入日期、项目地址、项目名称等相关信息，再点击“确定”，如图 1.36 所示。

2.1.2　项目单位

点击“设置”面板中的“项目单位”，设置“长度”“面积”“角度”等单位。长度的默认单位是“mm”，面积单位是“m^2”，角度单位是“°”。

2.1.3　捕捉

点击“设置”面板中的“捕捉”，可设置捕捉选项，如图 1.37 所示。

图 1.36　项目属性

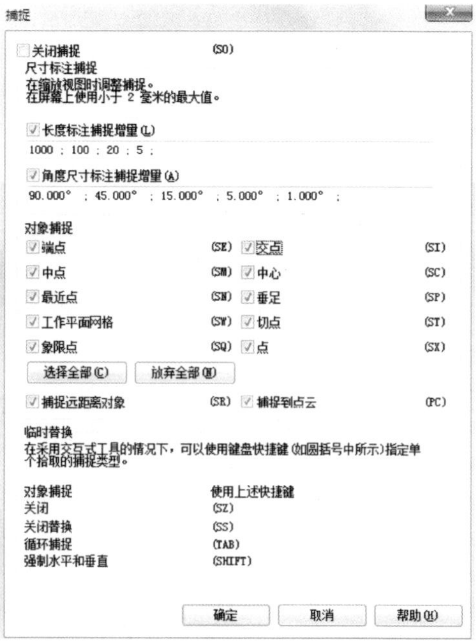

捕捉
关闭捕捉 (SO)
尺寸标注捕捉
在缩放视图时调整捕捉。
在屏幕上使用小于 2 毫米的最大值。
长度标注捕捉增量(L)
1000 ; 100 ; 20 ; 5 ;
角度尺寸标注捕捉增量(A)
90.000° ; 45.000° ; 15.000° ; 5.000° ; 1.000° ;
对象捕捉
端点 (SE)　交点 (SI)
中点 (SM)　中心 (SC)
最近点 (SN)　垂足 (SP)
工作平面网格 (SW)　切点 (ST)
象限点 (SQ)　点 (SX)
选择全部(C)　放弃全部(N)
捕捉远距离对象 (SR)　捕捉到点云 (PC)
临时替换
在采用交互式工具的情况下，可以使用键盘快捷键(如圆括号中所示)指定单个拾取的捕捉类型。
对象捕捉　使用上述快捷键
关闭 (SZ)
关闭替换 (SS)
循环捕捉 (TAB)
强制水平和垂直 (SHIFT)
确定　取消　帮助(H)

图 1.37　捕捉设置

2.2 图形浏览与控制基本操作

2.2.1　视口导航

1. 在平面或立面视图下进行视口导航

展开“项目浏览器”中的“楼层平面”或“立面”，在某一平面或立面上双击，打开平面或立面视图。单击绘图区域右上角导航栏中的“控制盘”工具，如图 1.38 所示，即出现二维控制盘，如图 1.39 所示。可以点击“平移”“缩放”“回放”按钮，对图形进行移动或缩放。

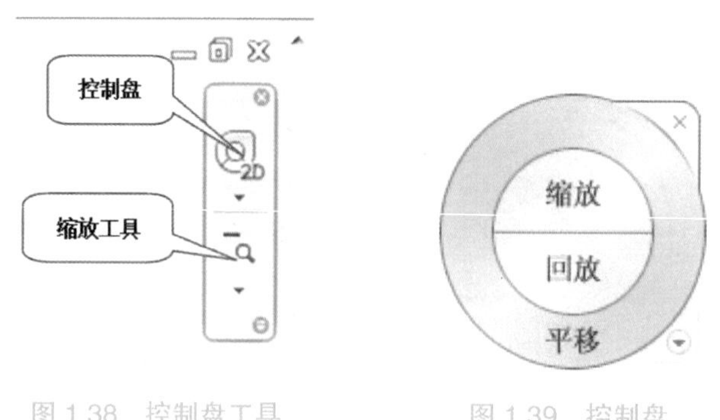

图 1.38　控制盘工具　　图 1.39　控制盘

说明：也可利用鼠标进行缩放和平移。向前滚动滚轮为“扩大显示”，向后滚动滚轮为“缩小显示”，按住滚轮不放移动鼠标可对图形进行平移。

2. 在三维视图下进行视口导航

展开“项目浏览器”中的“三维视图”，双击“3D”命令，打开三维视图。单击绘图区域右上角导航栏中的“控制盘”工具，出现“全导航控制盘”，如图 1.40 所示。鼠标左键按住“动态观察”选项不放，鼠标光标会变为“动态观察”状态，左右移动鼠标，可对三维视图中的模型进行旋转。视图中绿色球体表示动态观察时视图旋转的中心位置，鼠标左键按住控制盘的“中心”选项不放，可拖动绿色球体至模型上的任意位置，松开鼠标左键，可重新设置中心位置。

说明：同时按住键盘“Shift”键和鼠标右键不放，移动鼠标也可进行动态观察。

在三维视图下，绘图区域右上角会出现 ViewCube 工具，如图 1.41 所示。ViewCube 立方体中各顶点、边、面和指南针的指示方向，代表三维视图中不同的视点方向，单击立方体或指南针的各部位，可以在各方向视图间切换显示，按住 ViewCube 立方体或指南针上的任意位置并拖动鼠标，可以旋转视图。

图 1.40　全导航控制盘

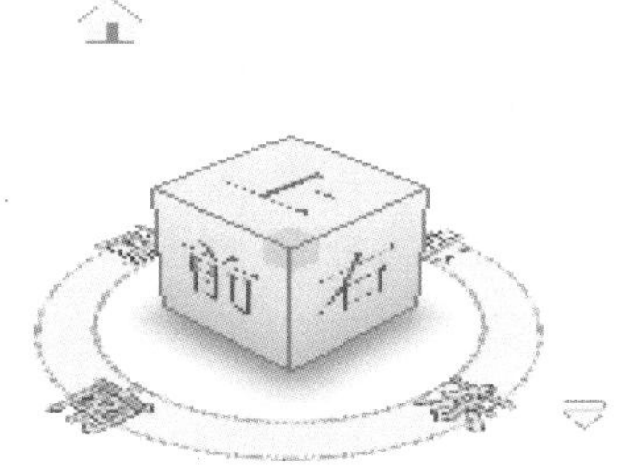

图 1.41　ViewCube 工具

2.2.2　使用视图控制栏

通过“视图控制栏”可以对图元可见性进行控制，“视图控制栏”位于绘图区域底部，状态栏的上方，如图 1.42 所示。内有比例、详细程度、视觉样式、日光路径、阴影、显示渲染对话框、裁剪视图、显示裁剪区域、解锁的三维视图、临时隐藏 / 隔离、显示隐藏的图元、分析模型的可见性等工具。

视觉样式、日光路径、阴影、临时隐藏 / 隔离、显示隐藏的图元是常用的视图显示工具。

1 : 100

图 1.42　视图控制栏

（1）视觉样式：点击“视觉样式”，内有“线框”“隐藏线”“着色”“一致的颜色”“真实”“光线追踪”样式和“图形显示选项”。

“线框”样式可显示绘制了所有边和线而未绘制表面的模型图像，如图 1.43 所示。

“隐藏线”样式可显示绘制了除被表面遮挡部分以外的所有边和线的图像，如图 1.44 所示。

“着色”样式显示处于着色模式下的图像，而且具有显示间接光及其阴影的选项，如图 1.45 所示。可以从“图形显示选项”对话框中选择“显示环境光阴影”，以模拟环境（漫射）光的阻挡。默认光源为着色图元提供照明。着色时可以显示的颜色数取决于在 Windows 中配置的显示颜色数。该设置只会影响当前视图。

“一致的颜色”样式可显示所有表面都按照表面材质颜色设置进行着色的图像，如图 1.46 所示。该样式会保持一致的着色颜色，无论以何种方式将其定向到光源，材质始终以相同的颜色显示。

“真实”视觉样式可在“选项”对话框启用“硬件加速”后，在可编辑的视图中显示材质外观。旋转模型时，表面会显示在各种照明条件下呈现的外观，如图 1.47 所示。可以从“图形显示选项”对话框中选择“环境光阻挡”，以模拟环境（漫射）光的阻挡。“真实”视觉样式中不会显示人造灯光。

“光线追踪”视觉样式是一种照片级真实感渲染模式，该模式允许平移和缩放的模型，如图 1.48 所示。在使用该视觉样式时，模型的渲染在开始时分辨率较低，但会迅速增加保真度，从而看起来更具有照片级真实感。在使用“光线追踪”模式期间或在进入该模式之前，可以在“图形显示选项”对话框设置照明、摄影曝光和背景。可以使用 ViewCube、导航控制盘和其他相机操作，对模型执行交互式漫游。

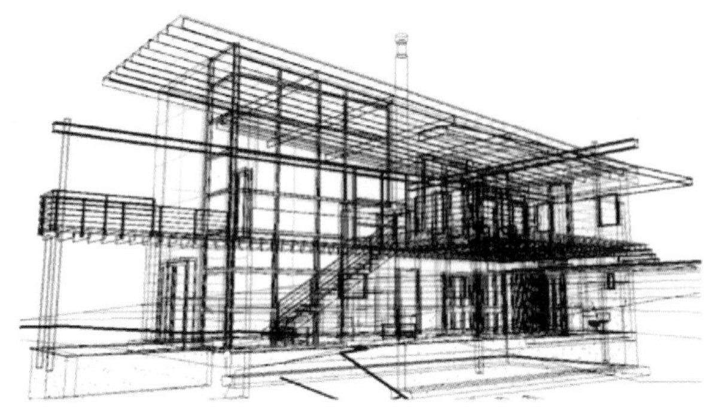

图 1.43　线框样式

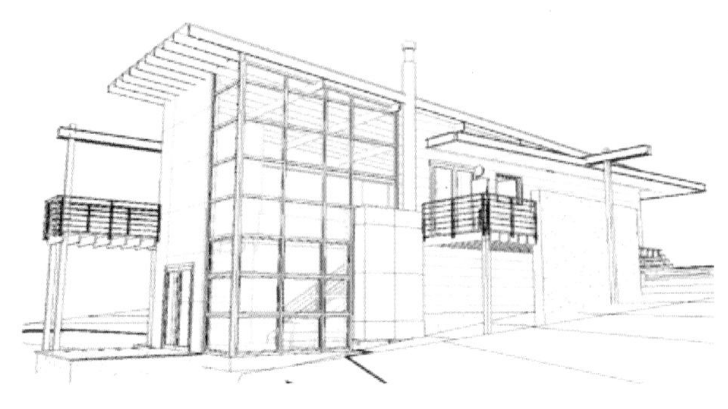

图 1.44　隐藏线样式

图 1.45　着色样式

图 1.46　一致的颜色样式

图 1.47　真实视觉样式

图 1.48　光线追踪视觉样式

（2）日光路径、阴影：在所有三维视图中，除了“线框”或“一致的颜色”视觉样式的视图外，都可以使用日光路径和阴影。而在二维视图中，日光路径可以在楼层平面、天花板投影平面、立面和剖面中使用。在研究日光和阴影对建筑和场地的影响时，为了获得最佳的结果，应打开三维视图中的日光路径和阴影显示。

（3）临时隐藏 / 隔离。“隔离”工具可将图元进行隔离（即在视图中保持可见）并使其他图元不可见，“隐藏”工具可将图元进行隐藏。

选择图元，点击“临时隐藏 / 隔离”，有隔离类别、隐藏类别、隔离图元、隐藏图元四个选项。隔离类别：对所选图元相同类别的所有图元进行隔离，其他图元不可见。隔离图元：仅对所选择的图元进行隔离。隐藏类别：对所选图元相同类别的所有图元进行隐藏。隐藏图元：仅对所选择的图元进行隐藏。

（4）显示隐藏的图元。单击视图控制栏中的灯泡图标（“显示隐藏的图元”），绘图区域周围会出现一圈紫红色加粗显示的边线，同时隐藏的图元以紫红色显示；单击选择隐藏的图元，点击右键取消在视图中隐藏图元，如图 1.49 所示；再次点击视图控制栏中的灯泡图标，恢复视图的正常显示。

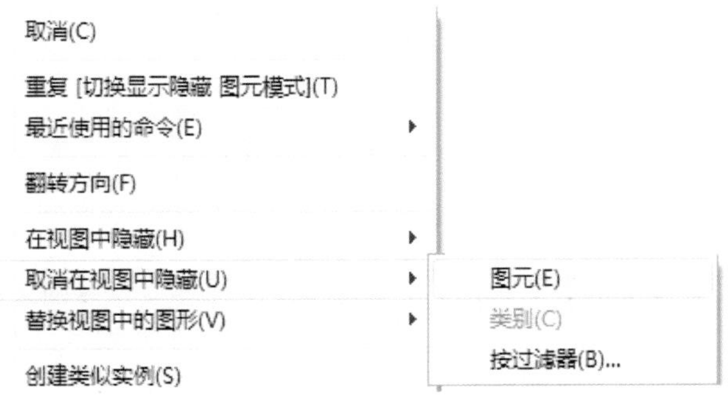

图 1.49　点击右键取消在视图中隐藏

2.2.3　视图与视口控制

图形显示控制可通过“可见性 / 图形”工具来操作，如图 1.50 所示。

点击“可见性 / 图形”图标，或使用快捷键“VV”，可以在弹出的窗口中控制不同类别的图元在绘图区域中的显示可见性，包括模型类别、注释类别、分析类别等图元。勾选相应的类别即可使其在绘图区域中可见，不勾选即为隐藏类别，如图 1.51 所示。

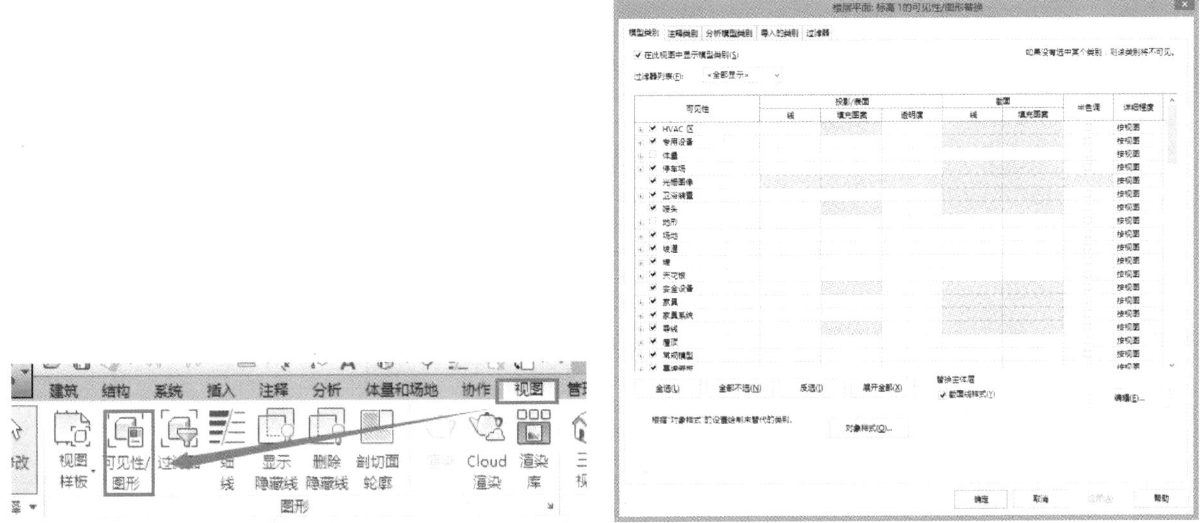

图 1.50　可见性图形控制　　　　图 1.51　视口控制

在 Revit Architecture 中，所有的平面、立面、剖面、详图、三维、明细表、渲染等视图都在项目浏览器中集中管理，设计过程中需要经常在这些视图间切换，或者同时打开与显示几个视口，以便于编辑操作或观察设计细节。下面是一些常用的视图和视口控制方法。

（1）打开视图。在项目浏览器中双击“楼层平面”“三维视图”“立面”等节点下的视图名称，或选择视图名称后在右键菜单中选择“打开”命令即可打开该视图，同时项目浏览器中的该视图名称黑色加粗显示为当前视图。新打开的视图会在绘图区域最前面显示，原先已经打开的视图也没有关闭，只是隐藏在后面。

（2）打开默认三维视图。单击快速访问工具栏“默认三维视图”工具，可以快速打开默认三维正交视图。

（3）切换窗口。当打开多个视图后，在“视图”选项卡下的“窗口”面板中，单击“切换窗口”工具，从下拉列表中选择已经打开的视图名称即可快速切换到该视图，名称前面打“√”的为当前视图，如图 1.52 所示。

（4）关闭隐藏对象。当打开很多视图时，尽管当前显示的只有一个视图，但有可能会影响计算机的操作性能，因此建议关闭隐藏的视图。单击“窗口”面板的“关闭隐藏对象”工具即可自动关闭所有隐藏的视图，而无须手动逐一关闭。

图 1.52　切换窗口

（5）“平铺”视口。需要同时显示已打开的多个视图时，可单击“窗口”面板的“平铺”工具，即可在绘图区域同时显示已打开的多个视图。可以用鼠标直接拖拽视口边界来调整每个视口的大小。

（6）“层叠”视口。单击“窗口”面板的“层叠”工具，也可以同时显示多个视图。但“层叠”是将这些视图从绘图区域的左上角向右下角方向重叠错行排列，下面的视口只能显示各自顶部的带视图名称的标题栏，单击标题栏可切换到相应的视图。

2.3 图元编辑基本操作

2.3.1　图元的选择

Revit 图元的选择方法有四种。

1. 单选和多选

单选：将光标置于目标图元上并单击鼠标左键即可选中该图元。

多选：按住“Ctrl”再点击图元即可将其增加到选择，按住“Shift”再点击图元可将其从选择中删除。

2. 框选和触选

框选：按住鼠标左键在视图区域从左往右拉框进行选择，在选择框范围之内的图元即为选择目标图元，如图 1.53 所示。

触选：按住鼠标左键在视图区域从右往左拉框进行选择，选择框接触到的图元即为选择目标图元，如图 1.54 所示。

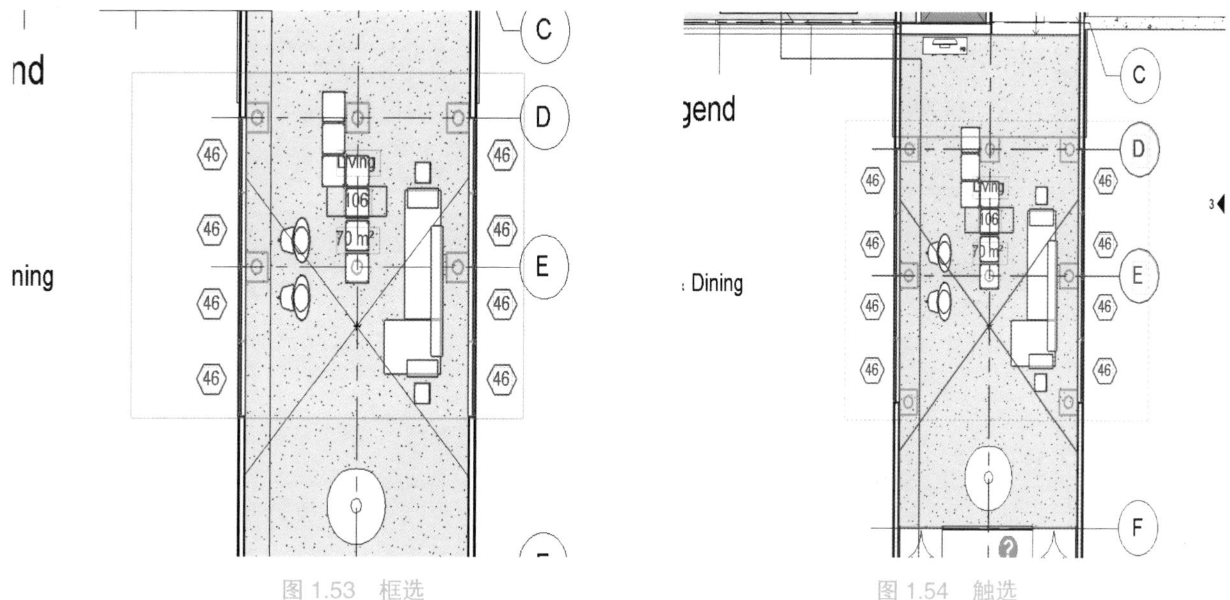

图 1.53　框选　　　　图 1.54　触选

3. 按类型选择

单选一个图元之后，单击鼠标右键弹出右键菜单栏，选择“选择全部实例”，即可选中当前视图或整个项目中所有这一类型的图元，如图 1.55 所示。

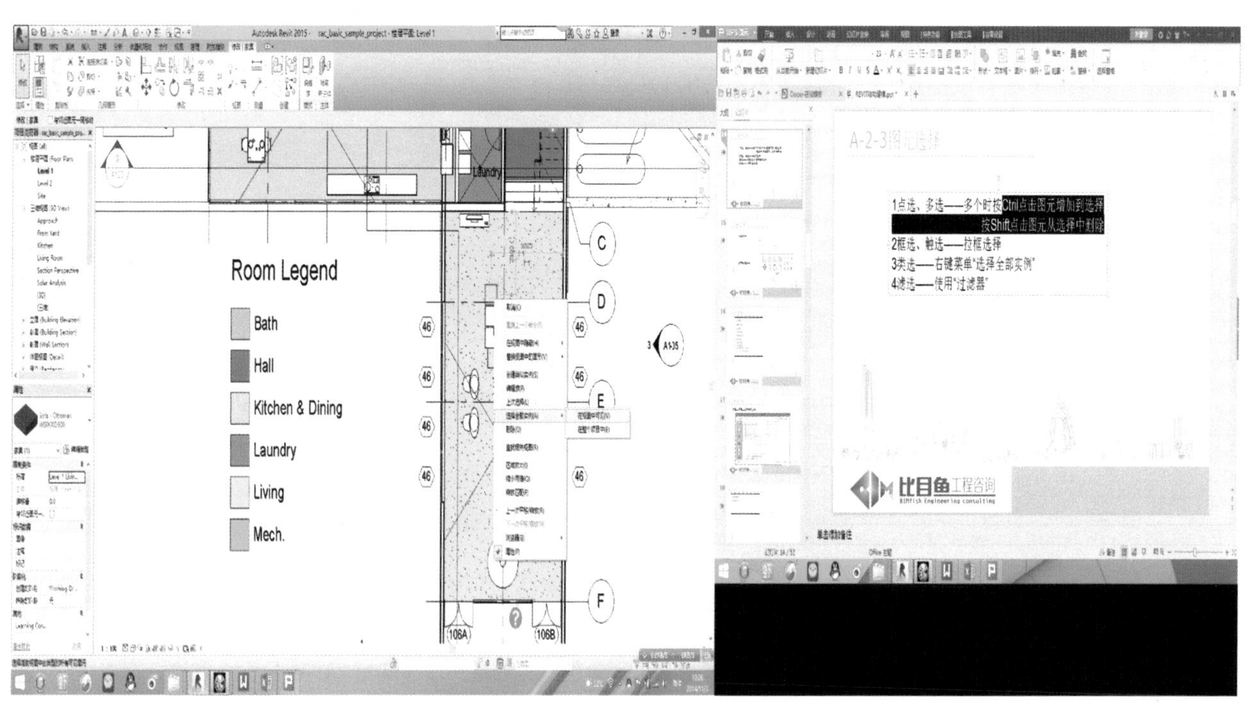

图 1.55　类选

4. 滤选

在使用框选或触选选中多种类别的图元之后，如果想要单独选中其中某一类别的图元，可在上下文选项卡中单击“过滤器”工具，或在屏幕右下角状态栏单击过滤器图标，如图 1.56 所示，即可打开过滤器对话框进行滤选，如图 1.57 所示。

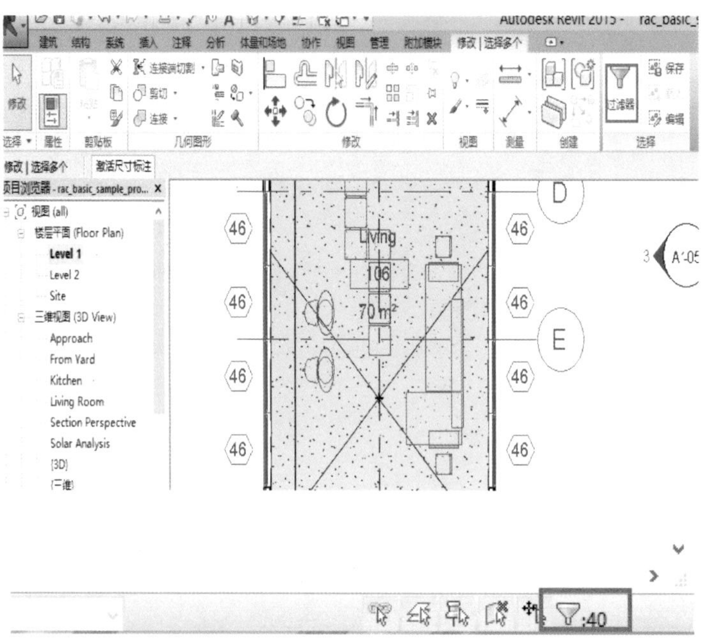

图 1.56　打开过滤器

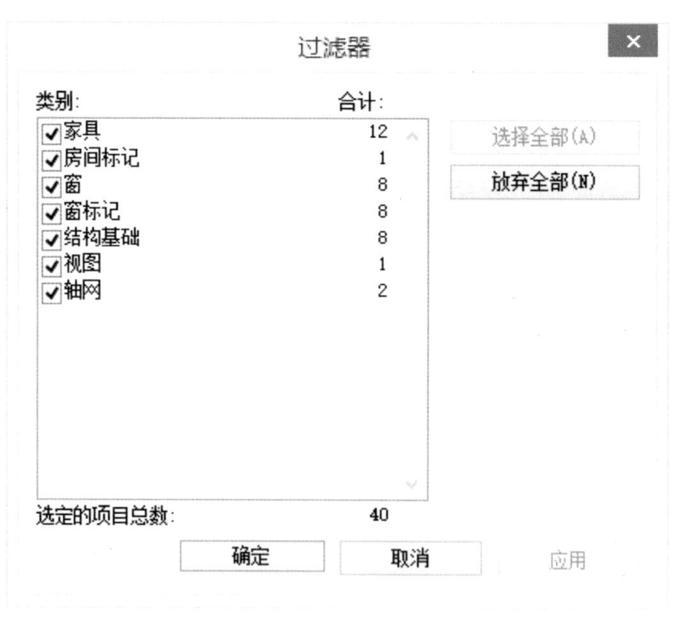

图 1.57　过滤器

2.3.2　图元的编辑

Revit 中常用的图元编辑操作有临时尺寸标注和基本编辑命令。

1. 临时尺寸标注

单选图元后会出现一个蓝色高亮显示的标注，即为临时尺寸标注，如图 1.58 所示。点击数字即可修改图元的位置，拖拽标注两端的基准点即可修改标注位置。

2. 基本编辑命令

在“修改”选项面板里有“对齐”“镜像”“移动”“复制”“旋转”“修剪”等工具，如图 1.59 所示。

对齐和修剪编辑命令需要先执行命令然后再选择图元进行编辑。

其他编辑命令均需要先选中图元再执行命令。

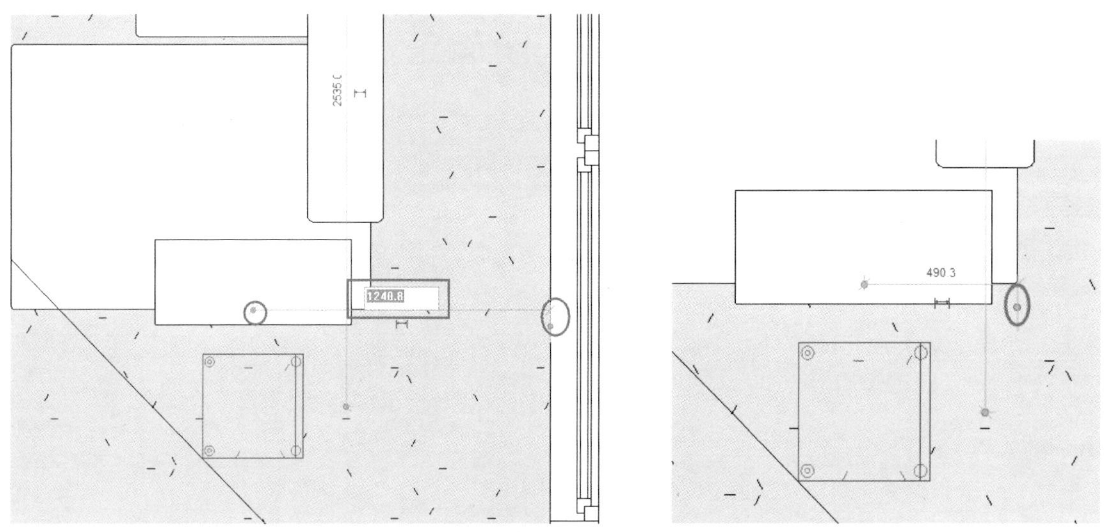

图 1.58　临时尺寸标注

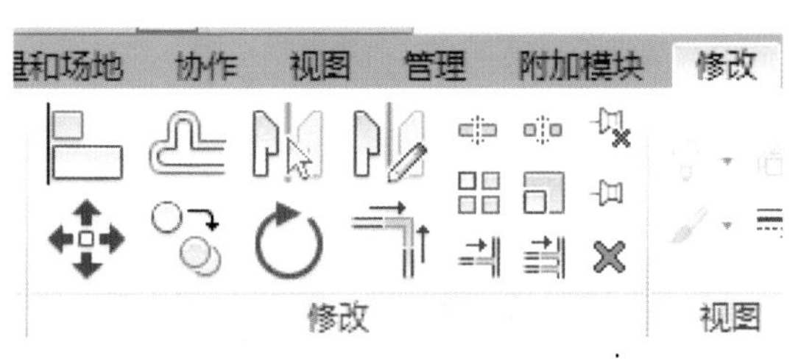

图 1.59　常用编辑命令

2.4 建模技能基本概念

草图模式：通过绘制图元的轮廓边界（也称为创建草图）可以创建某些建筑图元，如楼板、屋顶和天花板，这种通过编辑草图创建图元形状的绘图模式就叫作草图模式，如图 1.60 所示。

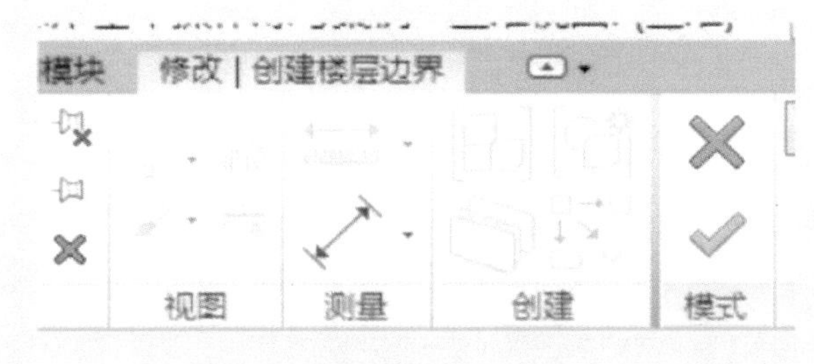

图 1.60　草图模式

闭合环草图：通常在绘制图元轮廓边界的时候必须将边界绘制成一个闭合环，不能有任何间隙或重叠的线，否则无法创建出需要的图元。

绘制面板：在进入草图模式后，功能区中的工具显示区会显示可用于绘制草图线的绘制选项板，该选项板在所有类别图元的草图模式中都是通用的，例如“线”和“矩形”，如图 1.61 所示。

编辑边界模式：在编辑完成图元构件后，如果需要对图元进行修改编辑，需要重新进入草图模式。先选择图元，然后在上下文选项卡“模式”面板中单击“编辑边界”，即可进入草图模式进行编辑，如图 1.62 所示。

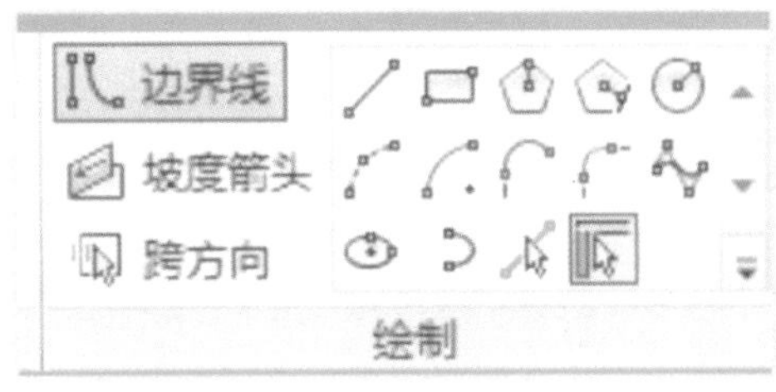

图 1.61　边界线类型

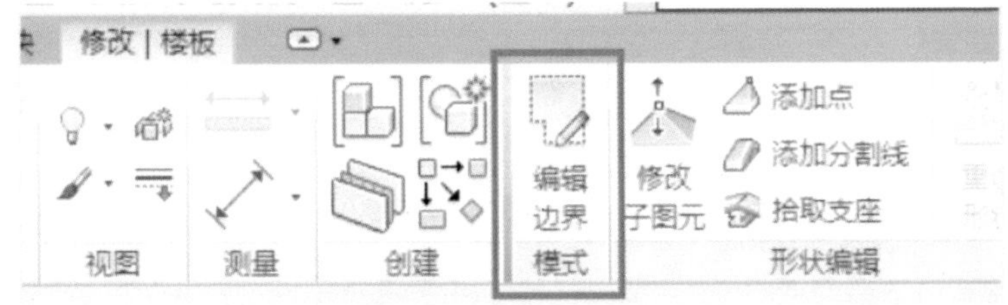

图 1.62　编辑边界线

模块2 建筑专业建模

任务3 轴网标高及参照平面

在 Revit Architecture 中做设计，建议先创建标高，再创建轴网，这样做的目的是为了在各层平面图中正确显示轴网。若先创建轴网，再创建标高，就需要分别在两个不平行的立面视图（如南、东立面）中手动将轴线的标头拖拽到顶部标高之上，这样在后创建的标高楼层平面视图中才能正确显示轴网。

3.1 标高

3.1.1 创建标高

在 Revit 2021 中，可以使用“标高”工具来定义垂直高度或建筑内的楼层标高，为每个已知楼层或其他必需的建筑参照（例如：第二层、墙顶或基础底端）创建标高。要添加标高，绘图界面必须处于剖面视图或立面视图中。添加标高时，可以创建一个关联的平面视图。

创建标高步骤如下：

打开程序自带的样板文件“DefaultCHSCHS”，打开立面视图，双击绘图区域内的“标高 1”，可将“标高 1”名称修改为“F1”，按回车键确认，出现“是否希望重命名相应视图?”，点击“是（Y）”，如图 2.1 所示。用同样的方法将“标高 2”名称修改为“F2”，如图 2.2 所示。

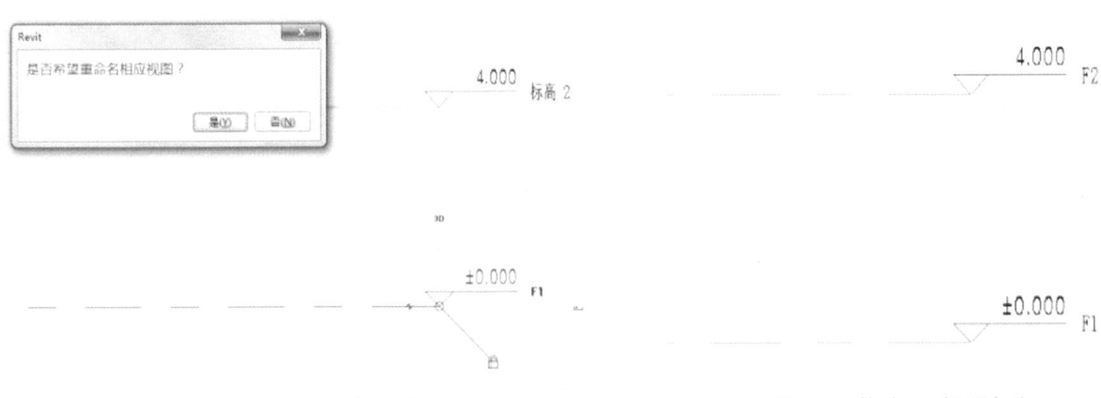

图 2.1 修改 F1 视图名称　　图 2.2 修改 F2 视图名称

单击“建筑”选项卡下“基准”面板中的“标高”工具，这时状态栏会显示“单击以输入标高起点”。移动光标到视图中“F2”左侧标头正上方，当出现绿色标头对齐虚线时，单击鼠标左键捕捉标高起点，如图 2.3 所示。从左向右移动光标到“F2”右侧标头正上方，当出现绿色标头对齐虚线时，再次单击鼠标左键捕捉标高终点，创建标高“F3”，如图 2.4 所示。

图 2.3　绘制 F3 标高起点　　　　图 2.4　绘制 F3 标高终点

绘制标高时，不必考虑标高尺寸，可按以下操作来修改：单击选择“F3”标高，这时在 F2 与 F3 之间会显示一条蓝色临时尺寸标注，同时标高、标头名称及标高值也都显示为蓝色（蓝色显示的文字、标注等单击即可编辑修改），如图 2.5 所示。在蓝色临时尺寸标注值上单击激活文本框，输入新的层高值（如 3300）[①]，按“Enter”键确认，即可将二层与三层之间的层高修改为 3.3 米，如图 2.6 所示。

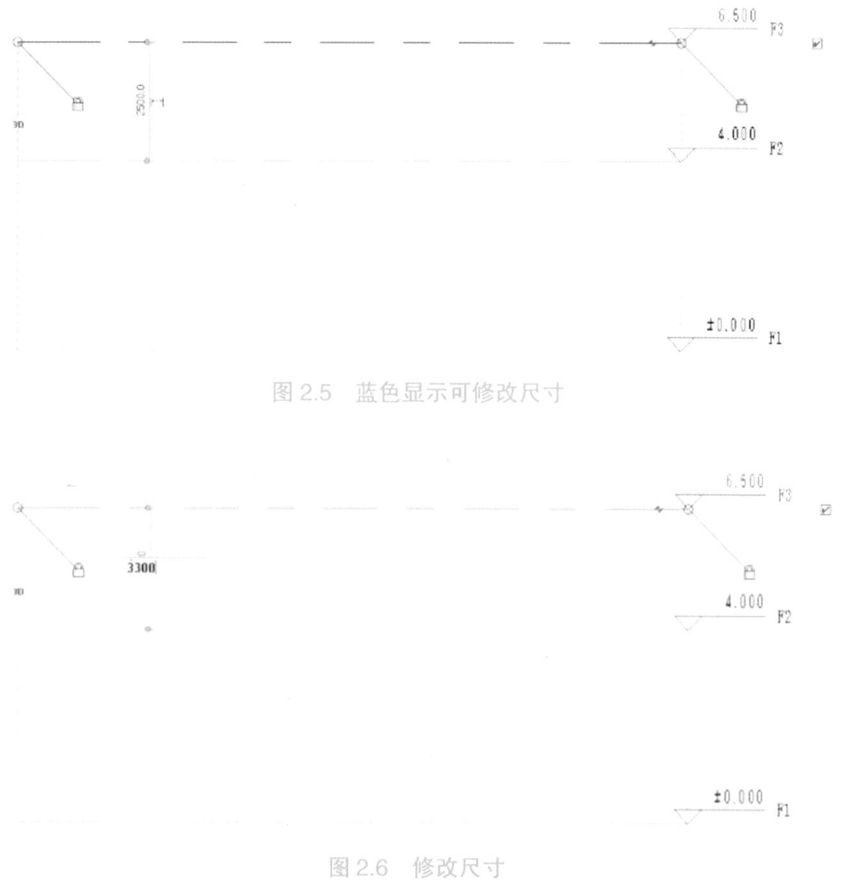

图 2.5　蓝色显示可修改尺寸

图 2.6　修改尺寸

① 注：如未提及，单位即为 mm。

利用工具栏“复制”工具，创建地坪标高和地下一层标高。选择标高“F2”，工具栏单击“复制”命令，选项栏勾选多重复制选项“多个”，如图 2.7 所示。此时，状态栏显示“单击可输入移动起点”，移动光标在标高“F2”上单击捕捉一点作为复制参考点，然后垂直向下移动光标，输入间距值（如 4450），按“Enter”键确认后复制出地坪标高，如图 2.8 所示。继续向下移动光标，输入间距值（如 3000），按“Enter”键确认后复制出地下一层标高。单击蓝色的标头名称，激活文本框，分别输入新的标高名称“F0”“F-1”，然后按“Enter”键确认。结果如图 2.9 所示。

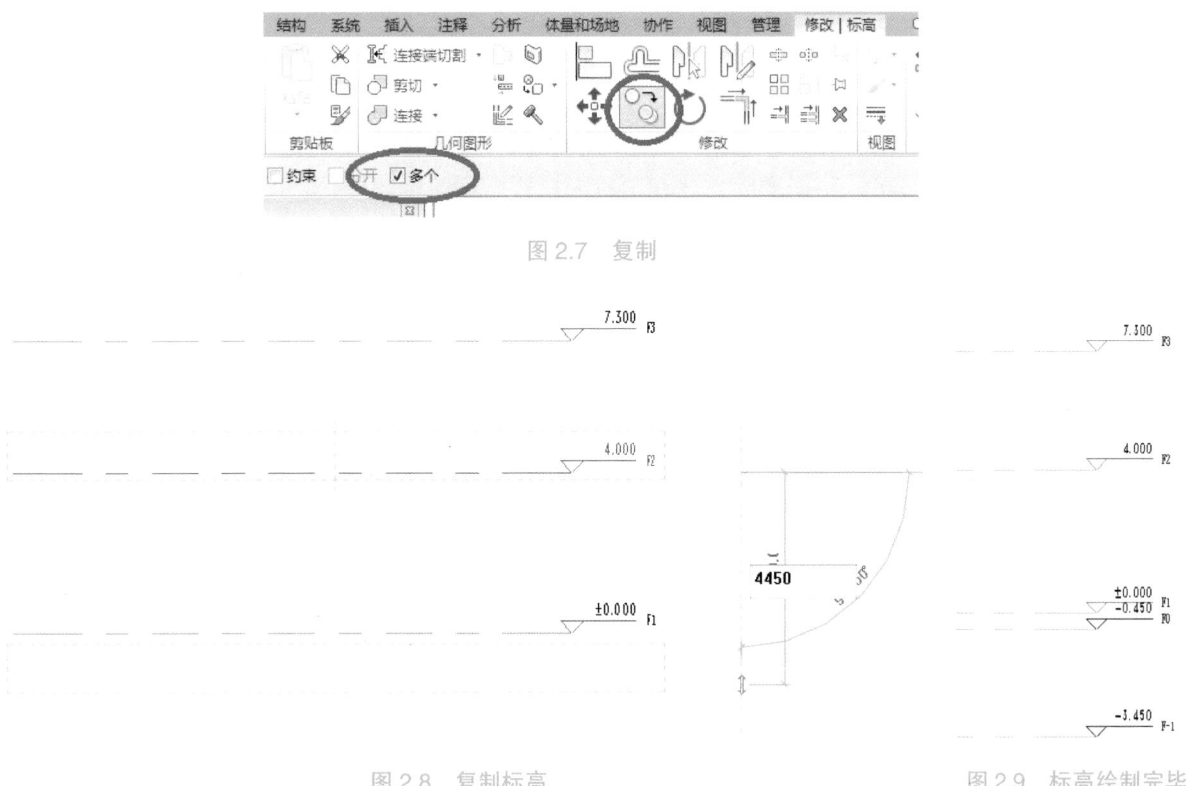

图 2.7 复制

图 2.8 复制标高

图 2.9 标高绘制完毕

至此建筑的各个标高就创建完成，点击“快速访问工具栏”中的“保存”命令保存文件。在弹出的对话框中可以看到默认的“文件类型”为“.rvt”项目文件，如图 2.10 所示，输入文件名称后点击“保存”。

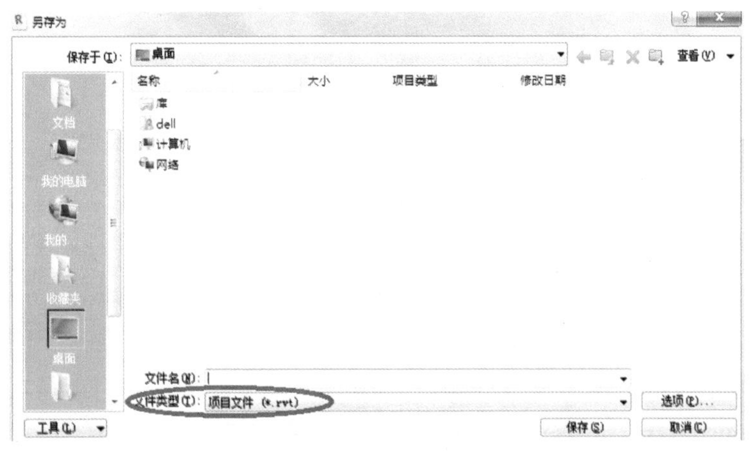

图 2.10 保存项目文件

3.1.2 编辑标高

标高图元的组成包括标高值、标高名称、对齐锁定开 / 关、对齐指示线、弯折、拖拽点、2D/3D 转换按钮、标高符号显示 / 隐藏、标高线。

单击拾取标高“F0”，从“属性”选项板的“类型选择器”下拉列表中选择“标头自动向下翻转方向”，如图 2.11 所示。

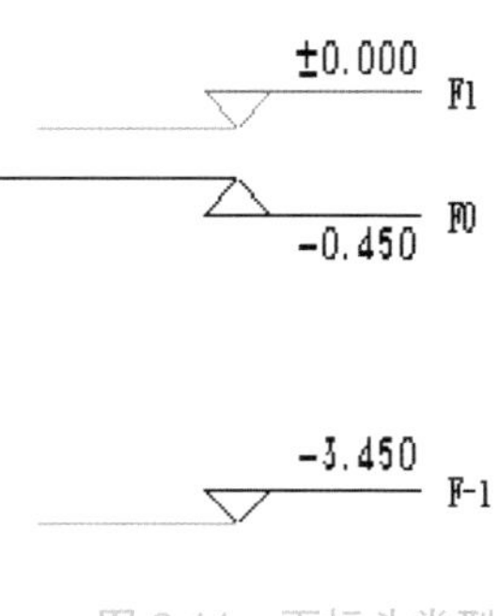

图 2.11 下标头类型

复制的“F0”“F-1”标高是参照标高，因此新复制的标高标头都是黑色显示，而且在项目浏览器中的“楼层平面”项下也没有创建新的平面视图。下面将对标高做局部调整：单击“视图”选项卡下“平面视图”下拉菜单中的“楼层平面”工具，打开“新建楼层平面”对话框，如图 2.12 所示，从下面列表中选择“F0”，单击“确定”后，即可在项目浏览器中创建新的楼层平面“F0”，用同样的方法在项目浏览器中创建新的楼层平面“F-1”。此时，“F0”“F-1”标高标头变为蓝色显示。

选择任意一根标高线，会显示临时尺寸、一些控制符号和复选框，可以编辑其尺寸值，单击并拖拽控制符号可整体或单独调整标高标头位置，还可以控制标头隐藏或显示，进行标头偏移等操作，如图 2.13 所示。

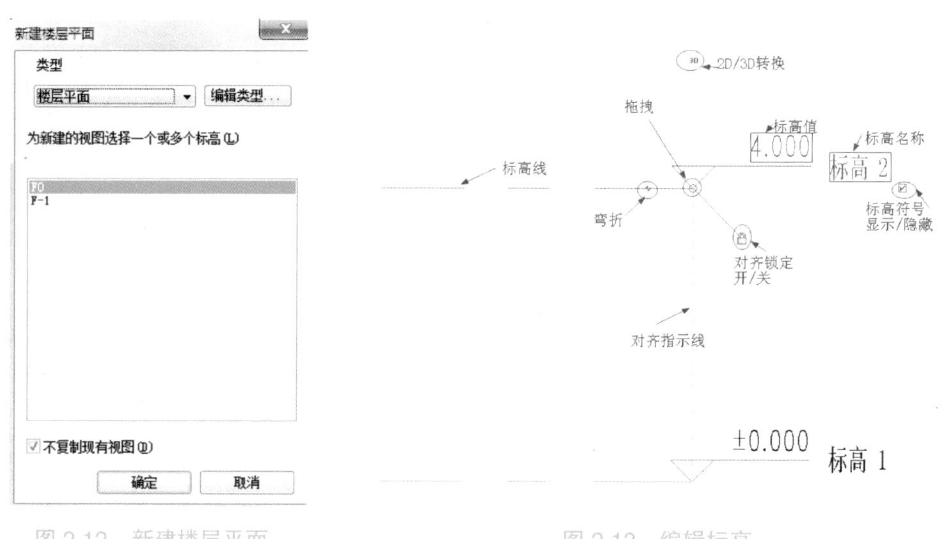

图 2.12 新建楼层平面　　图 2.13 编辑标高

3.2 轴网

3.2.1 创建轴网

在 Revit 2021 中，只需要在任意一个平面视图中绘制一次轴网，其他平面和立面、剖面视图中都将自动显示轴网。

在项目浏览器中双击“楼层平面”项下的“F1”视图，打开首层平面视图。单击“建筑”选项卡下“基准”面板中的“轴网”工具，如图 2.14 所示，状态栏显示“单击可输入轴网起点”。移动光标到视图中单击鼠标左键捕捉一点作为轴线起点，然后从上向下垂直移动光标一段距离后，再次单击鼠标左键捕捉轴线终点，创建第一条垂直轴线，轴号为“1”。

单击选择 1 号轴线，再单击工具栏“复制”命令，选项栏勾选“约束”和“多个”，如图 2.15 所示。移动光标在 1 号轴线上单击捕捉一点作为复制参考点，然后水平向右移动光标，输入轴线间距值后按“Enter”键确认，即可复制随后的纵向定位轴线。用同样的方法绘制横向定位轴线，形成轴网。

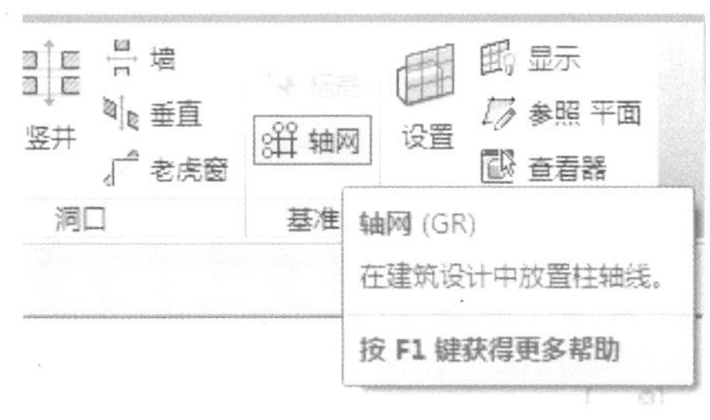

图 2.14　轴网工具

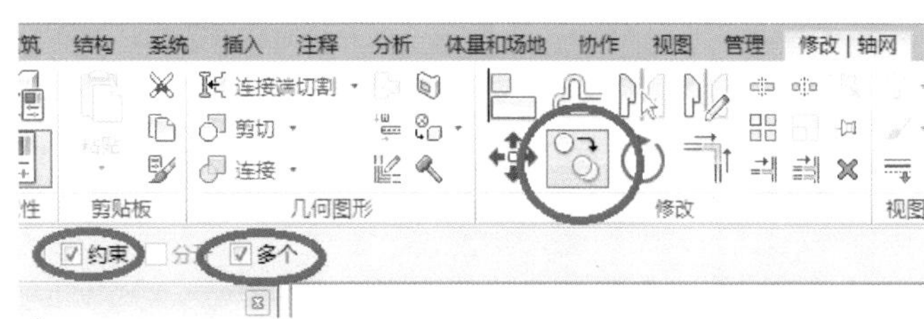

图 2.15　复制

3.2.2　编辑轴网

1.“属性”选项板

在放置轴网时或在绘图区域选择轴线时，可通过“属性”选项板的“类型选择器”选择或修改轴线类型，如图 2.16 所示。

同样，可对轴线的实例属性和类型属性进行修改。

实例属性：修改实例属性仅会对当前所选择的轴线有影响。可设置轴线的“名称”和“范围框”，如图 2.17 所示。

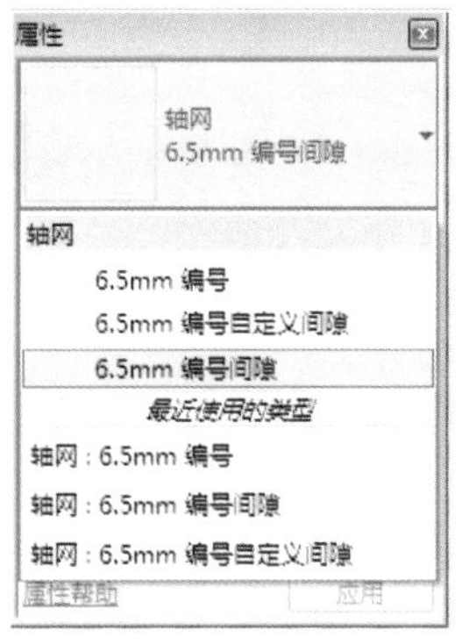

图 2.16　类型选择器

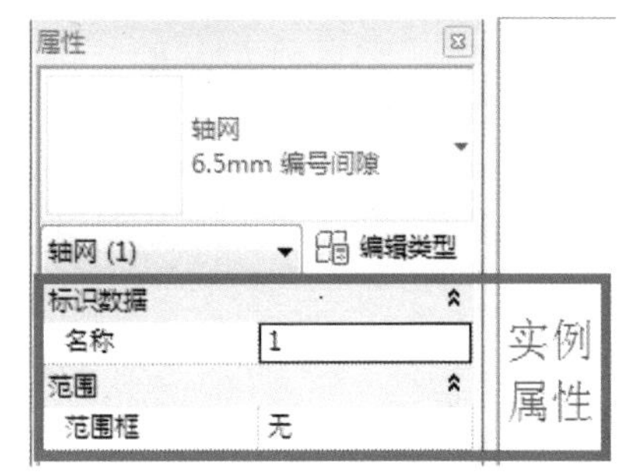

图 2.17　实例属性

类型属性：点击“编辑类型”按钮，弹出“类型属性”对话框，如图 2.18 所示，修改类型属性会影响和当前所选轴线同类型的所有轴线。相关参数如下：

（1）符号：从下拉列表中可选择不同的轴网标头族。

（2）轴线中段：若选择“连续”，则轴线按常规样式显示；若选择“无”，则将仅显示两段的标头和一段轴线，轴线中间段不显示；若选择“自定义”，则将显示更多的参数，用户可以自定义轴线线型、颜色等。

（3）轴线末段宽度：可设置轴线宽度为 1~16 号线宽。

（4）轴线末段颜色：可设置轴线颜色。

（5）轴线末段填充图案：可设置轴线线型。

（6）平面视图轴号端点 1（默认）、平面视图轴号端点 2（默认）：勾选或取消勾选这两个选项，即可显示或隐藏轴线起点和终点标头。

（7）非平面视图符号（默认）：该参数可控制在立面、剖面视图上轴线标头的上下位置，可选择

“顶”“底”“两者”（上下都显示标头）或“无”（不显示标头）。

2. 调整轴线位置

单击某一轴线，会出现这根轴线与相邻两根轴线的间距（蓝色临时尺寸标注），点击间距值，可修改所选轴线的位置，如图 2.19 所示。

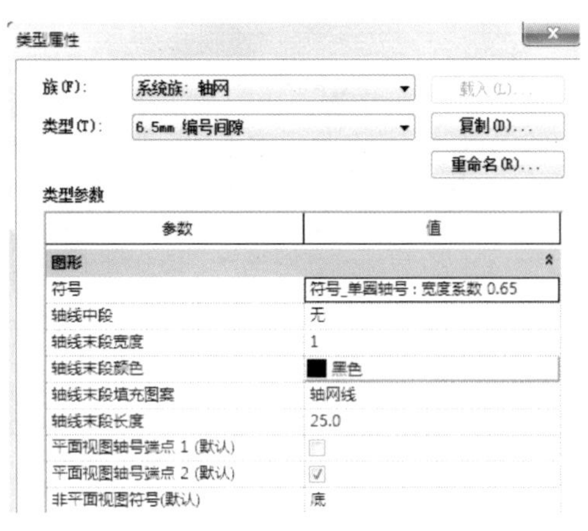

图 2.18 类型属性

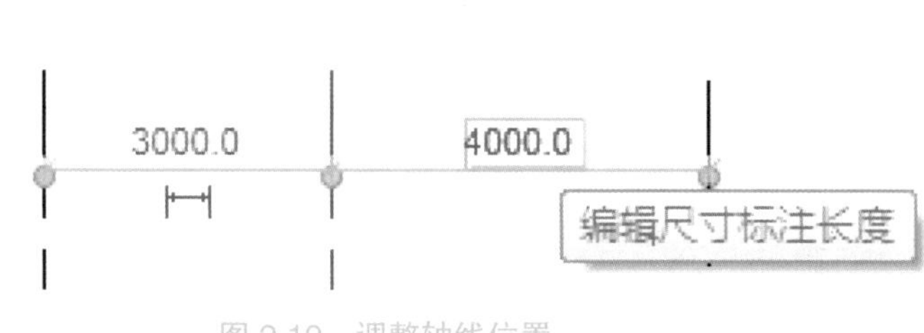

图 2.19 调整轴线位置

3. 修改轴线编号

单击轴线，然后单击轴线名称，输入新值（可以是数字或字母）即可修改轴线编号。也可以选择轴线，在“属性”选项板上输入其他的“名称”属性值，来修改轴线编号。

4. 调整轴号位置

有时相邻轴线间隔较近，导致轴号重合，这时需要将某条轴线的编号位置进行调整。选择需要调整编号位置的轴线，单击“添加弯头”，拖曳控制柄，如图 2.20 所示，可将编号从轴线中移开，如图 2.21 所示。也可以在选择轴线后，通过拖曳模型端点修改轴网，如图 2.22 所示。

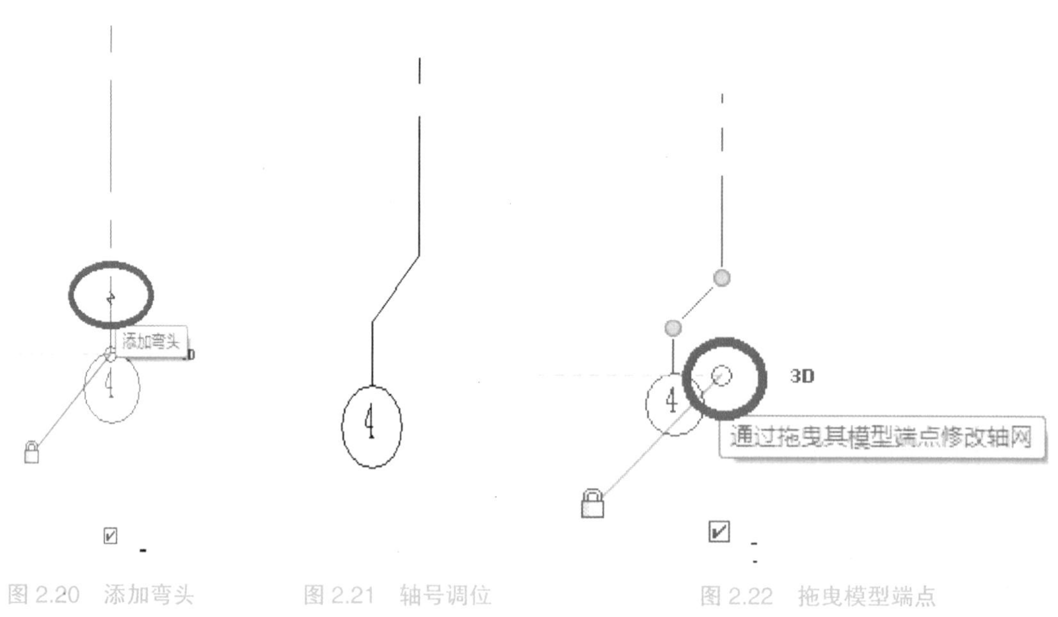

图 2.20 添加弯头　　图 2.21 轴号调位　　图 2.22 拖曳模型端点

5. 显示和隐藏轴网编号

选择一条轴线，会在该轴线编号附近显示一个复选框，单击该复选框，可隐藏 / 显示轴网编号，如图 2.23 所示。也可以在选择轴线后，点击“属性”选项板上的“编辑类型”，对轴号可见性进行修改，如图 2.24 所示。

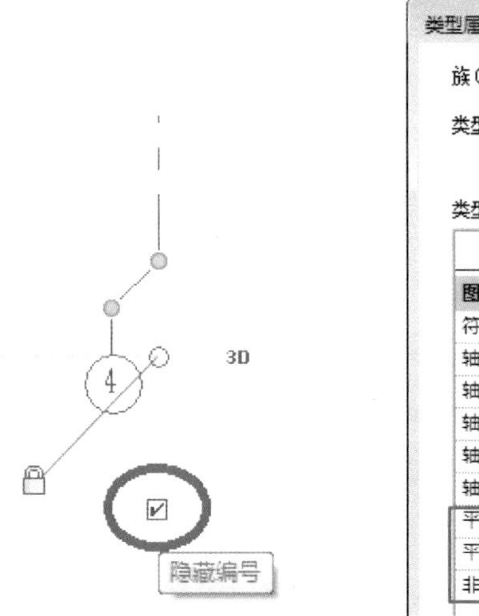

图 2.23　隐藏编号

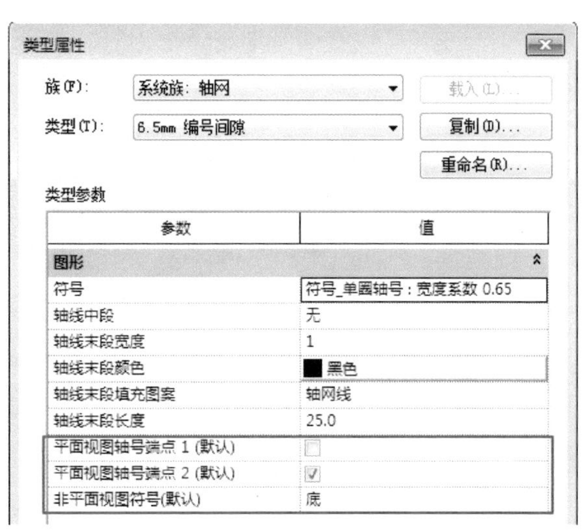

图 2.24　轴号可见性修改

3.3 参照平面

在 Revit 2021 中，可以使用“参照平面”工具来绘制参照平面，以用作设计辅助面。在创建族时，参照平面是一个非常重要的部分，参照平面会出现在项目所创建的每个平面视图中。

1. 添加参照平面

单击“建筑”选项卡下“工作平面”面板中的“参照平面”工具，如图 2.25 所示，根据状态栏提示，依次点击参照平面起点、终点，绘制参照平面。

2. 命名参照平面

在绘图区域中选择参照平面，再在“属性”选项板的“名称”栏中输入参照平面的名称。

3. 在视图中隐藏参照平面

选择一个或多个要隐藏的参照平面，单击鼠标右键，选择“在视图中隐藏” – “图元”，如图 2.26 所示。若要隐藏选定的参照平面和当前视图中所有与之相同类别的参照平面，则选择“在视图中隐藏” – “类别”。

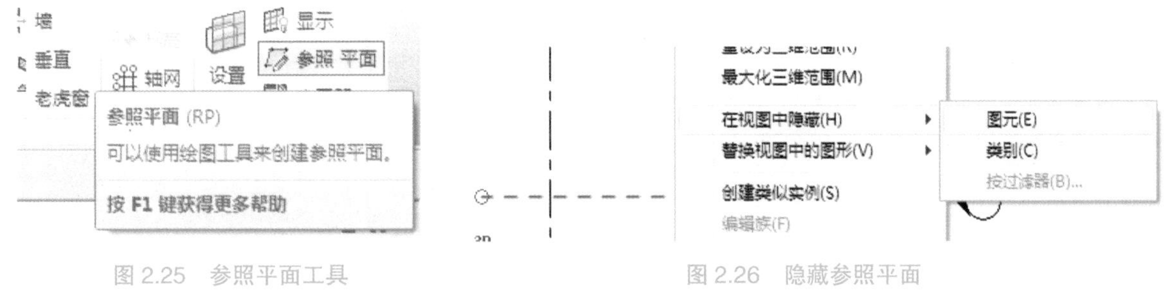

图 2.25　参照平面工具　　图 2.26　隐藏参照平面

说明：参照平面是个平面，但是在某些方向的视图中会显示为线（如在平面视图上绘制参照平面，参照平面垂直于水平面，故在平面视图上显示为线）。

任务 4　墙与幕墙

在 Revit 2021 中，墙体不仅是建筑空间的分隔主体，也是门窗、墙饰条、分隔缝、卫浴灯具等设备的承载主体，因此在创建门窗等构件之前需要先创建墙体。同时，墙体构造层设置及其材质设置不仅影响着墙体在三维、透视和立面视图中的外观表现，更直接影响着后期施工图设计中墙身大样、节点详图等视图中墙体截面的显示。

4.1 常规直线和弧形墙

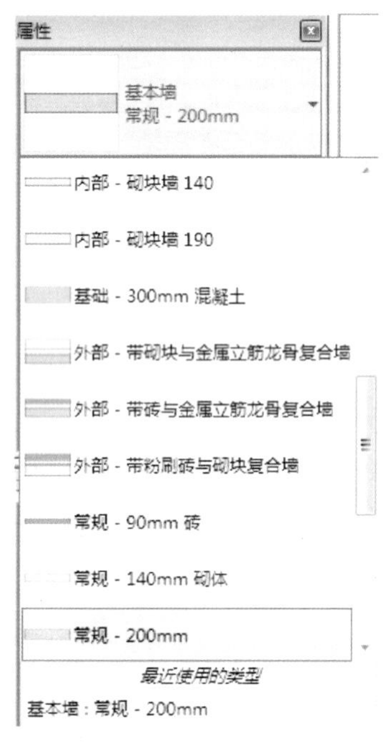

图 2.27　墙类型

打开楼层平面图（在项目浏览器中双击“楼层平面”项下任一楼层），单击“建筑”选项卡下“构建”面板中的“墙”下拉菜单，选择“墙：建筑”工具。

1. 墙体类型设置

从“属性”选项板的类型选择器下拉列表中选择所需的墙类型，如图 2.27 所示。此外，还可以在放置墙体后，通过选择绘图区域中的墙，再对墙体类型进行设置。

2. 定位线设置

定位线指的是在绘制墙体过程中，绘制路径与墙体重合的部分，包括墙中心线（默认值）、核心层中心线、面层面外部、面层面内部、核心面外部、核心面内部六个选项，如图 2.28 所示。默认值为“墙中心线”，即在绘制墙体时，绘制路径与墙体中心线重合。

选择单个墙，蓝色圆点指示的即为定位线。如图 2.29 所示是“定位线”为“面层面外部”，且墙是从左到右绘制的结果。

3. 墙高度 / 深度设置

墙体的高度 / 深度在选项栏中进行设置。图 2.30 显示了“底部限制条件”为“L–1”，使用不同“高度 / 深度”设置创建的四面墙的剖视图，每面墙的属性如表 2–1 所示。

图 2.28　定位线设置

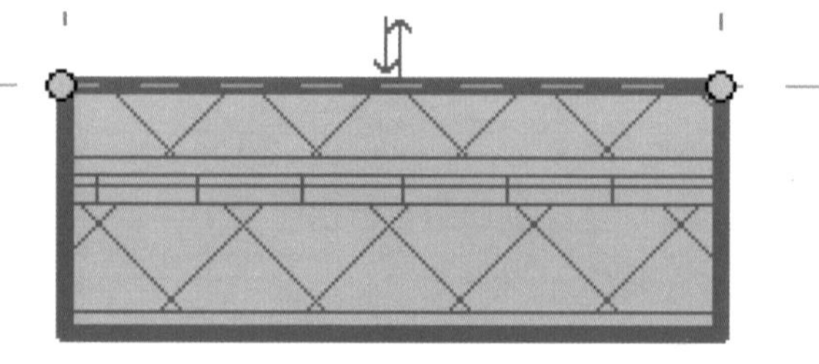

图 2.29　定位线结果

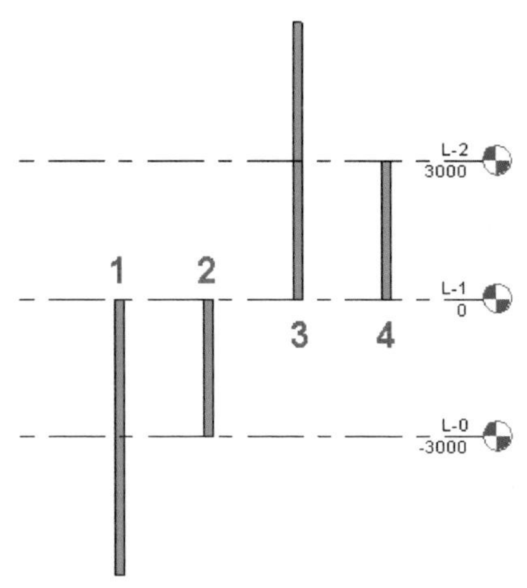

图 2.30　不同高度 / 深度下的剖视图

表 2–1　墙的属性

属性	墙 1	墙 2	墙 3	墙 4
底部限制条件	L–1	L–1	L–1	L–1
深度 / 高度	深度	深度	高度	高度
底部偏移	–6000	–3000	0	0
墙顶定位标高	直到标高：L–1	直到标高：L–1	无连接	直到标高：L–2
无连接高度			6000	

4. 绘制墙体

默认的墙体绘制方法是使用“修改 / 放置墙”选项卡下“绘制”面板中的“直线”工具，另外通过“矩形”“多边形”“圆形”“弧形”等绘制工具也可以绘制直线墙体或弧形墙体。

使用“绘制”面板中的“拾取线”工具，可以沿在图形中选择的线来放置墙分段，线可以是模型线、参照平面或图元（如屋顶、幕墙嵌板和其他墙）边缘。

说明：在绘图过程中，可根据“状态栏”提示来绘制墙体。

4.2 斜墙及异形墙

1. 绘制斜墙

方式一：通过内建模型创建斜墙，族类别选择“墙”。

单击“建筑”选项卡下“构建”面板中“构件”下拉菜单 –“内建模型”工具，如图 2.31 所示。在弹出的“族类别和族参数”对话框中选择“墙”，点击“确定”，即可将族类别定义为墙，如图 2.32 所示。再在弹出的“名称”对话框中输入自定义的墙体名称，如“斜墙”。

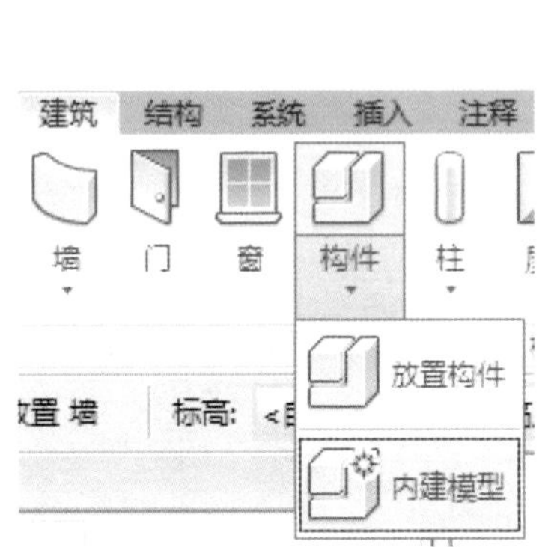

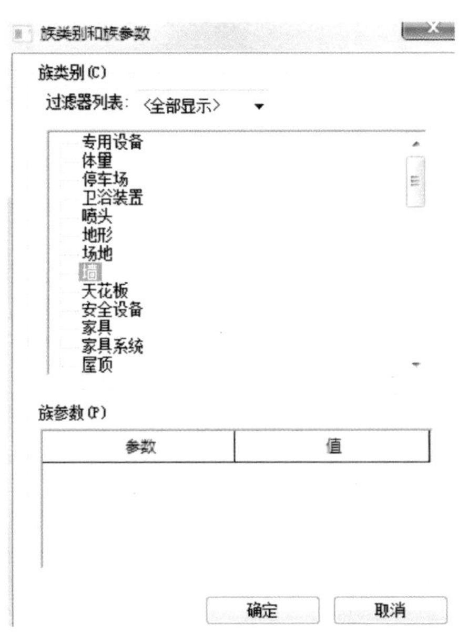

图 2.31 内建模型工具　　图 2.32 选择族类别为墙

为保证绘制的规范性，一般以墙的东侧面为工作平面。设置步骤如下：在平面视图中，点击“创建”选项卡下“基准”面板中的“参照平面”命令，自上向下绘制一个参照平面，如图 2.33 所示；再点击“创建”选项卡下“工作平面”面板中的“设置”命令，如图 2.34 所示，在弹出的“工作平面”对话框中选择“拾取一个平面”，点击“确定”，如图 2.35 所示，即可拾取绘制的参照平面；在弹出的“转到视图”对话框中选择“立面：东”，点击“打开视图”。通过这种方式，可以进入待绘制墙体的东立面视图中。

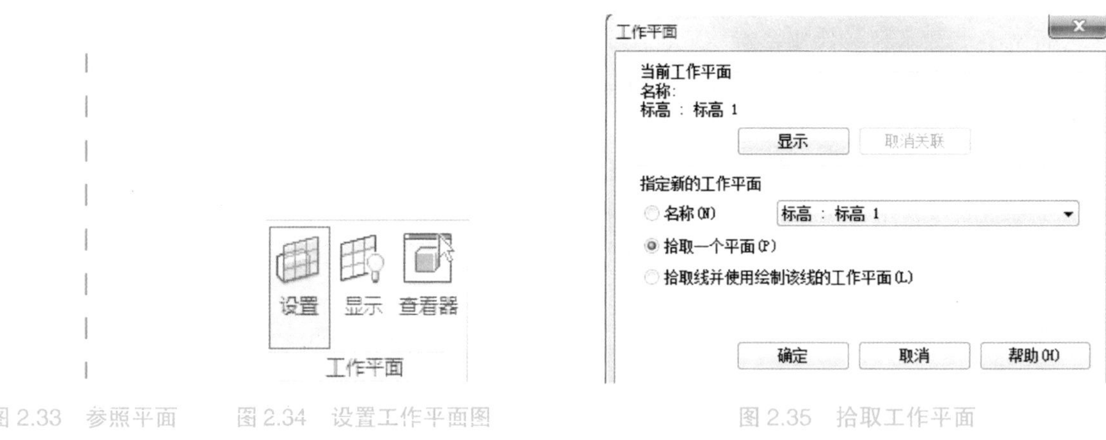

图 2.33 参照平面　　图 2.34 设置工作平面图　　图 2.35 拾取工作平面

选择“创建”选项卡下“形状”面板中的“拉伸”工具，如图 2.36 所示，绘制斜墙的东立面轮廓，如图 2.37 所示，点击“模式”面板中的“√完成编辑模式”，斜墙绘制完毕。

图 2.36 拉伸工具　　图 2.37 斜墙东立面轮廓

方式二：通过内建模型创建斜墙，族类别选择“常规模型”。

同样用内建模型来绘制，区别是将族类别定义为“常规模型”，如图 2.38 所示。同样，先定义工作平面，使用拉伸命令的直线命令绘制斜墙的东立面轮廓，完成斜墙绘制。要注意的是这种方法是用“常规模型”的族类别来进行墙体创建的，系统在统计的时候不会将此“斜墙”统计为墙，因此需要赋予它墙体的内容。

点击“体量和场地”选项卡下“面模型”面板中的“墙”命令，在“属性”选项板中修改墙属性，选择用“拾取面”的方法（这种方法为“绘制面板”中的默认方法）选择常规模型的东立面，如图 2.39 所示，即在常规模型的东立面生成“面墙”，最后将常规模型删除。

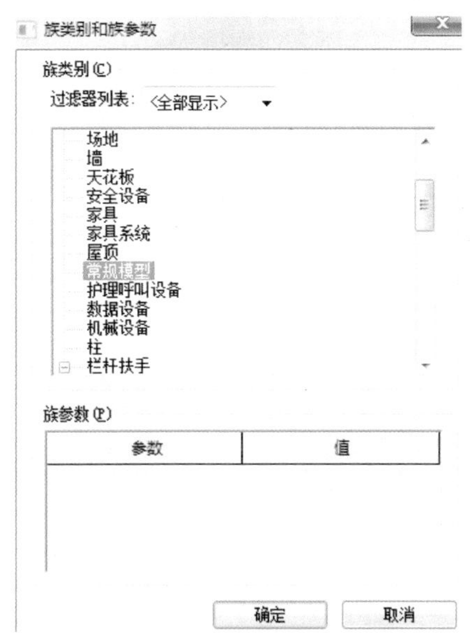

图 2.38　选择族类别为常规模型

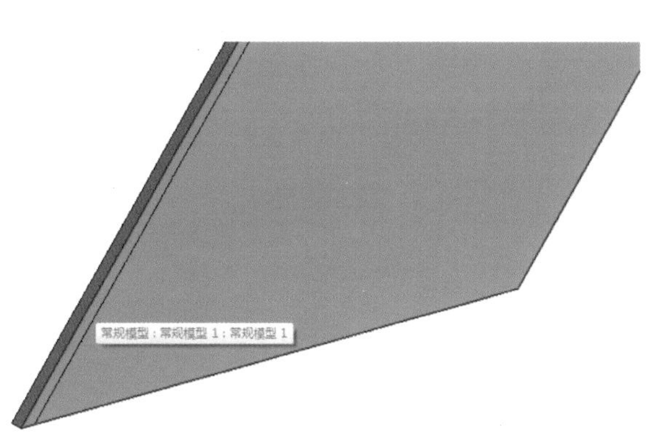

图 2.39　拾取常规模型立面

2. 绘制异形墙

以上方法创建的是有固定厚度的墙体，对一些没有固定厚度的异形墙，如古城墙，则需要用“内建模型”命令的“实心拉伸（融合、旋转、放样、放样融合）”和“空心拉伸（融合、旋转、放样、放样融合）”工具创建内建族。此处仅以古城墙为例说明异形墙体的创建方法。创建步骤如下：

（1）新建墙类别。建立 F_1、F_2 两层标高，在 F_1 平面视图中，单击“建筑”选项卡下“构建”面板中“构件”工具的下拉三角箭头，从下拉菜单中选择“内建模型”命令。在弹出的“族类别和族参数”对话框中选择族类别“墙”，单击“确定”。在弹出的“名称”对话框中输入“古城墙”作为墙体名称，单击“确定”，打开族编辑器进入内建模型模式。

（2）绘制定位线。单击“基准”面板中的“参照平面”工具，分别绘制一条水平和一条垂直的参照平面，如图 2.40 所示。

（3）拉伸墙体。单击“创建”选项卡下“形状”面板中的“拉伸”工具，进入“修改 | 创建拉伸”子选项卡。

设置工作平面：城墙的拉伸轮廓需要在立面视图中绘制，所以需要先选择一个绘制轮廓线的工作平面。

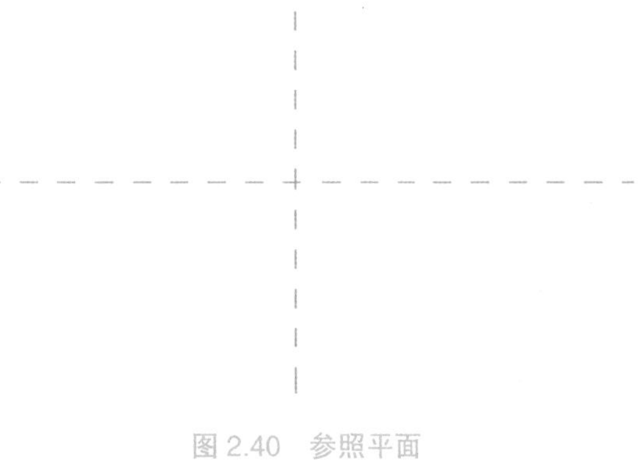

图 2.40　参照平面

单击“工作平面”面板中的“设置”命令，在“工作平面”对话框中选择“拾取一个平面”，单击“确定”。移动光标单击拾取垂直的参照平面，在“转到视图”对话框中选择“立面：东”，单击“打开视图”进入东立面视图。

绘制轮廓：在“绘制”面板中选择“线”绘制工具，以参照平面为中心，按图 2.41 所示尺寸绘制封闭的城墙轮廓线。

拉伸属性设置：在“属性”选项板中，设置参数“拉伸终点”值为“10000”，“拉伸起点”值为“-10000”（城墙总长 20m，从中心向两边各拉伸 10m）。单击参数“材质”的值“按类别”，右侧出现一个小按钮，单击打开“材质”对话框，从弹出的“材质浏览器”中选择“砖”，单击“确定”。

单击功能区“模式”面板中的“√”工具完成创建，城墙三维视图如图 2.42 所示。

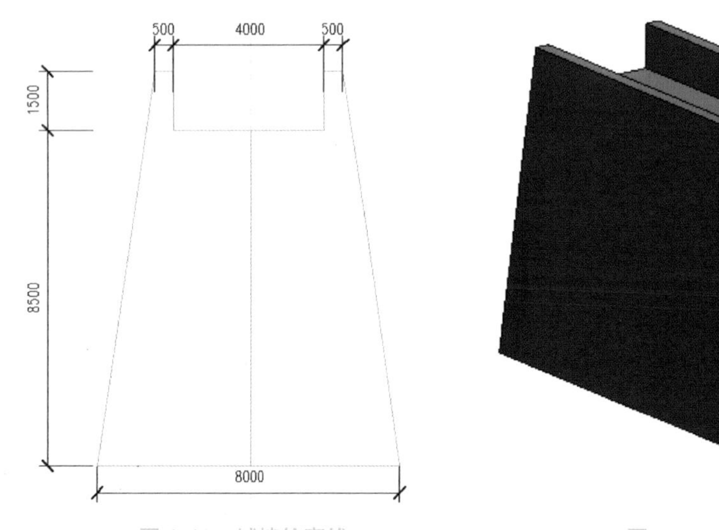

图 2.41　城墙轮廓线

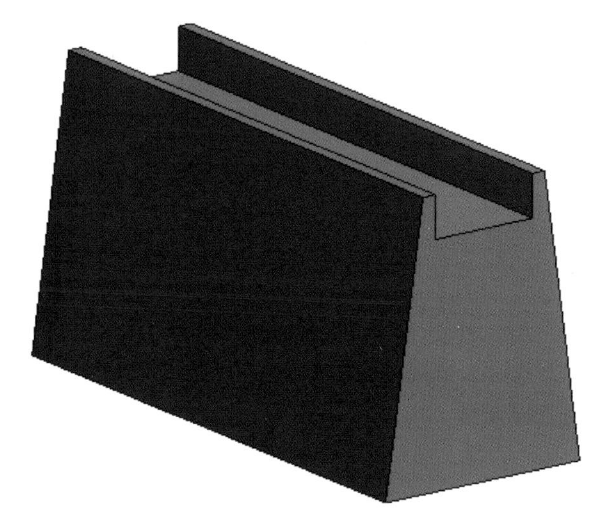

图 2.42　墙体创建完毕

注意：此时不要继续点击“在位编辑器”面板的“√完成模式”命令。

（4）剪切墙垛。切换窗口到 F_1 平面视图，在“创建”选项卡中单击“形状”面板中的“空心形状”工具，从下拉菜单中选择“空心拉伸”命令，进入“修改 | 创建空心拉伸”子选项卡。

设置工作平面：单击“工作平面”面板中的“设置”命令，拾取水平参照平面为工作平面，选择“立面：南”为绘制轮廓视图。

绘制轮廓：在“绘制”面板中选择“矩形”绘制工具，以参照平面为中心绘制一个 500mm × 500mm 的正方形。然后选择绘制的正方形，用“复制”工具向右侧复制 6 个正方形，间距 1500。选择右侧复制的所有正方形，用“镜像—拾取轴”工具拾取垂直参照平面镜像左侧正方形，结果如图 2.43 所示。

拉伸属性设置：在“属性”选项板中，设置参数“拉伸终点”值为“4000”，“拉伸起点”值为“-4000”，单击“确定”。

单击功能区“模式”面板中的“√”工具，刚刚绘制的空心拉伸模型就会自动剪切城墙，形成垛口。

（5）单击“修改”选项卡下“在位编辑器”面板中的“√完成模型”命令，关闭族编辑器。

古城墙创建完毕，其三维视图如图 2.44 所示。

图 2.43　墙垛轮廓

图 2.44　古城墙创建完毕

提示：选择古城墙，单击“修改 | 墙”子选项卡“模型”面板的“在位编辑”工具，可以返回族编辑器中重新编辑修改城墙模型，或拖拽蓝色三角控制柄进行控制。

4.3 复合墙及叠层墙

1. 复合墙

复合墙指的是由多种平行的层构成的墙。既可以由单一材质的连续平面构成（例如胶合板），也可以由多重材质组成（例如石膏板、龙骨、隔热层、气密层、砖和壁板）。另外，构件内的每个层都有其特殊的用途。例如，有些层用于结构支座，而另一些层则用于隔热。创建复合墙的步骤如下：

（1）在绘图区域中选择墙。

（2）在“属性”选项板上单击“编辑类型”，进入到“类型属性”对话框。

（3）单击“类型属性”对话框中的“复制”，在弹出的“名称”对话框中输入自定义的墙体名称，单击“预览”打开预览窗格。

（4）在预览窗格下，选择“剖面：修改类型属性”作为“视图”，如图 2.45 所示。

（5）单击“结构”参数对应的“编辑”，进入到“编辑部件”对话框，如图 2.46 所示。

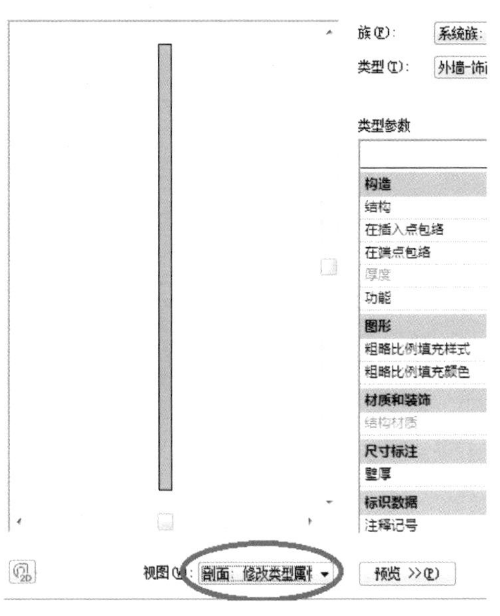

图 2.45　在剖面下预览

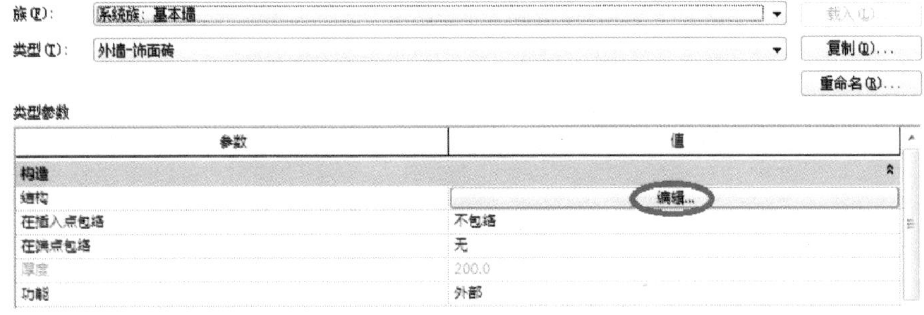

图 2.46　编辑墙体结构

单击“插入”开始插入层，“功能”为选择层的功能，“材质”为选择层的材质，“厚度”为指定层的厚度。

如果要移动层的位置，可选择它并单击“向上”或“向下”。图 2.47 是某复合墙体的构造层次。

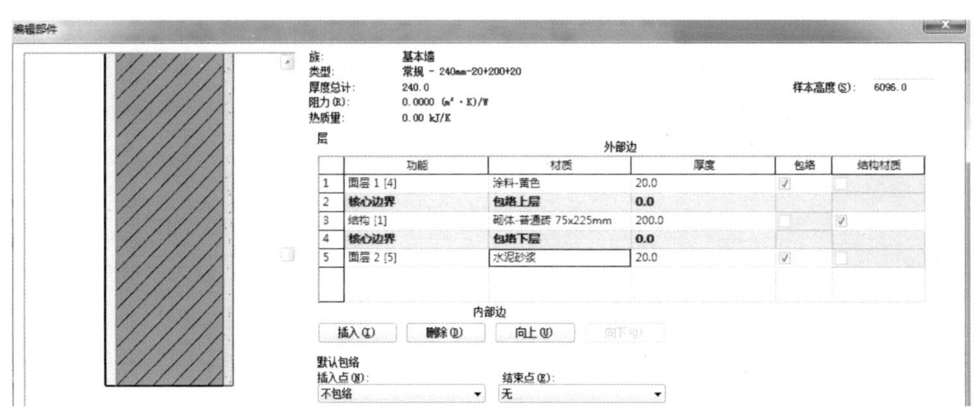

图 2.47　某复合墙的墙体结构

默认情况下，每个墙体类型都有两个名为“核心边界”的层，这些层不可修改，也没有厚度。它们一般包拢着结构层，是尺寸标注的参照。图 2.48 是核心边界显示为红色的复合几何图形。

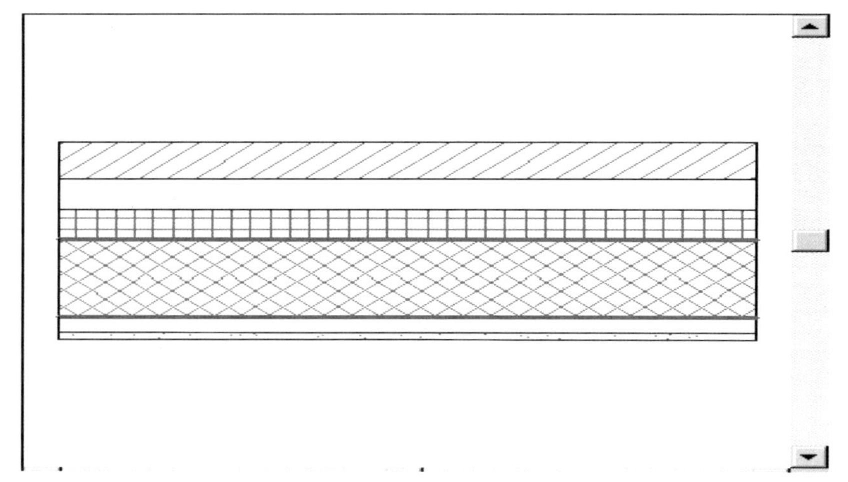

图 2.48　核心边界

（6）面层多材质复合墙。设置面层后，如图 2.49 所示，点击“拆分区域”按钮，移动光标到左侧预览框中，在墙左侧面层上捕捉一点并单击，会发现面层在该点处拆分为上下两部分。注意此时右侧栏中该面层的“厚度”值变为“可变”。

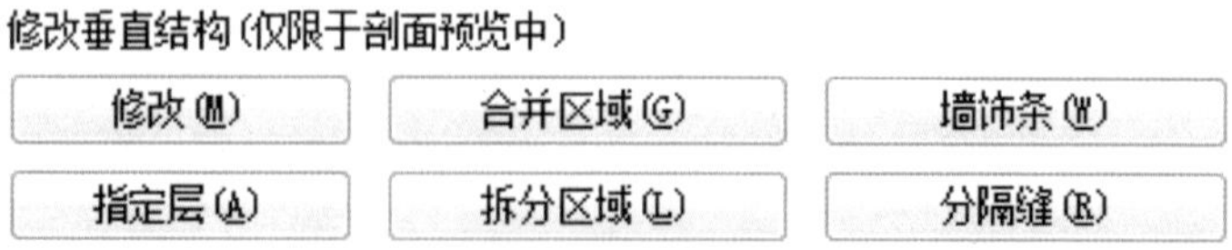

修改垂直结构（仅限于剖面预览中）

修改(M)	合并区域(G)	墙饰条(W)
指定层(A)	拆分区域(L)	分隔缝(R)

图 2.49　“拆分区域”工具

提示：单击“修改”按钮，再单击选择拆分边界，编辑蓝色临时尺寸可以调整拆分位置。

在右侧栏中加入一个面层，移至被拆分面层的上方，设置其“材质”，“厚度”值设为“0.0”，如图 2.50 所示。

层

外部边

	功能	材质	厚度	包络	结构材质
1	面层 2 [5]	涂料-白色	0.0	☑	■
2	面层 1 [4]	涂料-黄色	20.0	☑	☐
3	**核心边界**	**包络上层**	**0.0**		
4	结构 [1]	砌体-普通砖 75x225mm	200.0	☐	☑
5	**核心边界**	**包络下层**	**0.0**		
6	面层 2 [5]	水泥砂浆	20.0	☑	☐

图 2.50　新加面层

再次单击新创建的面层，单击“指定层”按钮，移动光标到左侧预览框中拆分的面上单击，会将该新建的面层材质指定给拆分的面。此时刚创建的面层和原来的面层“厚度”都变为“20.0”，如图 2.51 所示。

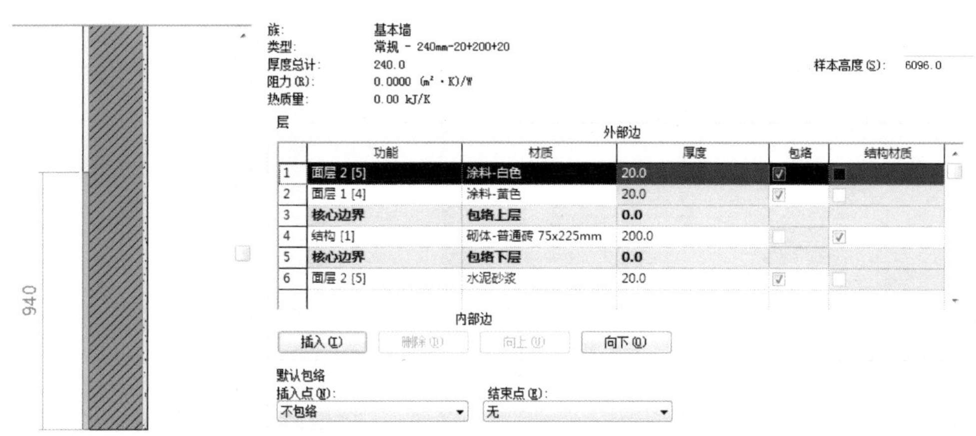

图 2.51　“指定层”后的墙体结构

单击“确定”关闭所有对话框后，选择的墙变成了外涂层有两种材质的复合墙类型。

2. 叠层墙

Revit 2021 中包含用于为墙建模的“叠层墙”系统族，这些墙包含一面接一面叠放在一起的两面或多面子墙。子墙在不同的高度可以具有不同的墙厚度。叠层墙中的所有子墙都被附着，其几何图形相互连接，如图 2.52 所示。

定义叠层墙的结构步骤如下：

（1）访问墙的类型属性。若第一次定义叠层墙，可以在项目浏览器的“族”–“墙”–“叠层墙”目录下，在某个叠层墙类型上单击鼠标右键，然后单击“创建实例”，如图 2.53 所示。然后在“属性”选项板上单击“编辑类型”。

若已将叠层墙放置在项目中，可在绘图区域中选择它，然后在“属性”选项板上单击“编辑类型”。

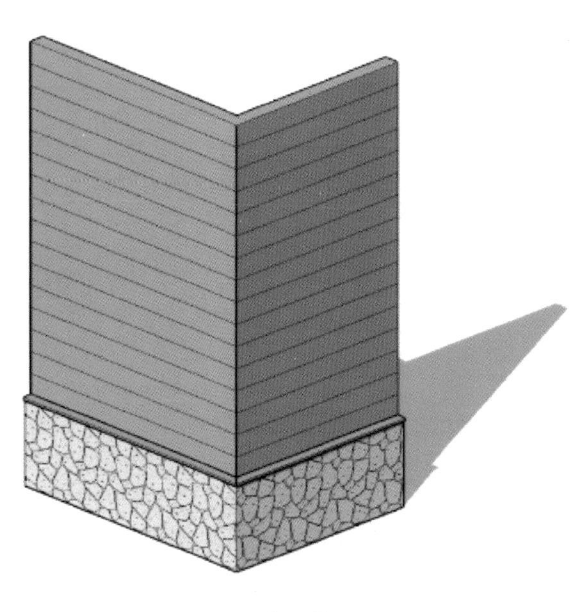
图 2.52　叠层墙

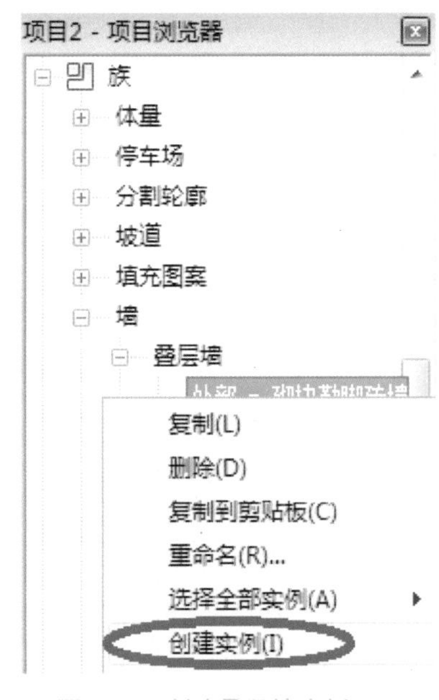

图 2.53　创建叠层墙实例

（2）在弹出的“类型属性”对话框中，单击“预览”打开预览窗格，用以显示选定墙类型的剖面视图。对墙所做的所有修改都会显示在预览窗格中。

（3）单击“结构”参数对应的“编辑”命令，打开“编辑部件”对话框。在对话框中需要输入“偏移”“样本高度”“类型”表中的“名称”“高度”“偏移”“顶”“底部”“翻转”值，如图 2.54 所示。

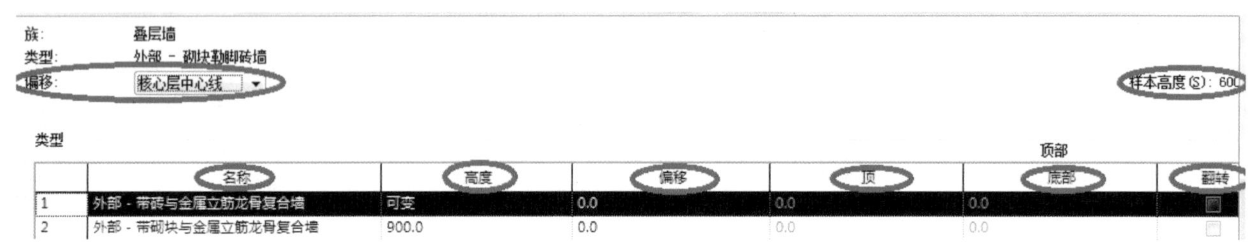

图 2.54　“编辑部件”对话框

“偏移”：该选项将用来对齐子墙的平面作为“偏移”值，该值将用于每面子墙的“定位线”实例属性，有墙中心线、核心层中心线（默认值）、面层面外部、面层面内部、核心面外部、核心面内部六个选项。

“样本高度”：指定预览窗格中墙的高度作为“样本高度”，如果所插入子墙的无连接高度大于样本高度，则该值将改变。

在“类型”表中，单击左列中的编号以选择定义子墙的行，或单击“插入”添加新的子墙。

在“名称”列中，单击文字，然后选择所需的子墙类型。

在“高度”列中，指定子墙的无连接高度。注意一个子墙必须有一个相对于其他子墙高度而改变的可变且不可编辑的高度。要修改可变子墙的高度，可选择其他子墙的行并单击“可变”，将其他子墙修改为可变的墙。

在“偏移”列中，指定子墙的定位线与主墙的参照线之间的偏移距离（偏移量）。正值会使子墙向主墙外侧（预览窗格左侧）移动。

如果子墙在顶部或底部未锁定，可以在“顶”或“底部”列中输入正值来升高墙的高度，或者输入负值来降低墙的高度。这些值分别决定着子墙的“顶部延伸距离”和“底部延伸距离”实例属性。

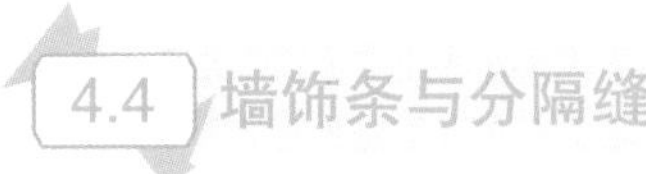

4.4 墙饰条与分隔缝

1. 墙饰条

在 Revit 2021 中，可以使用“饰条”工具向墙中添加踢脚板、冠顶或其他类型的装饰用条的水平或垂直投影，如图 2.55 所示。一般在三维视图或立面视图中为墙添加墙饰条。如果要为某种类型的所有墙添加墙饰条，可以在墙的类型属性中修改墙结构。

添加墙饰条的步骤如下：

（1）打开一个三维视图或立面视图，在“建筑”选项卡下“构建”面板中的“墙”下拉列表中选择“墙：饰条”命令。

（2）在类型选择器中选择所需的墙饰条类型。

（3）在“修改 | 放置墙饰条”选项卡下“放置”面板中选择墙饰条的方向为“水平”或“垂直”。

（4）将光标放在墙上以高亮显示墙饰条位置，单击放置墙饰条，如图 2.56 所示。

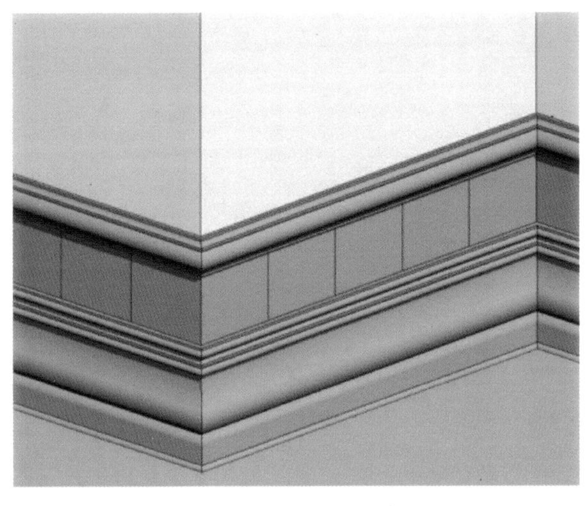

图 2.55　墙饰条

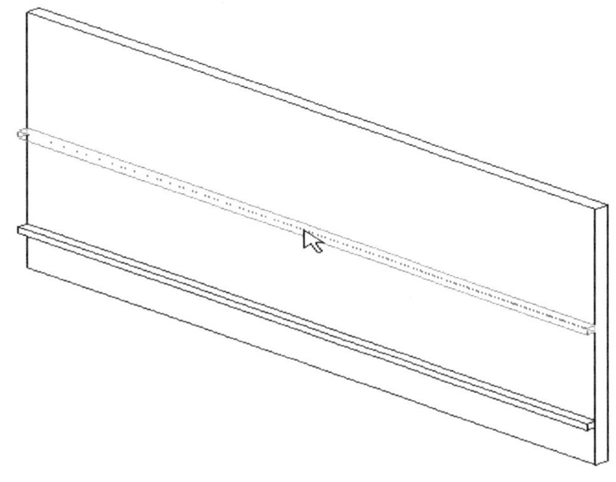

图 2.56　放置墙饰条

修改墙饰条的方法有两种，第一种方法是在选择墙饰条后在“属性”选项板上的“编辑类型”中进行修改；第二种方法是在选择墙饰条后在出现的“修改 | 放置墙饰条”选项卡中进行修改，可通过“添加 / 删除墙”命令在附加的墙上继续创建放样或从现有放样中删除放样段，如图 2.57 所示。“修改转角”命令可将墙饰条或分隔缝的一段转角回墙或应用直线剪切，如图 2.58 所示。

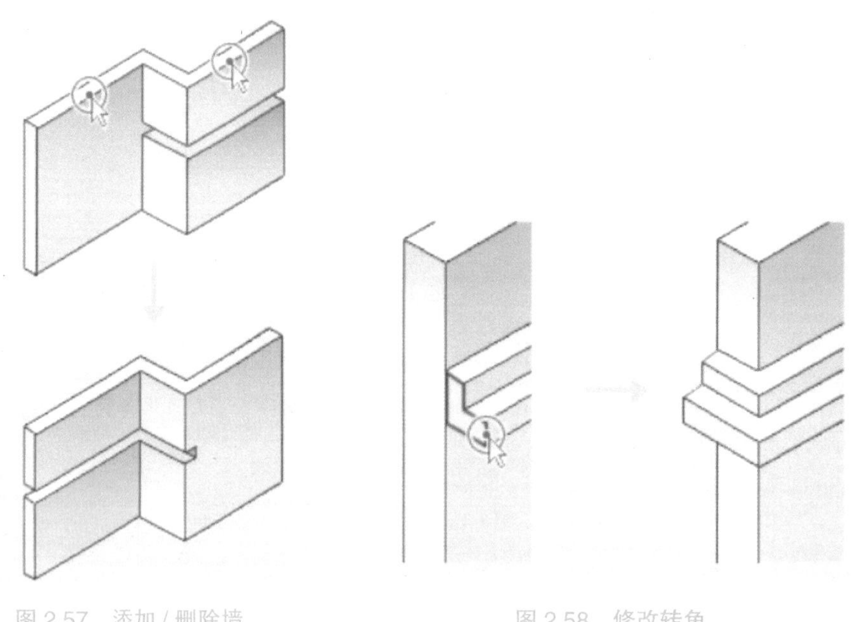

图 2.57 添加 / 删除墙　　　　图 2.58 修改转角

2. 分隔缝

“分隔缝”工具可将装饰用水平或垂直剪切添加到立面视图或三维视图中的墙体上，如图 2.59 所示。

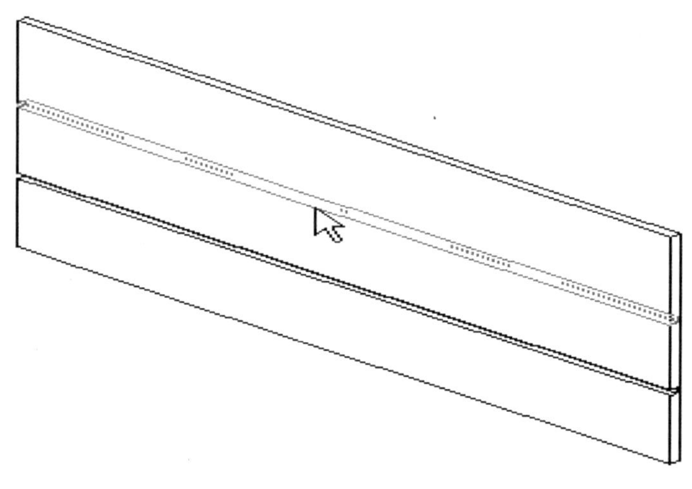

图 2.59 分隔缝

分隔缝的放置方法和墙饰条一样，在“建筑”选项卡下“构建”面板中的“墙”下拉列表中选择“墙：分隔缝”，进行设置。修改方式也同墙饰条一样，选择分隔缝后进行修改。

4.5 常规直线和弧形幕墙

在 Revit 2021 中，幕墙由“幕墙网格”“幕墙竖梃”和“幕墙嵌板”三部分组成，如图 2.60 所示。幕墙网格是创建幕墙时最先设置的构件，在幕墙网格上可生成幕墙竖梃。幕墙竖梃即幕墙龙骨，沿幕墙网格生成，若删除幕墙网格则依赖于该网格的幕墙竖梃也将同时被删除。幕墙嵌板是构成幕墙的基本单元，如玻璃幕墙的嵌板即为玻璃，幕墙嵌板可以替换为任意形式的基本墙或叠层墙类型，也可以替换为自定义的幕墙嵌板族。

1. 创建线性幕墙

打开楼层平面视图或三维视图，单击“建筑”选项卡下“构建”面板中的“墙”下拉列表中的“墙：建筑”，再从“属性”选项板的类型选择器下拉列表中选择“幕墙”，如图 2.61 所示。

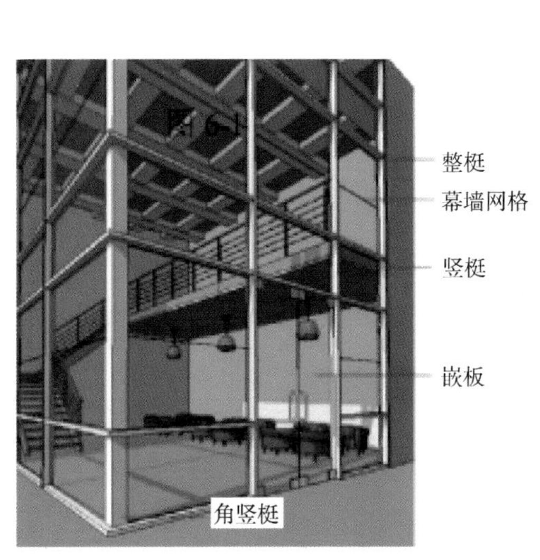

图 2.60　幕墙组成

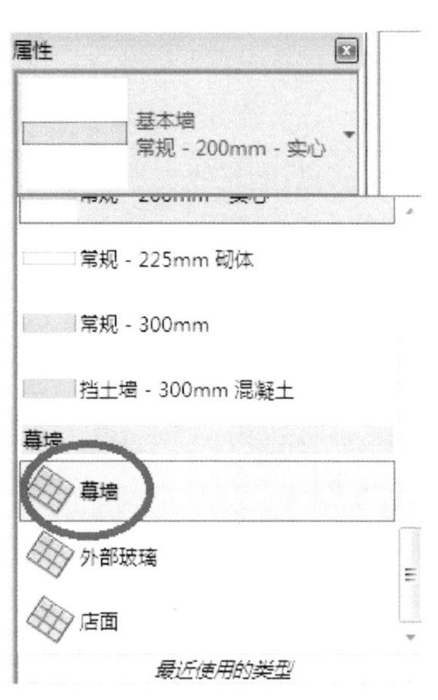

图 2.61　创建线性幕墙

绘制幕墙的方法同绘制一般墙体一样，在“修改 / 放置墙”选项卡下“绘制”面板中选择一种方法绘制。在绘图过程中，可根据状态栏的提示绘制墙体。

2. 添加幕墙网格

系统默认的幕墙是无网格的玻璃幕墙，添加幕墙网格的方法如下：选择绘图区域的幕墙，如图 2.62 所示，点击“属性”选项板中的“编辑类型”，在弹出的“类型属性”对话框中可以看出“垂直网格样式”“水平网格样式”的“布局”栏均为“无”，如图 2.63 所示。可以在“无”的下拉菜单中选择一种方式来添加网格，也可以手动添加网格。

图 2.62　幕墙

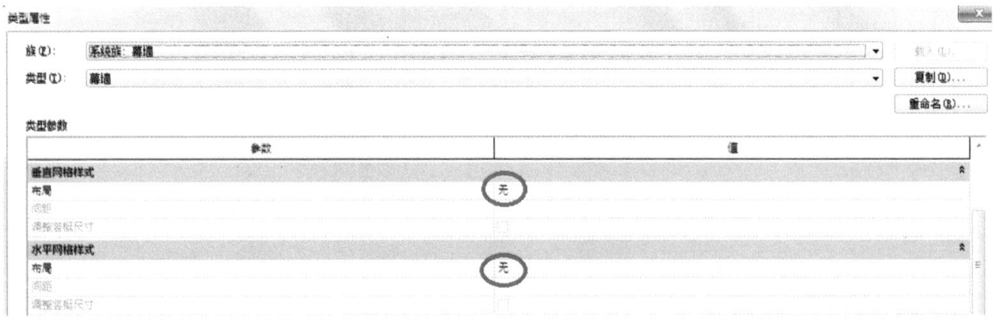

图 2.63　幕墙网格设置

手动添加网格的操作步骤如下：

在三维视图或立面视图下，单击“建筑”选项卡“构建”面板中的“幕墙网格”工具，在“修改｜放置幕墙网格”选项卡“放置”面板中选择放置类型，有三种放置类型，分别为“全部分段”（在出现预览的所有嵌板上放置网格线段）、“一段”（在出现预览的一个嵌板上放置一条网格线段）、“除拾取外的全部”（在除了选择排除的嵌板之外的所有嵌板上放置网格线段）。将幕墙网格放置在幕墙嵌板上时，嵌板上将显示网格的预览图像，可以使用以上三种放置网格线段的方法之一来控制幕墙网格的位置。

在绘图区域选中某网格线，点击出现的临时定位尺寸，可对网格线的定位进行修改，如图 2.64 所示；或点击“修改｜幕墙网格”选项卡“幕墙网格”面板中的“添加 / 删除线段”命令，可添加或删除网格线，如图 2.65 所示。

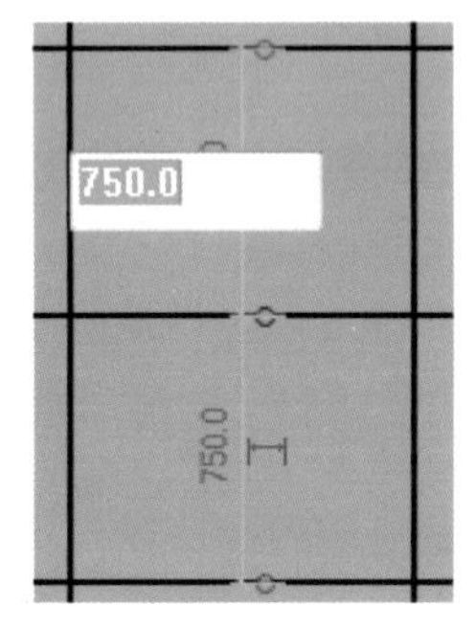

图 2.64　修改网格线定位

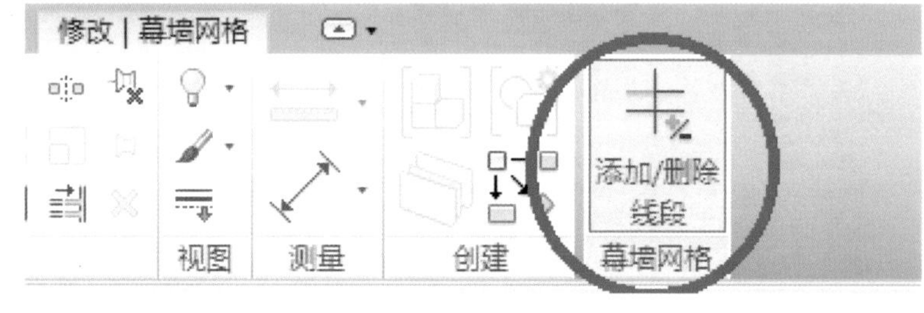

图 2.65　添加 / 删除网格线

3. 添加幕墙竖梃

创建幕墙网格后，可以在网格线上放置竖梃，方法如下：

单击“建筑”选项卡下“构建”面板中的“竖梃”工具，在“属性”选项板的类型选择器中选择所需的竖梃类型，如图 2.66 所示。

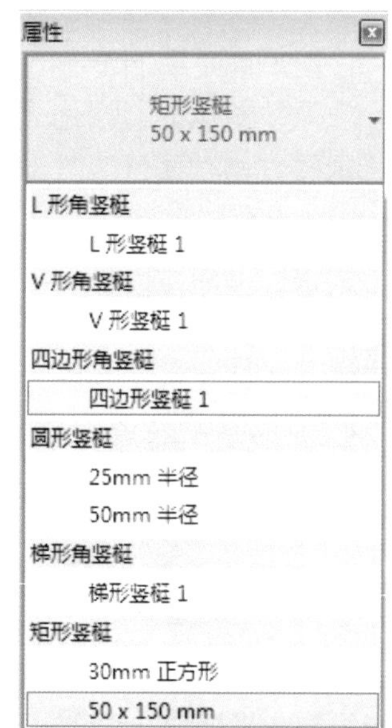

图 2.66　竖梃类型

在“修改｜放置竖梃”选项卡的“放置”面板上，选择下列工具之一：

网格线：单击绘图区域中的网格线时，选择此工具将跨整个网格线放置竖梃。

单段网格线：单击绘图区域中的网格线时，选择此工具将在单击的网格线的各段上放置竖梃。

所有网格线：单击绘图区域中的任何网格线时，选择此工具将在所有网格线上放置竖梃。

在绘图区域中单击，根据需要在网格线上放置竖梃。

4. 控制水平竖梃和垂直竖梃之间的连接

在绘图区域中选择竖梃，单击“修改｜幕墙竖梃”选项卡的“竖梃”面板中的“结合”或“打断”命令。使用“结合”可在连接处延伸竖梃的端点，以便使竖梃显示为一个连续的竖梃，如图 2.67 所示；使用“打断”可在连接处修剪竖梃的端点，以便将竖梃显示为单独的竖梃，如图 2.68 所示。

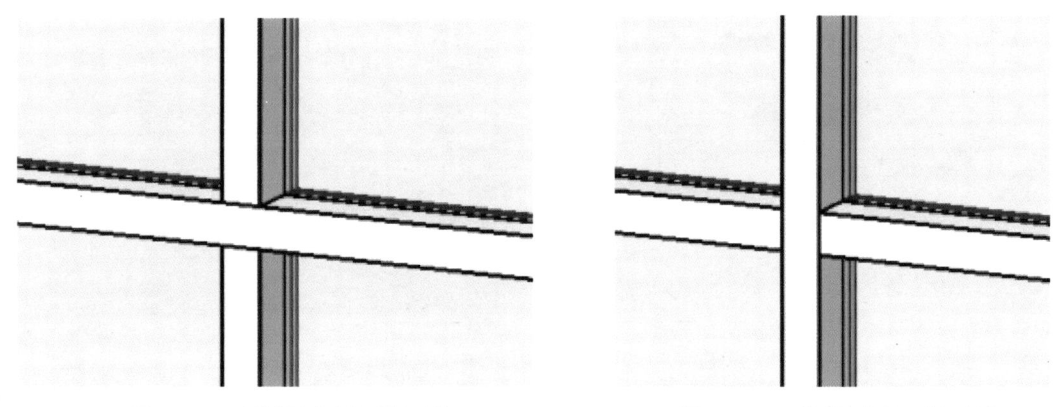

图 2.67　对横竖梃进行“结合”　　图 2.68　对横竖梃进行“打断”

5. 修改嵌板类型

打开可以看到幕墙嵌板的立面或三维视图，选择一个嵌板（将光标移动到嵌板边缘上方，并按 Tab 键，直到选中该嵌板为止，查看状态栏中的信息，然后单击以选中该嵌板）。从“属性”选项板的类型选择器下拉列表中选择合适的嵌板类型，如图 2.69 所示。系统自带的嵌板类型较少，可点击“属性”选项板中的“编辑类型”，在出现的“类型属性”对话框中点击“载入”，载入嵌板族（在之后的章节会讲到族命令）。如图 2.70 所示将玻璃嵌板替换为墙体嵌板。

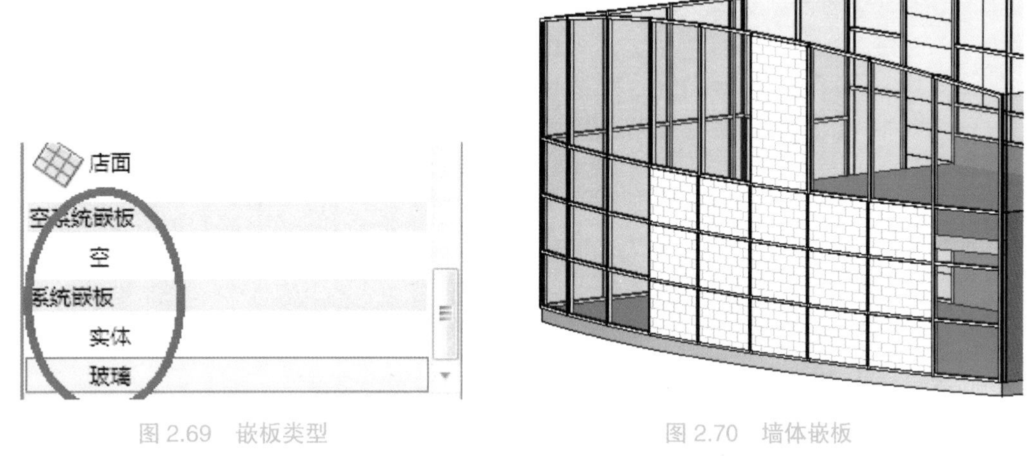

图 2.69　嵌板类型　　图 2.70　墙体嵌板

4.6 幕墙系统

幕墙系统同样包括嵌板、幕墙网格和竖梃，但它通常是由曲面组成，不含有矩形形状，如图 2.71 所示。在创建幕墙系统之后，可以使用与常规幕墙相同的方法添加幕墙网格和竖梃。幕墙系统的创建是建立在“体量面”的基础上的，操作示例如下：

图 2.71　幕墙系统

1. 创建体量面

创建两层平面模型，打开一层平面视图，点击“体量和场地”选项卡，在“概念体量”面板中点击“内建体量”工具，如图 2.72 所示，在弹出的“名称”对话框中输入自定义的体量名称（如“体量面 1”）。在“绘制”面板中选择“样条曲线”，绘制一条样条曲线。再打开二层平面视图，在“绘制”面板中选择“直线”命令，绘制一条直线。这两条线不必相互平行，如图 2.73 所示。

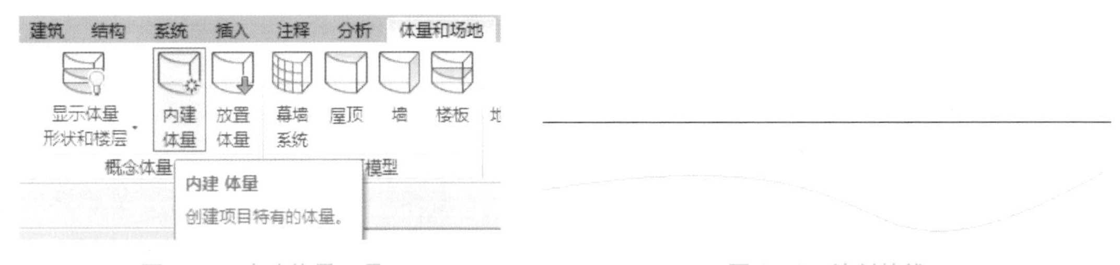

图 2.72　内建体量工具　　图 2.73　绘制的线

打开三维视图，同时选择绘制完的样条曲线和直线，点击“形状”面板中“创建形状”的下拉菜单，选择“实心形状”命令，如图 2.74 所示，选择“完成体量”，如图 2.75 所示。形成的幕墙体量面如图 2.76 所示。

图 2.74　实心形状工具　　图 2.75　完成体量　　图 2.76　体量面

2. 在体量面上创建幕墙系统

单击“建筑”选项卡下“构建”面板中的“幕墙系统”命令，可在“属性”选项板中看到系统默认的幕墙系统是“幕墙系统 1500 × 3000mm”，如图 2.77 所示，在“编辑类型”中可以看出该幕墙系统按照 1500mm × 3000mm 进行分格。按照状态栏的提示，点击生成的“体量面 1”，点击“创建系统”，如图 2.78 所示，幕墙系统创建完毕，如图 2.79 所示。

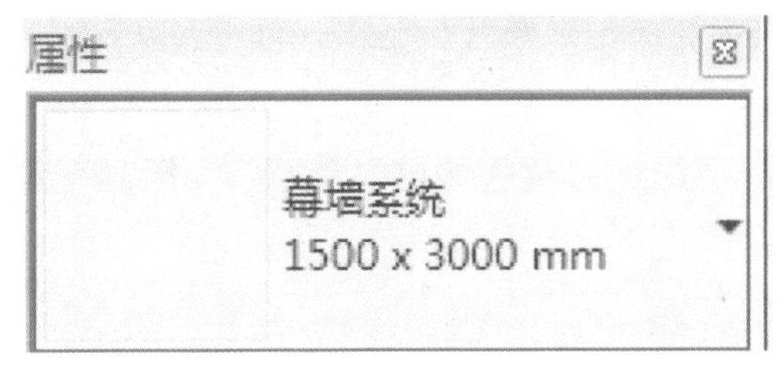

图 2.77　幕墙系统

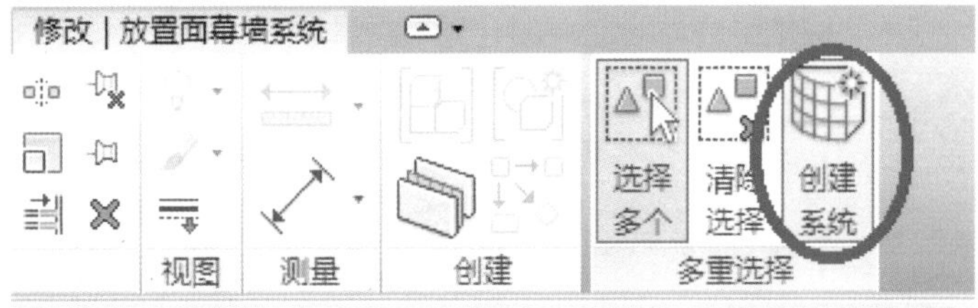

图 2.78　创建系统

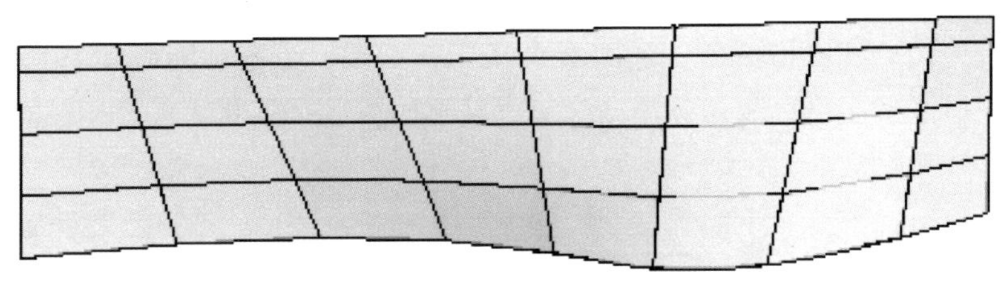

图 2.79　幕墙系统

任务 5　楼板和天花板

5.1 楼板

5.1.1　平楼板

1. 创建平楼板

（1）在平面视图中，单击“建筑”选项卡“构建”面板中“楼板”下拉列表中的“楼板：建筑”命令。

（2）在“属性”选项板中选择或新建。

使用以下方法之一绘制楼板边界：

拾取墙：默认情况下，“拾取墙”处于活动状态，如图 2.80 所示，在绘图区域中选择要用作楼板边界的墙。

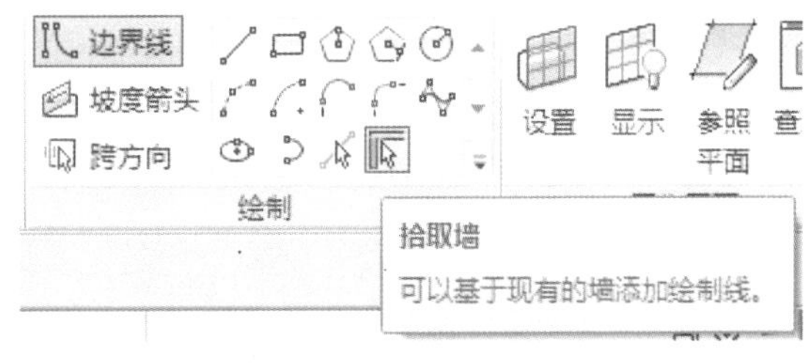

图 2.80　拾取墙工具

绘制边界：选取“绘制”面板中的“直线”“矩形”“多边形”“圆形”“弧形”等工具，根据状态栏提示绘制边界。

（3）在选项栏中输入楼板边缘的偏移值，如图 2.81 所示。在使用“拾取墙”时，可选择“延伸到墙中（至核心层）”再输入楼板边缘到墙核心层之间的偏移。

偏移: 50.0　☑ 延伸到墙中(至核心层)

图 2.81　楼板边缘偏移值

（4）将楼层边界绘制成闭合轮廓后，单击“模式”面板中的“√完成编辑模式”命令，如图 2.82 所示。

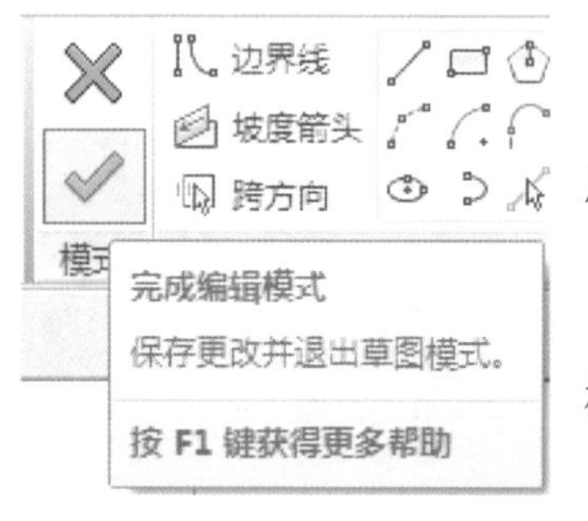

图 2.82　完成编辑

2. 修改楼板

（1）选择楼板，在“属性”选项板上修改楼板的“类型”“标高”等属性值。

注意：可使用筛选器选择楼板。

（2）编辑楼板草图。在平面视图中，选择楼板，然后单击“修改｜楼板”选项卡下“模式”面板中的“编辑边界”命令。

可用“修改”面板中的“偏移”“移动”“删除”等命令对楼板边界进行编辑，如图 2.83 所示，或用“绘制”面板中的“直线”“矩形”“弧形”等命令绘制楼板边界，如图 2.84 所示。

图 2.83　编辑工具

图 2.84　绘制工具

修改完毕，单击“模式”面板中的“√完成编辑模式”命令。

5.1.2　斜楼板

创建斜楼板有以下两种方法。

方法一：

在绘制或编辑楼层边界时，点击“绘制”面板中的“坡度箭头”命令，如图 2.85 所示，根据状态栏提示，“单击一次指定其起点（尾）”，“再次单击指定其终点（头）”。箭头“属性”选项板的“指定”下拉菜单中有“坡度”“尾高”两种选择。

若选择“坡度”，如图 2.86 所示，“最低处标高”①（楼板坡度起点所处的楼层，一般为“默认”，即楼板所在楼层）、“尾高度偏移”②（楼板坡度起点标高距所在楼层标高的差值）和“坡度”③（楼板倾斜坡度）如图 2.87 所示。单击“√完成编辑模式”。

注意：坡度箭头的起点（尾部）必须位于一条定义边界的绘制线上。

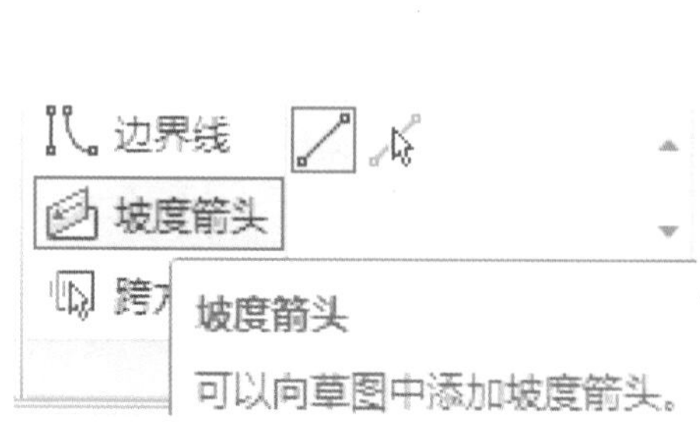

图 2.85　坡度箭头

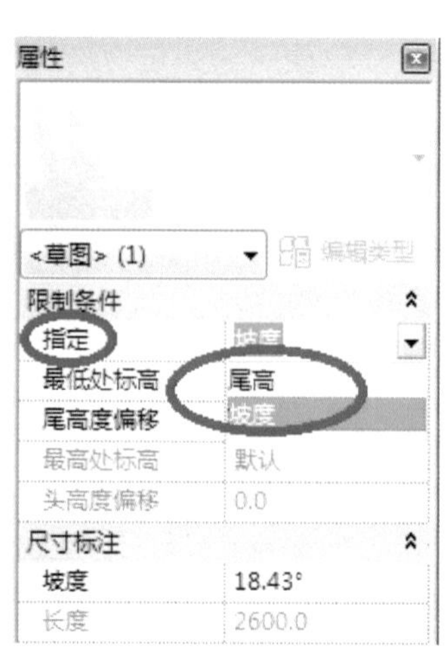

图 2.86　选择“坡度”

若选择“尾高”，“最低处标高”①、“尾高度偏移”②、“最高处标高”③（楼板坡度终点所处的楼层）和“头高度偏移”④（楼板坡度终点标高距所在楼层标高的差值）如图 2.88 所示。单击“√完成编辑模式”。

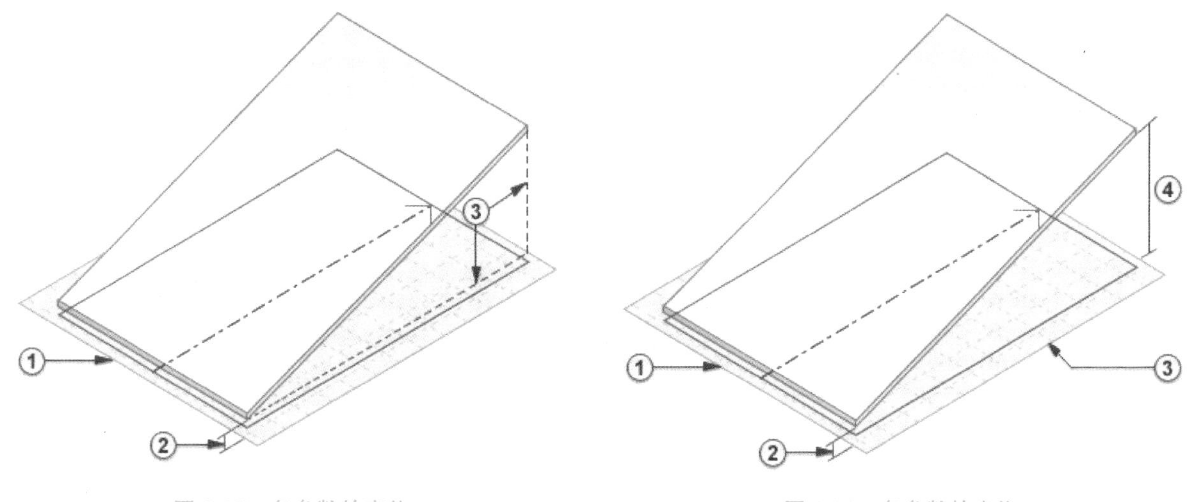

图 2.87　各参数的定位　　图 2.88　各参数的定位

方法二：

指定平行楼板绘制线的“相对基准的偏移”属性值。

在草图模式中，选择一条边界线，在“属性”选项板上可以选择“定义固定高度”，或指定单条楼板绘制线的“定义坡度”和“坡度”属性值。

若选择“定义固定高度”，输入“标高”① 和“相对基准的偏移”② 的值。选择平行边界线，用相同的方法指定“标高”③ 和“相对基准的偏移”④ 的值，如图 2.89 所示。单击“√完成编辑模式”。

若指定单条楼板绘制线的“定义坡度”和“坡度”属性值，选择一条边界线，在“属性”选项板上选择“定义固定高度”“定义坡度”选项，输入“坡度”③的值，（可选）输入“标高”① 和“相对基准的偏移”② 的值，如图 2.90 所示。单击“√完成编辑模式”。

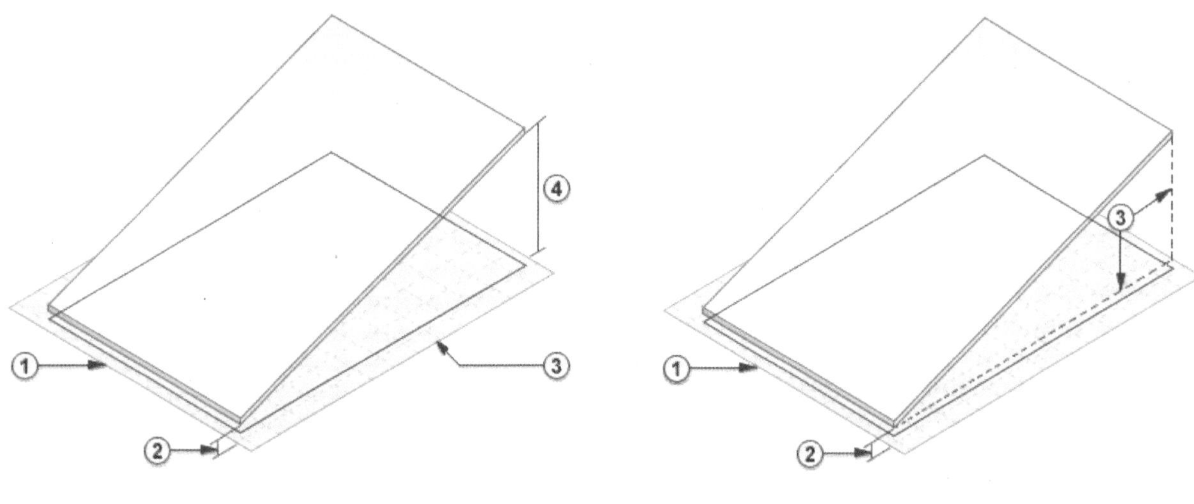

图 2.89　各参数的定位　　图 2.90　各参数的定位

5.1.3 异形楼板与平楼板汇水设计

有一些特殊的楼板设计（如错层连廊楼板需要在一块楼板中实现平楼板和斜楼板的组合，在一块平楼板的卫生间位置实现汇水设计等），可以通过“修改｜楼板”选项卡下“形状编辑”面板中的“添加点”“添加分割线”“拾取支座”“修改子图元”命令快速实现。“形状编辑”面板如图 2.91 所示，各命令功能如下：

添加点：给平楼板添加高度可偏移的高程点。

添加分割线：给平楼板添加高度可偏移的分割线。

拾取支座：拾取梁，在梁中线位置给平楼板添加分割线，且自动将分割线向梁方向抬高或降低一个楼板厚度。

修改子图元：单击该命令，可以选择前面添加的点、分割线，然后编辑其偏移高度。

图 2.91 形状编辑面板

重设形状：单击该命令，自动删除点和分割线，恢复平楼板原状。

1. 异形楼板

在平面视图中绘制一个楼板，如图 2.92 所示，选择这个楼板，单击“修改｜楼板”选项卡下“形状编辑”面板中的“添加分割线”工具，楼板四周边线变为绿色虚线，角点处有绿色高程点，如图 2.93 所示。

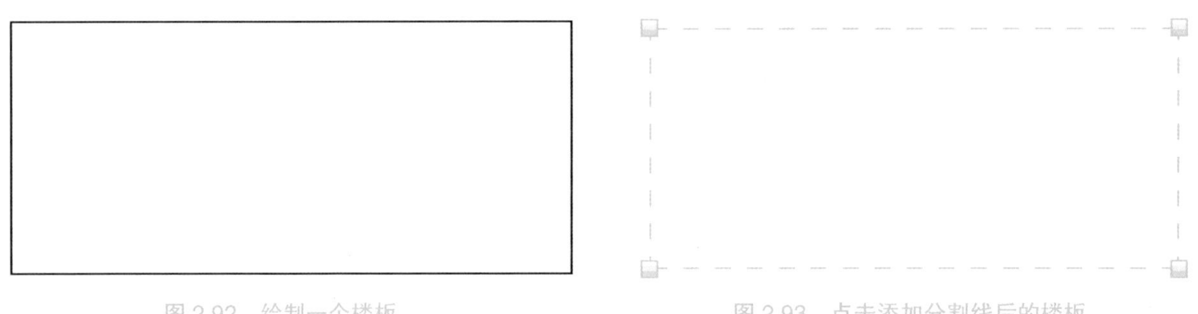
图 2.92 绘制一个楼板　　图 2.93 点击添加分割线后的楼板

移动光标在矩形内部左右两侧捕捉参照平面和矩形上下边界交点各绘制一条分割线，分割线蓝色显示，如图 2.94 所示。

单击功能区“修改子图元”工具，自左上到右下框选右侧小矩形，如图 2.95 所示，在选项栏“立面”参数栏中输入“600”后按回车键（这一步操作使框选的四个角点抬高 600mm）。按 Esc 键结束命令，楼板的立面图、三维视图如图 2.96 所示。

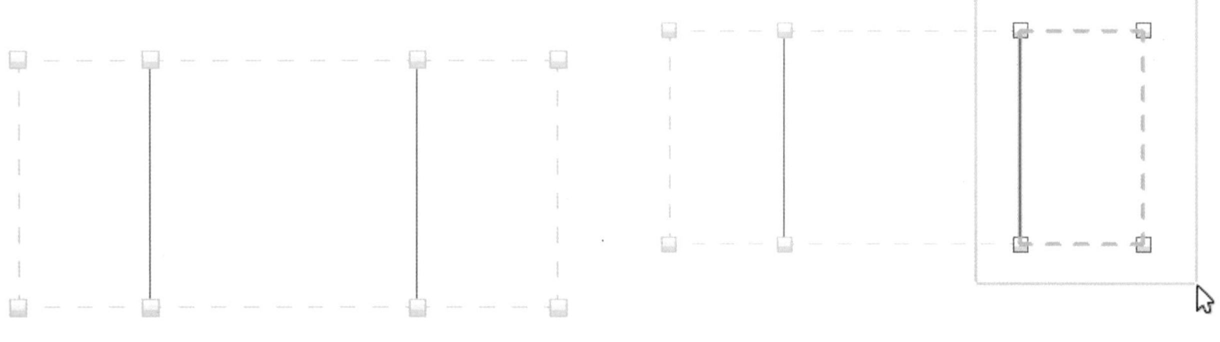
图 2.94 绘制分割线　　图 2.95 框选右侧小矩形

图 2.96　异形楼板的立面图和三维视图

2. 平楼板汇水设计

卫生间平楼板汇水设计方法同上，不同之处在于要在卫生间边界和地漏边界上分别添加几条分割线，并设置其相对高度，同时要设置楼板构造层，保证楼板结构层不变，面层厚度随相对高度变化，操作步骤如下：

先绘制一个面层为 20mm 厚的卫生间楼板，选择这个楼板，单击“修改｜楼板”选项卡下“形状编辑”面板中的“添加分割线”工具，楼板四周边线变为绿色虚线，角点处有绿色高程点，如图 2.97（a）所示。再通过“添加分割线”命令在卫生间内绘制 4 条短分割线（地漏边界线），如图 2.97（b）所示，分割线蓝色显示。单击功能区“修改子图元”工具，框选 4 条短分割线，在选项栏“立面”参数栏中输入“-15”后按回车键，将地漏边线降低 15mm。“回”字形分割线角角相连，出现 4 条灰色的连接线，如图 2.97（c）所示。按 Esc 键结束命令，楼板如图 2.97（d）所示。

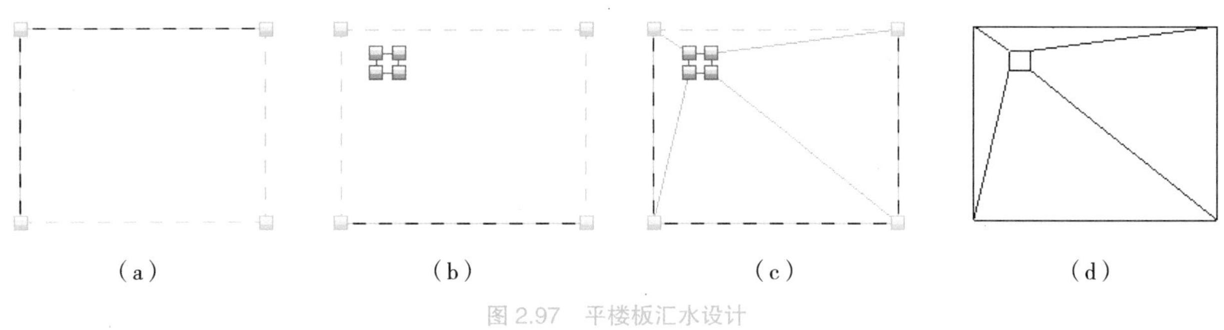

（a）　　（b）　　（c）　　（d）

图 2.97　平楼板汇水设计

点击“视图”选项卡下“创建”面板中的“剖面”工具，如图 2.98 所示，按图 2.99 所示设置剖断线。展开“项目浏览器”面板中的“剖面”，双击打开刚生成的剖面。从剖面图中可以看出楼板的结构层和面层都向下偏移了 15mm，如图 2.100 所示。

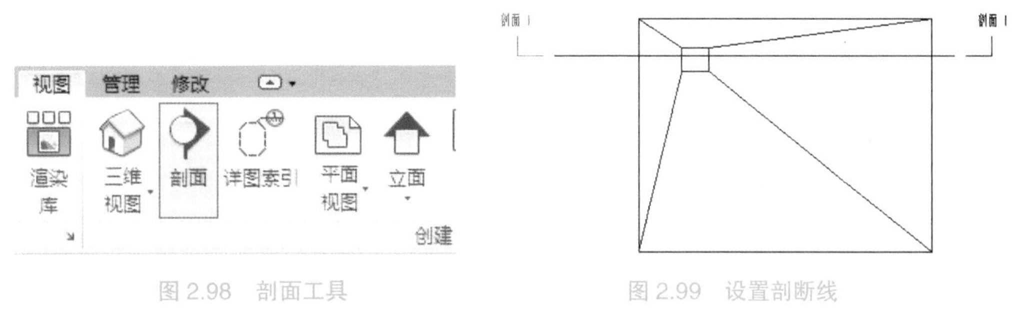

图 2.98　剖面工具　　图 2.99　设置剖断线

单击选择楼板，在“属性”选项板中单击“编辑类型”命令，打开“类型属性”对话框。单击“复制”输入“汇水楼板”，点击“确定”后单击“结构”参数后的“编辑”按钮打开“编辑部件”对话框，勾选第 1 行“面层”后面的“可变”选项，点击“确定”关闭所有对话框。这一步使楼板结构层保持水平不变，面层厚度地漏处降低了 15mm，如图 2.101 所示。

图 2.100　楼板结构层下移 15mm　　　图 2.101　楼板结构层保持水平不变

5.1.4　楼板边缘

1. 创建楼板边缘

单击“建筑”选项卡下“构建”面板中“楼板”下拉列表内的“楼板：楼板边缘”工具。高亮显示楼板水平边缘，并单击鼠标以放置楼板边缘，也可以单击模型线。单击边缘时，Revit 2021 会将其作为一个连续的楼板边缘，如果楼板边缘的线段在角部相遇，它们会相互衔接。要完成当前的楼板边缘放置，单击“修改｜放置楼板边缘”选项卡下“放置”面板 中的“重新放置楼板边缘”命令。

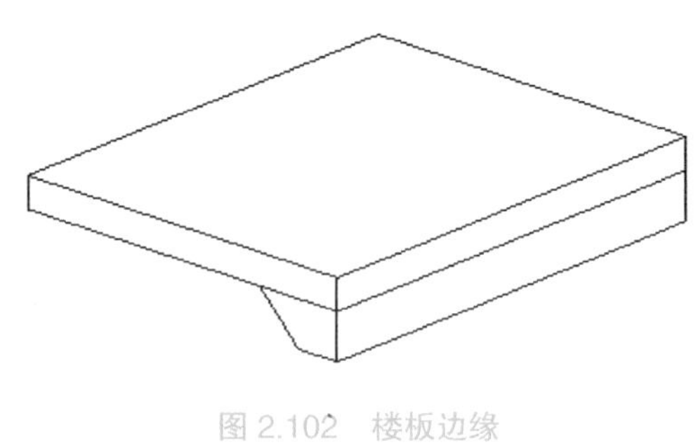

图 2.102　楼板边缘

要创建其他楼板边缘，将光标移动到新的边缘并单击以放置。

要完成楼板边缘的放置，单击“修改｜放置楼板边缘”选项卡下“选择”面板中的“修改”命令。创建的楼板边缘如图 2.102 所示。

提示：可以将楼板边缘放置在二维视图（如平面或剖面视图）中，也可以放置在三维视图中。观察状态栏以寻找有效参照。例如，如果将楼板边缘放置在楼板上，“状态栏”可能显示“楼板：基本楼板：参照”。在剖面视图中放置楼板边缘时，将光标靠近楼板的角部以高亮显示其参照。

2. 修改楼板边缘

可以通过修改楼板边缘的属性或以图形方式移动楼板边缘来改变其水平或垂直偏移。

（1）水平移动。要移动单段楼板边缘，选择此楼板边缘并水平拖动它。要移动多段楼板边缘，选择此楼板边缘的造型操纵柄，将光标放在楼板边缘上，并按 Tab 键高亮显示造型操纵柄，观察状态栏以确保高亮显示的是造型操纵柄。单击以选择该造型操纵柄，向左或向右移动光标以改变水平偏移。这会影响此楼板边缘所有线段的水平偏移，因为线段是对称的，如图 2.103 所示。移动左边的楼板边缘的同时，右边的楼板边缘也会移动。

（2）垂直移动。选择楼板边缘并上下拖曳它，如果楼板边缘是多段的，那么所有段都会上下移动相同的距离，如图 2.104 所示。

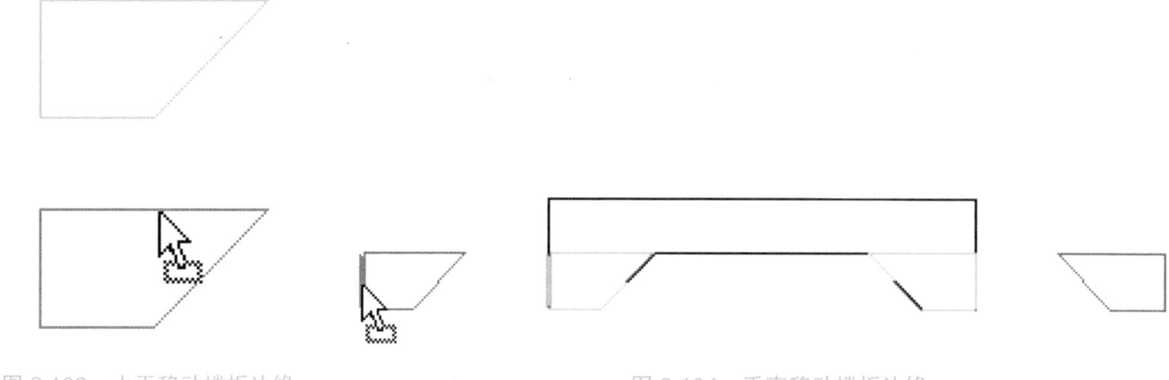

图 2.103　水平移动楼板边缘　　　图 2.104　垂直移动楼板边缘

5.2 天花板

创建天花板是在其所在标高以上指定距离处进行的。例如，如果在标高 1 上创建天花板，则可将天花板放置在标高 1 上方 3 米的位置。可以使用天花板“类型属性”指定该偏移量。

1. 创建平天花板

打开天花板平面视图。单击“建筑”选项卡下“构建”面板中的“天花板”工具。在类型选择器中选择一种天花板类型。可使用两种命令放置天花板——“自动创建天花板”或“绘制天花板”。

默认情况下，“自动创建天花板”工具处于活动状态，在单击构成闭合环的内墙时，该工具会在这些边界内部放置一个天花板，而忽略房间分隔线。

2. 创建斜天花板

可使用下列方法之一创建斜天花板：

在绘制或编辑天花板边界时，绘制坡度箭头。

为平行的天花板绘制线指定“相对基准的偏移”属性值。

为单条天花板绘制线指定“定义坡度”和“坡度”属性值。

3. 修改天花板

不同修改目标的具体操作如表 2–2 所示。

表 2–2　修改天花板

目标	操作
修改天花板类型	选择天花板，然后从“类型选择器”中选择另一种天花板类型
修改天花板边界	选择天花板，点击“编辑边界”
将天花板倾斜	见“创建斜天花板”
向天花板应用材质和表面填充图案	选择天花板，单击“编辑类型”，在“类型属性”对话框中，对“结构”进行编辑
移动天花板网格	常采用“对齐”命令对天花板进行移动

任务 6　屋顶

6.1.1　迹线屋顶

创建迹线屋顶。

（1）打开楼层平面视图或天花板投影平面视图。

（2）单击“建筑”选项卡下“构建”面板中“屋顶”下拉列表内的“迹线屋顶”。

注：如果在最低楼层标高上点击“迹线屋顶”，则会出现一个对话框，提示将屋顶移动到更高的标高上。如果选择不将屋顶移动到其他标高上，Revit 2021 随后会提示屋顶是否过低。

（3）在“绘制”面板上，选择某一绘制或拾取工具。默认选项是绘制面板中的“边界线”–“拾取墙”命令，在状态栏亦可看到“拾取墙以创建线”提示。

可以在“属性”选项板编辑屋顶属性。

提示：使用“拾取墙”命令可在绘制屋顶之前指定悬挑。如果希望从墙核心处测量悬挑，请在选项栏上勾选“延伸到墙中（至核心层）”，然后为“悬挑”指定一个值。

（4）在绘图区域为屋顶绘制或拾取一个闭合环。

要修改某一线的坡度定义，选择该线，在“属性”选项板上单击“坡度”数值，可以修改坡度值。有坡度的屋顶线旁边便会出现符号，如图 2.105 所示。

（5）单击“√完成编辑模式”，然后打开三维视图，如图 2.106 所示。

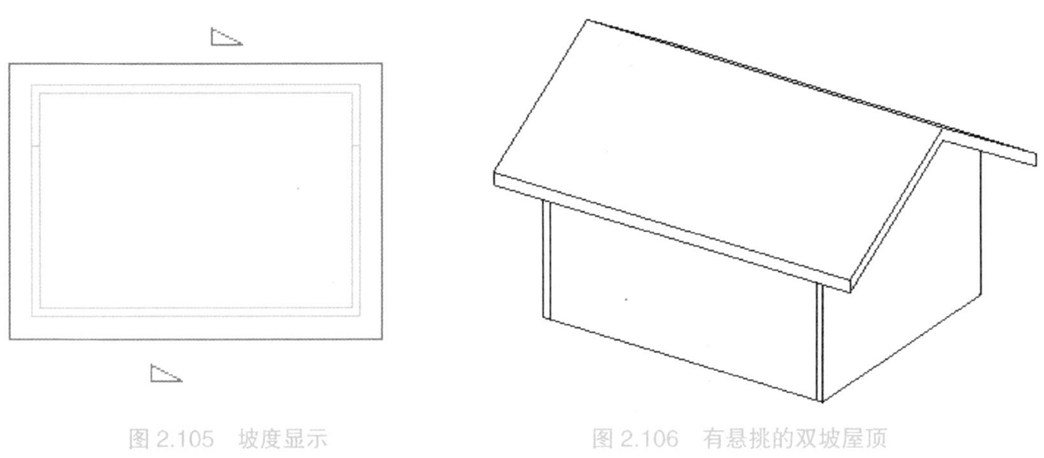

图 2.105　坡度显示　　　　图 2.106　有悬挑的双坡屋顶

6.1.2　拉伸屋顶

1. 创建拉伸屋顶

（1）打开立面视图或三维视图、剖面视图。

（2）单击“建筑”选项卡下“构建”面板中“屋顶”下拉列表内的“拉伸屋顶”。

（3）拾取一个参照平面。

（4）在“屋顶参照标高和偏移”对话框中，为“标高”选择一个值。默认情况下，将选择项目中最高的标高。如果要相对于参照标高提升或降低屋顶，可在“偏移”中指定一个值（单位为 mm）。

（5）在绘制面板中选择一种绘制工具来绘制开放环形式的屋顶轮廓（图 2.107）。

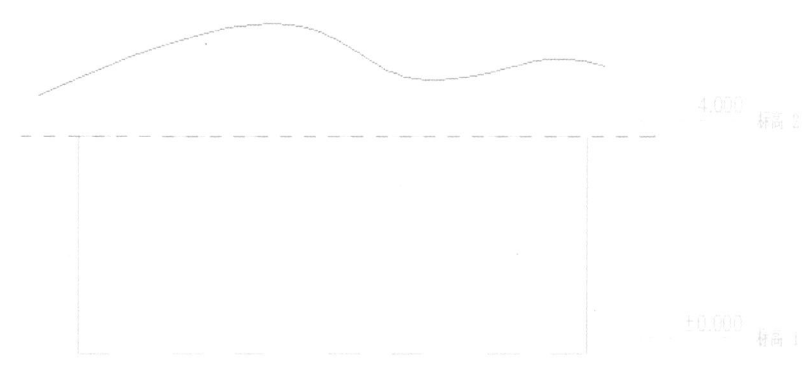

图 2.107　使用样条曲线工具绘制屋顶轮廓

（6）单击“√完成编辑模式”，然后打开三维视图。根据需要将墙附着到屋顶，如图 2.108 所示。

2. 屋顶的修改

（1）编辑屋顶草图。

选择屋顶，然后单击“修改 | 屋顶”选项卡中“模式”面板中的“编辑迹线”或“编辑轮廓”，以进行必要的修改。

如果要修改屋顶的位置，可用“属性”选项板来编辑“底部标高”和“自标高的底部偏移”属性值。若提示“屋顶几何图形无法移动”的警告，请编辑屋顶草图，并检查有关草图的限制条件。

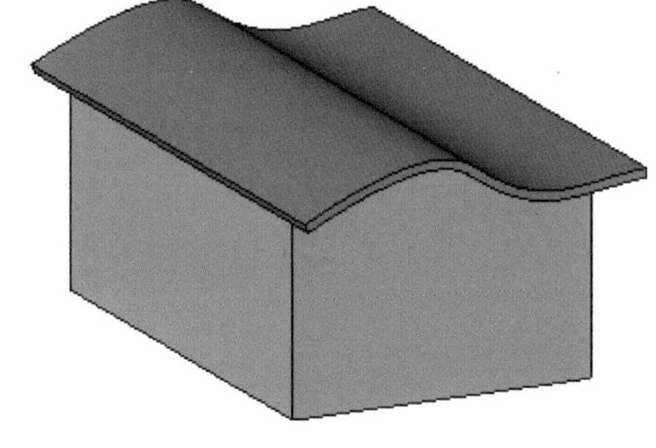

图 2.108　完成的拉伸屋顶

（2）使用造型操纵柄调整屋顶的大小。

在立面视图或三维视图中，选择屋顶，根据需要拖曳造型操纵柄。使用该方法可以调整按迹线或按面创建的屋顶的大小。

（3）修改屋顶悬挑。

在编辑屋顶的迹线时，可以通过屋顶边界线的属性来修改屋顶悬挑。

在草图模式下，选择屋顶的一条边界线，在“属性”选项板中为“悬挑”设定一个值。单击模式面板的“√完成编辑模式”（图 2.109）。

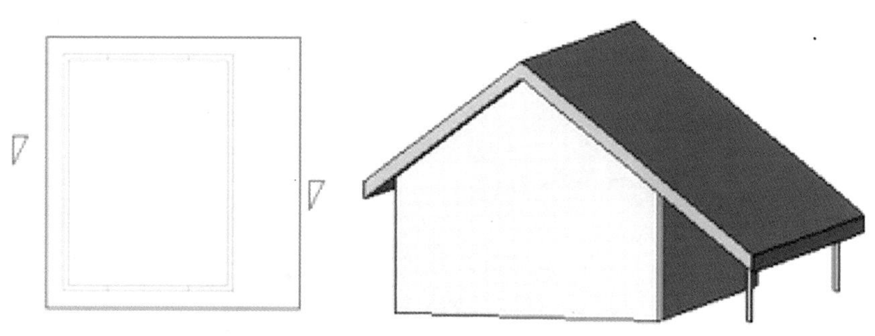

图 2.109　修改屋顶草图

（4）在拉伸屋顶中剪切洞口。

选择拉伸的屋顶，然后单击“修改 | 屋顶”选项卡下“洞口”面板中的“垂直”工具，将显示屋顶的平面视图形式。绘制闭合环洞口，如图 2.110 所示，单击“√完成编辑模式”。创建的屋顶如图 2.111 所示。

图 2.110　草图模式下的洞口草图

图 2.111　创建的屋顶

6.1.3 面屋顶

与“斜墙及异形墙”相同，先创建“内建模型”，再创建面屋顶。

1. 创建“内建模型”

选择“建筑”选项卡下“构建”面板中“构件”下拉菜单内的“内建模型”工具。在弹出的“族类别和族参数”对话框中选择“常规模型”，点击“确定”。在弹出的“名称”对话框中输入自定义的屋顶名称。

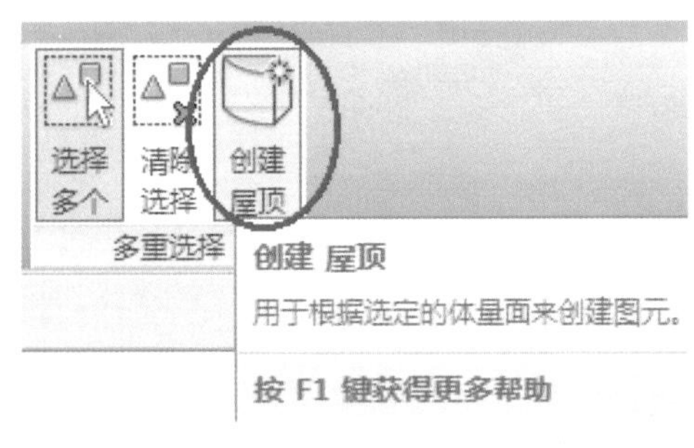

图 2.112 创建屋顶工具

采用拉伸、融合、旋转、放样、放样融合、空心形状等工具，创建常规模型。

2. 创建面屋顶

单击“建筑”选项卡下“构建”面板中“屋顶”工具的下拉菜单，选择“面屋顶”工具。

从类型选择器中选择屋顶类型，移动光标到模型顶部弧面上，当面高亮显示时单击拾取面，再单击“创建屋顶”工具，如图 2.112 所示。按 Esc 键结束“面屋顶”命令，最后将常规模型删除。

6.1.4 玻璃斜窗

1. 创建玻璃斜窗

（1）创建“迹线屋顶”或“拉伸屋顶”。

（2）选择屋顶，并在类型选择器中选择“玻璃斜窗”，如图 2.113 所示。

可以在玻璃斜窗的幕墙嵌板上放置幕墙网格。按 Tab 键可在水平和垂直网格之间切换。

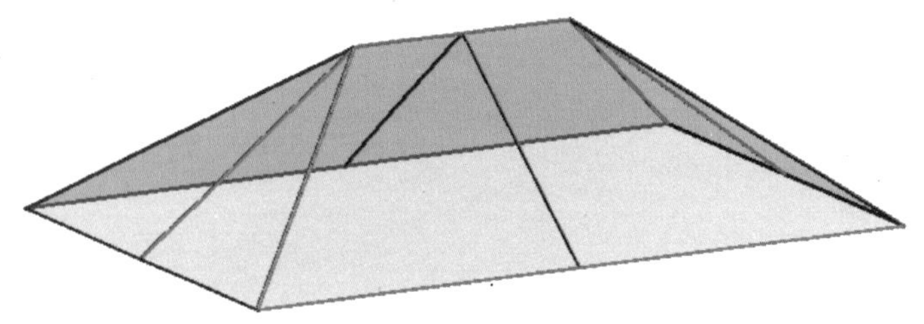

图 2.113 带有竖梃和网格线的玻璃斜窗

2. 编辑玻璃斜窗

玻璃斜窗同时具有屋顶和幕墙的功能，因此也同样可以用屋顶和幕墙的编辑方法来编辑玻璃斜窗。

玻璃斜窗本质上是迹线屋顶的一种类型，因此选择玻璃斜窗后，功能区显示“修改 | 屋顶”上下文选项卡，可以用图元属性、类型选择器、编辑迹线、移动、复制、镜像等编辑命令进行编辑，并可以将墙体等附着到玻璃斜窗下方。

同时，玻璃斜窗可以用幕墙网格、竖梃等编辑命令进行编辑，并且当选择玻璃斜窗后，会出现“配置轴网布局”符号◈，单击即可显示各项设置参数。

6.1.5 异形屋顶与平屋顶汇水设计

对于一些没有固定厚度的异形屋顶，或有固定厚度但形状异常复杂的屋顶，以及平屋顶汇水设计等，则需要用以下方法创建：

（1）内建模型。适用于没有固定厚度的异形屋顶，操作方法请参考“斜墙及异形墙”一节。

（2）形状编辑。适用于形状异常复杂的屋顶和平屋顶汇水设计。平屋顶汇水设计的方法和“异形楼板与平楼板汇水设计”完全一样。

6.1.6　屋顶封檐带，檐沟与屋檐底板

1. 屋顶封檐带

（1）单击“建筑”选项卡中“构建”面板的“屋顶”下拉列表，选择“屋顶：封檐带”。

（2）将光标放置在屋顶、檐底板、其他封檐带或模型线的边缘使其高亮显示，然后单击以放置此封檐带，如图 2.114 所示。单击边缘时，Revit 2021 会将其作为一个连续的封檐带。如果封檐带的线段在角部相遇，它们会相互斜接。

不同的封檐带不会与其他现有的封檐带相互斜接，即便它们在角部相遇。

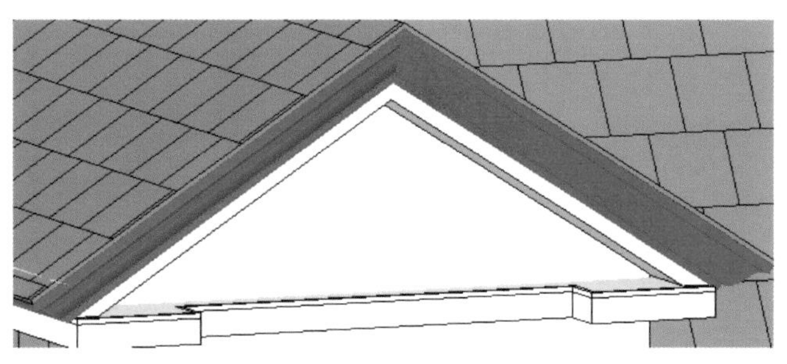

图 2.114　冠状封檐带

注：封檐带轮廓仅在围绕正方形截面屋顶时正确斜接。此图形中的封檐带在带有双长方形椽截面基础上创建。

2. 檐沟

（1）单击“建筑”选项卡中“构建”面板的“屋顶”下拉列表，选择“屋顶：檐沟”工具。

（2）高亮显示屋顶、檐底板、封檐带或模型线的水平边缘，然后单击以放置檐沟。单击边缘时，Revit 2021 会将其视为一条连续的檐沟。

（3）单击“修改｜放置檐沟”选项卡中“放置”面板内的“重新放置檐沟”命令，完成当前檐沟的放置，如图 2.115 所示，并可继续放置不同的檐沟，将光标移到新边缘单击即可放置。

3. 屋檐底板

（1）在平面视图中，单击“建筑”选项卡中“构建”面板的“屋顶”下拉列表，选择“屋顶：屋檐底板”工具。

（2）单击“修改｜创建屋檐底板边界”选项卡下“绘制”面板中的“拾取屋顶边”命令。

（3）高亮显示屋顶并单击选择它，如图 2.116 所示。

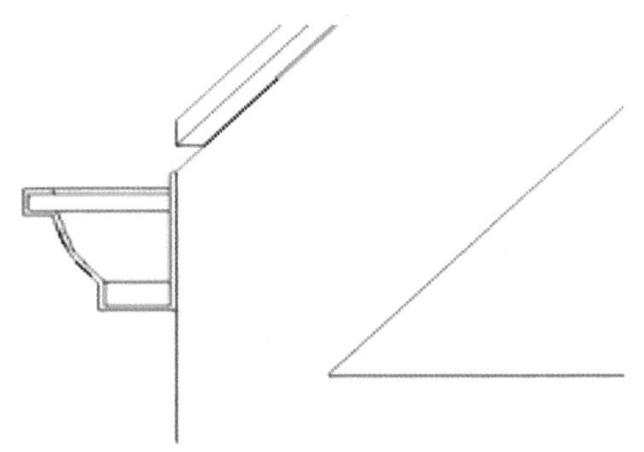

图 2.115　剖面图中显示的檐沟

图 2.116　使用“拾取屋顶边”工具选择的屋顶

（4）单击“修改｜创建屋檐底板边界”选项卡下“绘制”面板中的“拾取墙”命令，高亮显示屋顶下的墙的外面，并单击进行选择，如图 2.117、图 2.118 所示。

图 2.117　用于檐底板线的高亮显示墙　　图 2.118　拾取墙后的檐底板绘制线

（5）修剪绘制线形成闭合环，如图 2.119 所示。

（6）单击“√完成编辑模式”命令。

通过“三维视图”观察设置的屋檐底板的位置，可以通过“移动”命令对屋檐底板进行移动以放置至合适位置。通过使用“连接几何图形”命令，将檐底板连接到墙，然后将墙连接到屋顶，如图 2.120 所示。

图 2.119　绘制的檐底板线闭合环　　图 2.120　剖面视图中的屋顶、檐底板和墙

可以通过绘制坡度箭头或修改边界线的属性来创建倾斜檐底板。

4. 老虎窗

使用坡度箭头创建老虎窗。

（1）绘制迹线屋顶，包括坡度定义线。

（2）在草图模式中，单击“修改｜创建迹线屋顶”选项卡下“修改”面板中的“拆分图元”工具。

（3）在迹线中的两点处拆分其中一条线，创建一条中间线段（老虎窗线段），如图 2.121 所示。

（4）如果老虎窗线段是坡度定义（⊿），请选择该线，然后清除“属性”选项板上的“定义屋顶坡度”。

（5）单击“修改｜创建迹线屋顶”选项卡下“绘制”面板中的“坡度箭头”工具，在属性选项板设置“头高度偏移值”，然后从老虎窗线段的一端到中点绘制坡度箭头，如图 2.122 所示。

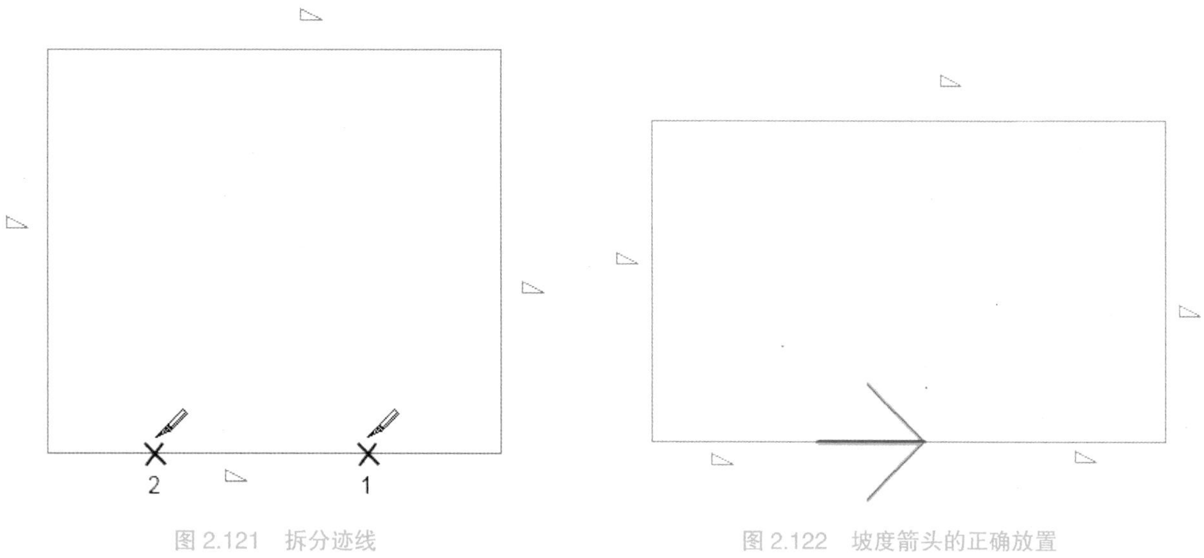

图 2.121　拆分迹线　　　　图 2.122　坡度箭头的正确放置

（6）再次单击“坡度箭头”，设置“头高度偏移值”，并从老虎窗线段的另一端到中点绘制第二个坡度箭头，如图 2.123 所示。

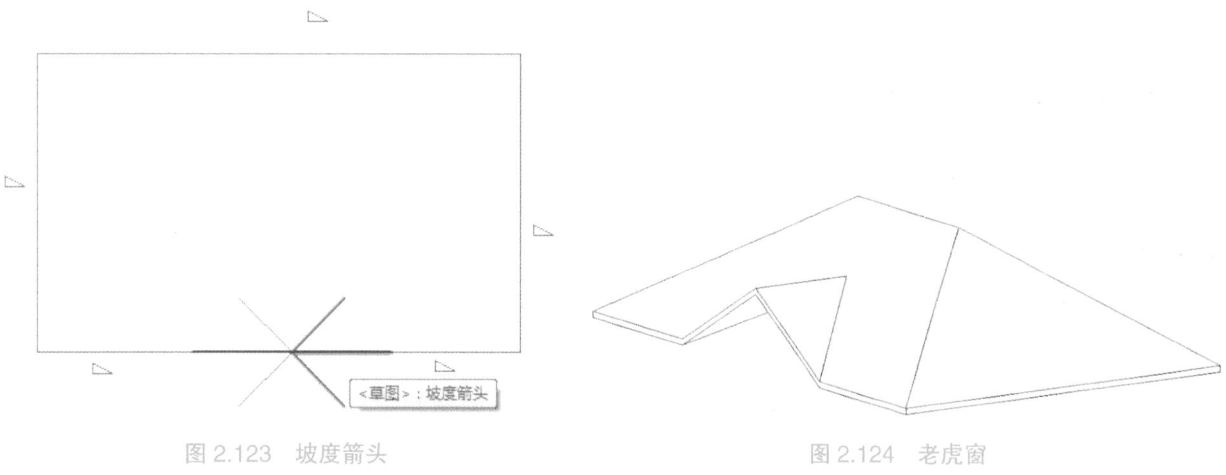

图 2.123　坡度箭头　　　　图 2.124　老虎窗

（7）单击“√完成编辑模式”，然后打开三维视图查看效果，如图 2.124 所示。

任务 7　柱和梁

7.1 柱

7.1.1　创建建筑柱

可以在平面视图和三维视图中添加柱。柱的高度由“底部标高”和“顶部标高”属性以及偏移值来定义。

单击“建筑”选项卡下“构建”面板中的“柱”下拉列表，选择“柱：建筑”。在选项栏上指定下列内容：

放置后旋转：选择此选项可以在放置柱后立即将其旋转。

标高：（仅限三维视图）为柱的底部选择标高。在平面视图中，该视图的标高即为柱的底部标高。

高度：此设置从柱的底部向上绘制。如果要从柱的底部向下绘制，请选择“深度”。

标高 / 未连接：选择柱的顶部标高；或者选择“未连接”，然后指定柱的高度。

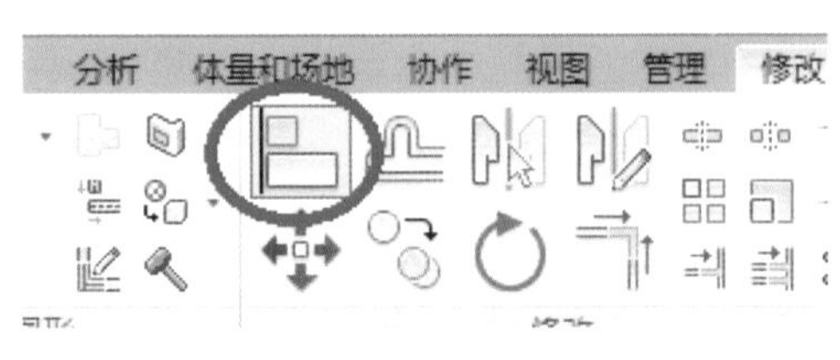

图 2.125

房间边界：选择此选项可以在放置柱之前将其指定为房间边界。

设置完成后，在绘图区域中单击以放置柱。

通常情况下，通过选择轴线或墙放置柱时会使柱自动对齐轴线或墙。如果在随意放置柱之后要将它们对齐，可单击“修改”选项卡下“修改”面板中的“对齐”工具，如图 2.125 所示，然后根据状态栏提示，选择要对齐的柱。在柱的中间是两个可选择用于对齐的垂直参照平面。

7.1.2 柱子编辑

编辑方法与其他构件相同，选择柱子，在“属性”选项板中对其类型、底部或顶部位置进行修改。也可以选择柱并对其拖曳，以移动柱。

柱不会自动附着到其顶部的屋顶、楼板和天花板上，需要手动进行修改。

1. 附着柱

选择一根柱（或多根柱）时，可以将其附着到屋顶、楼板、天花板、参照平面、结构框架构件，以及其他参照标高。步骤如下：

在绘图区域中，选择一个或多个柱，单击“修改 | 柱”选项卡下“修改柱”面板中的“附着顶部 / 底部”工具，此时选项栏如图 2.126 所示。

修改 | 柱　附着柱: ◉ 顶 ○ 底　附着样式: 剪切柱　附着对正: 最小相交　从附着物偏移: 0.0

图 2.126

选择“顶”或“底”作为“附着柱”值，以指定要附着柱的哪一部分。

选择“剪切柱”“剪切目标”或“不剪切”作为“附着样式”值。

“目标”指的是柱要附着上的构件，如屋顶、楼板、天花板等。目标可以被柱剪切，柱可以被目标剪切，或者两者都不可以被剪切。

选择“最小相交”“相交柱中线”或“最大相交”作为“附着对正”值。

指定“从附着物偏移”。“从附着物偏移”用于设置要从目标偏移的一个值。

不同情况下的剪切示意图如图 2.127 所示。

在绘图区域中，根据状态栏提示，选择要将柱附着到的目标（例如，屋顶或楼板）。

2. 分离柱

在绘图区域中，选择一个或多个柱，单击“修改 | 柱”选项卡下“修改柱”面板中的“分离顶部 / 底部”命令，单击要从中分离柱的目标。

如果要将柱的顶部和底部均与目标分离，单击选项栏上的“全部分离”。

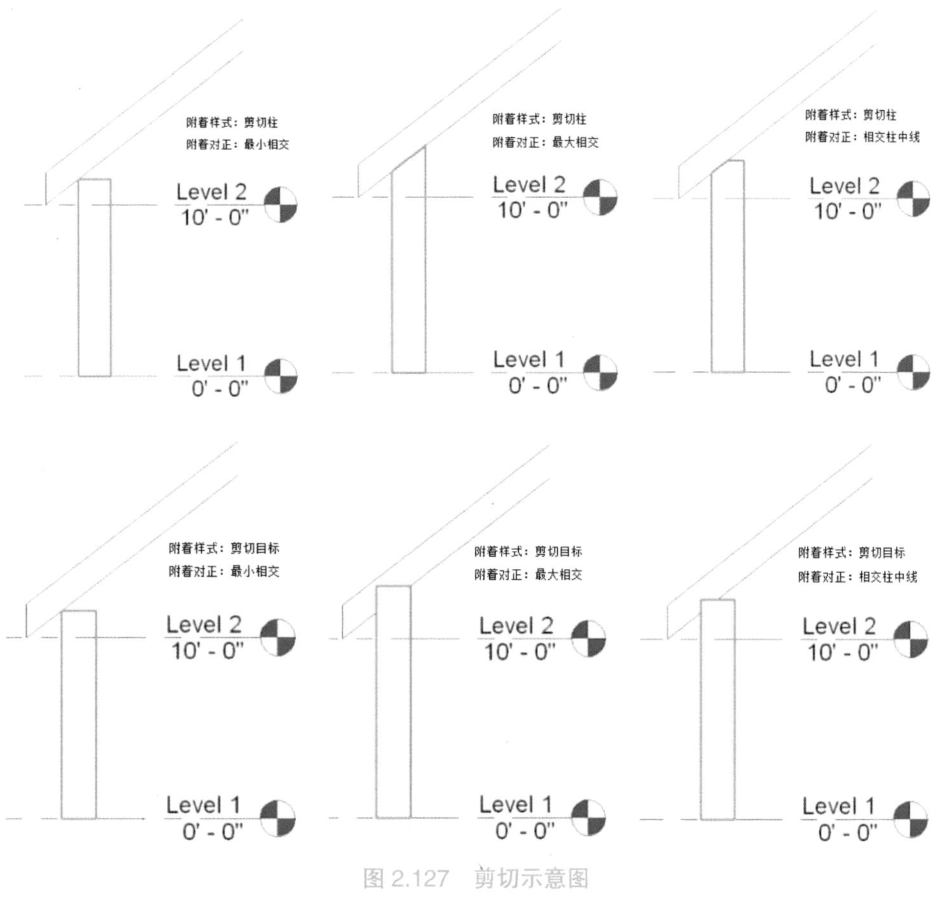

图 2.127　剪切示意图

7.1.3　结构柱

1. 结构柱的放置

在“项目浏览器”中打开“标高 2”平面视图，在“结构”选项卡下的“结构”面板中选择“柱”命令，再在“属性”选项板中选择结构柱类型，选项栏选择“深度”或“高度”，设置完成后在绘图区域中绘制结构柱，如图 2.128 所示。

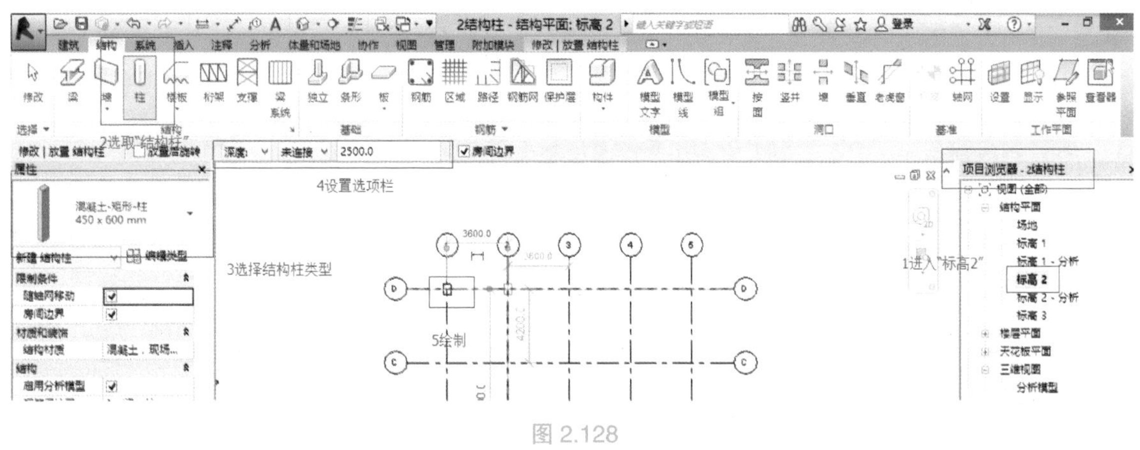

图 2.128

方法一：直接点取轴线交点；方法二：在“修改 | 放置结构柱”选项卡的“多个”面板中选择“在轴网处”，如图 2.129 所示。

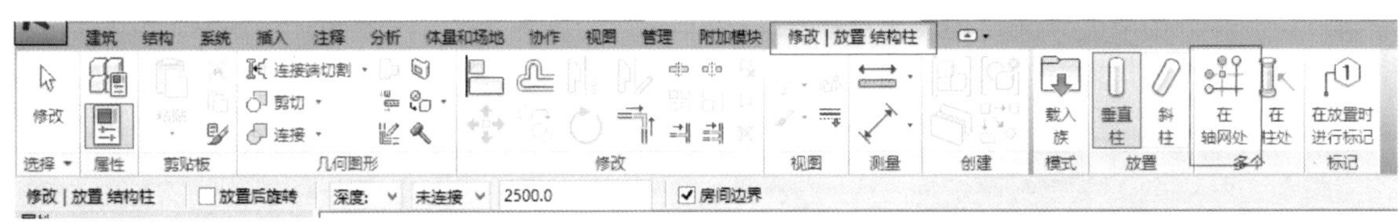

图 2.129

2. 修改结构柱定位参数

在绘图区域框选所有需要修改的柱，在“属性”选项板中修改参数值，如图 2.130 所示。

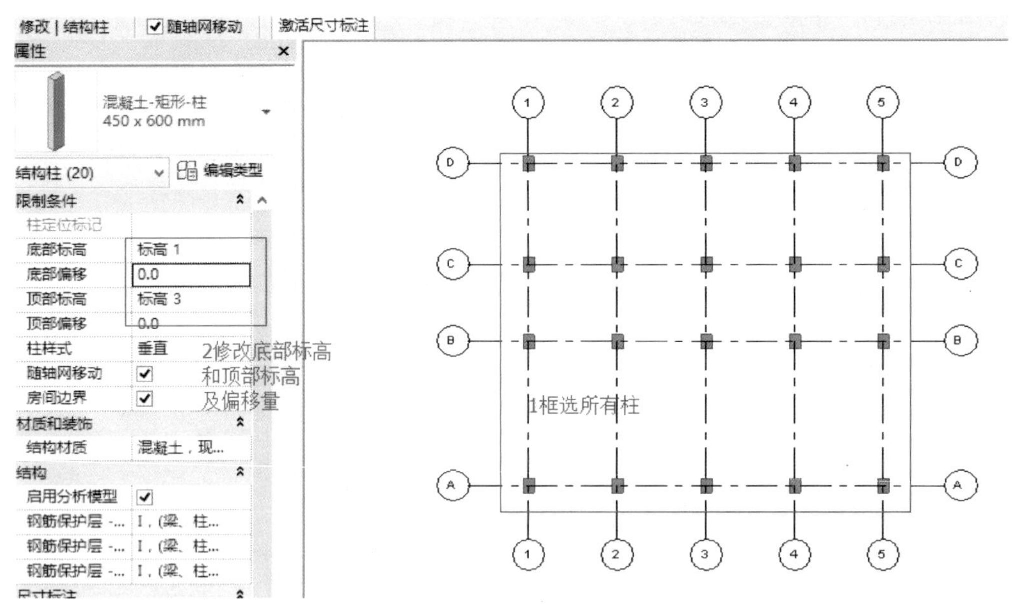

图 2.130

7.2 梁

7.2.1 梁的创建

在“项目浏览器”中打开“标高 1”平面视图，在“结构”选项卡下的“结构”面板中选取“梁”命令，在“属性”选项板中选取梁的类型，再在选项栏设置梁的属性，如图 2.131 所示。

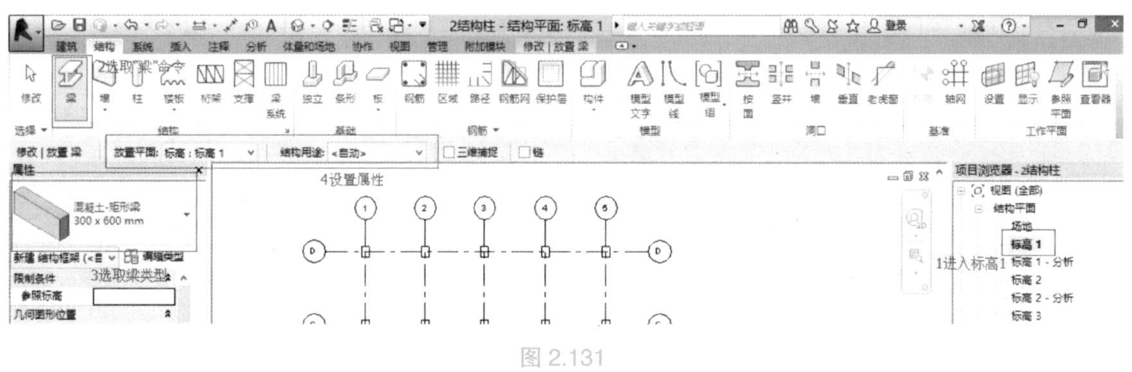

图 2.131

7.2.2　梁的编辑

选择梁，在“属性”选项板中设置起始端、终止端偏移量，如图 2.132 所示。

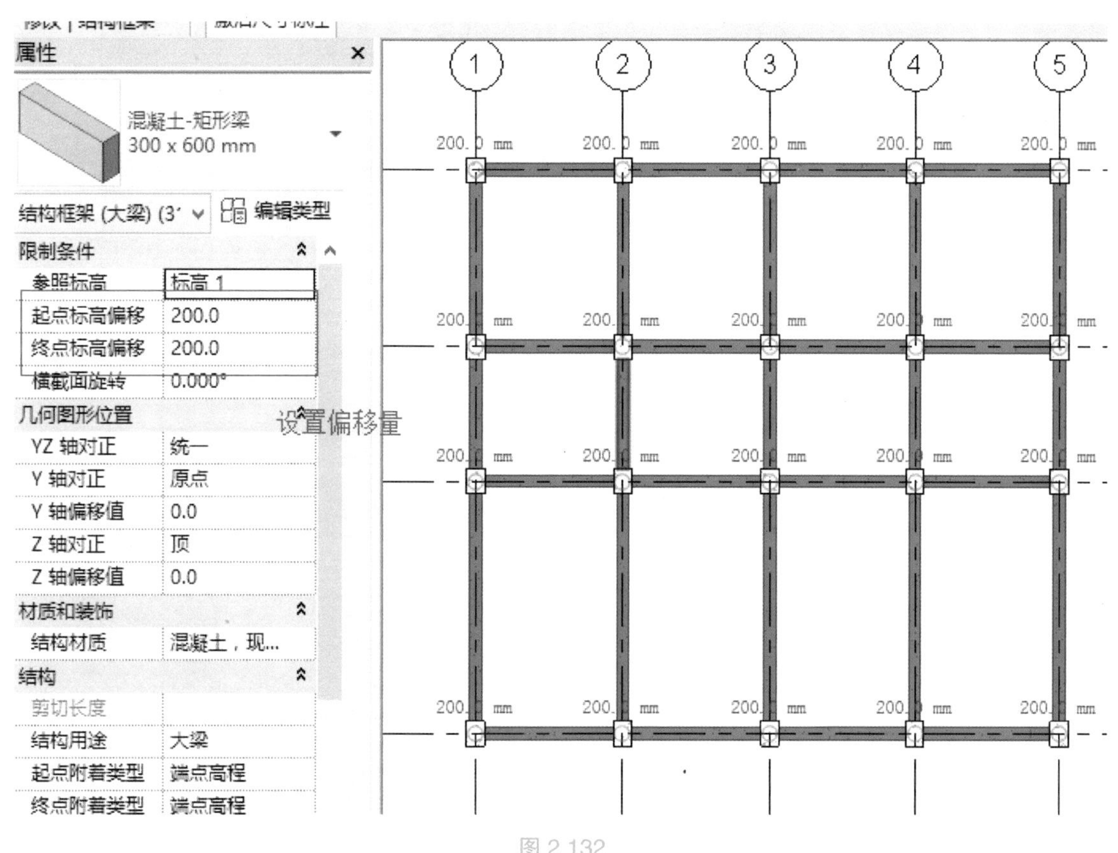

图 2.132

任务 8　门窗和洞口

8.1 门窗

8.1.1　载入并放置门窗

1. 载入门窗。在“插入”选项卡中单击“载入族”命令，如图 2.133 所示，弹出对话框，选择“建筑”文件夹并打开，如图 2.134 所示，再选择打开“门”或“窗”文件夹，如图 2.135 所示，选择某一类型的窗载入到项目中，如图 2.136 所示。

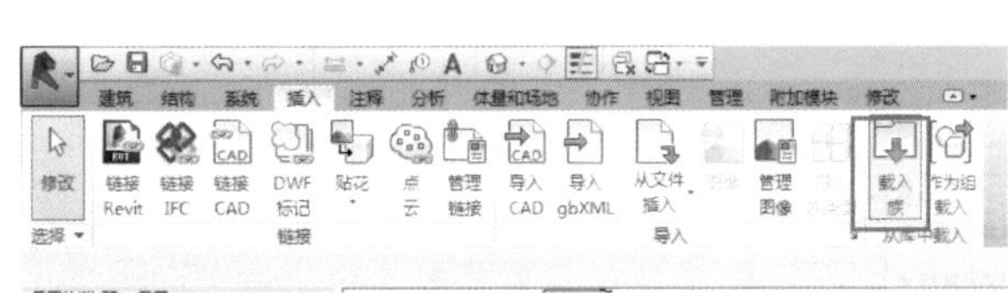

图 2.133

图 2.134

图 2.135

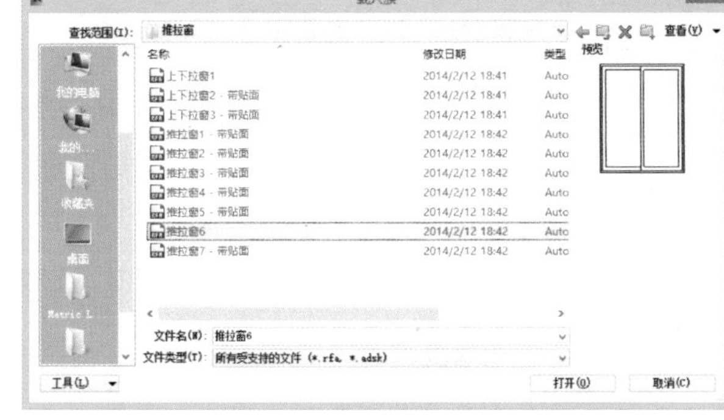

图 2.136

2. 放置门窗。打开一个平面、剖面、立面或三维视图，单击“建筑”选项卡下“构建”面板中的“门”或“窗”命令。从“属性”选项板顶部的类型选择器下拉列表中选择门窗类型。将光标移到墙上以显示门窗的预览图像，单击以放置门窗，如图 2.137 所示。

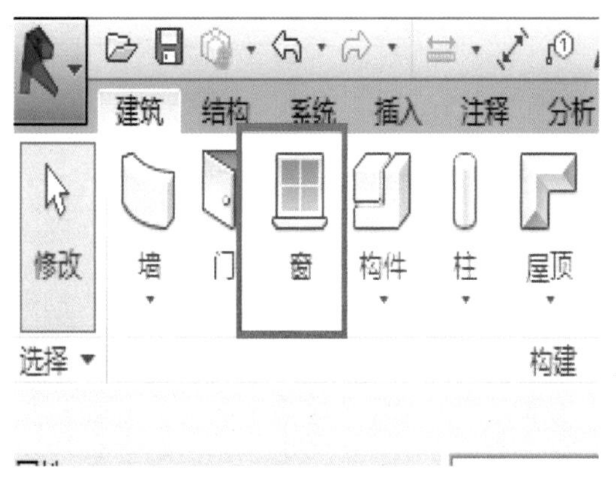

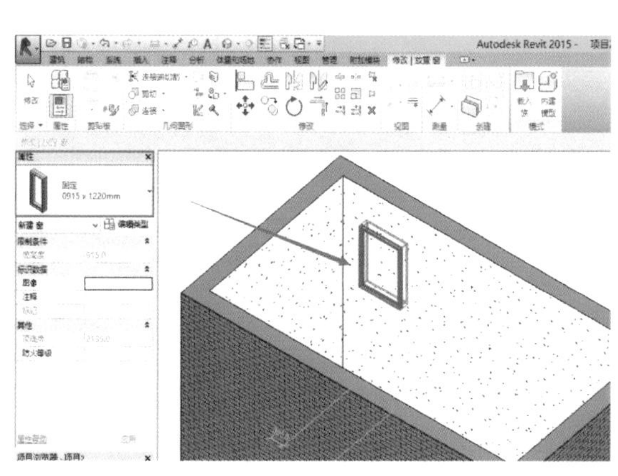

图 2.137

8.1.2 门窗编辑

1. 修改门窗

（1）通过“属性”选项板修改门窗

选择门窗，在“类型选择器”中修改门窗类型；在“实例属性”中修改“限制条件”“顶高度”等值，如图 2.138 所示；在“类型属性”中修改“构造”“材质和装饰”“尺寸标注”等值，如图 2.139 所示。

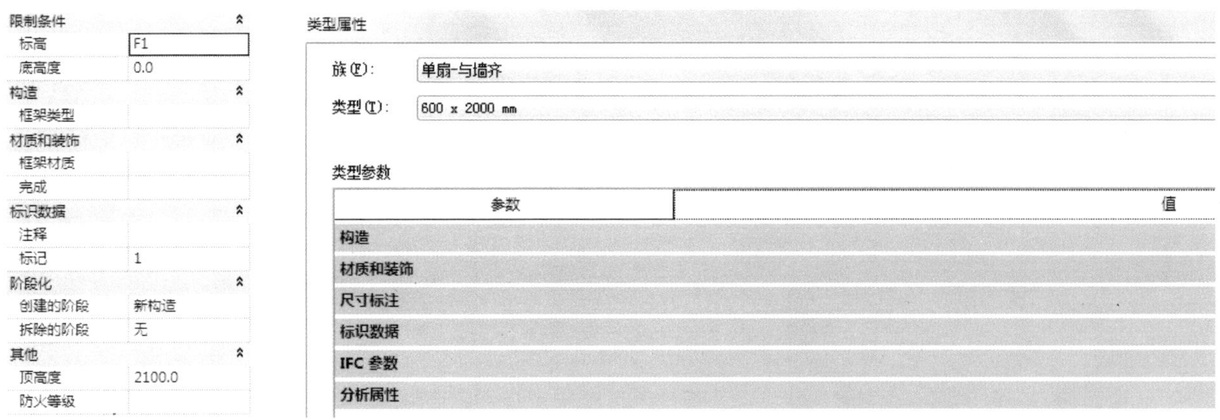

图 2.138　实例属性　　图 2.139　类型属性

（2）在绘图区域内修改

选择门窗，通过点击左右箭头、上下箭头以修改门的方向，通过点击临时尺寸标注并输入新值，即可修改门的定位，如图 2.140 所示。

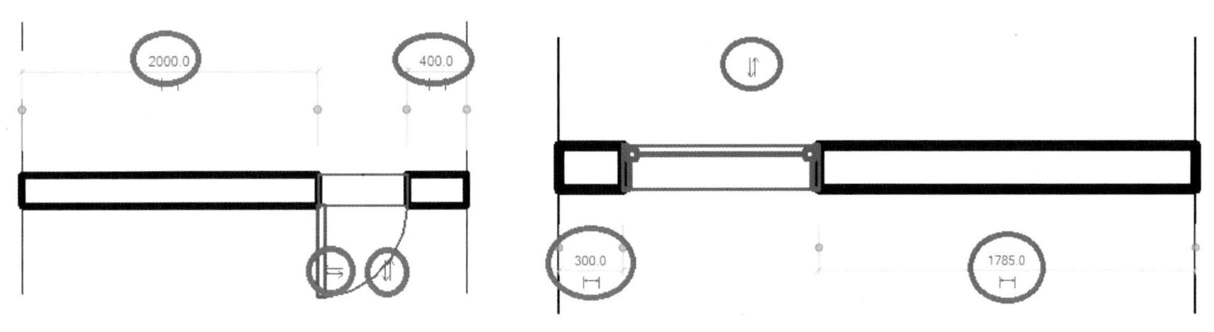

图 2.140　修改门定位

（3）将门窗移到另一面墙内

选择门窗，单击“修改｜门”选项卡下“主体”面板中的“拾取新主体”命令，根据状态栏提示，将光标移到另一面墙上，单击以放置门。

（4）门窗标记

在放置门窗时，点击“修改｜放置门”选项卡下“标记”面板中的“在放置时进行标记”命令，可以指定在放置门窗时自动标记门窗。也可以在放置门窗后，点击“注释”选项卡“标记”面板中的“按类别标记”对门窗逐个标记，或点击“全部标记”对门窗一次性全部标记。

2. 复制创建门窗类型

以复制创建一个 1600×2400 的双扇推拉门为例，选中门之后，在“属性”选项板中选择“编辑类型”复制一个类型，命名为“1600×2400mm”，单击“确定”，如图 2.141 所示。

然后将高度和粗略高度改为 2400，点击“确定”即可完成 1600×2400 的双扇推拉门类型的创建，如图 2.142 所示。

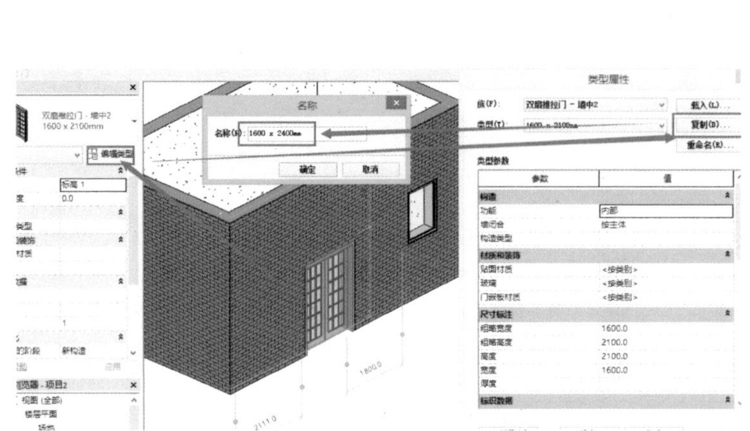

图 2.141

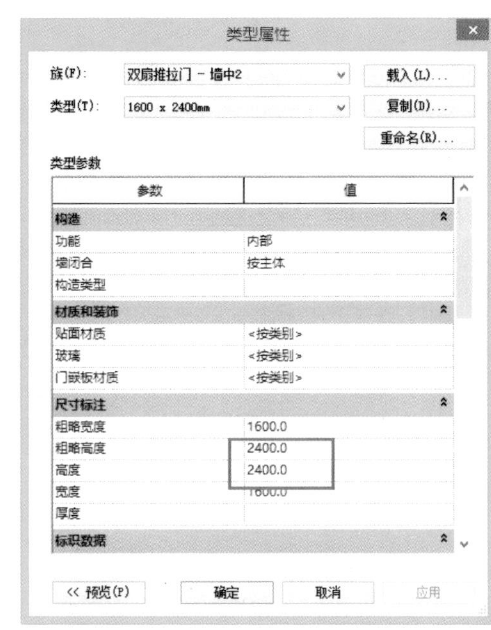

图 2.142

8.1.3 嵌套幕墙门窗

可以通过将幕墙嵌板的类型选为门窗嵌板类型，来将门窗添加到幕墙。步骤如下：

打开幕墙的平面、立面或三维视图，将光标移到幕墙嵌板的边缘上，按 Tab 键直到嵌板高亮显示，单击以将其选中。

在“属性”选项板顶部的类型选择器中选择“门嵌板”或“窗嵌板”以替换该嵌板。若类型选择器中无门窗嵌板，则单击“属性”选项板中的“编辑类型”，在出现的类型属性对话框内点击“载入”，如图 2.143 所示，选择门窗嵌板类型，点击“确定”。替换成门嵌板的玻璃幕墙示意图如图 2.144 所示。

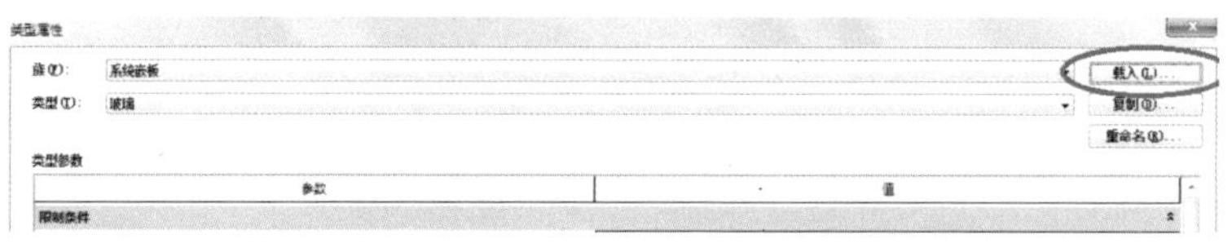

图 2.143 载入门窗嵌板类型

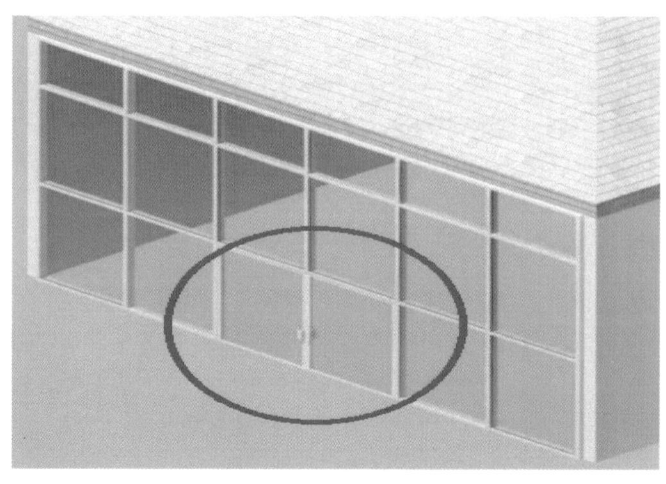

图 2.144 门窗嵌板

若要删除门嵌板，则将其选中，然后使用“类型选择器”将其重新更改为幕墙嵌板。

8.2 洞口

8.2.1　面洞口

使用“按面”洞口命令可以垂直于楼板、天花板、屋顶、梁、柱子、支架等构件的斜面、水平面或垂直面剪切洞口。

可以在能显示构件面的平面、立面、剖面或三维视图中创建面洞口。如在斜面上创建洞口，可以在三维视图中用导航“控制盘”菜单的“定向到一个平面”命令定向到该斜面的正交视图中来绘制洞口草图。下面以坡屋顶为例，介绍“面洞口”的创建方法。

（1）创建一个迹线屋顶，旋转缩放三维视图到屋顶南立面坡面，单击功能区“常用”选项卡“洞口”面板中的“按面”工具。移动光标到屋顶南立面坡面，当坡面高亮显示时单击拾取屋顶坡面，功能区显示“修改｜创建洞口边界”上下文选项卡。

（2）定向到斜面：单击绘图区域右侧的“控制盘”（Steering Wheels）图标，显示“全导航控制盘”工具，单击右下角的下拉三角箭头，从“控制盘”菜单中选择“定向到一个平面”命令，如图 2.145 所示，在弹出的“选择方位平面”对话框中选择“拾取一个平面”，单击“确定”后，单击选择屋顶南立面坡面，三维视图自动定位到该坡面的正交视图。

（3）绘制洞口边界：选择绘制工具绘制洞口。

（4）单击“√完成编辑模式”工具即可完成垂直于坡屋顶的洞口创建，如图 2.146 所示。

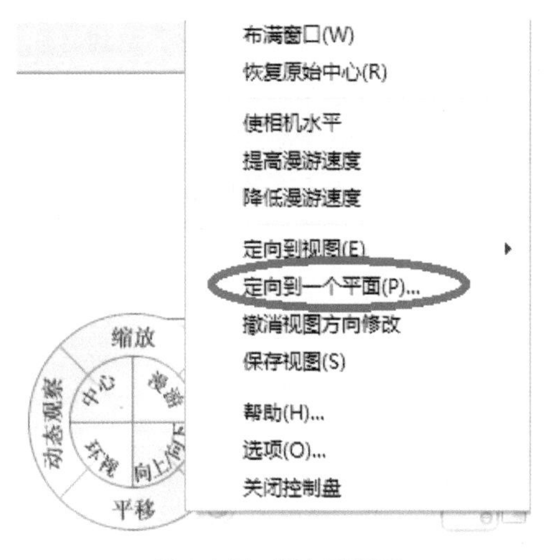

图 2.145　定向到斜面

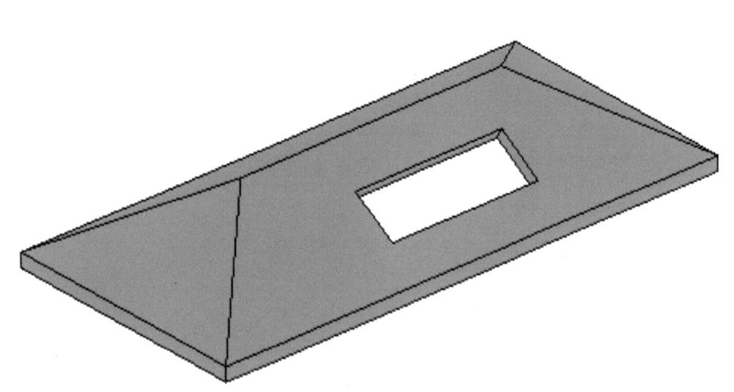
图 2.146　坡屋顶洞口

8.2.2　墙洞口

创建洞口：打开墙的立面或剖面视图，单击“建筑”选项卡下“洞口”面板中的“墙洞口”工具。选择需要创建洞口的墙，绘制一个矩形洞口。

修改洞口：选择要修改的洞口，可以使用拖曳控制柄修改洞口的尺寸和位置。也可以将洞口拖曳到同一面墙上的新位置，然后为洞口添加尺寸标注，如图 2.147 所示。

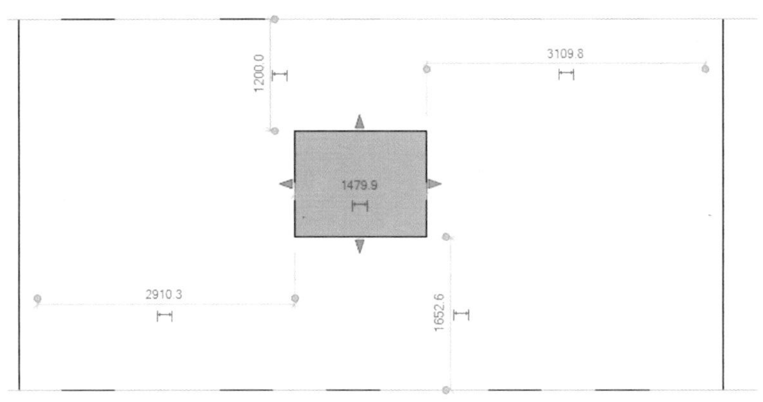

图 2.147　修改洞口

8.2.3　垂直洞口

通过“垂直洞口”命令可以创建一个贯穿屋顶、楼梯或天花板的垂直洞口。该垂直洞口垂直于标高，它不反射选定对象的角度。

单击“建筑”选项卡下“洞口”面板的“垂直洞口”命令，根据状态栏提示，绘制垂直洞口，如图 2.148 所示。

8.2.4　竖井洞口

通过“竖井洞口”命令可以创建一个竖直的洞口，该洞口对屋顶、楼板和天花板进行剪切，如图 2.149 所示。

单击“建筑”选项卡中“洞口”面板的“竖井洞口”命令，根据状态栏提示绘制洞口轮廓，并在“属性”选项板上对洞口的“底部偏移”“无连接高度”“底部限制条件”“顶部约束”赋值。绘制完毕，点击“√完成编辑模式”，完成竖井洞口创建。

垂直洞口
可以剪切一个贯窗屋顶、楼板或天花板的垂直洞口。
垂直洞口垂直于标高。它不反射选定对象的角度。
要创建一个垂直于选定面的洞口，请使用“面洞口”工具。

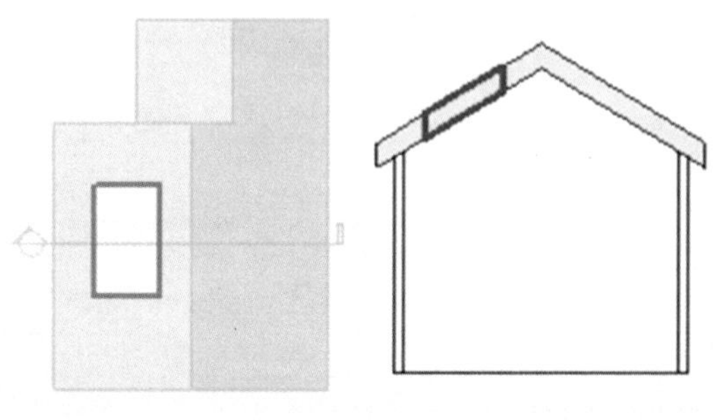

图 2.148　垂直洞口

竖井洞口
可以创建一个跨多个标高的垂直洞口，对贯穿其间的屋顶、楼板和天花板进行剪切。

通常会在平面视图的主体图元（如楼板）上绘制竖井洞口。
如果在一个标高上移动竖井洞口，则它将在所有标高上移动。

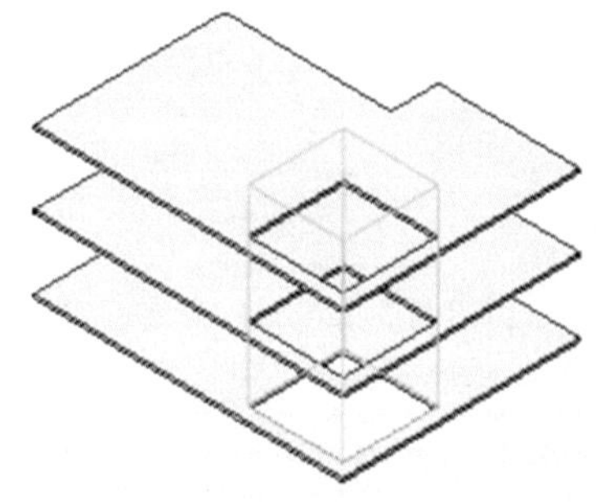

图 2.149　竖井洞口

8.2.5　老虎窗洞口

在屋顶上创建老虎窗洞口。

（1）老虎窗的墙和屋顶图元如图 2.150 所示。

（2）使用“连接屋顶”工具将老虎窗屋顶连接到主屋顶。

注：在此任务中，请勿使用“连接几何图形”屋顶工具，否则会在创建老虎窗洞口时发生错误。

（3）打开一个可在其中看到老虎窗屋顶及附着墙的平面视图或立面视图，如图 2.151 所示。如果此屋顶已拉伸，则打开立面视图。

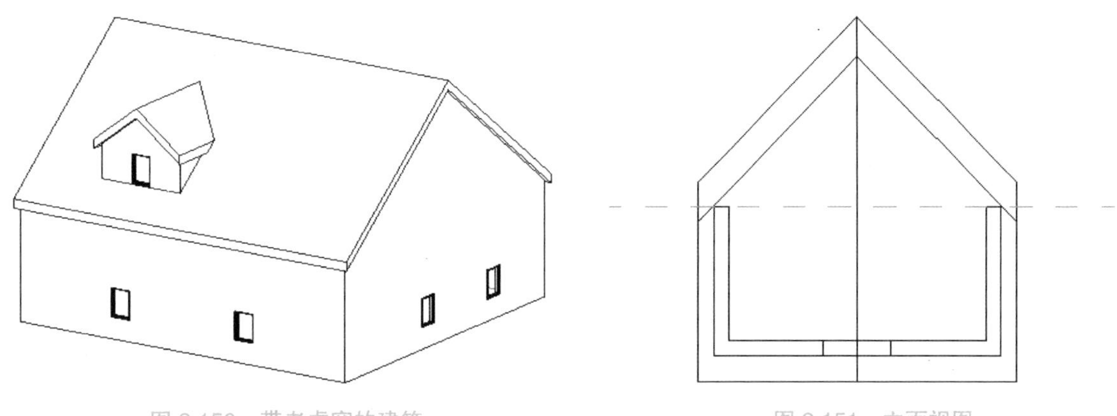

图 2.150　带老虎窗的建筑　　　图 2.151　立面视图

（4）单击“建筑”选项卡下“洞口”面板中的“老虎窗洞口”。

（5）高亮显示建筑模型上的主屋顶，然后单击选择它。查看状态栏，确保高亮显示的是主屋顶。“拾取屋顶 / 墙边缘”工具处于活动状态，即可拾取构成老虎窗洞口的边界。

（6）将光标放置到绘图区域中。高亮显示有效边界。有效边界包括连接的屋顶或其底面、墙的侧面、楼板的底面、要剪切的屋顶边缘或要剪切的屋顶面上的模型线，如图 2.152 所示。

在此示例中，已选择墙的侧面和屋顶的连接面。请注意，不必修剪绘制线即可拥有有效边界。

（7）单击“√完成编辑模式”。

（8）创建穿过老虎窗的剖面视图，了解它如何剪切主屋顶，如图 2.153、图 2.154 所示。

图 2.152　边界线

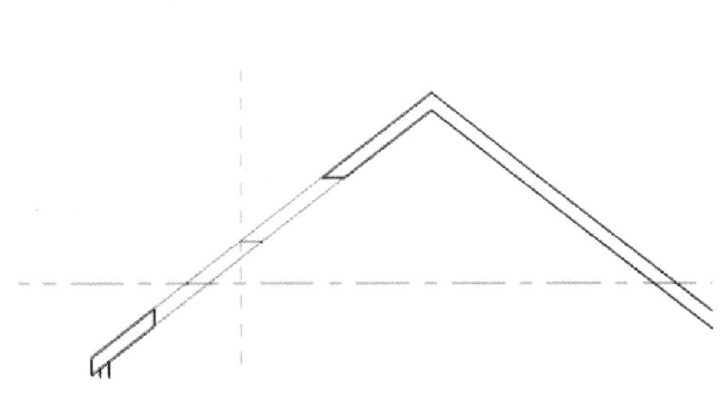

图 2.153　在屋顶中进行垂直剪切以及水平剪切

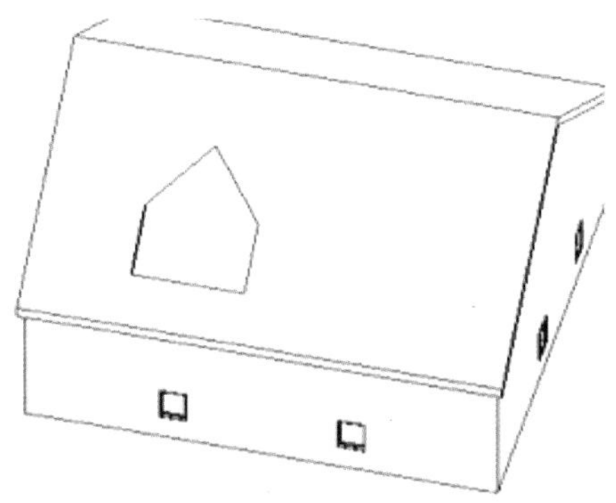

图 2.154　三维视图中的老虎窗洞口

任务 9　楼梯扶手和坡道

9.1 楼梯

9.1.1　楼梯（按构件）

一个基于构件的楼梯包含梯段、平台、支撑和栏杆扶手。可以通过装配梯段、平台和支撑构件来创建楼梯。

梯段：包括直梯、螺旋梯段、U 形梯段、L 形梯段、自定义绘制的梯段。

平台：通过拾取两个梯段，在梯段之间自动创建，也可创建自定义绘制的平台。

支撑（侧边和中心）：随梯段自动创建，或通过拾取梯段或平台边缘创建。

栏杆扶手：在创建期间自动生成，或稍后放置。

1. 创建楼梯梯段

可以使用单个梯段、平台和支撑构件组合楼梯。使用梯段构件工具可创建通用梯段，直梯、全踏步螺旋梯段、圆心－端点螺旋梯段、L 形斜踏步梯段、U 形斜踏步梯分别如图 2.155 所示。

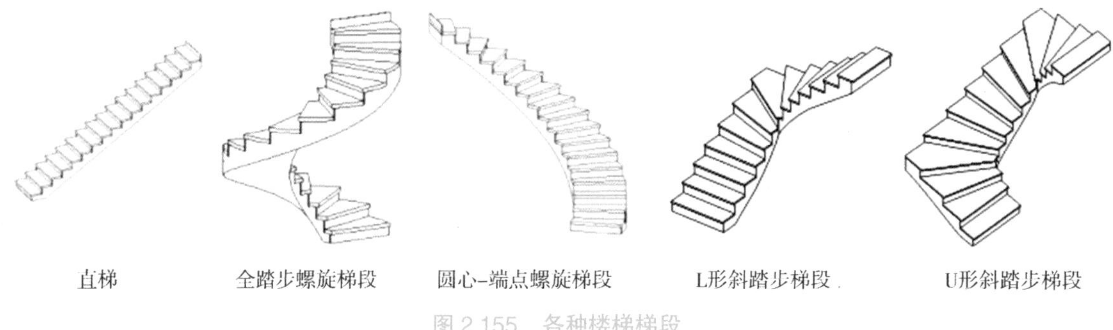

图 2.155　各种楼梯梯段

（1）单击“建筑”选项卡下“楼梯坡道”面板中“楼梯”下拉菜单内的“楼梯（按构件）”命令。

（2）在“构件”面板上，确认“梯段”处于选中状态。

（3）在“绘制”面板中选择一种绘制工具，默认绘制工具是“直梯”工具，还有全踏步螺旋、圆心－端点螺旋、L 形转角、U 形转角等工具。

（4）在选项栏上选择“定位线”参数，有三个选项：左、中、右。若选择“左”，则梯段的绘制路径为梯段左边线；若选择“右”，则梯段的绘制路径为梯段右边线；若选择“中”，则梯段的绘制路径为梯段中线，如图 2.156 所示。

“偏移”指为创建路径指定一个可选偏移值。例如，“偏移”值输入“100”，并且“定位线”为“中”，则创建路径为向上楼梯中心线的右侧 100mm。负偏移则在中心线的左侧。

默认情况下选中“自动平台”。如果创建到达下一楼层的两个单独梯段，Revit 会在这两个梯段之间自动创建平台。如果不需要自动创建平台，可清除此选项。

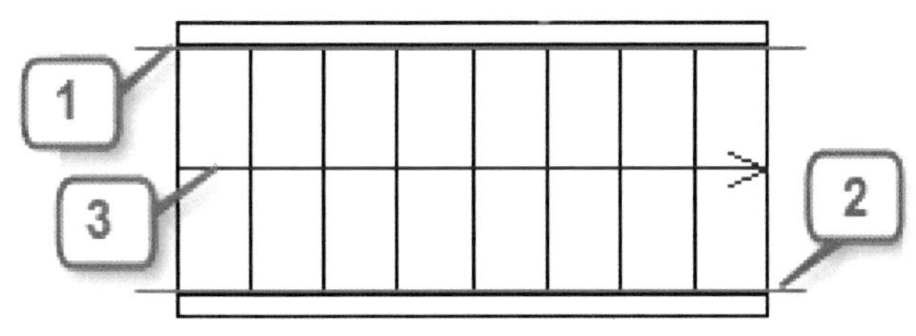

图 2.156　定位线

（5）在“属性”选项板中根据设计要求修改相应参数。

（6）在“工具”选项板上单击“栏杆扶手”工具。在“栏杆扶手”对话框中选择栏杆扶手类型，如果不想自动创建栏杆扶手，则选择“无”，可以以后根据需要再添加栏杆扶手（参见栏杆扶手章节）。选择栏杆扶手所在的位置，有“踏板”和“梯边梁”选项，默认值是“踏板”。单击“确定”。

注：在完成楼梯编辑部件模式之前不会看到栏杆扶手。

（7）根据所选的梯段类型（直梯、全踏步螺旋梯、圆心 – 端点螺旋梯等），按照状态栏提示，可创建各种类型的梯段。

（8）在“模式”面板上，单击“√完成编辑模式”。

2. 创建楼梯平台

可以在梯段创建期间选择“自动平台”选项以自动创建连接梯段的平台。如果不选择此选项，则可以稍后再连接两个相关梯段，条件是两个梯段要在同一楼梯部件编辑任务中创建，且一个梯段的起点标高或终点标高与另一梯段的起点标高或终点标高相同，如图 2.157 所示。

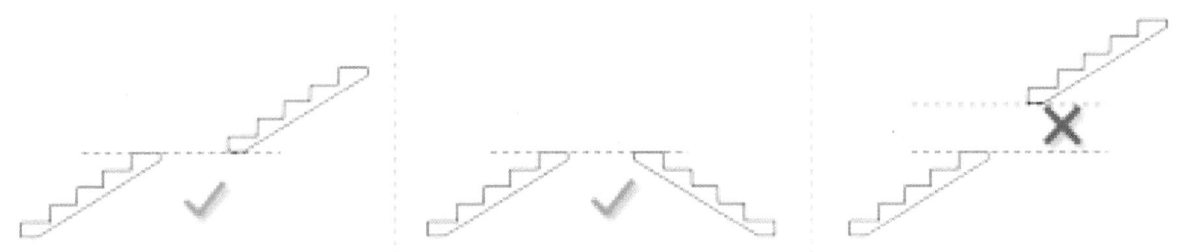
图 2.157　三种条件下创建楼梯平台的可能性

（1）首先确认界面处于楼梯部件编辑模式下，如果需要，先选择楼梯，然后在“编辑”面板上单击“编辑楼梯”。

（2）在“构件”面板上单击“平台”。

（3）在“绘制”库中单击“拾取两个梯段”。

（4）选择第一个梯段。

（5）选择第二个梯段，Revit 将自动创建平台以连接这两个梯段。

（6）在“模式”面板上，单击“√完成编辑模式”。

3. 创建支撑构件

可以通过拾取梯段或平台边缘创建侧支撑。使用“支撑”工具可以将侧支撑添加到基于构件的楼梯。可以选择各个梯段或平台边缘，或使用 Tab 键以高亮显示连续楼梯边界。

（1）打开平面视图或三维视图。

（2）要为现有梯段或平台创建支撑构件，请选择楼梯，并在“编辑”面板上单击“编辑楼梯”。

（3）楼梯部件编辑模式将处于活动状态。

（4）单击“修改 | 创建楼梯”选项卡下“构件”面板中的“支座”命令。

（5）在绘制库中，单击“拾取边缘”。

（6）将光标移动到要添加支撑的梯段或平台边缘上，并单击以选择边缘。

注：支撑不能重复添加。若已经在楼梯的类型属性中定义了相应的“右侧支撑”“左侧支撑”和“支撑类型”属性，则只能先删除该支撑，再通过“拾取边缘”添加支撑。

（7）选择其他边缘以创建另一个侧支撑。（可选）

连续支撑将通过斜接连接自动连接在一起。

注：要选择楼梯的整个外部或内部边界，请将光标移到边缘上，按 Tab 键，直到整个边界都高亮显示，然后单击将其选中。在这种情况下，将通过斜接连接创建平滑支撑。

（8）单击“√完成编辑模式”。

9.1.2 楼梯（按草图）

可通过定义楼梯梯段或绘制踢面线和边界线，在平面视图中创建楼梯。

1. 通过绘制梯段创建楼梯

（1）绘制单跑楼梯。打开平面视图或三维视图。

单击“建筑”选项卡下“楼梯坡道”面板中“楼梯”下拉列表，选择“楼梯（按草图）”。

默认情况下，“修改 | 创建楼梯草图”选项卡下“绘制”面板的“梯段”命令处于选中状态，“线”工具也处于选中状态。如果需要，可在“绘制”面板上选择其他工具。

根据状态栏提示，单击以开始绘制梯段，如图 2.158 所示。

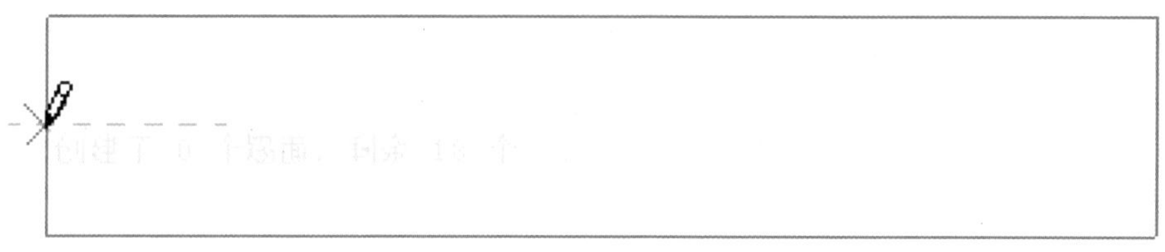

图 2.158 开始绘制梯段

单击以结束绘制梯段，如图 2.159 所示。

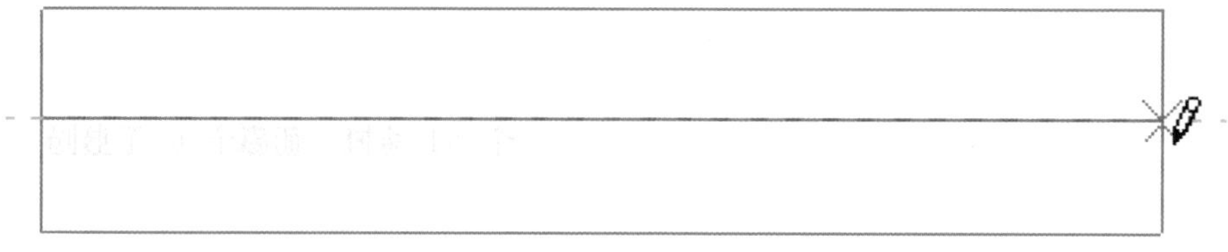

图 2.159 结束绘制梯段

指定楼梯的栏杆扶手类型。（可选）

单击“√完成编辑模式”。

（2）创建带平台的多跑楼梯。

单击“建筑”选项卡下“楼梯坡道”面板“楼梯”下拉列表，选择“楼梯（按草图）”。

单击“修改｜创建楼梯草图”选项卡下“绘制”面板中“梯段”命令。

默认情况下，“线”工具处于选中状态。如果需要，请在“绘制”面板上选择其他工具。

单击以开始绘制梯段。

在达到所需的踢面数后，单击以定位平台。

沿延伸线拖曳光标，然后单击以开始绘制剩下的踢面。

完成剩下的踢面绘制后单击“√完成编辑模式”。

绘制样例如图 2.160 所示。

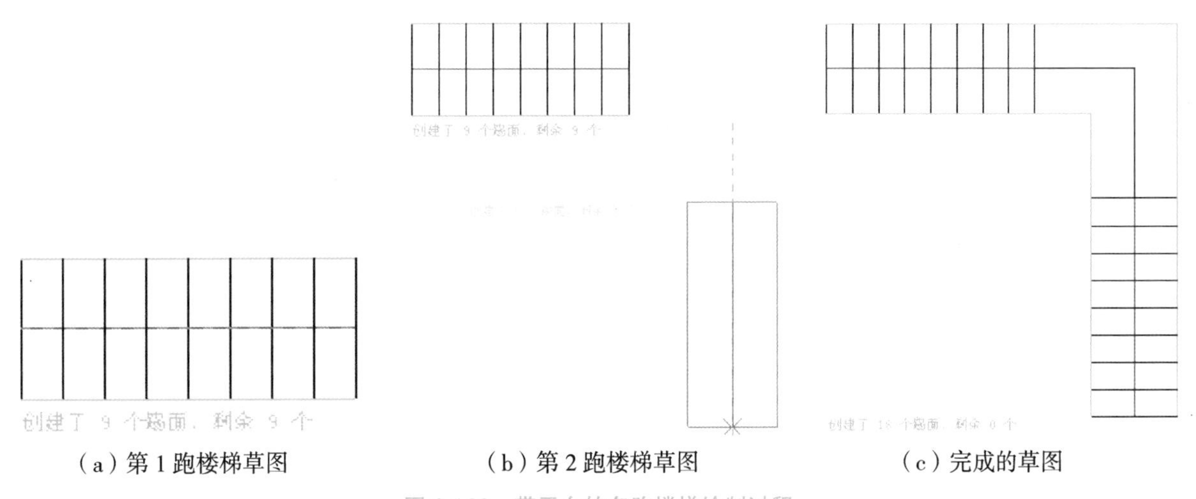

（a）第 1 跑楼梯草图　（b）第 2 跑楼梯草图　（c）完成的草图

图 2.160　带平台的多跑楼梯绘制过程

2. 通过绘制边界和踢面线创建楼梯

可以通过绘制边界和踢面来定义楼梯，而不是让 Revit 自动计算楼梯梯段。绘制边界线和踢面线的步骤如下：

打开平面视图或三维视图。

单击“建筑”选项卡下“楼梯坡道”面板中“楼梯”下拉列表，选择“楼梯（按草图）”命令。

单击“修改｜创建楼梯草图”选项卡下“绘制”面板的“边界”工具。使用其中一种绘制工具绘制边界。

单击“踢面”工具。使用其中一种绘制工具绘制踢面。

指定楼梯的栏杆扶手类型。（可选）

单击“√完成编辑模式”。楼梯绘制完毕，Revit 将生成楼梯，并自动应用栏杆扶手。

绘制样例如图 2.161 所示。

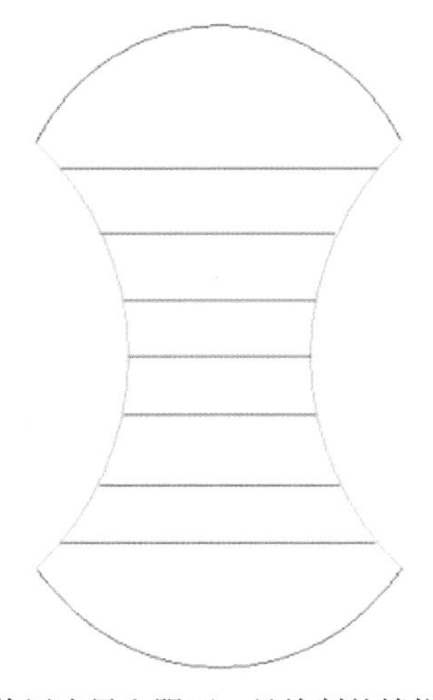

（a）使用边界和踢面工具绘制的楼梯草图

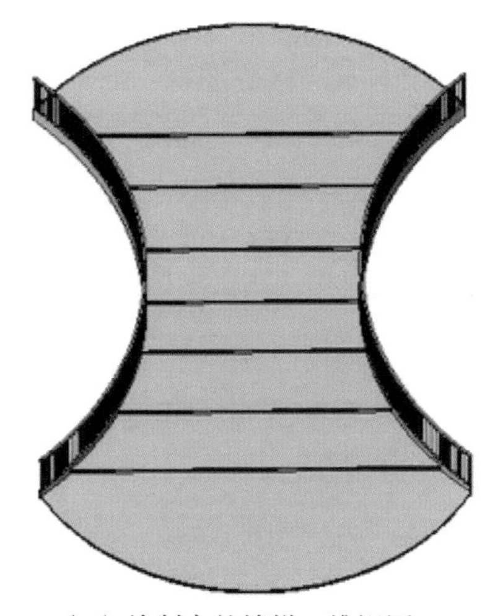

（b）绘制完的楼梯三维视图

图 2.161　使用边界和踢面工具绘制楼梯

图 2.162　螺旋楼梯

3. 创建螺旋楼梯

打开平面视图或三维视图。

单击“建筑”选项卡下“楼梯坡道”面板的“楼梯”下拉列表，选择“楼梯（按草图）”命令。

单击“修改｜创建楼梯草图”选项卡下“绘制”面板中的“圆心－端点弧”命令。

在绘图区域中单击以选择螺旋楼梯的中心点。

单击起点，再单击终点以完成螺旋楼梯绘制。

单击“√完成编辑模式”。

绘制样例如图 2.162 所示。

4. 创建弧形楼梯平台

如果绘制了具有相同中心和半径值的弧形梯段，可以创建弧形楼梯平台。

绘制样例如图 2.163 所示。

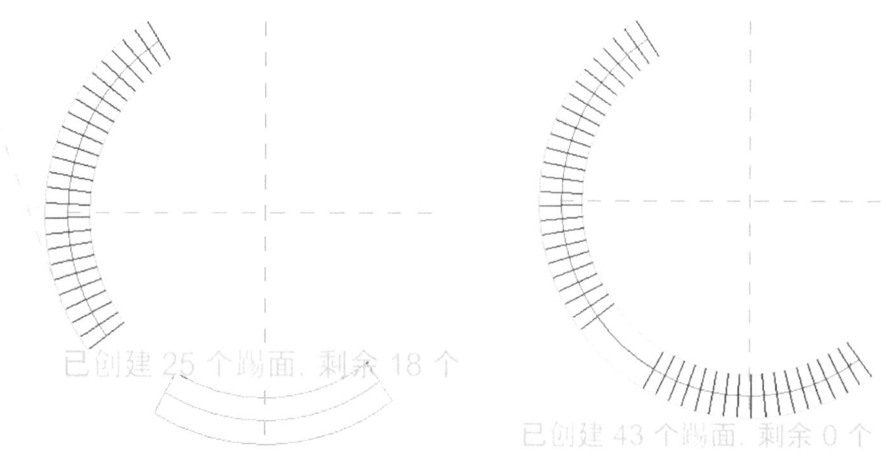

图 2.163　创建弧形楼梯

9.1.3　编辑楼梯

1. 边界以及踢面线和梯段线

可以通过修改楼梯的边界、踢面线和梯段线，从而将楼梯修改为所需的形状。例如，可选择梯段线并拖曳此梯段线，以添加或删除踢面。

（1）修改一段楼梯。选择楼梯。

单击“修改｜楼梯”选项卡下“模式”面板中的“编辑草图”工具。

在“修改｜楼梯 > 编辑草图”选项卡下“绘制”面板中选择适当的绘制工具进行修改。

（2）修改使用边界线和踢面线绘制的楼梯。选择楼梯，然后使用绘制工具更改迹线，修改楼梯的实例和类型参数以更改其属性。

（3）带有平台的楼梯栏杆扶手。如果通过绘制边界线和踢面线创建的楼梯包含平台，请在边界线与平台的交汇处拆分边界线，以便栏杆扶手能准确地沿着平台和楼梯坡度。

选择楼梯，然后单击“修改｜创建楼梯草图”选项卡下“修改”面板中的“拆分”工具。

在与平台交汇处拆分边界线，如图 2.164 所示。

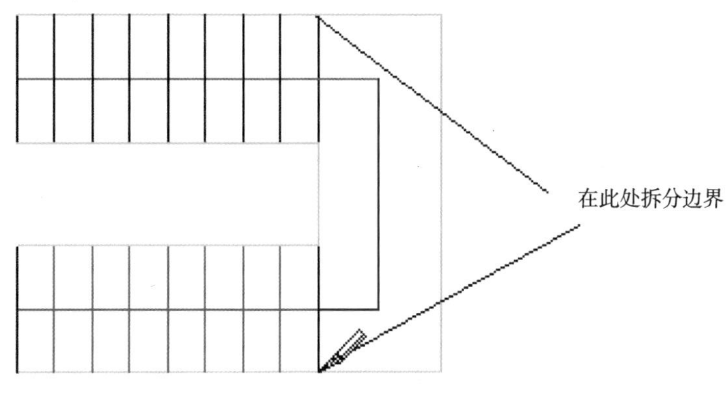

图 2.164　拆分边界

2. 修改楼梯栏杆扶手

（1）修改栏杆扶手，选择栏杆扶手。如果处于平面视图中，则使用 Tab 键可以帮助选择栏杆扶手。

提示：在三维视图中可以更容易地选中要修改的栏杆扶手，且能更好地查看所做的修改。

在“属性”选项板上根据需要修改栏杆扶手的实例属性，或者单击“编辑类型”以修改类型属性。

要修改栏杆扶手的绘制线，请单击“修改｜栏杆扶手”选项卡下“模式”面板中的“编辑路径”工具。

按照需要编辑所选线。

由于正处于草图模式，因此可以修改所选线的形状以符合设计要求。栏杆扶手线可由连接直线和弧段组成，但无法形成闭合环。通过拖曳蓝色控制柄可以调整线的尺寸。可以将栏杆扶手线移动到新位置，如楼梯中央。由于无法在同一个草图任务中绘制多个栏杆扶手，因此对于所绘制的每个栏杆扶手，必须首先完成草图，然后才能绘制另一个栏杆扶手。

（2）延伸楼梯栏杆扶手。如果要延伸楼梯栏杆扶手（例如，从梯段延伸至楼板），则需要拆分栏杆扶手线，从而使栏杆扶手改变其坡度并与楼板正确相交，如图 2.165、图 2.166 所示。

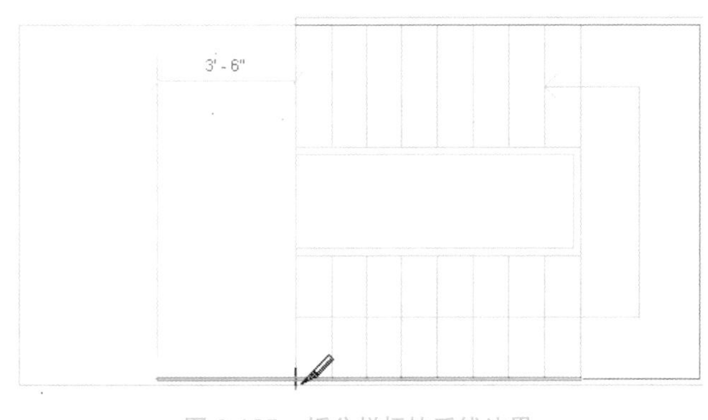

图 2.165　拆分栏杆扶手线边界

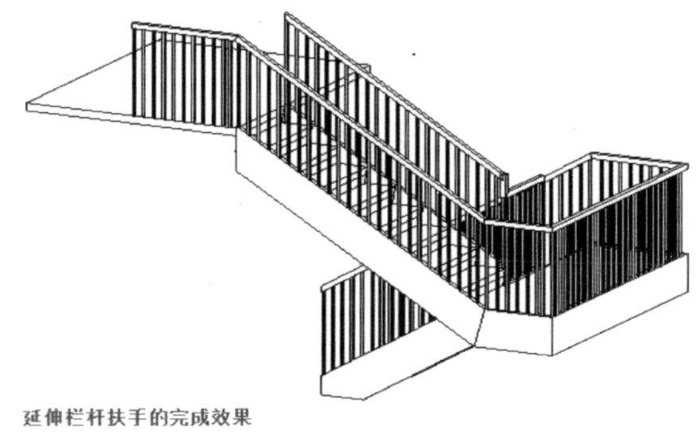

图 2.166　延伸栏杆扶手的完成效果图

3. 移动楼梯标签

使用以下三种方法中的任何一种，可以拖曳在含有一段楼梯的平面视图中显示的“向上”或“向下”标签。

（1）方法一。将光标放在楼梯文字标签上，此时标签旁边会显示拖曳控制柄，拖曳此控制柄以移动标签。

（2）方法二。选择楼梯梯段，此时会显示蓝色的拖曳控制柄，拖曳此控制柄以移动标签。

（3）方法三。高亮显示整个楼梯梯段，并按 Tab 键选择造型操纵柄，按 Tab 键时观察状态栏，直至状态栏指示造型操纵柄已高亮显示为止，拖曳标签到一个新位置。

4. 修改楼梯方向

可以在完成楼梯草图后，修改楼梯的方向。在项目视图中选择楼梯，单击蓝色翻转控制箭头。

9.2 栏杆和扶手

9.2.1　栏杆和扶手

（1）单击“建筑”选项卡下“楼梯坡道”面板中的“栏杆扶手”命令。

若不在绘制扶手的视图中，将提示拾取视图，从列表中选择一个视图，并单击“打开视图”。

（2）要设置扶手的主体，可单击“修改 | 创建扶手路径”选项卡下“工具”面板中的“拾取新主体”命令，并将光标放在主体（例如楼板或楼梯）附近，在主体上单击以选择它。

（3）在“绘制面板”绘制扶手。

如果正在将扶手添加到一段楼梯上，则必须沿着楼梯的内线绘制扶手，以使扶手可以正确承载和倾斜。

（4）在“属性”选项板上根据需要对实例属性进行修改，或者单击“编辑类型”以访问并修改类型属性。

（5）单击“√完成编辑模式”。

9.2.2　编辑扶手

1. 修改扶手结构

（1）在“属性”选项板上，单击“编辑类型”。

（2）在“类型属性”对话框中，单击与“扶手结构”对应的“编辑”。在“编辑扶手”对话框中，可以为每个扶手指定高度、偏移、轮廓和材质属性。

（3）要另外创建扶手，可单击“插入”，并输入新扶手的名称、高度、偏移、轮廓和材质属性。

（4）单击“向上”或“向下”以调整扶手位置。

（5）完成后，单击“确定”。

2. 修改扶手连接

（1）打开扶手所在的平面视图或三维视图。

（2）选择扶手，然后单击“修改 | 扶手”选项卡下“模式”面板中的“编辑路径”命令。

（3）单击“修改 | 扶手 > 编辑路径”选项卡下“工具”面板中的“编辑连接”命令。

（4）沿扶手的路径移动光标，当光标沿路径移动到连接上时，此连接的周围将出现一个框。

（5）单击以选择此连接，选择连接后，该连接上会显示 X。

（6）在“选项栏”中为“扶手连接”选择一个连接方法。有“延伸扶手使其相交”“插入垂直 / 水平线段”“无连接件”等选项，如图 2.167 所示。

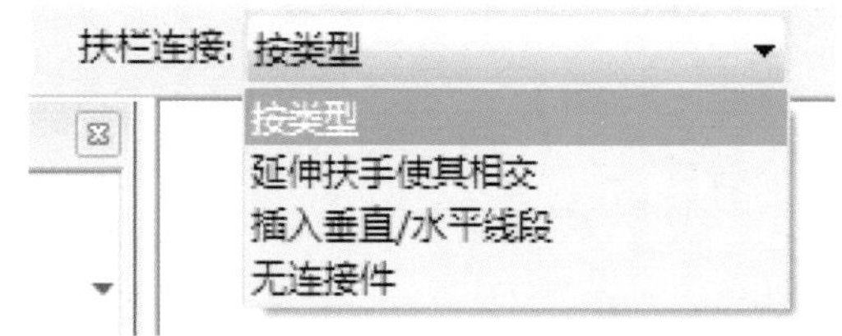

图 2.167　扶栏连接类型

（7）单击“√完成编辑模式”。

3. 修改扶手高度和坡度

（1）选择扶手，然后单击“修改 | 扶手”选项卡下“模式”面板中的“编辑路径”命令。

（2）选择扶手绘制线。在“选项栏”上，“高度校正”的默认值为“按类型”，这表示高度调整受扶手类型控制；也可选择“自定义”作为“高度校正”，在旁边的文本框中输入值。

（3）在“选项栏”的“坡度”选择中，有“按主体”“水平”“带坡度”三种选项。

按主体：扶手段的坡度与其主体（例如楼梯或坡道）相同，如图 2.168（a）所示。

水平：扶手段始终呈水平状。对于图 2.168（b）中类似的扶手，需要进行高度校正或编辑扶手连接，从而在楼梯拐弯处连接扶手。

带坡度：扶手段呈倾斜状，以便与相邻扶手段实现不间断的连接，如图 2.168（c）所示。

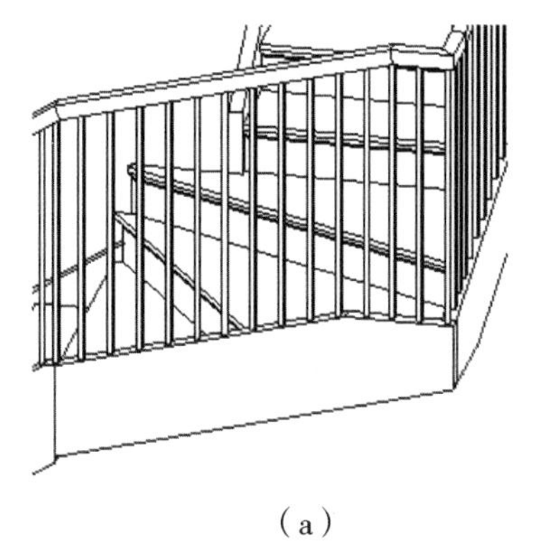

（a）

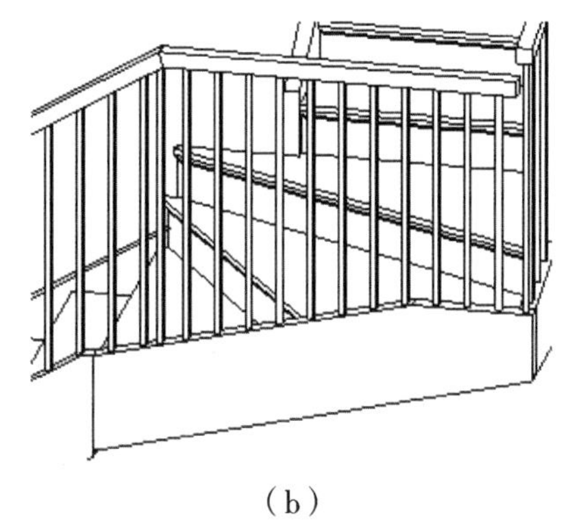

（b）

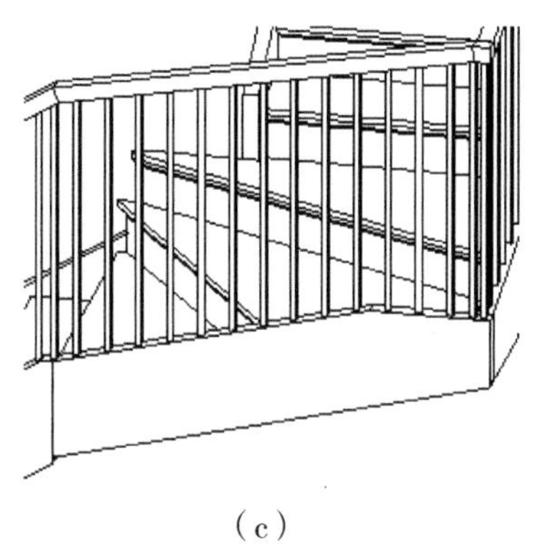

（c）

图 2.168　不同坡度选择的楼梯

9.2.3　编辑栏杆

（1）在平面视图中选择一个扶手。

（2）在“属性”选项板上单击“编辑类型”。

（3）在“类型属性”对话框中，单击“栏杆位置”对应的“编辑”。

注意：对“类型属性”所做的修改会影响项目中同一类型的所有扶手。可以单击“复制”以创建新的扶手类型。

（4）在弹出的“编辑栏杆位置”对话框中，上部为“主样式”框，如图 2.169 所示。

图 2.169　栏杆主样式

“主样式”框内的参数如下：

“栏杆族”：

执行的选项	解释
选择“无”	显示扶手和支柱，但不显示栏杆
在列表中选择一种栏杆	使用图纸中的现有栏杆族

“底部”：

指定栏杆底端的位置，有扶手顶端、扶手底端或主体顶端三种选择。主体可以是楼层、楼板、楼梯或坡道。

“底部偏移”：

栏杆的底端与“底部”之间的垂直距离，可以是负值或正值。

“顶部”（参见“底部”选项）：

指定栏杆顶端的位置（常为“顶部栏杆图元”）。

“顶部偏移”：

栏杆的顶端与“顶部”之间的垂直距离，可以是负值或正值。

“相对前一栏杆的距离”：

样式起点到第一个栏杆的距离，或（对于后续栏杆）相对于样式中前一栏杆的距离。

“偏移”：

栏杆相对于扶手绘制路径内侧或外侧的距离。

“截断样式位置”：

扶手段上的栏杆样式中断点，见表 2–3 所列。

表 2–3　栏杆样式中断点操作解释

执行的选项	解释
选择“每段扶手末端”	栏杆沿各扶手段长度展开
选择“角度大于”，然后输入一个“角度”值	如果扶手转角（转角是在平面视图中进行测量的）等于或大于此值，则会截断样式并添加支柱。一般情况下，此值保持为 0。在扶手转角处截断，并放置支柱
选择“从不”	栏杆分布于整个扶手长度。无论扶手有任何分离或转角，始终不发生截断

“对齐”：

“起点”表示该样式始于扶手段的始端。如果样式长度不恰好是扶手长度的倍数，则最后一个样式实例和扶手段末端之间会出现多余间隙。

“终点”表示该样式始于扶手段的末端。如果样式长度不恰好是扶手长度的倍数，则最后一个样式实例和扶手段始端之间会出现多余间隙。

“中心”表示第一个栏杆样式位于扶手段中心，所有多余间隙均匀分布于扶手段的始端和末端。

注：如果选择了“起点”“终点”或“中心”，则在“超出长度填充”栏中选择栏杆类型。

“展开样式以匹配”表示沿扶手段长度方向均匀扩展样式。不会出现多余间隙，且样式的实际位置值不同于“样式长度”中指示的值。

（5）选择“楼梯上每个踏板都使用栏杆”，如图 2.170 所示，指定每个踏板的栏杆数和楼梯的栏杆族。

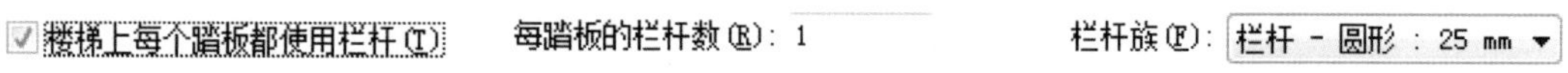

☑ 楼梯上每个踏板都使用栏杆(T)　　每踏板的栏杆数(R): 1　　栏杆族(F): 栏杆 - 圆形 : 25 mm

图 2.170　栏杆数

（6）在“支柱”框中，对栏杆“支柱”进行修改，如图 2.171 所示。

支柱(S)

	名称	栏杆族	底部	底部偏移	顶部	顶部偏移	空间	偏移
1	起点支柱	栏杆 - 圆形 : 25	主体	0.0		0.0	12.5	0.0
2	转角支柱	栏杆 - 圆形 : 25	主体	0.0		0.0	0.0	0.0
3	终点支柱	栏杆 - 圆形 : 25	主体	0.0		0.0	-12.5	0.0

转角支柱位置(C): 每段扶手末端　　角度(G): 0.000°

图 2.171　支柱参数

“支柱”框内的参数如下：

“名称”：栏杆内特定主体的名称。

“栏杆族”：指定起点支柱族、转角支柱族和终点支柱族。如果不希望在扶手起点、转角或终点处出现支柱，请选择“无”。

“底部”：指定支柱底端的位置，有扶手顶端、扶手底端或主体顶端三种选择。主体可以是楼层、楼板、楼梯或坡道。

“底部偏移”：支柱底端与基面之间的垂直距离，可以是负值或正值。

“顶部”：指定支柱顶端的位置（常为扶手），其值与基面各值相同。

“顶部偏移”：支柱顶端与顶之间的垂直距离，可以是负值或正值。

“空间”：需要相对于指定位置向左或向右移动支柱的距离。例如，对于起始支柱，可能需要将其向左移动 0.1m，使其与扶手对齐，在这种情况下，可以将间距设置为 0.1m。

“偏移”：栏杆相对于扶手路径内侧或外侧的距离。

“转角支柱位置”（参见“截断样式位置”选项）：指定扶手段上转角支柱的位置。

“角度”：此值指定添加支柱的角度。如果“转角支柱位置”的选择值是“角度大于”，则使用此属性。

（7）修改完上述内容后，单击“确定”。

9.3 坡道

9.3.1 直坡道

（1）打开平面视图或三维视图。

（2）单击“建筑”选项卡下“楼梯坡道”面板中的“坡道”工具，进入草图绘制模式。

（3）在“属性”选项板中修改坡道属性。

（4）单击“修改 | 创建坡道草图”选项卡下“绘制”面板中的“梯段”工具，默认值是通过“直线”命令绘制“梯段”，如图 2.172 所示。

（5）将光标放置在绘图区域中，拖曳光标绘制坡道梯段。

（6）单击“√完成编辑模式”。

创建的坡道样例如图 2.173 所示。

提示：①绘制坡道前，可先绘制“参考平面”对坡道的起点位置、休息平台位置、坡道宽度位置等进行定位。②可将坡道“属性”选项板中的“顶部标高”设置为当前的标高，并将“顶部偏移”设置为坡道的高度。

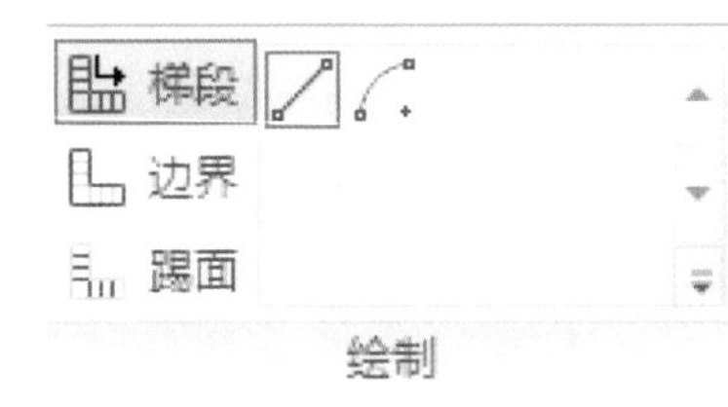

图 2.172　绘制面板

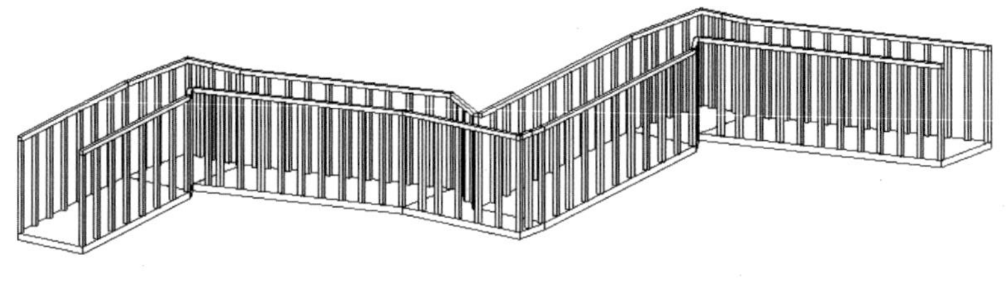

图 2.173　创建的坡道

9.3.2 螺旋坡道与自定义坡道

（1）单击“建筑”选项卡下“楼梯坡道”面板中的“坡道”工具，进入草图绘制模式。

（2）在“属性”选项板中修改坡道属性。

（3）单击“修改 | 创建坡道草图”选项卡下“绘制”面板中的“梯段”命令，选择“圆心 – 端点弧”工具，绘制“梯段”，如图 2.174 所示。

（4）在绘图区域根据状态栏提示绘制弧形坡道。

（5）单击“√完成编辑模式”。

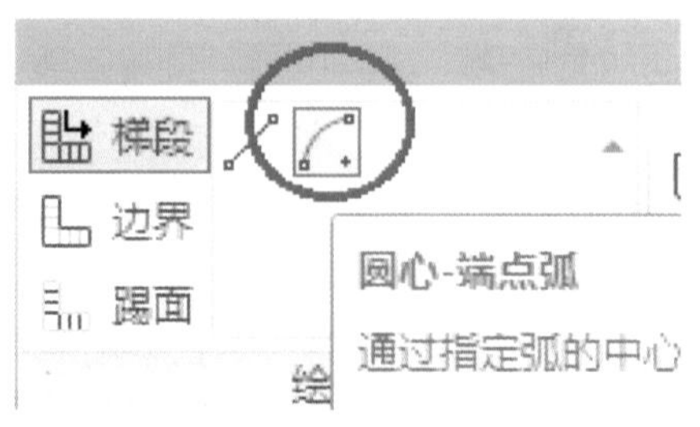

图 2.174　圆心 – 端点弧绘制工具

9.3.3　编辑坡道

1. 编辑坡道

在平面或三维视图中选择坡道，单击“修改 | 坡道”选项卡下“模式”面板中的“编辑草图”命令，对坡道进行编辑。

2. 修改坡度类型

（1）在草图模式中修改坡道类型：在“属性”选项板上单击“编辑类型”，在弹出的“类型属性”对话框中，选择不同的坡道类型作为“类型”。

（2）在项目视图中修改坡道类型：在平面或三维视图中选择坡道，在类型选择器下拉列表中选择所需的坡道类型。

3. 修改坡道属性

在“属性”选项板上修改相应参数的值，来修改坡道的“实例属性”。

在“属性选项板”上，单击“编辑类型”，来修改坡道的“类型属性”。

4. 扶手类型

在草图模式中单击“工具”面板的“栏杆扶手”命令，在“扶手类型”对话框中选择项目中现有扶手类型之一，也可选择“默认”来添加默认扶手类型，或者选择“无”来指定不添加任何扶手。如果选择“默认值”，则 Revit 将使用在激活“扶手”工具后选择“扶手属性”时显示的扶手类型。通过在“类型属性”对话框中选择新的类型，可以修改默认的扶手。

任务 10　体量

10.1　关于体量

体量的特点：

使用形状描绘建筑模型的概念，从而探索设计理念。

抽象表示项目的阶段。

通过将计划的建筑体量与分区外围和楼层面积比率进行关联，从而可视化和数字化研究分区遵从性。

从带有可完全控制图元类别、类型和参数值的体量实例开始，生成楼板、屋顶、幕墙系统和墙。并在体量更改时完全控制这些图元的再生成。

体量可以在项目内部（内建体量）或项目外部（可载入体量族）创建。

内建体量：用于表示项目独特的体量形状，如图 2.175 所示。

可载入体量族（新建概念体量族）：在一个项目中放置体量的多个实例或者在多个项目中使用体量族时，通常使用可载入体量族，如图 2.176 所示。

要创建内建体量和可载入体量族，需要使用概念设计环境。

概念设计环境：一类族编辑器，可以使用内建和可载入族体量图元来创建概念设计。

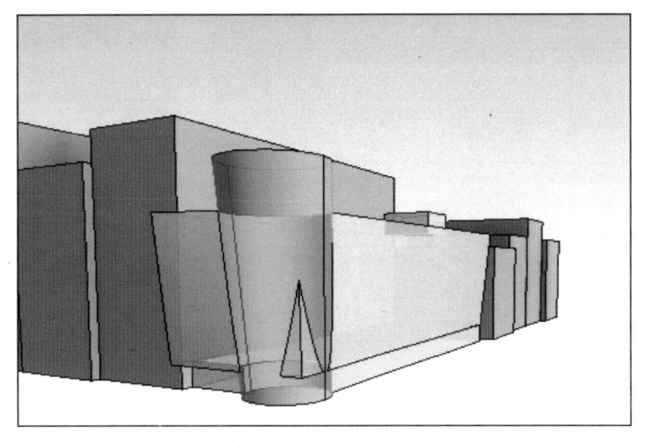

图 2.175　内建体量

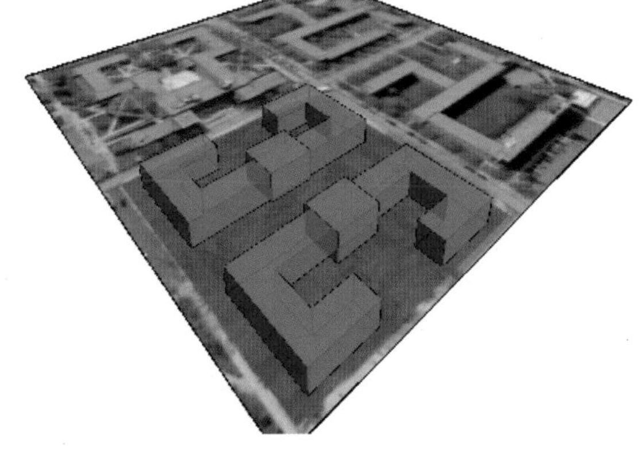

图 2.176　可载入族

概念体量的工作流程：

在大多数情况下，概念体量会经过多次迭代，才能满足项目的所需要求。

（1）使用“体量或常规模型自适应”样板打开新的族。

（2）绘制点、线和将构成三维形状的二维形状。

（3）将二维几何图形拉伸至三维形状。

（4）分割形状表面以准备构件的形状。（可选）

（5）应用参数化构件。（可选）

（6）载入概念体量到项目中。

10.2 创建概念体量模型

创建体量模型的方法主要有两种，一是内建体量，二是新建概念体量族。

1. 内建体量

创建特定于当前项目上下文的体量，此体量不能在其他项目中重复使用。

（1）单击“体量和场地”选项卡下“概念体量”面板中的“内建体量”。

（2）输入内建体量族的名称，然后单击“确定”。应用程序窗口显示概念设计环境。

（3）使用“绘制”面板上的工具创建所需的形状。

（4）完成后，单击“完成体量”。

2. 新建概念体量族

使用概念设计环境来创建概念体量或填充图案构件。选择样板以提供起点。

（1）单击应用程序菜单中的“新建”，选择“概念体量”。

（2）在“新建概念体量”对话框中，选择“体量 .rft”，然后单击“打开”。

10.2.1　创建体量形状的方法

创建体量形状以研究包含拉伸、旋转、融合和放样的建筑概念。

使用“创建形状”工具创建实心几何图形，创建步骤如下：

（1）在“创建”选项卡下的“绘制”面板中选择一个绘图工具。

（2）单击绘图区域，然后绘制一个闭合环。

（3）选择该闭环。

（4）单击“修改 | 线”选项卡下“形状”面板中的“创建形状”，创建一个实心形状拉伸，如图 2.177 所示。

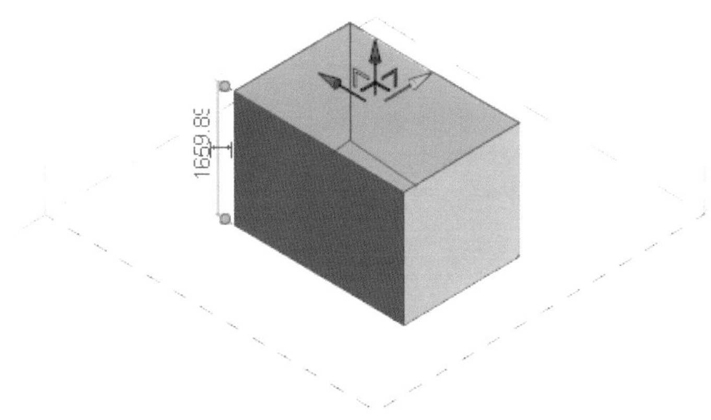

图 2.177　创建体量

（5）（可选）单击“修改 | 形状图元”选项卡下“形状”面板中的“空心形状”，以将该形状转换为空心形状。

可用于产生形状的线类型包括线、参照线、由点创建的线、导入的线、另一个形状的边、已载入族的线或边。

10.2.1.1　拉伸创建形状的方法

1. 创建表面形状

可以从线或几何图形边创建表面形状。在概念设计环境中，表面要基于开放的线或边（而非闭合轮廓）创建。

（1）在绘图区域中选择模型线、参照线或几何图形的边，如图 2.178 所示。

（2）单击“修改 | 线”选项卡下“形状”面板中的“创建形状”，线或边将拉伸成为表面，如图 2.179 所示。

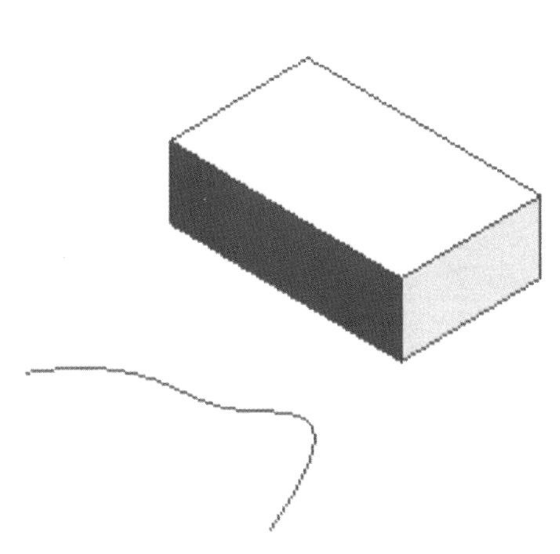

图 2.178　创建表面形状（一）

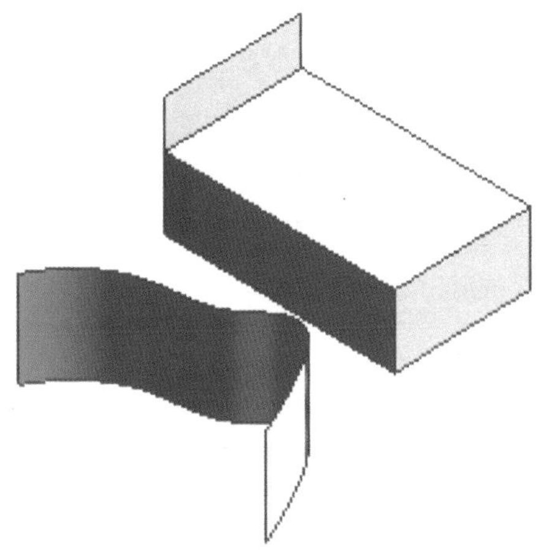

图 2.179　创建表面形状（二）

注：绘制闭合的二维几何图形时，要在选项栏上选择“根据闭合的环生成表面”以自动绘制表面

形状。

2. 创建几何形状

（1）在绘图区域中选择闭合的模型轮廓线、参照线或几何图形的轮廓边或面，如图 2.180 所示。

（2）单击“修改 | 线”选项卡下“形状”面板中的“创建形状”，线或边将拉伸成为几何形状，如图 2.181 所示。

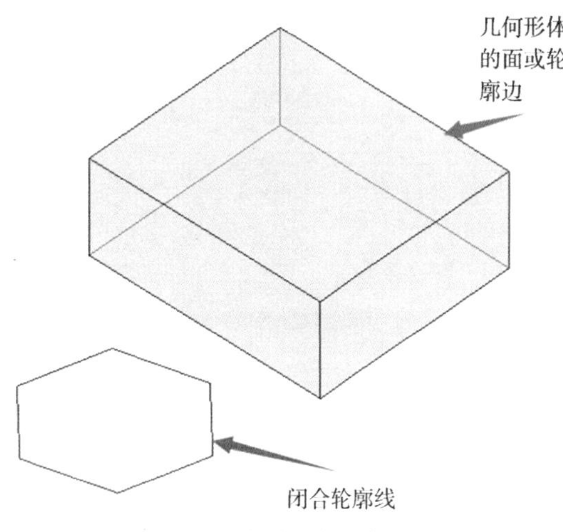

图 2.180　创建几何形状（一）

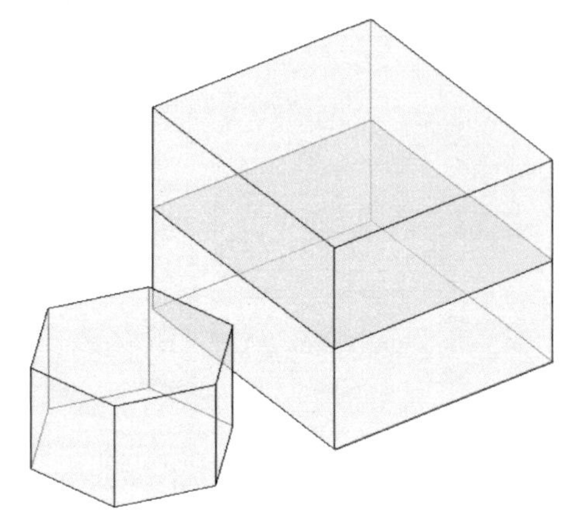
图 2.181　创建几何形状（二）

10.2.1.2　旋转创建形状的方法

可以从线和共享工作平面的二维轮廓来创建旋转形状，旋转中的线用于定义旋转轴，二维形状绕该轴旋转后形成三维形状。创建步骤如下：

（1）在某个工作平面上绘制一条线。

（2）在同一工作平面上邻近该线的位置绘制一个闭合轮廓。

注：可以使用未构成闭合环的线来创建表面旋转。

（3）选择绘制的线和闭合轮廓，如图 2.182 所示。

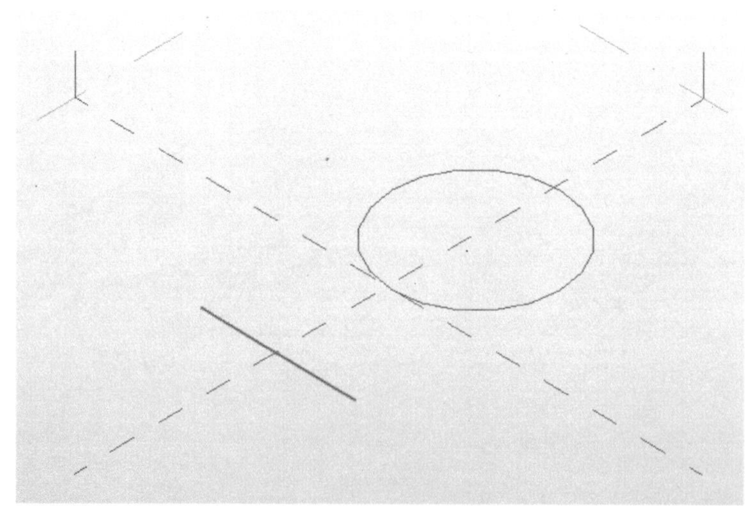
图 2.182　选择线和闭合轮廓

（4）单击“修改 | 线”选项卡下“形状”面板中的“创建形状”，生成的模型如图 2.183 所示。

（5）若要打开旋转，请选择旋转轮廓的外边缘。（可选）

提示：使用透视模式有助于识别边缘，如图 2.184 所示。

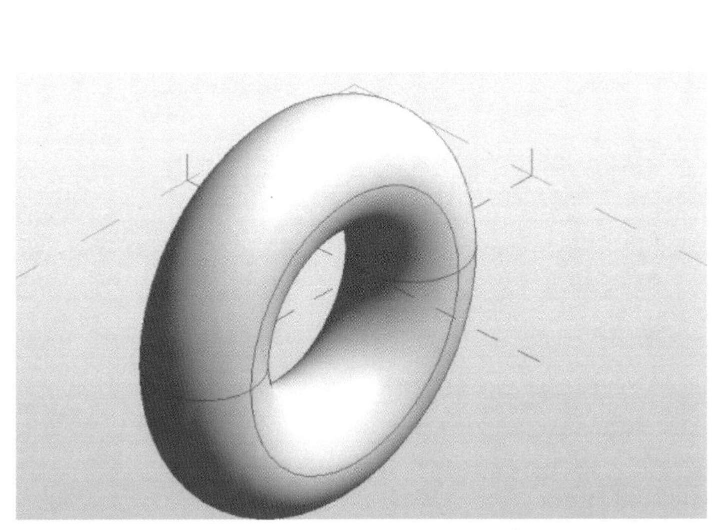

图 2.183　生成旋转模型

选择轮廓线

图 2.184　轮廓线

（6）将橙色控制箭头拖曳到新位置，或者在“属性”选项板中精确设置旋转角度，如图 2.185 所示。

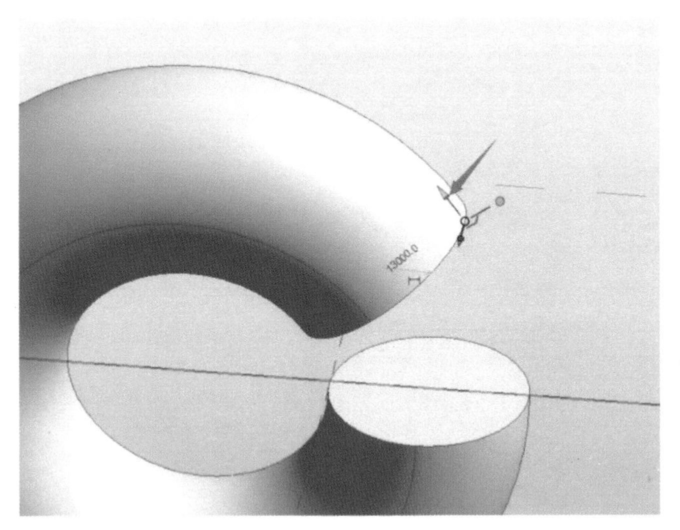

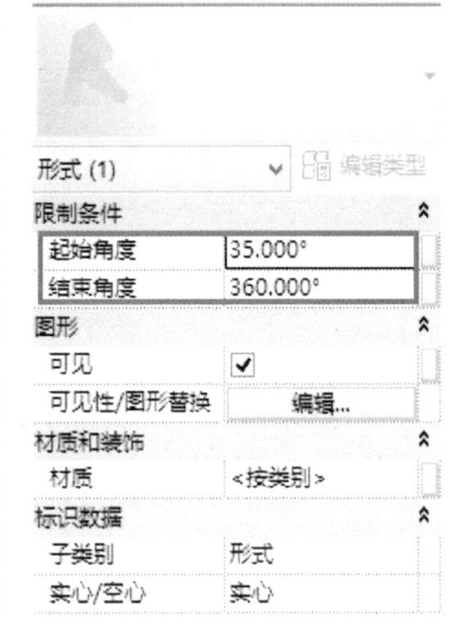

图 2.185　设置旋转角

10.2.1.3　放样创建形状的方法

可以从线和垂直于线绘制的二维轮廓来创建放样形状。

放样中的线定义了从放样二维轮廓来创建三维形态的路径。 轮廓由线处理组成，线处理垂直于用于定义路径的一条或多条线而绘制。

如果轮廓是基于闭合环生成的，则可以使用多分段的路径来创建放样。如果轮廓不是闭合的，则不会沿多分段路径进行放样。 如果路径是一条线构成的段，则使用开放的轮廓创建放样。

（1）绘制一系列连在一起的线来构成路径，如图 2.186 所示。

（2）单击“创建”选项卡下“绘制”面板中的“点”图元，然后沿路径单击以放置参照点，如图 2.187 所示。

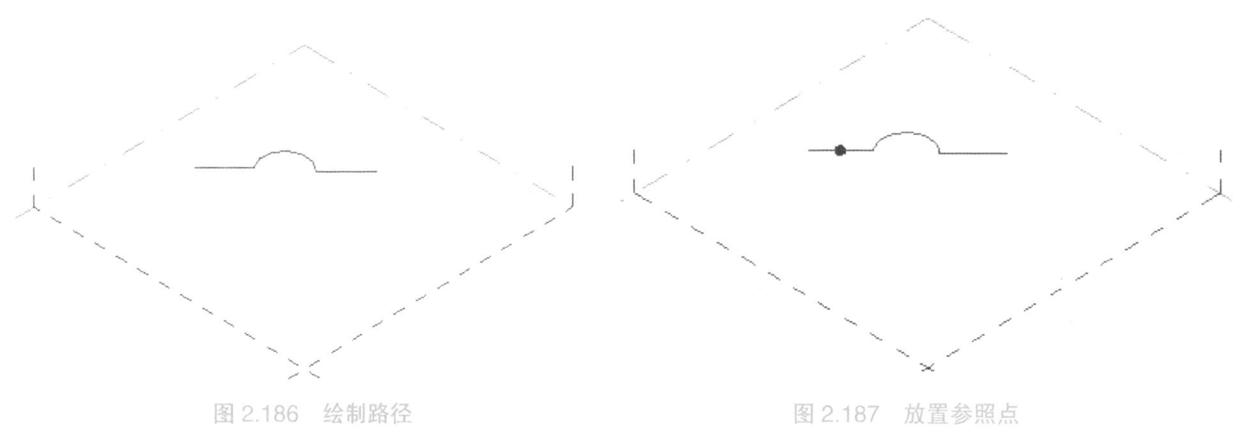

图 2.186　绘制路径　　图 2.187　放置参照点

（3）选择参照点，将显示工作平面，如图 2.188 所示。

（4）在工作平面上绘制一个闭合轮廓，如图 2.189 所示。

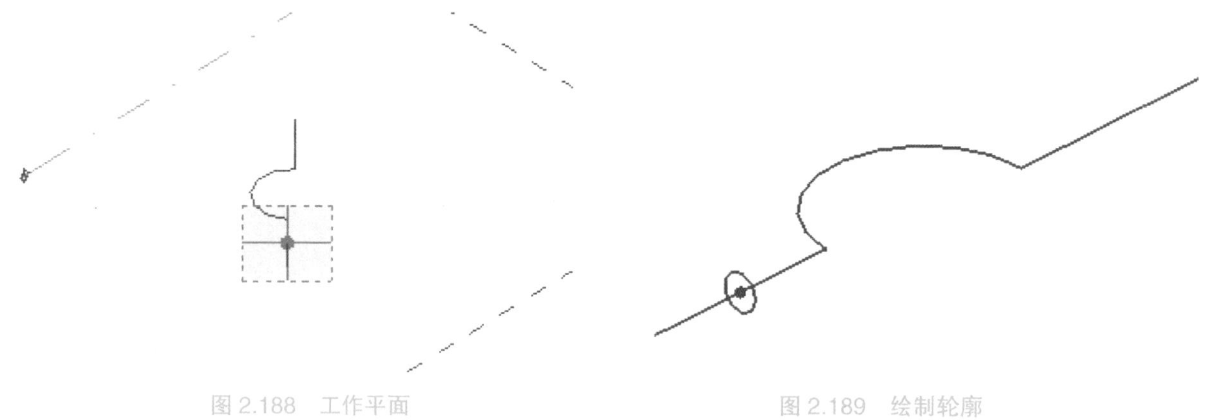

图 2.188　工作平面　　图 2.189　绘制轮廓

（5）选择线和轮廓。

（6）单击“修改｜线”选项卡下“形状”面板中的“创建形状”，生成的放样模型如图 2.190 所示。

图 2.190　生成放样模型

10.2.1.4　融合创建形状的方法

可以通过单独工作平面上绘制的两个或多个二维轮廓来创建放样形状。生成放样几何图形时，轮廓可以是开放的，也可以是闭合的。创建步骤如下：

（1）在某个工作平面上绘制一个闭合轮廓，如图 2.191 所示。

（2）选择其他工作平面，如图 2.192 所示。

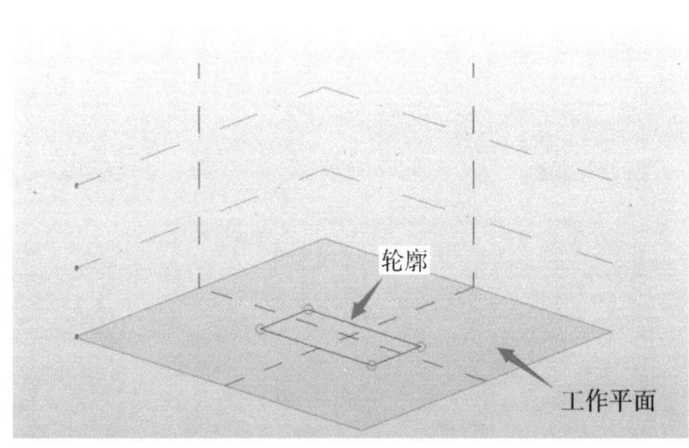

图 2.191　绘制闭合轮廓

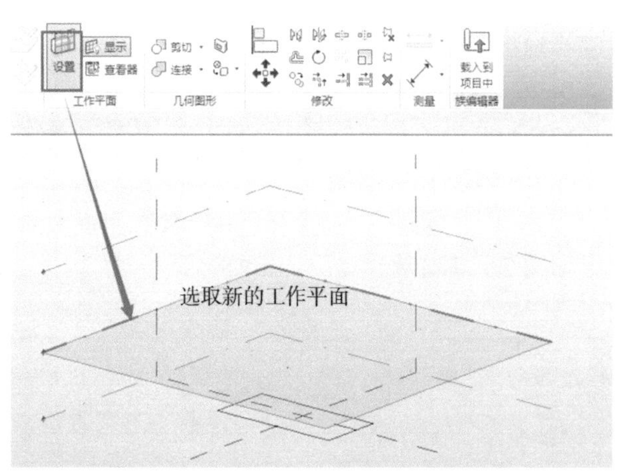

图 2.192　选择工作平面

（3）绘制新的闭合轮廓，如图 2.193 所示。

（4）在保持每个轮廓都在唯一工作平面的同时，重复步骤 2 到步骤 3。

（5）选择所有轮廓，如图 2.194 所示。

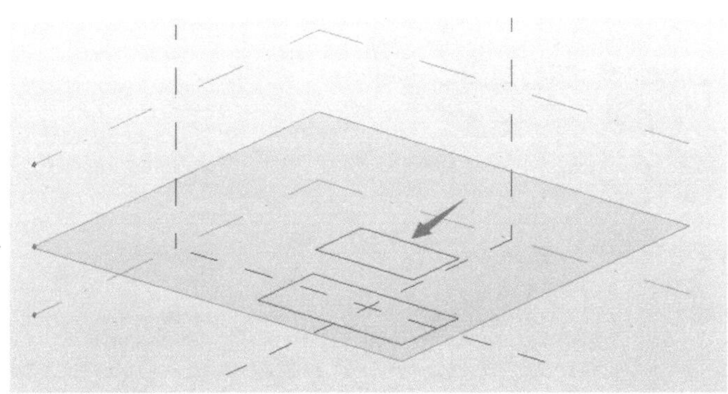

图 2.193　绘制新的闭合轮廓

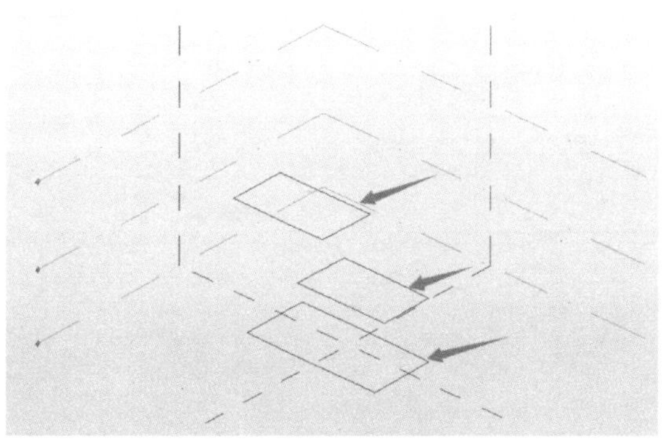

图 2.194　绘制所有轮廓

（6）单击“修改｜线”选项卡下“形状”面板中的“创建形状”，生成的模型如图 2.195 所示。

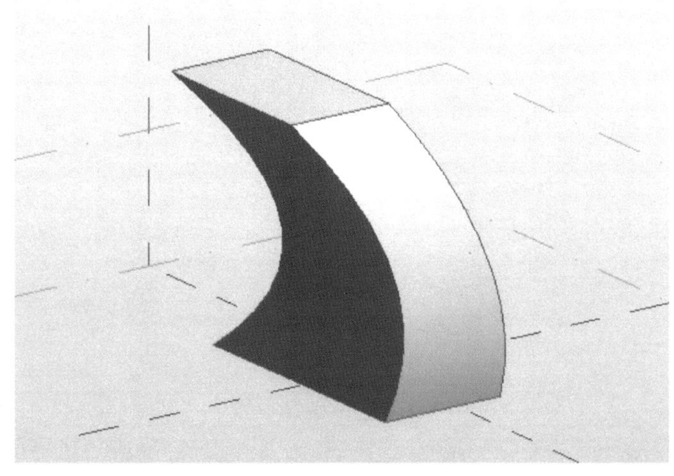

图 2.195　生成融合模型

10.2.1.5 放样融合创建形状的方法

可以从垂直于线绘制的线和两个或多个二维轮廓来创建放样融合形状。

放样融合中的线定义了放样并融合二维轮廓来创建三维形状的路径。轮廓由线处理组成，线处理垂直于用于定义路径的一条或多条线而绘制。

与放样形状不同，放样融合无法沿着多段路径创建。但是轮廓可以打开、闭合或是两者的组合。

（1）绘制线以形成路径，如图 2.196 所示。

（2）单击“创建”选项卡下“绘制”面板中的“点”图元，然后沿路径放置放样融合轮廓的参照点，如图 2.197 所示。

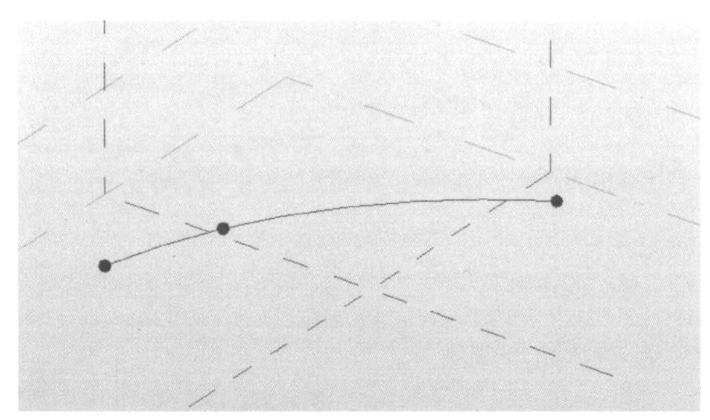

图 2.196　绘制路径

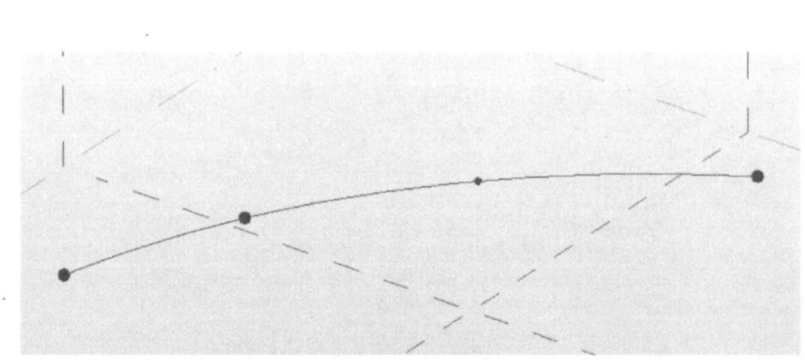

图 2.197　绘制参照点

（3）选择一个参照点并在其工作平面上绘制一个闭合轮廓，如图 2.198 所示。

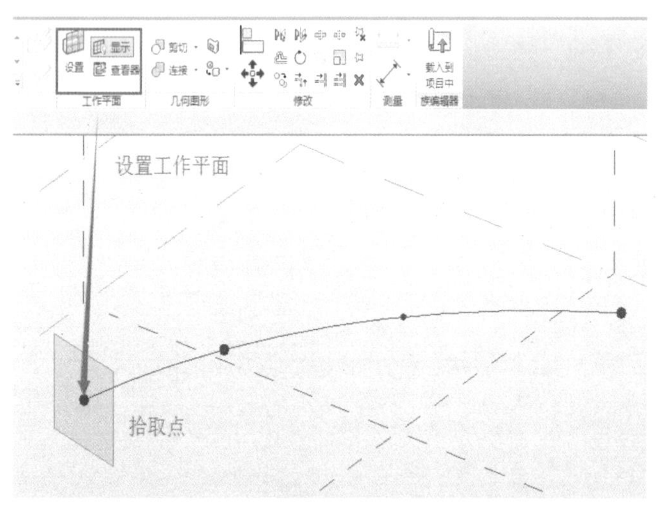

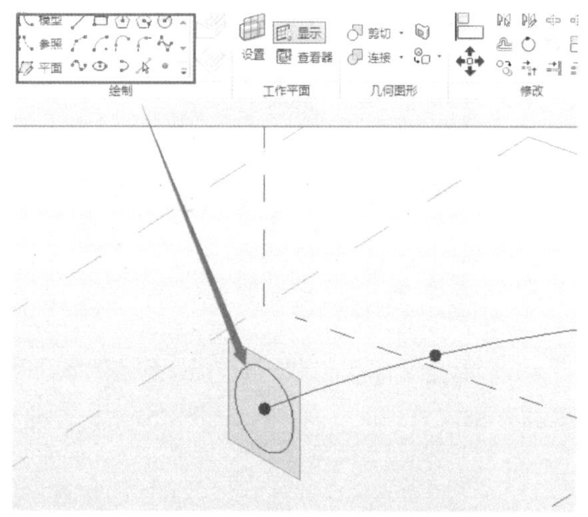

图 2.198　绘制闭合轮廓

（4）绘制其余参照点的轮廓，如图 2.199 所示。

（5）选择路径和轮廓，单击“修改 | 线”选项卡下“形状”面板中的“创建形状”，生成的模型如图 2.200 所示。

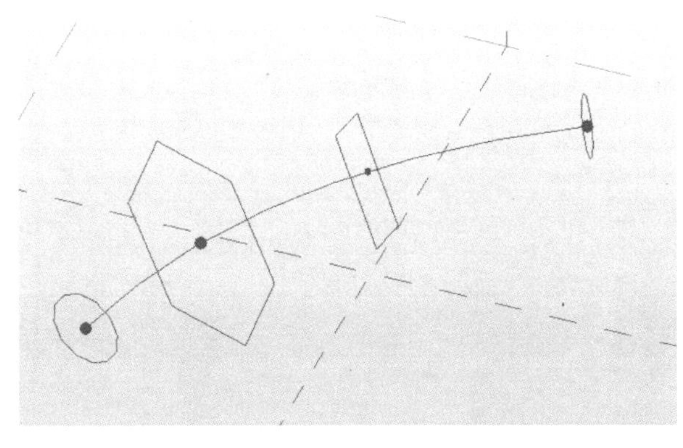

图 2.199　绘制其余参照点

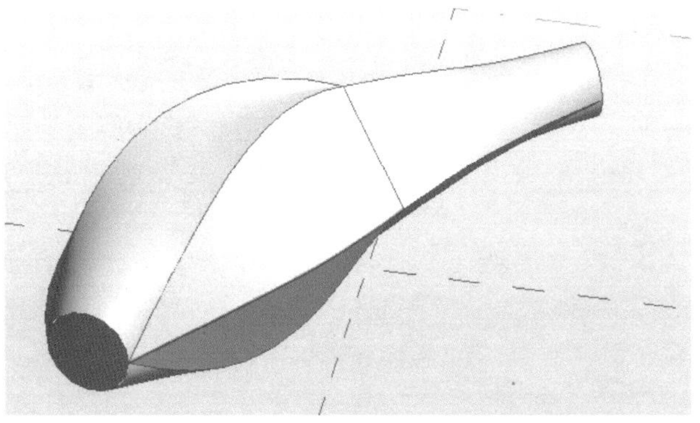

图 2.200　生成放样融合模型

10.2.1.6　创建空心形状的方法

可以用“创建空心形状”工具来创建负几何图形（空心）以剪切实心几何图形。创建空心形状的基本方法和创建实心形状的基本方法一样，不同点只是在创建形状面板下选择空心形状。

（1）在“创建”选项卡下“绘制”面板中，选择一个绘图工具。

（2）单击绘图区域，然后绘制一个相交实心几何图形的闭合环。

（3）选择该闭环。

（4）单击“修改 | 线”选项卡下“形状”面板中的“创建形状”下拉菜单，选择“空心形状”。将创建一个空心形状拉伸，如图 2.201 所示。

（5）单击“修改 | 形状图元”选项卡下“形状”面板中的实心形状，可以将该形状转换为实心形状。（可选）

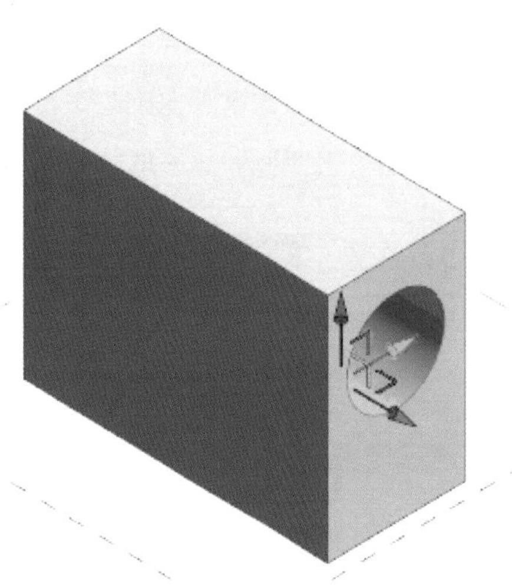

图 2.201　空心拉伸

10.3　体量模型的修改和编辑

10.3.1　向形状中添加边

通过添加边来更改形状的几何图形，步骤如下：

（1）选择形状并在透视模式中查看形状的所有图元，如图 2.202 所示。

（2）单击“修改 | 形状图元”选项卡下“修改形状”面板中的“添加边”。

（3）将光标移动到形状上方，以显示边的预览图像，然后单击添加边，如图 2.203 所示。

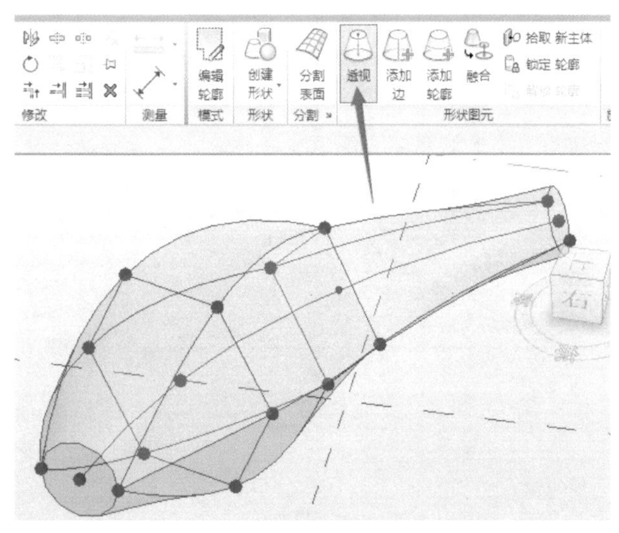

图 2.202　查看图元

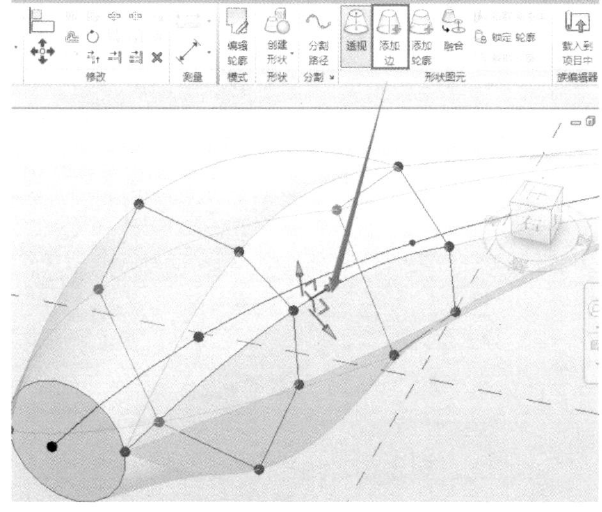

图 2.203　添加边

注：边与形状的纵断面中心平行，而该形状则与绘制时所在的平面垂直。要在形状顶部添加一条边，请在垂直参照平面上创建该形状。边显示在沿形状轮廓周边的形状上，并与拉伸的轨迹中心线平行。

（4）选择边。

（5）单击三维控制箭头操纵该边，如图 2.204 所示。

几何图形会根据新边的位置进行调整，如图 2.205 所示。

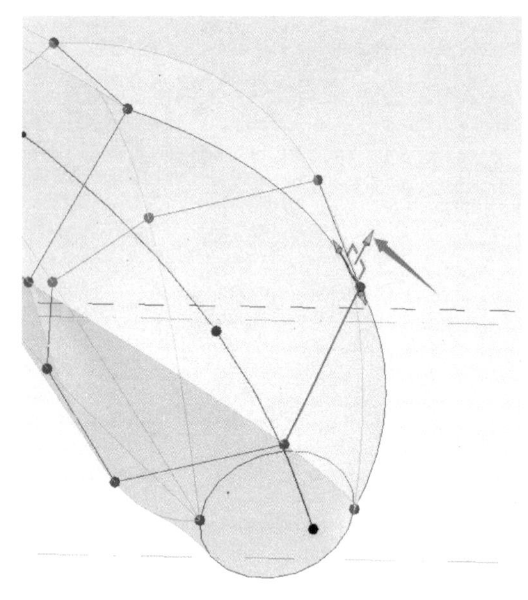

图 2.204　编辑边

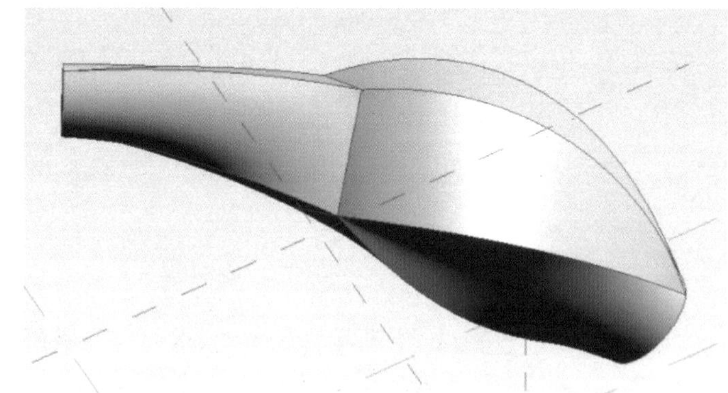

图 2.205　编辑后效果

10.3.2　向形状中添加轮廓

可以向形状中添加轮廓，并使用它直接操纵概念设计中形状的几何图形。步骤如下：

（1）选择一个形状。

（2）单击“修改 | 形状图元”选项卡下“形状图元”面板中的“透视”，如图 2.206 所示。

（3）单击“修改 | 形状图元”选项卡下“形状图元”面板中的“添加轮廓”。

（4）将光标移动到形状上方，以预览轮廓的位置，单击以放置轮廓。生成的轮廓平行于最初创建形状的几何图元，垂直于拉伸的轨迹中心线，如图 2.207 所示。

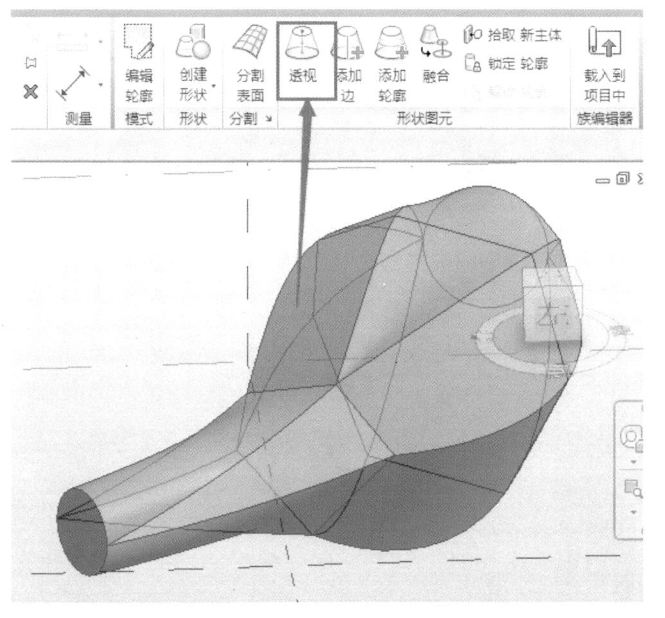

图 2.206 透视

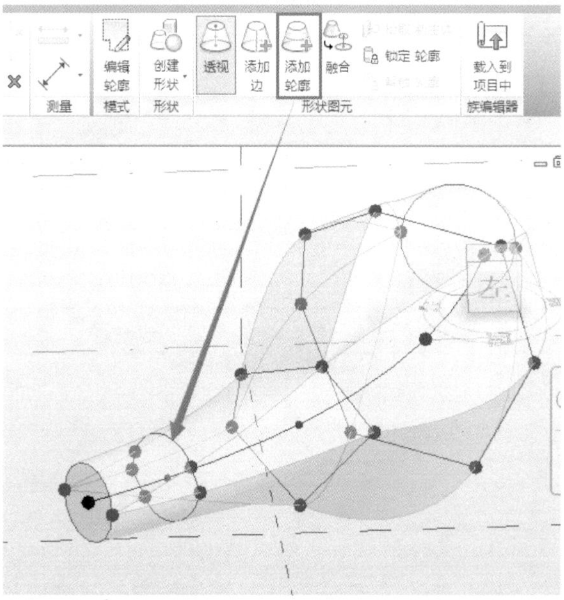

图 2.207 添加轮廓

（5）修改轮廓形状，如图 2.208 所示。

（6）当完成表格选择后，单击“修改 | 形状图元”选项卡下“形状图元”面板中的“透视”，生成的模型如图 2.209 所示。

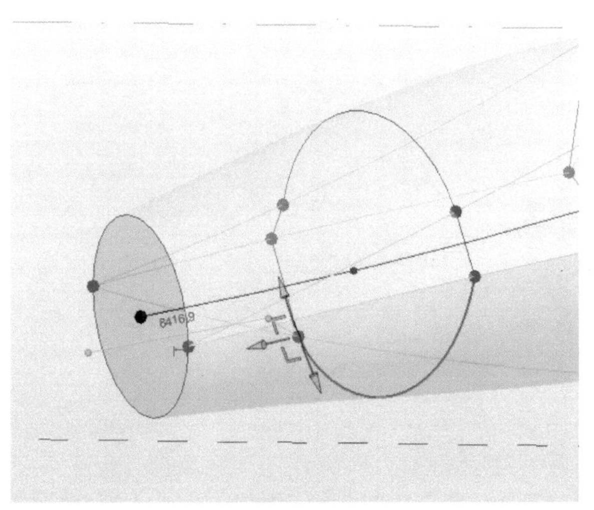

图 2.208 修改轮廓形状

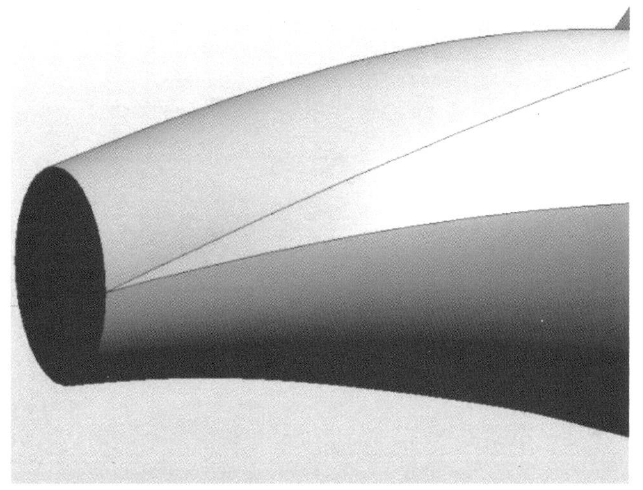

图 2.209 生成添加轮廓后模型

10.3.3 修改编辑体量

可以通过编辑形状的源几何图形来调整其形状。步骤如下：

（1）选择一个形状，如图 2.210 所示。

（2）单击“修改 | 形状图元”选项卡下“形状图元”面板中的“透视”，形状会显示其几何图形和节点，如图 2.211 所示。

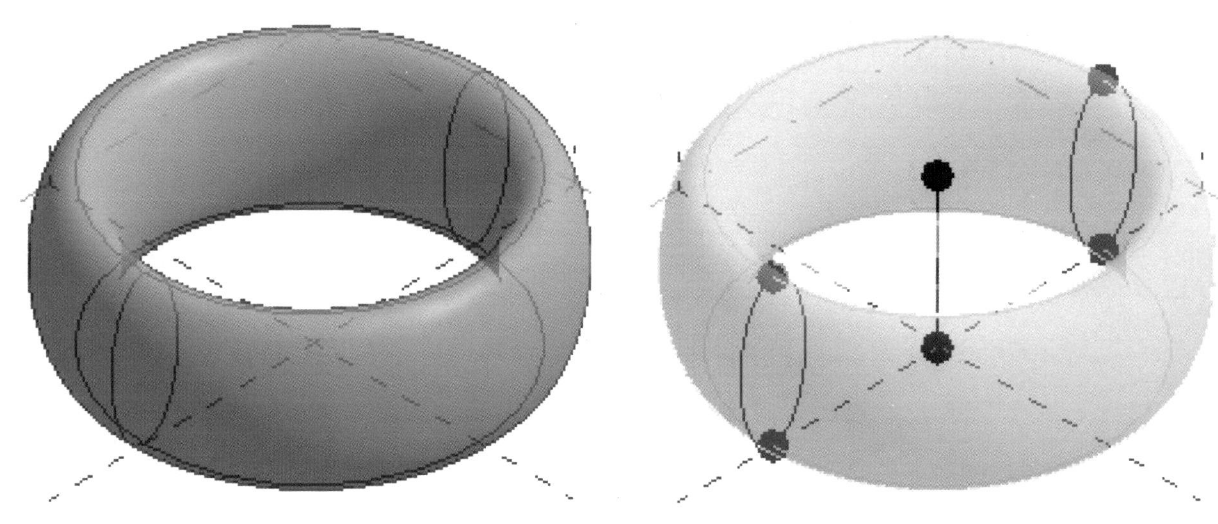

图 2.210　选择模型　　　　图 2.211　透视

（3）选择形状和三维控件显示的任意图元以重新定位节点和线，也可以在透视模式中添加和删除轮廓、边和顶点。如有必要，请重复按 Tab 键以高亮显示可选择的图元，如图 2.212 所示。

（4）重新调整源几何图形以调整形状。在此示例中，将修改一个节点，如图 2.213 所示。

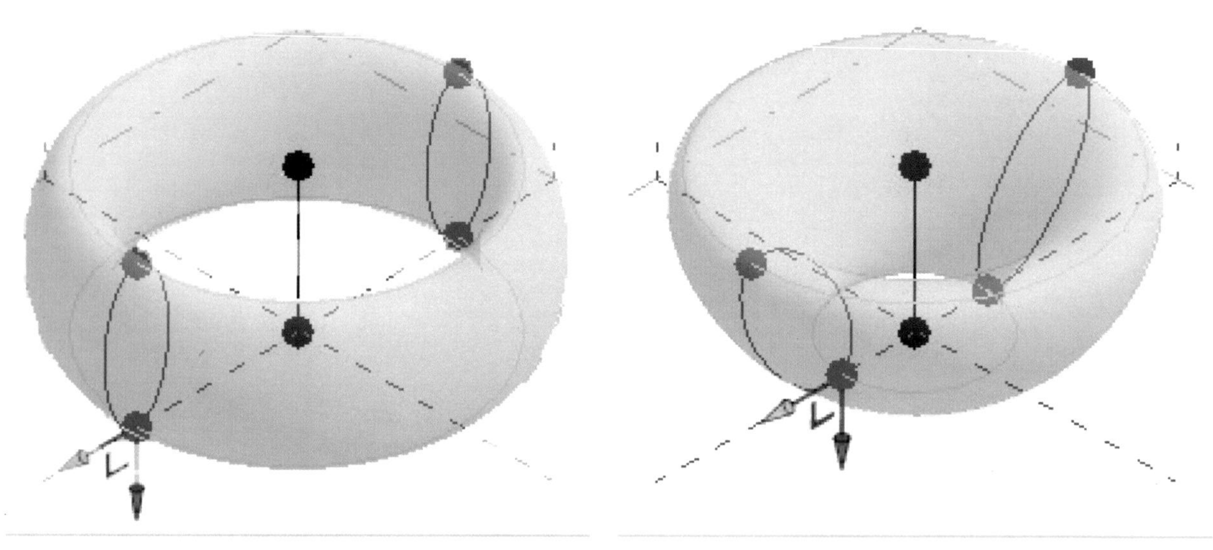

图 2.212　Tab 键选择　　　　图 2.213　修改节点

（5）完成后，请选择形状并单击“修改 | 形状图元”选项卡下“形状图元”面板中的“透视”以返回到默认的编辑模式，生成的模型如图 2.214 所示。

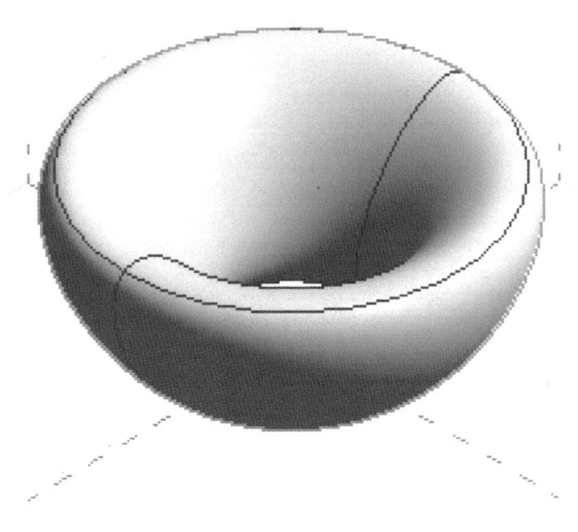

图 2.214　生成修改后模型

10.4 体量研究

体量创建后可以自动计算出体量的总体积、总面积和总楼层面积。在“属性”选项板的体量实例属性栏可以查看这些数据，如图 2.215 所示。

基于体量创建设计模型，可以从体量实例、常规模型、导入的实体和多边形网格的面创建建筑图元。包括墙、楼板、幕墙及屋顶，如图 2.216 所示。

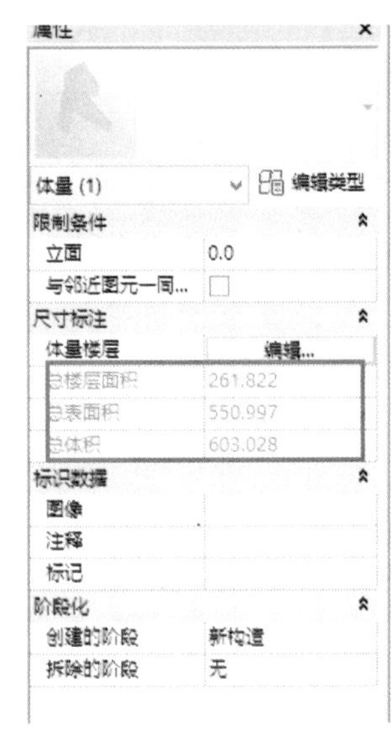

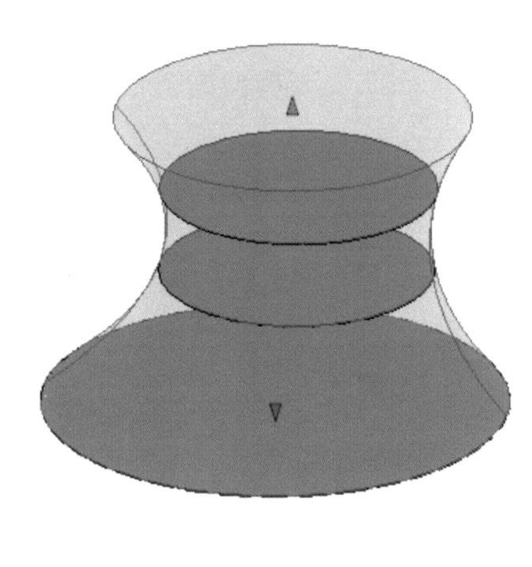

图 2.215　查看体量数据

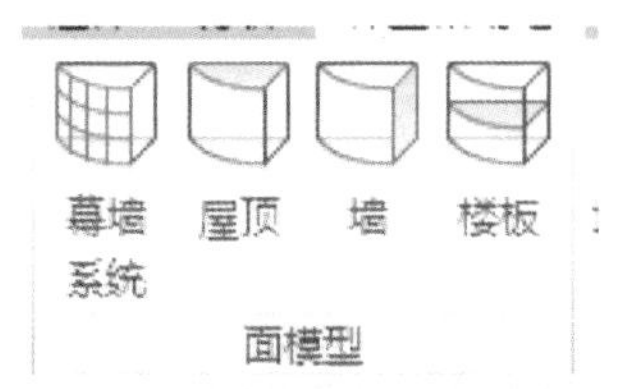

图 2.216　建筑图元

10.4.1　基于体量面创建墙

可以使用“面墙”工具，通过拾取线或面从体量实例创建墙。此工具将墙放置在体量实例或常规模型的非水平面上。

使用“面墙”工具创建的墙不会自动更新。要更新墙，需要使用“更新到面”工具。

从体量面创建墙的步骤如下：

（1）打开显示体量的视图。

（2）单击“体量和场地”选项卡下“面模型”面板中的“面墙”，如图 2.217 所示。

（3）在类型选择器中选择一个墙类型。

（4）在选项栏中选择所需的标高、高度、定位线的值。

（5）移动光标以高亮显示某个面。

（6）单击以选择该面，创建墙体，如图 2.218 所示。

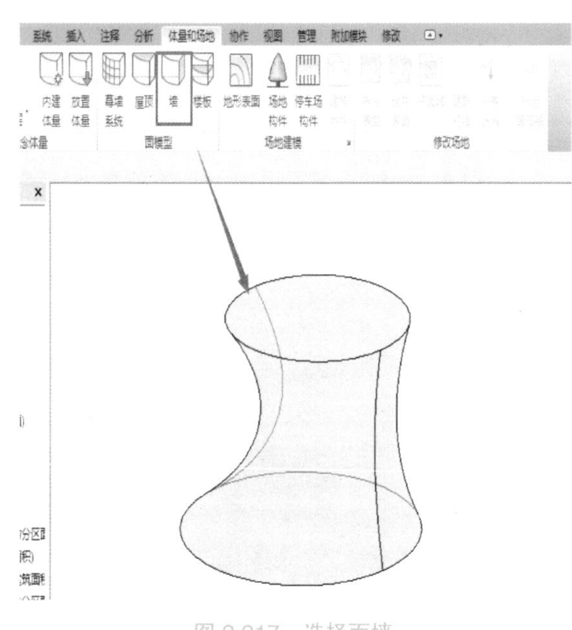

图 2.217　选择面墙

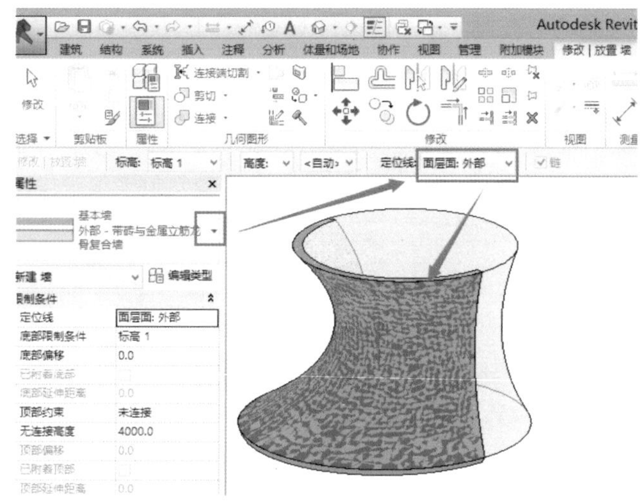

图 2.218　创建墙体

10.4.2　基于体量面创建楼板幕墙系统

可以使用“面幕墙系统”工具在任何体量面或常规模型面上创建幕墙系统。

幕墙系统没有可编辑的草图。如果需要关于垂直体量面的可编辑的草图，请使用“幕墙”工具。

注：无法编辑幕墙系统的轮廓，如果要编辑轮廓，请放置一面幕墙。

从体量面创建幕墙系统的步骤如下：

1）打开显示体量的视图。

2）单击“体量和场地”选项卡下“面模型”面板中的“面幕墙系统”。

3）在类型选择器中选择一种幕墙系统类型。可使用带有幕墙网格布局的幕墙系统类型。

4）要从一个体量面创建幕墙系统，请单击“修改 | 放置面幕墙系统”选项卡下“多重选择”面板中的“选择多个”以禁用它。默认情况下，该选项处于启用状态。（可选）

5）移动光标以高亮显示某个面。

6）单击以选择该面。如果已清除“选择多个”选项，则幕墙系统将会立即被放置到面上，如图 2.219 所示。

7）如果已启用“选择多个”选项，请按如下操作选择更多体量面：

（1）单击未选中的面将其添加到选择中，单击已选中的面将其删除。

光标将指示是正在添加（+）面还是正在删除（－）面。

提示：将拾取框拖曳到整个形状上，将整体生成幕墙系统。

（2）如要清除选择并重新开始选择，请单击“修改 | 放置面幕墙系统”选项卡下“多重选择”面板中的“清除选择”。

（3）选择所需的面后，单击“修改 | 放置面幕墙系统”选项卡下“多重选择”面板中的“创建面幕墙”，结果如图 2.220 所示。

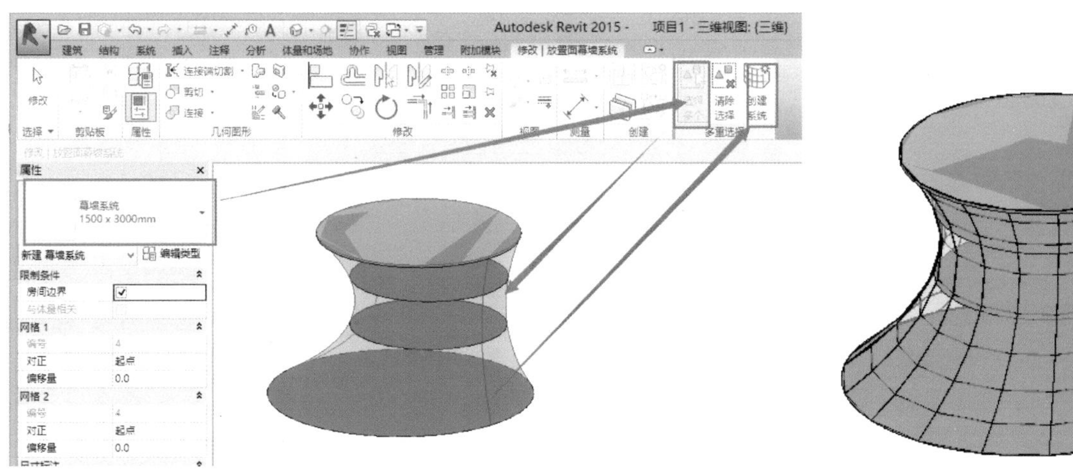

图 2.219　幕墙系统放置到面　　图 2.220　创建面幕墙

10.4.3　基于体量面创建楼板

要从体量实例创建楼板，可使用“面楼板”工具或“楼板”工具。若使用“面楼板”工具，需要先创建体量楼层。体量楼层在体量实例中计算楼层面积。从体量楼层创建楼板的步骤如下：

1）打开显示概念体量模型的视图，选择体量创建体量楼层，如图 2.221 所示。

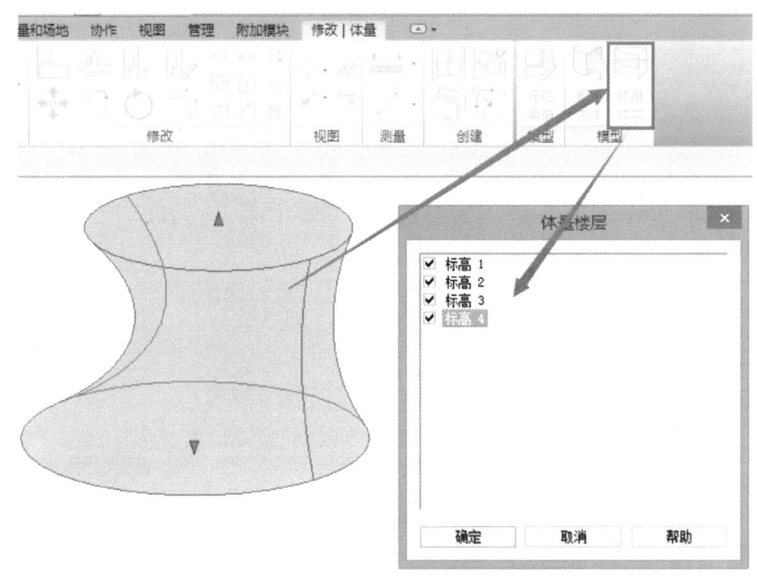

图 2.221　创建楼层

2）单击“体量和场地”选项卡下“面模型”面板中的“面楼板”。

3）在类型选择器中选择一种楼板类型。

4）要从单个体量面创建楼板，请单击“修改 | 放置面楼板”选项卡下“多重选择”面板中的“选

择多个”以禁用此选项。默认情况下，该选项处于启用状态。（可选）

5）移动光标以高亮显示某一个体量楼层。

6）单击以选择体量楼层。如果已清除“选择多个”选项，则立即会有一个楼板被放置在该体量楼层上，如图 2.222 所示。

7）如果已启用“选择多个”选项，请按如下操作选择多个体量楼层：

（1）单击未选中的体量楼层以将其添加到选择中，单击已选中的体量楼层以将其删除。

光标将指示是正在添加（+）体量楼层还是正在删除（－）体量楼层。

（2）如要清除整个选择并重新开始，请单击“修改 | 放置面楼板”选项卡下“多重选择”面板中的“清除选择”。

（3）选中需要的体量楼层后，单击“修改 | 放置面楼板”选项卡下“多重选择”面板中的“创建楼板”，结果如图 2.223 所示。

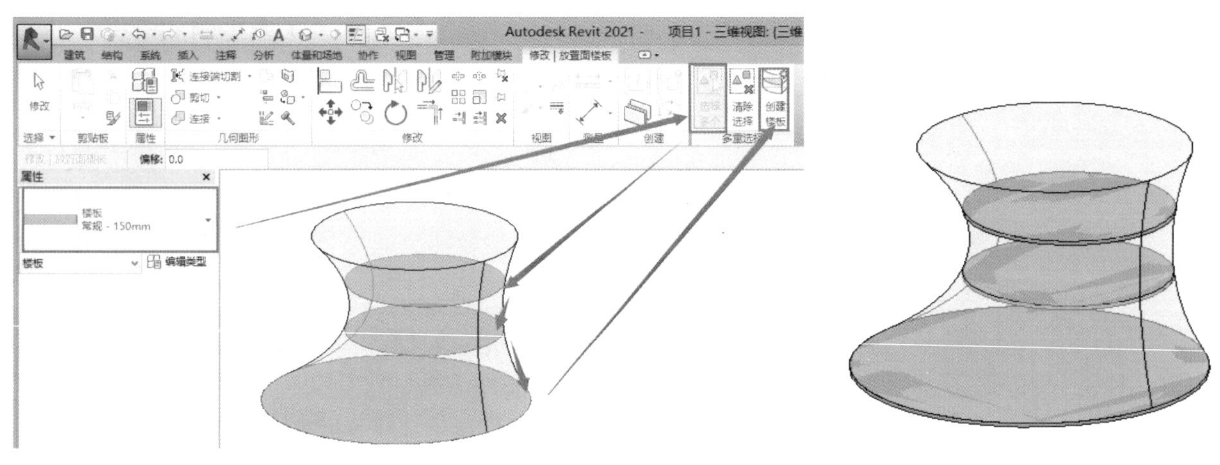

图 2.222　放置楼板

图 2.223　创建楼板

10.4.4　基于体量面创建屋顶

从体量面创建屋顶的步骤如下：

1）打开显示体量的视图。

2）单击“体量和场地”选项卡下“面模型”面板中的“面屋顶”。

3）在类型选择器中选择一种屋顶类型。

4）如果需要，可以在选项栏中指定屋顶的标高，如图 2.224 所示。

5）要从一个体量面创建屋顶，请单击“修改 | 放置面屋顶”选项卡下“多重选择”面板中的“选择多个”以禁用它。默认情况下，该选项处于启用状态。（可选）

6）移动光标以高亮显示某个面。

7）单击以选择该面。如果已清除“选择多个”选项，则屋顶将会立即被放置到面上。

提示：通过在“属性”选项板中修改屋顶的“已拾取的面的位置”属性，可以修改屋顶的拾取面位置（顶部或底部）。

8）如果已启用“选择多个”选项，请按如下操作选择更多体量面：

（1）单击未选中的面以将其添加到选择中，单击已选中的面以将其删除。

光标将指示是正在添加（+）面还是正在删除（－）面。

（2）如要清除选择并重新开始选择，请单击“修改 | 放置面屋顶”选项卡下“多重选择”面板中的

“清除选择”![]。

（3）选中所需的面以后，单击“修改 | 放置面屋顶”选项卡下“多重选择”面板中的“创建屋顶”，结果如图 2.225 所示。

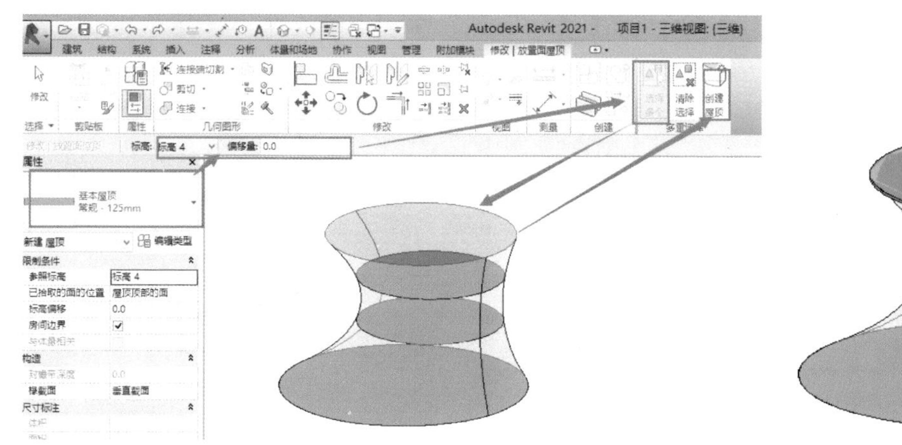

图 2.224 指定标高

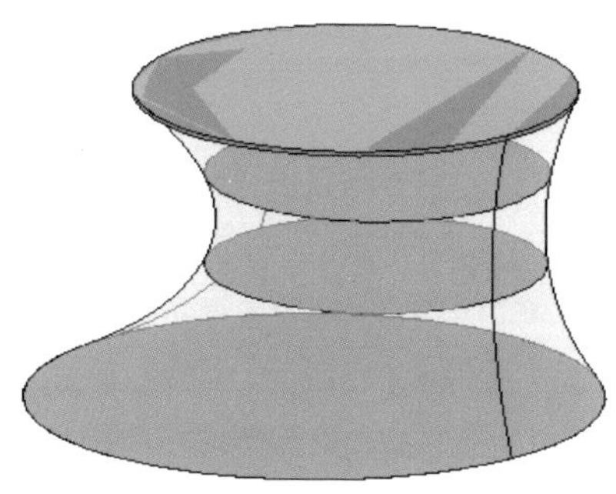

图 2.225 创建屋顶

任务 11 族基础

11.1 关于族

Revit 中包含 3 种类型的族：系统族、可载入族和内建族。在项目中创建的大多数图元都是系统族或可载入族。可以组合可载入族来创建嵌套和共享族。非标准图元或自定义图元可通过内建族创建。

11.1.1 系统族

系统族可以创建要在建筑现场装配的基本图元，例如：墙、屋顶、楼板、风管、管道等。能够影响项目环境且包含标高、轴网、图纸和视口类型的系统构件也是系统族。系统族是在 Revit 中预定义的，不能将其从外部文件载入到项目中，也不能将其保存到项目之外的位置。

11.1.2 可载入族

可载入族可以用于创建下列构件：

（1）安装在建筑内和建筑周围的建筑构件，例如窗、门、橱柜、装置、家具和植物。

（2）安装在建筑内和建筑周围的系统构件，例如锅炉、热水器、空气处理设备和卫浴装置。

（3）常规自定义的一些注释图元，例如符号和标题栏，由于它们具有高度可自定义的特征，因此可载入族是 Revit 中最经常创建和修改的族。与系统族不同，可载入族是在外部“.rfa”文件中创建的，并可导入或载入到项目中。对于包含许多类型的可载入族，可以创建和使用类型目录，以便仅载入项目所需的类型。

11.1.3 内建族

内建图元是在创建当前项目专有的独特构件时所创建的独特图元。可以参照其他项目几何图形创建内建几何图形，使其在所参照的几何图形发生变化时进行相应大小调整和其他调整。创建内建图元时，Revit 将为该内建图元创建一个族，该族包含单个族类型。

创建内建图元涉及许多与创建可载入族相同的族编辑器工具。

11.1.4 族样板

创建族时，Revit 会提示选择一个与该族所要创建的图元类型相对应的族样板。该样板相当于一个构建块，其中包含在开始创建族时以及 Revit 在项目中放置族时所需要的信息。尽管大多数族样板都是根据其所要创建的图元族的类型进行命名，但也有一些样板在族名称之后还包含下列描述符之一：

（1）基于墙的样板。

（2）基于天花板的样板。

（3）基于楼板的样板。

（4）基于屋顶的样板。

（5）基于线的样板。

（6）基于面。

基于墙的样板、基于天花板的样板、基于楼板的样板和基于屋顶的样板被称为基于主体的样板。对于基于主体的族而言，只有存在其主体类型的图元时，才能放置在项目中。

11.2 族创建

11.2.1 族文件的创建和编辑

使用族编辑器可以对现有族进行修改或创建新的族。

用于打开族编辑器的方法取决于要执行的操作。

可以使用族编辑器来创建和编辑可载入族以及内建图元。

选项卡和面板因所要编辑的不同族类型而异。不能使用族编辑器来编辑系统族。

1. 通过项目编辑现有族

（1）在绘图区域中选择一个族实例，并单击“修改 | <图元>”选项卡下“模式”面板中的“编辑族”。

（2）双击绘图区域中的族实例即可开始编辑。

注：可通过“双击选项”中的族图元类型设置确定双击编辑行为。具体请参见用户界面选项。

2. 在项目外部编辑可载入族

（1）单击应用程序菜单中的“打开”，选择“族”。

（2）浏览到包含族的文件并选中，然后单击“打开”。

3. 使用样板文件创建可载入族

（1）单击应用程序菜单中的“新建”，选择“族”。

（2）浏览到样板文件并选中，然后单击“打开”。

4. 创建内建族

（1）在功能区上单击“内建模型”。可根据需要选择下列三种情形之一：

“建筑”选项卡 ➤ “构建”面板 ➤ “构件”下拉列表 ➤ “内建模型”；

“结构”选项卡 ➤ “模型”面板 ➤ “构件”下拉列表 ➤ “内建模型”；

“系统”选项卡 ➤ “模型”面板 ➤ “构件”下拉列表 ➤ “内建模型”。

（2）在“族类别和族参数”对话框中选择相应的族类别，然后单击“确定”。

（3）输入内建图元族的名称，然后单击“确定”。

5. 编辑内建族

（1）在图形中选择内建族。

（2）单击“修改｜<图元>”选项卡下“模型”面板中的“编辑内建图元”。

11.2.2　创建族形体的基本方法

创建族形体的方法同创建体量的方法一样，包含拉伸、融合、放样、旋转及放样融合五种基本方法，可以创建实心和空心形状，如图 2.226 所示。

图 2.226　族创建的五种基本方法

11.2.2.1　拉伸

基本步骤如下：

（1）在组编辑器界面“创建”选项卡下“形状”面板中选择“拉伸”。

（2）在“绘制”面板中选择一种绘制方式，在绘图区域绘制想要创建的拉伸轮廓。

（3）在“属性”选项板中设置好拉伸的起点和终点。

（4）在“模式”面板中点击“√完成编辑模式”，完成拉伸创建，结果如图 2.227 所示。

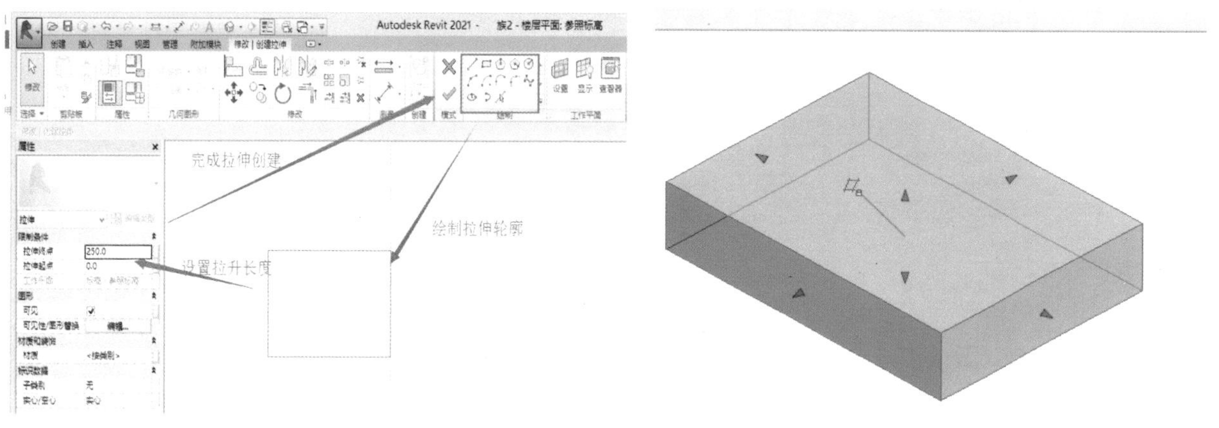

图 2.227　拉伸

11.2.2.2　融合

基本步骤如下：

（1）在组编辑器界面“创建”选项卡下“形状”面板中选择“融合”。

（2）在“绘制”面板中选择一种绘制方式，在绘图区域绘制想要创建的融合底部轮廓，如图 2.228 所示。

（3）绘制完底部轮廓后，在“模式”面板中选择“编辑顶部”，创建融合顶部轮廓，如图 2.229 所示。

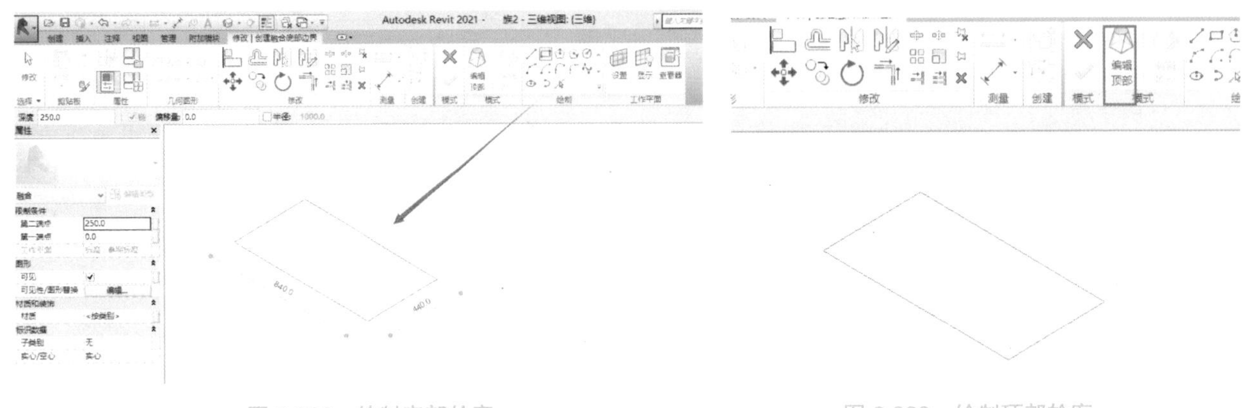

图 2.228　绘制底部轮廓　　　图 2.229　绘制顶部轮廓

（4）在“属性”选项板中设置好融合的端点高度。

（5）在“模式”面板中点击“√完成编辑模式”，完成融合的创建，结果如图 2.230 所示。

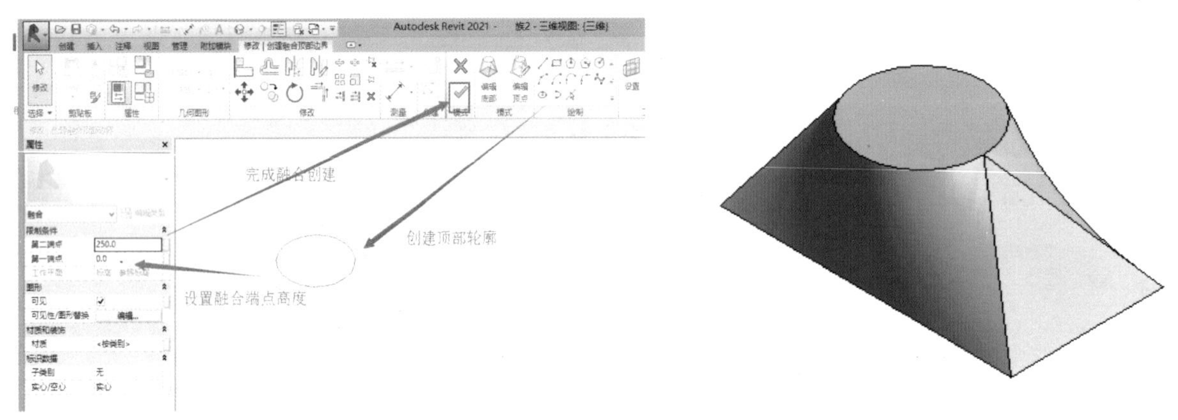

图 2.230　生成融合模型

11.2.2.3　旋转

基本步骤如下：

（1）在组编辑器界面“创建”选项卡下“形状”面板中选择“旋转”。

（2）在“绘制”面板中选择“轴线”，再选择“直线”工具，在绘图区域绘制旋转轴线，如图 2.231 所示。

（3）在“绘制”面板中选择“边界线”，再选择一种绘制方式，在绘图区域绘制旋转轮廓的边界线。

（4）在“属性”选项板中设置旋转的起始和结束角度。

（5）在“模式”面板中点击“√完成编辑模式”，完成旋转的创建，结果如图 2.232 所示。

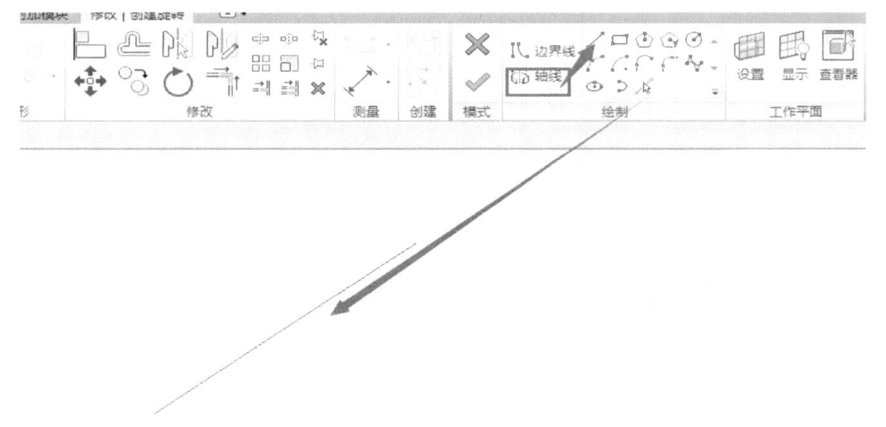

图 2.231　绘制旋转轴

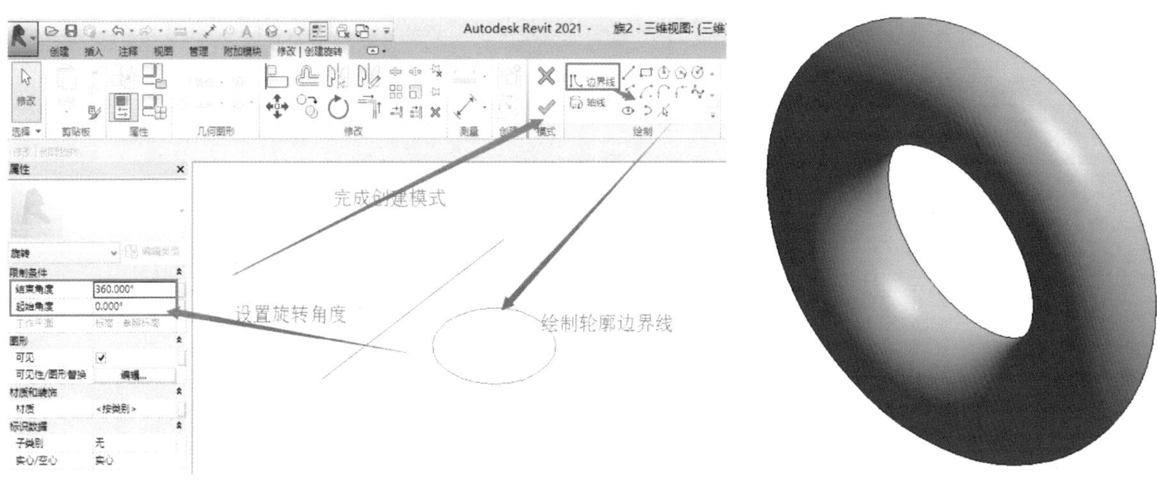

图 2.232　生成旋转模型

11.2.2.4　放样

基本步骤如下：

（1）在组编辑器界面“创建”选项卡下“形状”面板中选择“放样”。

（2）在“放样”面板中选择“绘制路径”或“拾取路径”。

若采用“绘制路径”，则在“绘制”面板中选择相应的绘制方式，在绘图区域绘制放样的路径线，完成路径绘制草图模式。

若采用“拾取路径”，则拾取导入的线、图元轮廓线或绘制的模型线，完成路径绘制草图模式，如图 2.233 所示。

（3）在“放样”面板中选择“编辑轮廓”，进入轮廓编辑草图模式，如图 2.234 所示。

（4）在“绘制”面板中选择相应的绘制方式，在绘图区域绘制旋转轮廓的边界线，完成轮廓编辑草图模式，如图 2.235 所示。

注意：绘制轮廓所在的视图可以是三维视图，也可以打开查看器进行轮廓绘制。

（5）在“模式”面板中点击“√完成编辑模式”，完成放样的创建，生成的模型如图 2.236 所示。

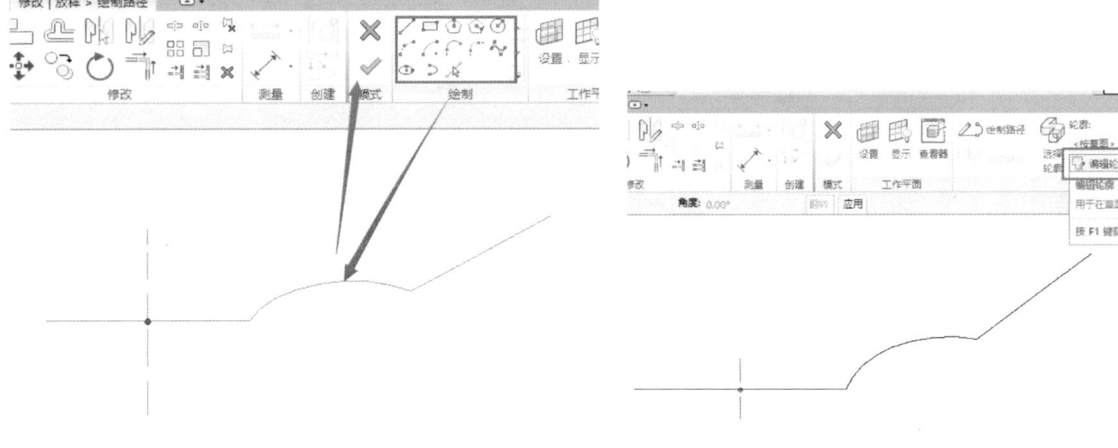

图 2.233　绘制路径

图 2.234　编辑轮廓

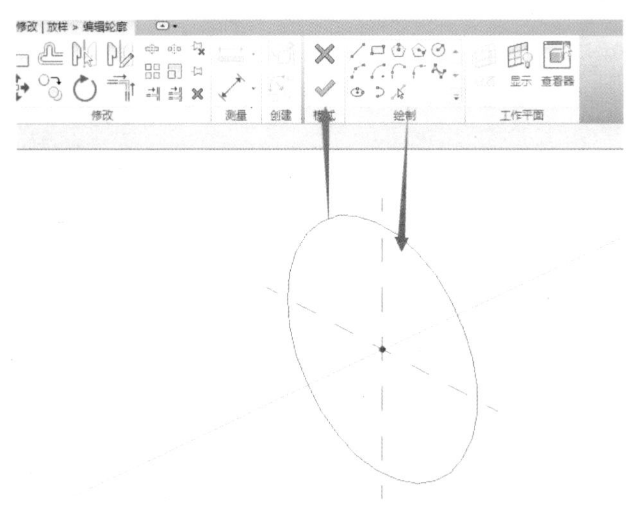

图 2.235　绘制轮廓

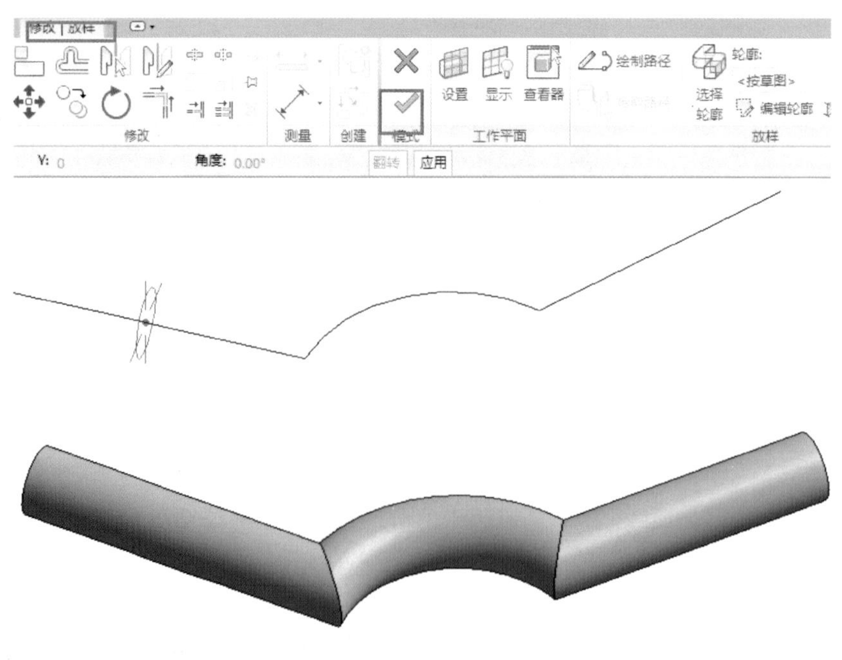

图 2.236　生成放样模型

11.2.2.5　放样融合

基本步骤如下：

（1）在组编辑器界面“创建”选项卡下“形状”面板中选择“放样融合”。

（2）在“放样融合”面板中选择“绘制路径”或“拾取路径”。

若采用“绘制路径”，则在“绘制”面板中选择相应的绘制方式，在绘图区域绘放样的路径线，完成路径绘制草图模式。

若采用“拾取路径”，则拾取导入的线、图元轮廓线或绘制的模型线，完成路径绘制草图模式，如图 2.237 所示。

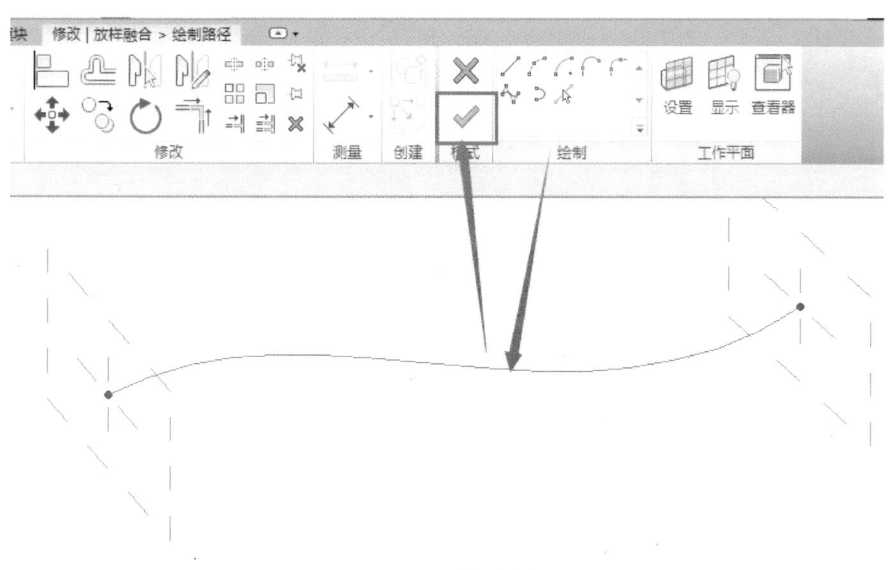

图 2.237　绘制路径

（3）在“放样融合”面板中选择“编辑轮廓”，进入轮廓编辑草图模式。分别选择选择两个轮廓，进行轮廓编辑，如图 2.238 所示。

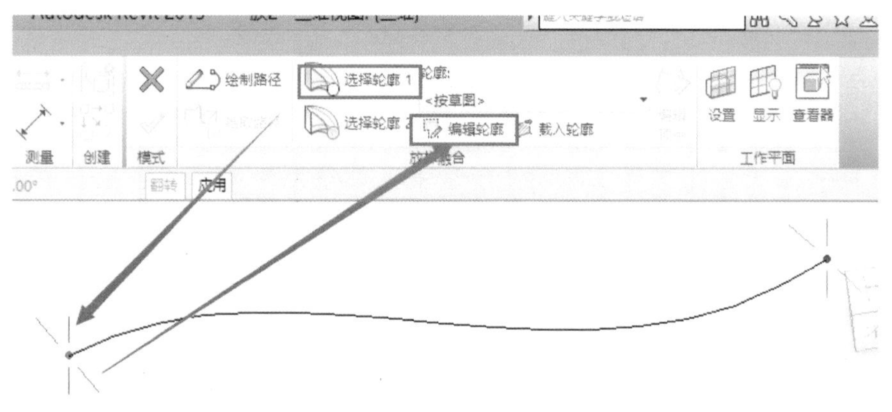

图 2.238　绘制轮廓

（4）在“绘制”面板中选择相应的绘制方式，在绘图区域绘制旋转轮廓的边界线，完成轮廓编辑草图模式。

注意：绘制轮廓所在的视图可以是三维视图，也可以打开查看器进行轮廓绘制，如图 2.239 所示。

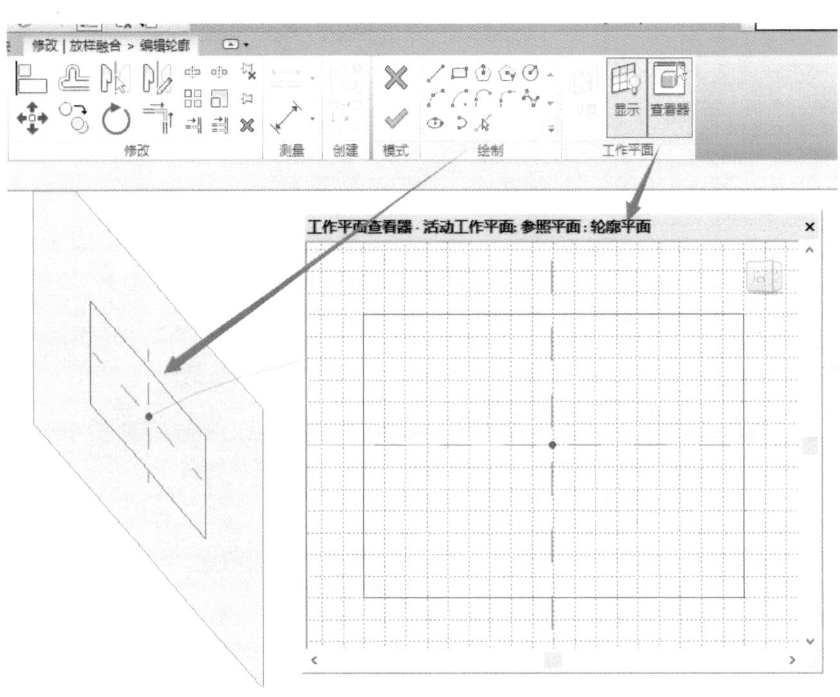

图 2.239　编辑轮廓

（5）重复步骤 4. 完成轮廓 2 的创建。

（6）在“模式”面板中点击“√完成编辑模式”，完成放样融合的创建，生成的模型如图 2.240 所示。

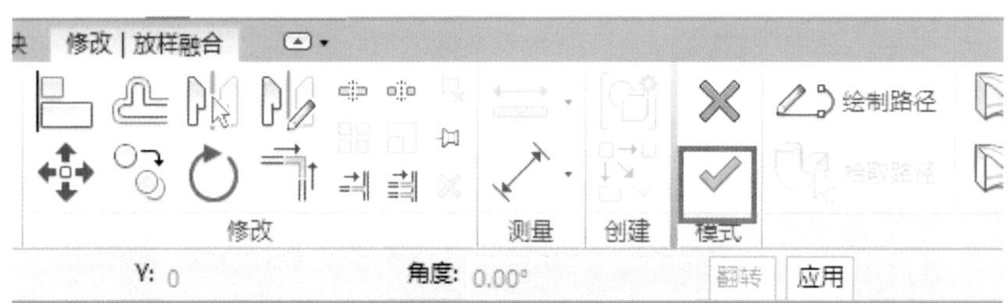

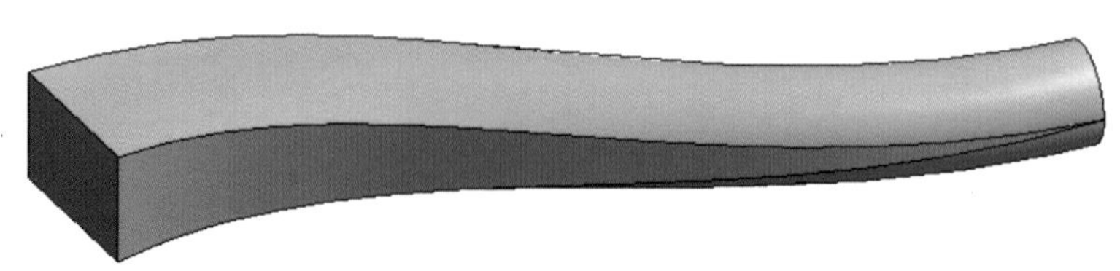

图 2.240　生成放样融合模型

11.2.2.6　空心形状

空心形状的基本创建方法与实心形状的创建方法相同。空心形状可用于剪切实心形状，得到想要的形体。空心形状的创建方法参考前文的实心形状创建方法，如图 2.241 所示。

图 2.241　空心放样

11.3 族与项目的交互

11.3.1　系统族与项目

系统族是已预定义且保存在样板和项目中的，而不是从外部文件中载入到样板和项目中的。用户可以复制并修改系统族中的类型，也可以创建自定义系统族类型。要载入系统族类型，可以执行下列操作：

（1）如果在项目或样板之间只有几个系统族类型需要载入，请复制并粘贴这些系统族类型。

基本步骤：选中要进行复制的系统族，在上下文选项卡的“剪切板”中进行复制和粘贴，如图 2.242 所示。

图 2.242　剪贴板

（2）如果要创建新的样板或项目，或者需要传递所有类型的系统族或族，请传递系统族类型。

基本步骤：在“管理”选项板中选择“传递项目标准”，进行系统族在项目之间的传递，如图 2.243、图 2.244 所示。

图 2.243　系统族传递　　　　图 2.244　选择项目

11.3.2　可载入族与项目

与系统族不同，可载入族是在外部“.rfa”文件中创建的，并可导入（载入）到项目中。创建可载入族时，首先使用软件中提供的样板，该样板要包含所要创建的族的相关信息。 先绘制族的几何图形，使用参数建立族构件之间的关系，创建其包含的变体或族类型，确定其在不同视图中的可见性和详细程度。完成族后，先在示例项目中对其进行测试，然后使用它在项目中创建图元。Revit 中包含一个内容库，可以用来访问软件提供的可载入族，也可以在其中保存创建的族。

将可载入族载入项目的方法步骤如下：

（1）在“插入”选项板中选择“载入族”，如图 2.245 所示。

图 2.245　载入族

（2）打开文件浏览，选择要载入的族文件，打开即可，如图 2.246 所示。

图 2.246　可载入的族

修改项目中现有族的方法步骤如下：

（1）在项目中选中需要编辑修改的族，在上下文选项卡中选择“编辑族”，即可打开族编辑器进行族文件的修改编辑，如图 2.247 所示。

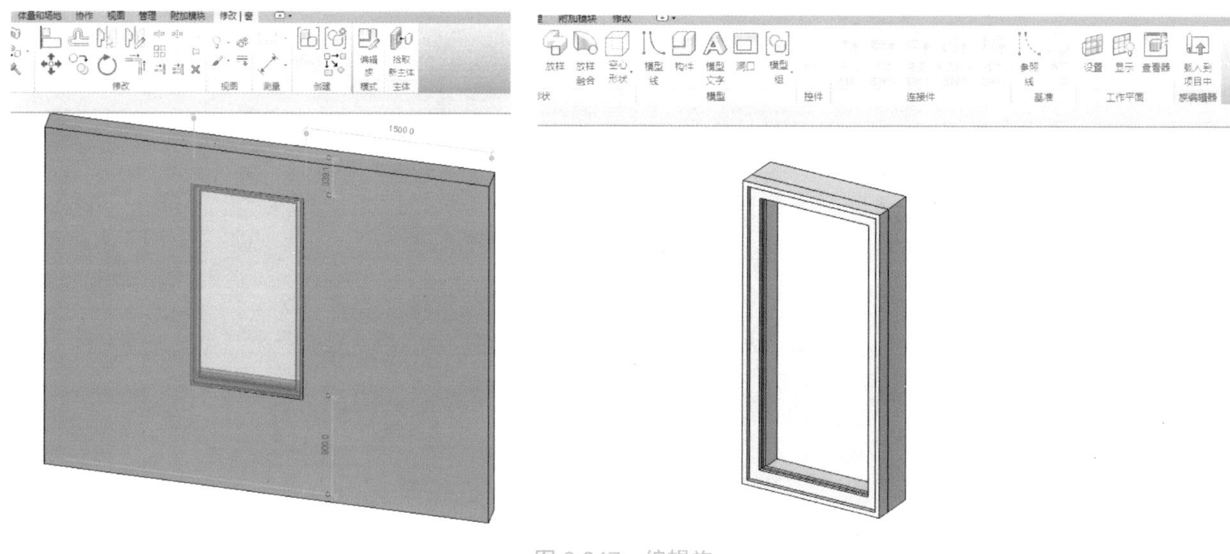

图 2.247　编辑族

（2）修改编辑族完成之后，执行族编辑器界面的“载入到项目中”，然后在弹出的对话框中选择“覆盖现有版本及其参数值”或“覆盖现有版本”，完成族文件的更新，如图 2.248 所示。

11.3.3　内建族与项目

如果项目需要不被重复使用的特殊几何图形，或需要必须与其他项目几何图形保持一种或多种关系的几何图形时，可以创建内建图元，如图 2.249 所示。

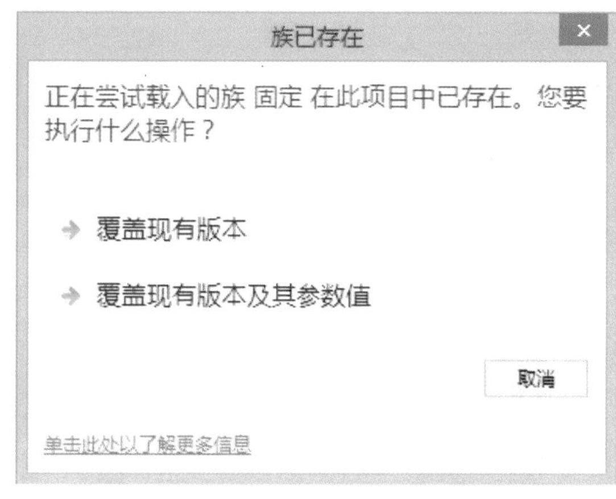

图 2.248　覆盖现有版本

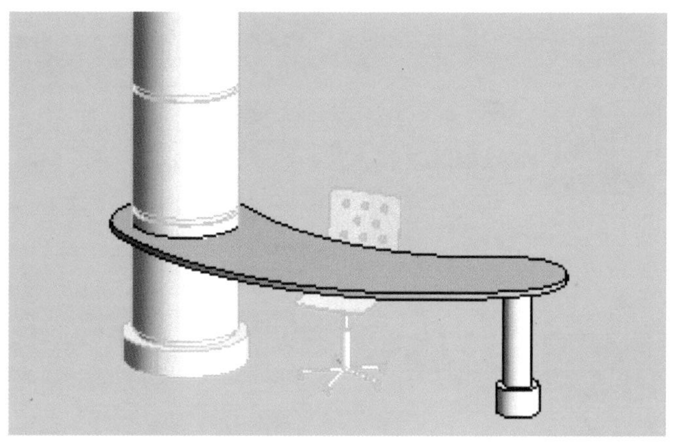

图 2.249　内建图元

可以在项目中创建多个内建图元，并且可以将同一内建图元的多个副本放置在项目中。但是，与系统族和可载入族不同，内建族不能通过复制内建族类型来创建多种类型。

尽管可以在项目之间传递或复制内建图元，但只有在必要时才应执行此操作，因为内建图元会增大文件大小并使软件性能降低。

创建内建图元与创建可载入族使用相同的族编辑器工具。

内建族的创建和编辑基本步骤如下：

（1）在“建筑”“结构”或“系统”选项板下“构件”下拉菜单中选择“内建模型”，选择需要创建的“族类别”，进入族编辑器界面，创建内建族模型，如图 2.250 所示。

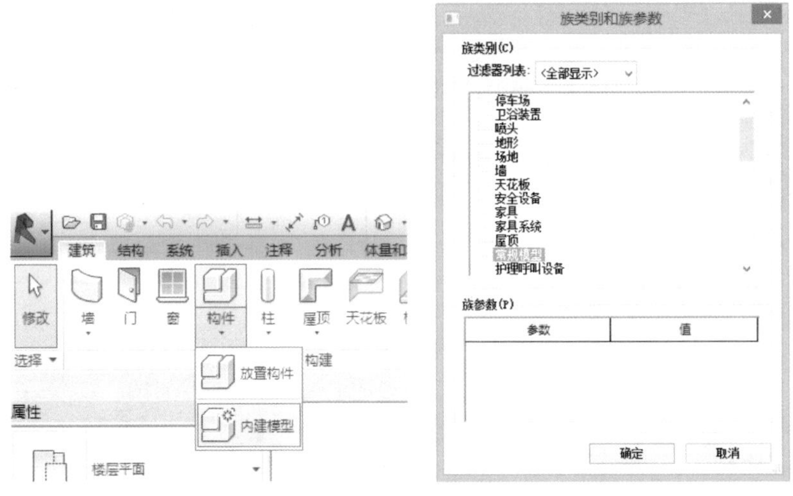

图 2.250　内建模型

（2）在完成内建族创建后，在“修改”选项卡下“在位编辑器”面板中执行“√完成模型”即可完成内建族的创建，如图 2.251 所示。

（3）若需要再次对已建好的内建族进行修改编辑，可以选中内建族，在上下文选项卡中执行“在位编辑”命令重新进入到“族编辑器”界面，进行修改编辑，编辑完成后，重复步骤（2）完成修改编辑，如图 2.252 所示。

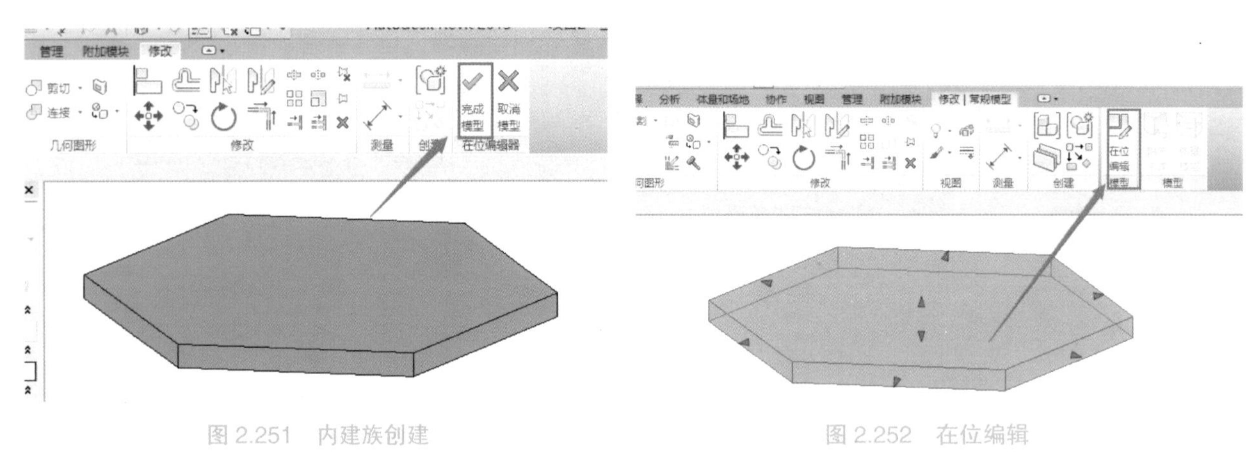

图 2.251　内建族创建

图 2.252　在位编辑

11.4 族参数的添加

11.4.1　族参数的种类和层次

族的“参数类型”种类包括实例参数、类型参数。族参数的层次是指：实例参数和类型参数。通过添加新参数，就可以对包含于每个族实例或类型中的信息进行更多的控制。可以创建动态的族类型以增加模型的灵活性，不同族参数的说明见表 2-4。

表 2-4　族参数名称和说明

名称	说明
文字	完全自定义，可用于收集唯一性的数据
整数	始终表示为整数的值
数目	用于收集各种数字数据，可通过公式定义，也可以是实数
长度	可用于设置图元或子构件的长度，可通过公式定义，属于默认的类型
区域	可用于设置图元或子构件的面积，可将公式用于此字段
体积	可用于设置图元或子构件的体积，可将公式用于此字段
角度	可用于设置图元或子构件的角度，可将公式用于此字段
坡度	可用于创建定义坡度的参数
货币	可以用于创建货币参数
URL	提供指向用户定义的 URL 的网络链接
材质	建立可在其中指定特定材质的参数
图像	建立可在其中指定特定光栅图像的参数
是 / 否	使用“是”或“否”定义参数，最常用于实例属性
族类型	用于嵌套构件，可在族载入到项目中后替换构件
分割的表面类型	建立可驱动分割表面构件（如面板和图案）的参数，可将公式用于此字段

11.4.2　族参数的添加

11.4.2.1　族参数的创建

（1）族编辑器中单击“创建”选项卡下“属性”面板中的“族类型”。

（2）在“族类型”对话框中单击“新建”并输入新类型的名称，单击“确定”后即可创建一个新的族类型，在将其载入到项目中后将出现在“类型选择器”中，如图 2.253 所示。

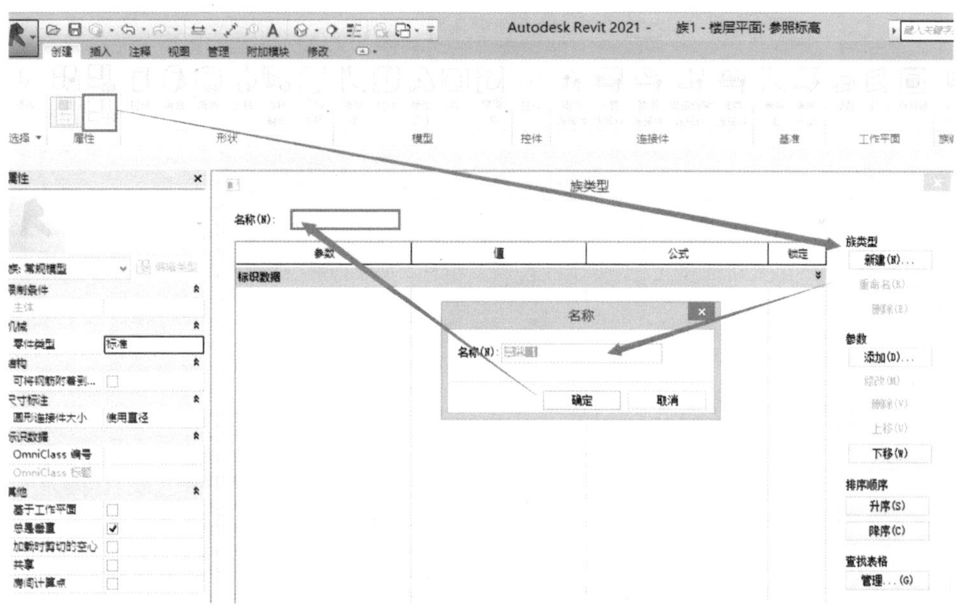

图 2.253　类型选择器

（3）在“参数”框中单击“添加”。

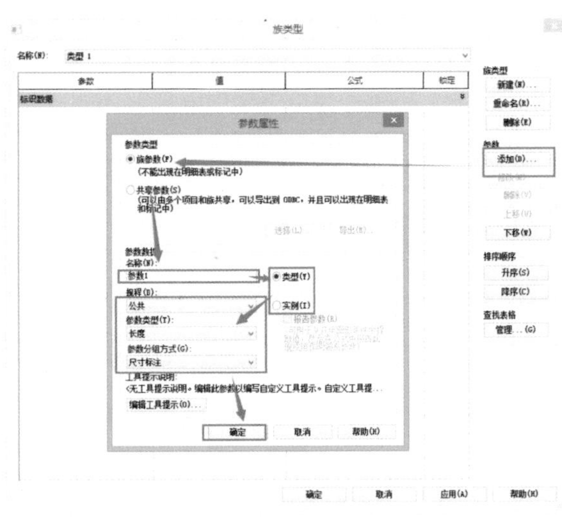

图 2.254　参数类型

（4）在弹出的“参数属性”对话框的“参数类型”下选择“族参数”。

（5）输入参数的名称，选择“实例”或“类型”，这将定义参数是“实例”参数还是“类型”参数。

（6）选择规程。

（7）在“参数类型”下拉菜单中选择适当的参数类型。

（8）在“参数分组方式”下拉菜单中选择一个值，再单击“确定”，如图 2.254 所示。

此值将确定参数在族载入到项目中后，在“属性”选项板中显示在哪一组标题下。

默认情况下，新参数会按字母顺序升序排列添加到参数列表中创建参数时的选定组中。

（9）使用任一“排序顺序”按钮（“升序”或“降序”），在参数组内根据参数名称将其按字母顺序进行排列。（可选）

（10）在“族类型”对话框中选择一个参数并使用“上移”和“下移”按钮来手动更改组中参数的顺序，如图 2.255 所示。（可选）

注：在编辑“钢筋形状”族参数时，“排序顺序”“上移”和“下移”按钮不可用。

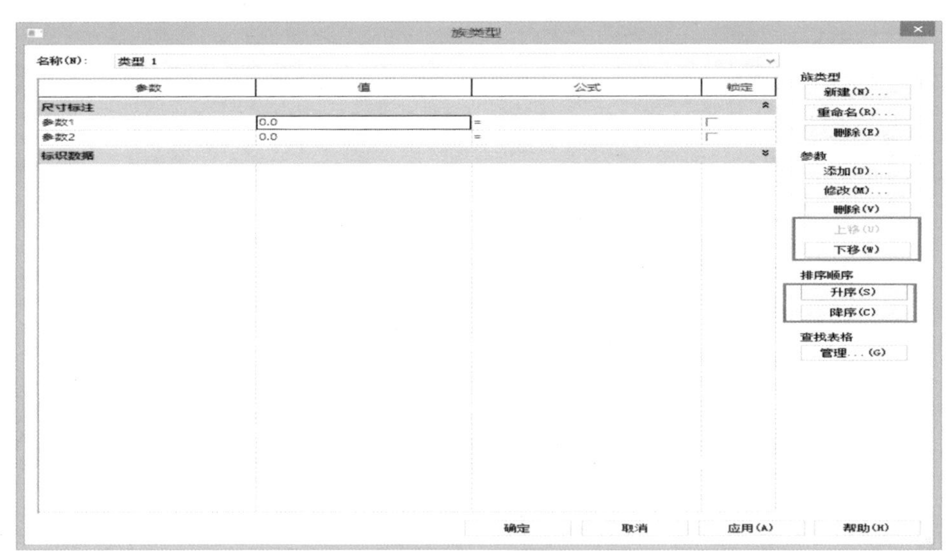

图 2.255　族类型对话框

11.4.2.2　指定族类别和族参数

“族类别和族参数”工具可以将预定义的族类别属性指定给要创建的构件。此工具只能用在族编辑器中。

族参数定义应用于该族中所有类型的行为或标识数据。不同的类别具有不同的族参数，具体取决于希望 Revit 以何种方式使用构件。控制族行为的一些常见族参数示例包括以下几种：

总是垂直：选中该选项时，该族总是显示为垂直，即 90 度，即使该族位于倾斜的主体上，例如楼板。

基于工作平面：选中该选项时，族以活动工作平面为主体，可以使任一无主体的族成为基于工作平面的族。

共享：仅当族嵌套到另一族内并载入到项目中时才适用此参数。如果嵌套族是共享的，则可以从主体族独立选择、标记嵌套族和将其添加到明细表。如果嵌套族不共享，则主体族和嵌套族创建的构件作为一个单位。

标识数据参数包括 OmniClass 编号和 OmniClass 标题，它们都基于 OmniClass 表 23 产品分类。

指定族参数的步骤如下：

（1）在族编辑器中，单击“创建”选项卡（或“修改”选项卡）下“属性”面板中的“族类别和族参数”。

（2）从对话框中选择要将其属性导入到当前族中的族类别。

（3）指定族参数。

注：族参数选项根据族类别的不同而有所区别。

（4）单击“确定”，如图 2.256 所示。

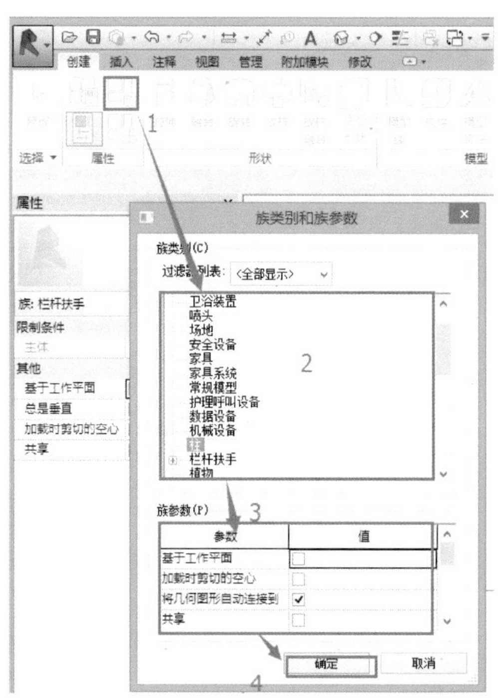

图 2.256　族类别和族参数

11.4.2.3　为尺寸标注添加标签以创建参数

对族框架进行尺寸标注后，需要为尺寸标注添加标签，以创建参数。例如，图 2.257 中的尺寸标注已添加了长度和宽度参数的标签。

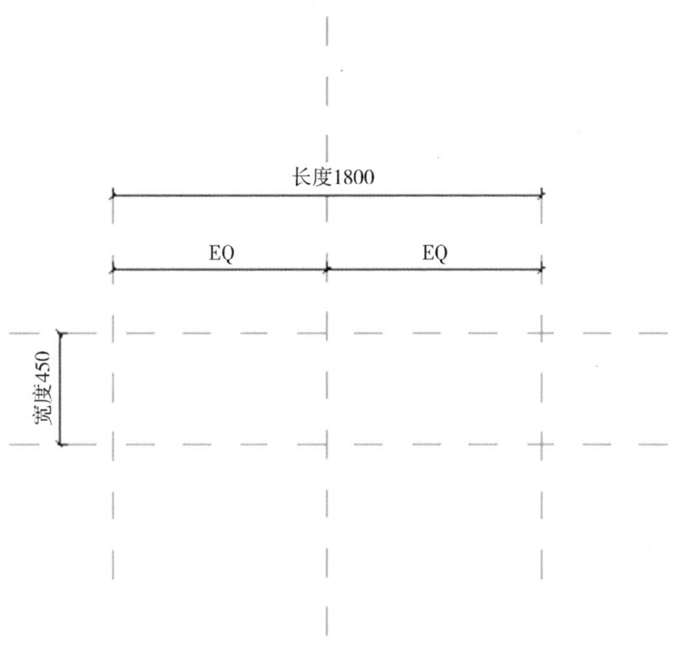

图 2.257　添加标签

带标签的尺寸标注将成为族的可修改参数，可以使用族编辑器中的“族类型”对话框修改它们的值。在将族载入到项目中之后，可以在“属性”选项板上修改任何实例参数，或者打开“类型属性”对话框修改类型参数值。如果族中存在该标注类型的参数，可以选择它作为标签。否则，必须创建该参数，以指定它是实例参数还是类型参数。

为尺寸标注添加标签并创建参数的步骤如下：

（1）在族编辑器中选择尺寸标注。

（2）在选项栏上选择一个参数或者选择“< 添加参数 ...>”并创建一个参数作为“标签”（参见 11.4.2.1 族参数的创建）。在创建参数之后，可以使用“属性”面板上的“族类型”工具来修改默认值，或指定一个公式（如需要）。

（3）如果需要，选择“引线”工具来创建尺寸标注的引线，如图 2.258 所示。

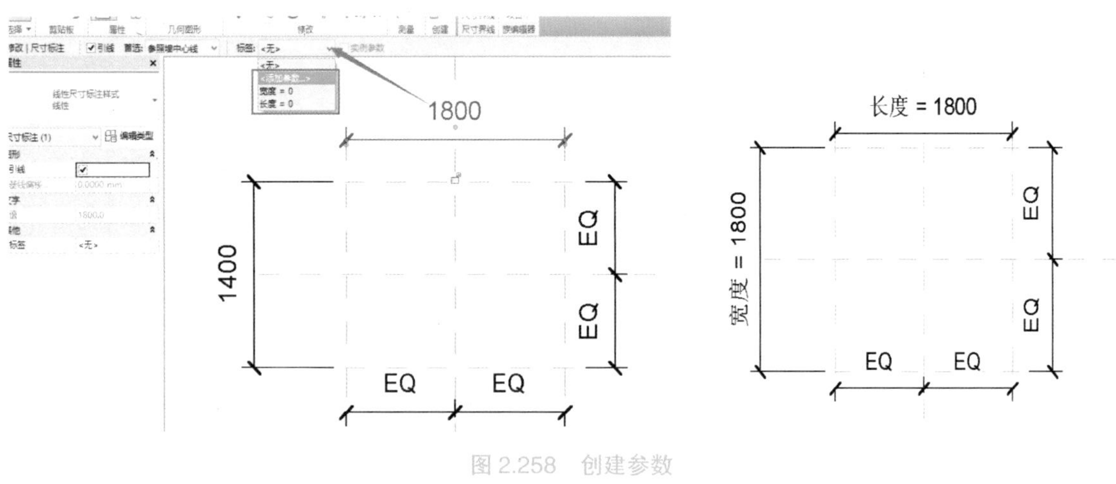

图 2.258　创建参数

11.4.2.4　在族编辑器中使用公式

在族类型参数中使用公式来计算值和控制族几何图形的步骤如下：

（1）在族编辑器中布局参照平面。

（2）根据需要添加尺寸标注。

（3）为尺寸标注添加标签（参见 11.4.2.3 为尺寸标注添加标签以创建参数）。

（4）添加几何图形，并将该几何图形锁定到参照平面。

（5）在“属性”面板上单击“族类型”。

（6）在“族类型”对话框的相应参数旁的“公式”列中，输入参数的公式，如图 2.259 所示。

公式支持以下运算操作：加、减、乘、除、指数、对数和平方根。还支持以下三角函数运算：正弦、余弦、正切、反正弦、反余弦和反正切。算术运算和三角函数的有效公式缩写如下：

加：+

减：-

乘：*

除：/

指数：^，x^y，x 的 y 次方

对数：log

平方根：sqrt：sqrt（16）

正弦：sin

余弦：cos

正切：tan

反正弦：asin

反余弦：acos

反正切：atan

10 的 x 方：exp（x）

绝对值：abs

Pi：（3.141592...）

使用标准数学语法，可以在公式中输入整数值、小数值和分数值，如下所示：

长度 = 高度 + 宽度 +sqrt（高度 * 宽度）

长度 = 墙 1（11000mm）+ 墙 2（15000mm）

面积 = 长度（500mm）* 宽度（300mm）

面积 =pi（）* 半径 ^ 2

体积 = 长度（500mm）* 宽度（300mm）* 高度（800 mm）

宽度 =100m * cos（角度）

x=2*abs（a）+abs（b/2）

阵列数 = 长度 / 间距

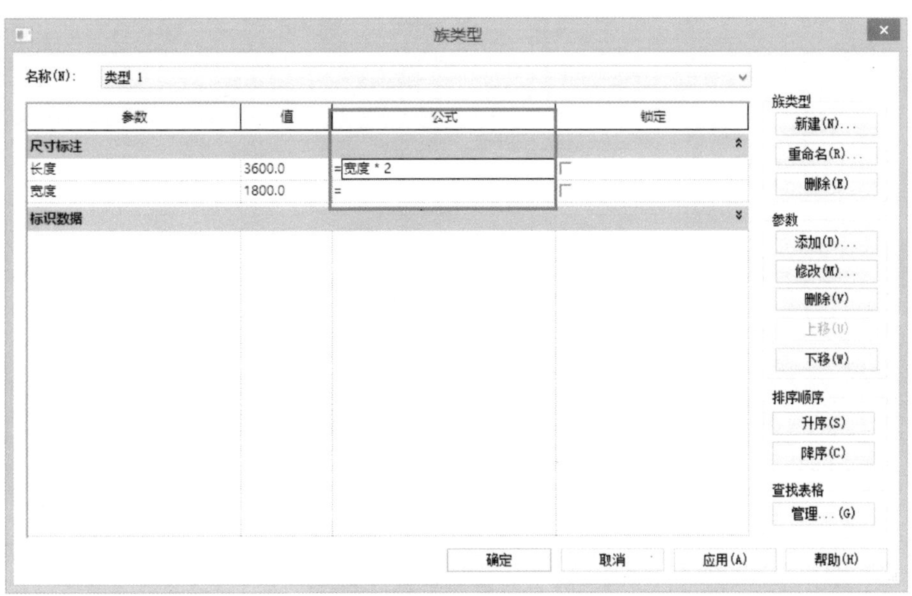

图 2.259　参数公式

11.5 族参数的驱动

添加完成族参数之后，直接修改参数的值，即可实现驱动修改参照平面的尺寸，如图 2.260 所示。

将族形状轮廓与参照平面对齐锁定上，使形状轮廓随参照平面移动而移动，即可实现参数驱动参照平面位置变动，修改形状轮廓，如图 2.261 所示。

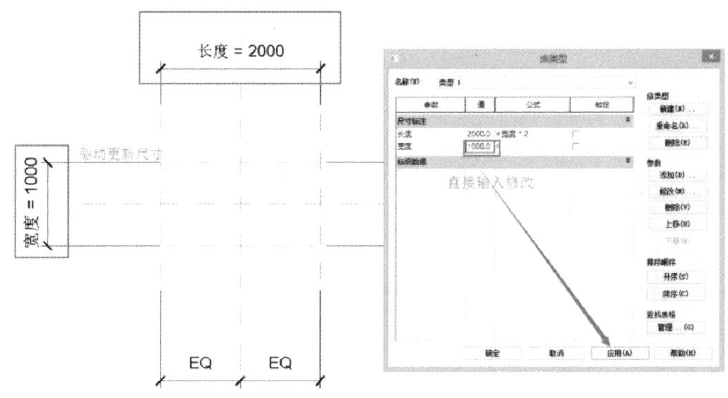

图 2.260　输入参数

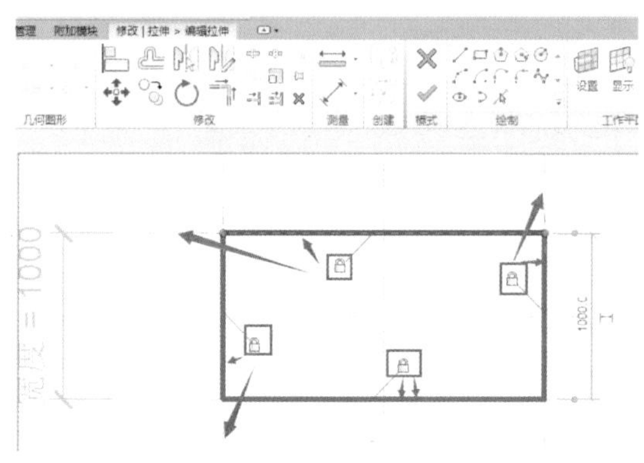

图 2.261　轮廓与参照平面锁定

任务 12　场地

12.1 创建地形表面

12.1.1　放置点创建地形表面

进入“场地”楼层平面，选择“体量和场地”选项卡下面的“地形表面”，如图 2.262 所示。

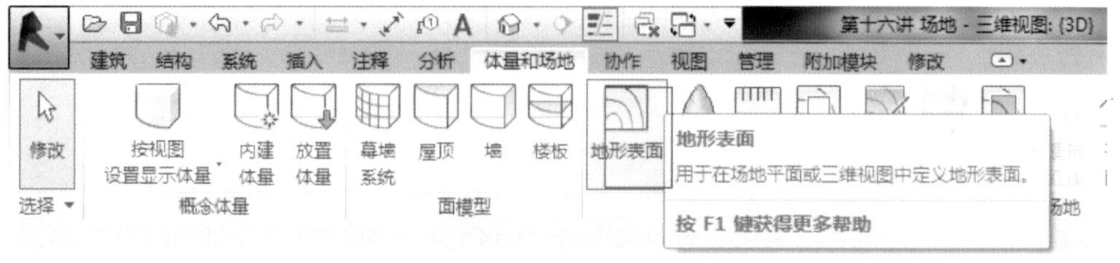

图 2.262　地形表面

选择“放置点”工具，然后在选项栏中设置高程，放置高程点，本实例中建筑物区域高程点统一高程为“-300”，周围高程点高程可随意设置，场地材质设为“场地 - 草地”，如图 2.263 所示。

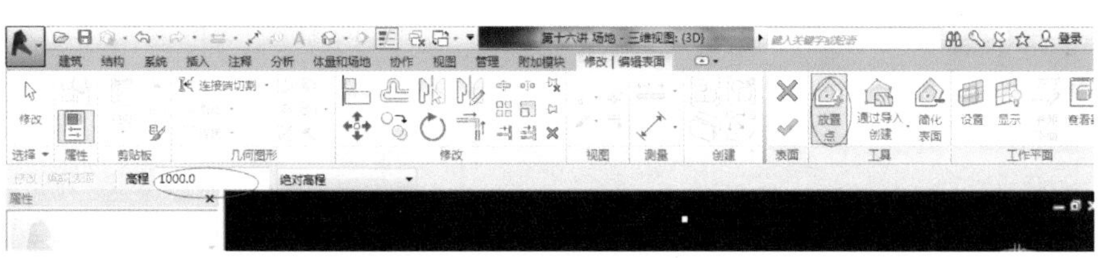

图 2.263　场地 – 草地

点击“场地建模”面板下拉箭头设置“显示等高线”，如图 2.264 所示。

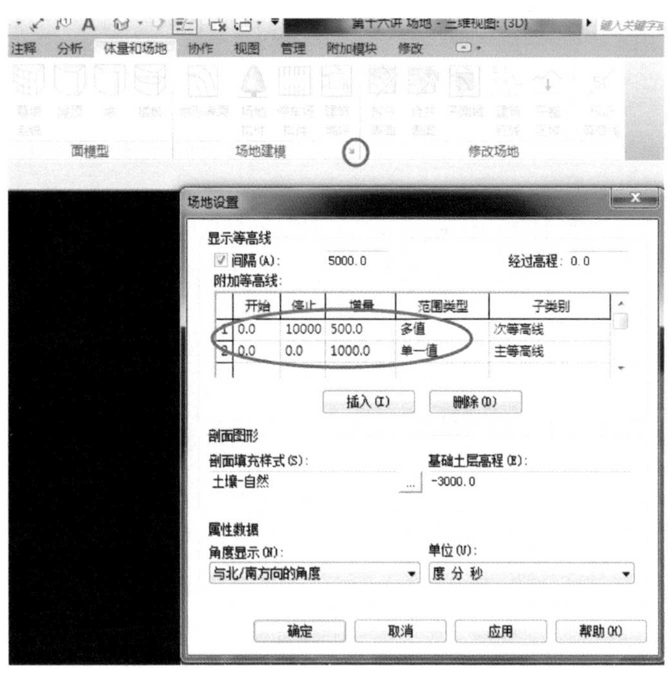

图 2.264　场地设置

12.1.2　通过导入创建地形表面

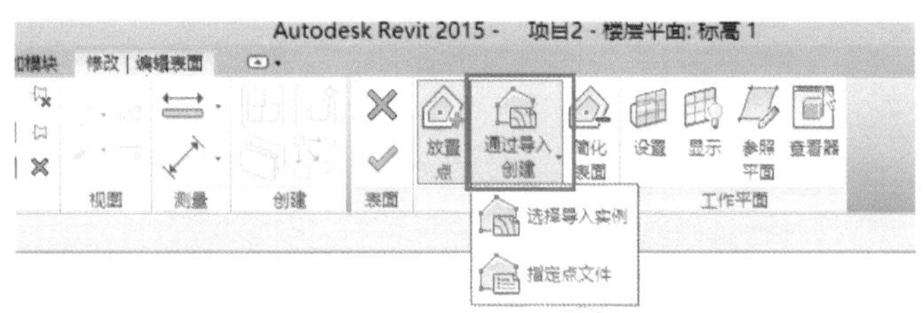

图 2.265　导入场地

12.1.2.1 选择导入实例

Revit 可以根据从 DWG、DXF 或 DGN 格式导入的三维等高线数据自动生成地形表面，还会分析数据并沿等高线放置一系列高程点。

此过程在三维视图中进行，具体步骤如下：

（1）导入 CAD 地形数据，如图 2.266 所示。

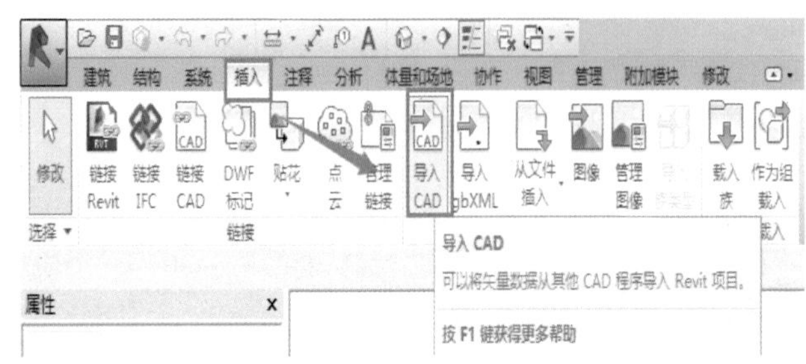

图 2.266 CAD 导入地形

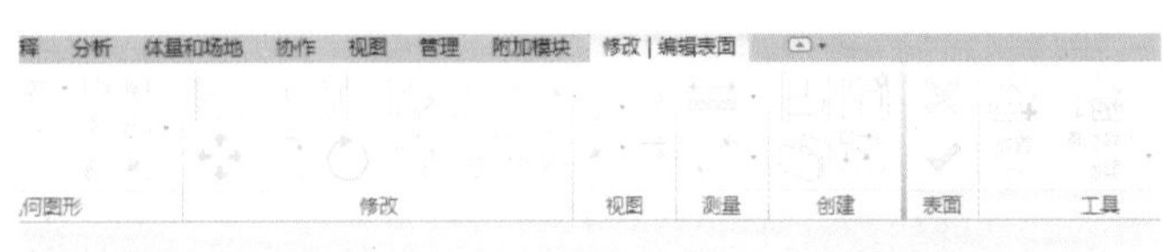

（2）选择“体量和场地”选项卡下面的“地形表面”功能按钮，在“修改 | 编辑表面”选项卡下“工具”面板中点击“通过导入创建”下拉列表，再点击“选择导入实例”。

选择绘图区域中已导入的三维等高线数据，此时出现“从所选图层添加点”对话框。

（3）选择要将高程点应用到的图层，并单击“确定”，如图 2.267 所示。

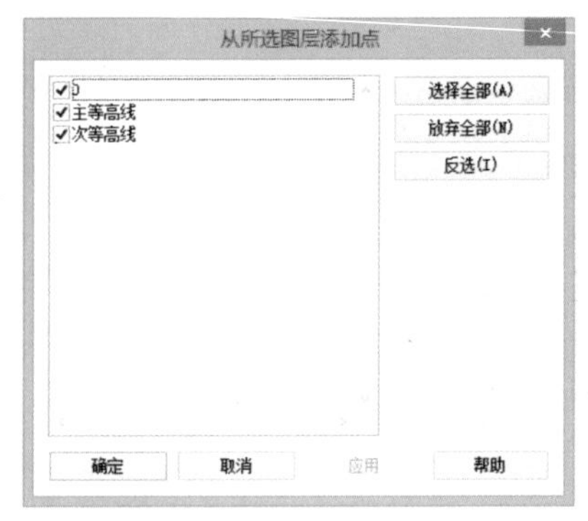

图 2.267 图层添加

12.1.2.2 指定点文件

点文件通常由土木工程软件应用程序生成，使用高程点的规则网格，该文件用于提供等高线数据。点文件中必须包含 x、y 和 z 坐标值作为文件的第一个数值。该文件必须使用逗号分隔的文件格式（可以是 CSV 或 TXT 文件）。忽略该文件的其他信息（如点名称）。点的任何其他数值信息必须显示在 x、y 和 z 坐标值之后。如果该文件中有两个点的 x 和 y 坐标值分别相等，Revit 会使用 z 坐标值最大的点。

指定点文件的具体步骤如下：

（1）单击“修改 | 编辑表面”选项卡下“工具”面板中的“通过导入创建”下拉列表，选择“指定点文件”，如图 2.268 所示。

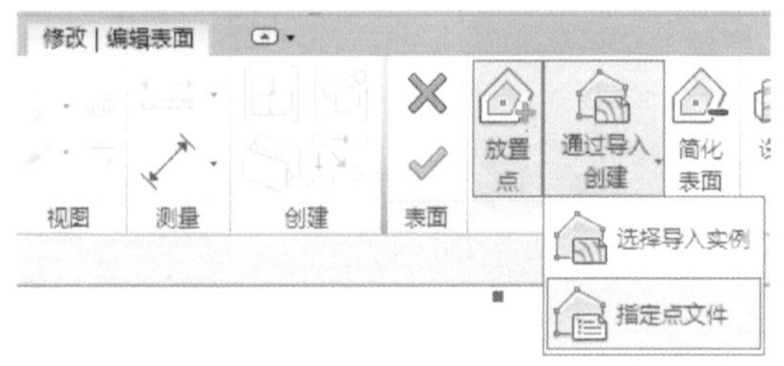

图 2.268 指定点文件

（2）在“打开”对话框中定位到点文件所在的位置，如图 2.269 所示。

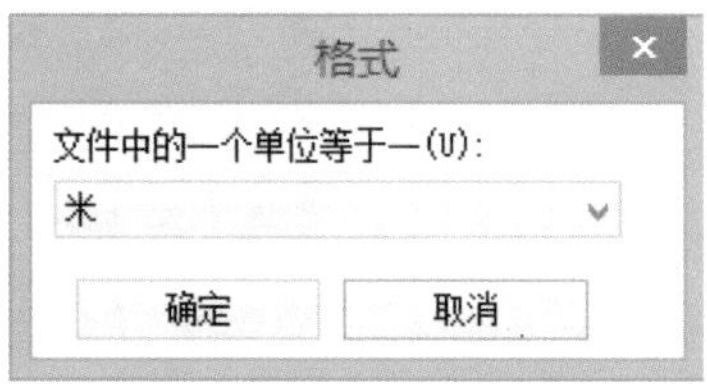

图 2.269　指定点文件位置

（3）在“格式”对话框中指定用于测量点文件中的点的单位（例如，十进制英尺或米），然后单击“确定”。

Revit 将根据文件中的坐标信息生成点和地形表面。生成的模型如图 2.270 所示。

图 2.270　生成地形模型

12.2 建筑地坪

可以通过在地形表面绘制闭合环添加建筑地坪。创建步骤如下：

（1）打开一个场地平面视图或三维视图。

（2）单击“体量和场地”选项卡下“场地建模”面板中的“建筑地坪”，如图 2.271 所示。

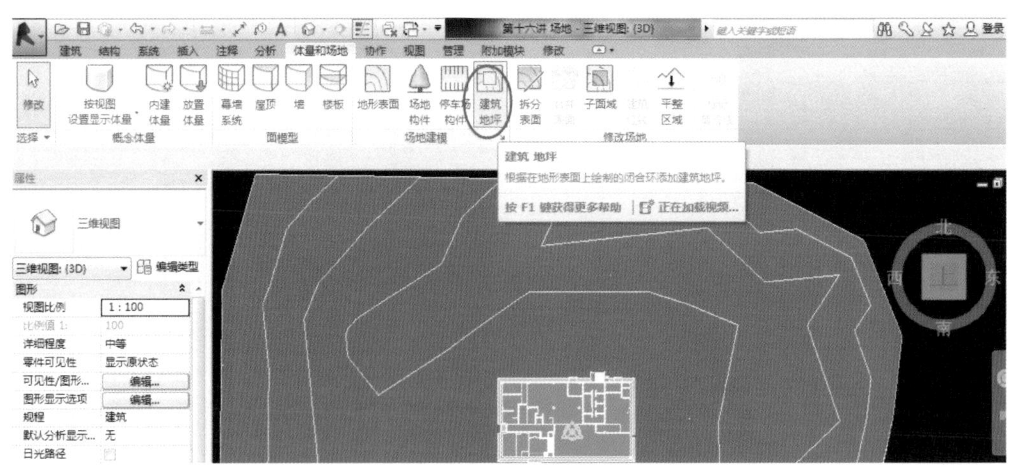

图 2.271　建筑地坪

（3）使用绘制工具绘制闭合环形式的建筑地坪。

（4）在“属性”选项板中根据需要设置“相对标高”和其他建筑地坪属性，如图 2.272 所示。

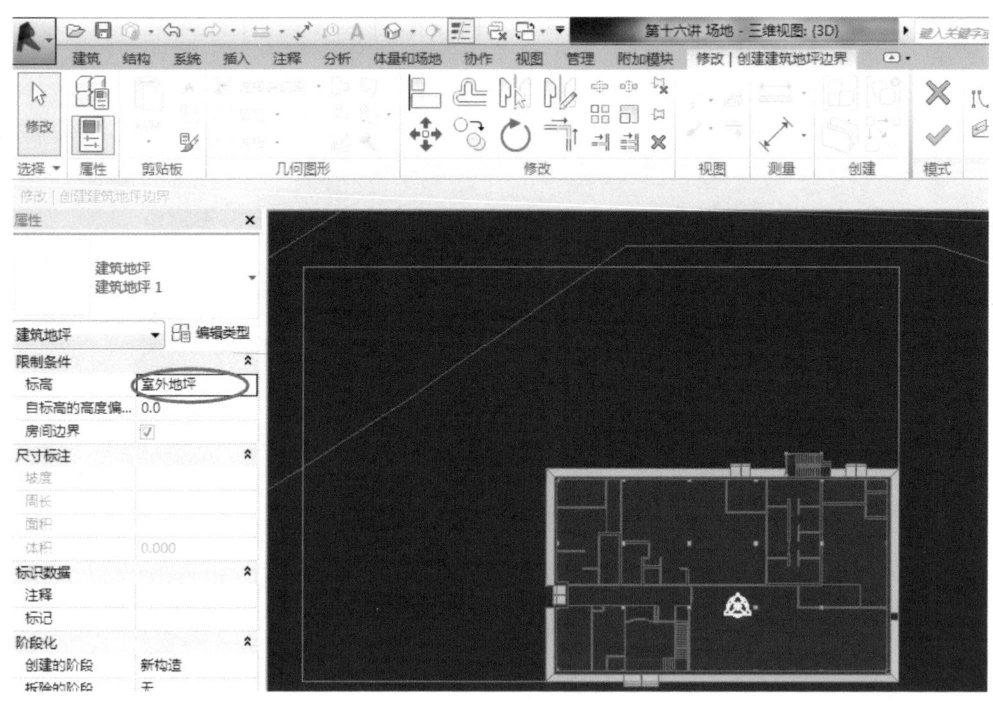

图 2.272　建筑地坪属性

（5）地坪创建完毕后如需要对其进行修改，则选中地坪，点击“修改｜建筑地坪”选项卡下“模式”面板中的“编辑边界”，如图 2.273 所示。

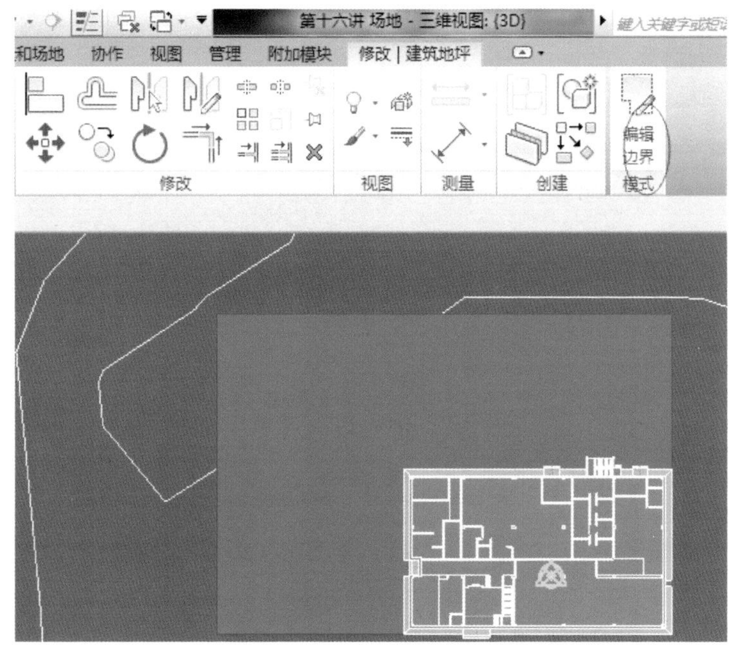

图 2.273　编辑边界

12.3 子面域

地形表面子面域是在现有地形表面中绘制的区域。例如，可以使用子面域在平整表面、道路或岛上绘制道路、停车场等。 创建子面域不会生成单独的表面，它仅定义可应用不同属性集（例如材质）的表面区域。创建子面域步骤如下：

（1）打开一个显示地形表面的场地平面视图。

（2）单击“体量和场地”选项卡下“修改场地”面板中的“子面域”，Revit 将进入草图模式，如图 2.274 所示。

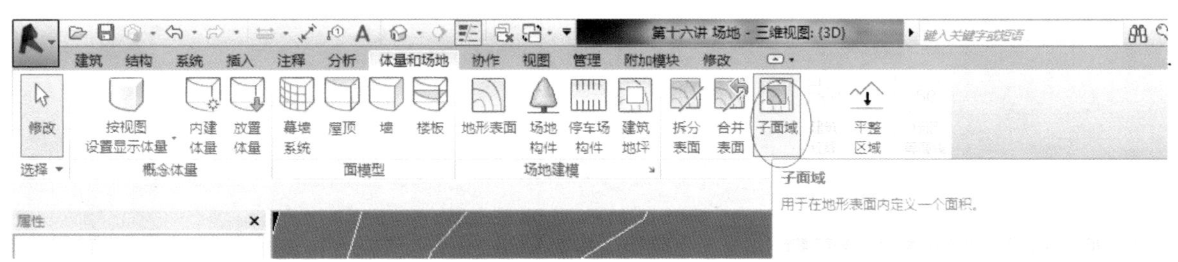

图 2.274　子面域

（3）单击“拾取线”或使用其他绘制工具在地形表面上创建一个子面域。绘制一条道路形状，材质设为“混凝土 - 素砼”，如图 2.275 所示。

注意：必须使用单个闭合环创建地形表面子面域。如果创建多个闭合环，则只有第一个环用于创建子面域，其余环将被忽略。

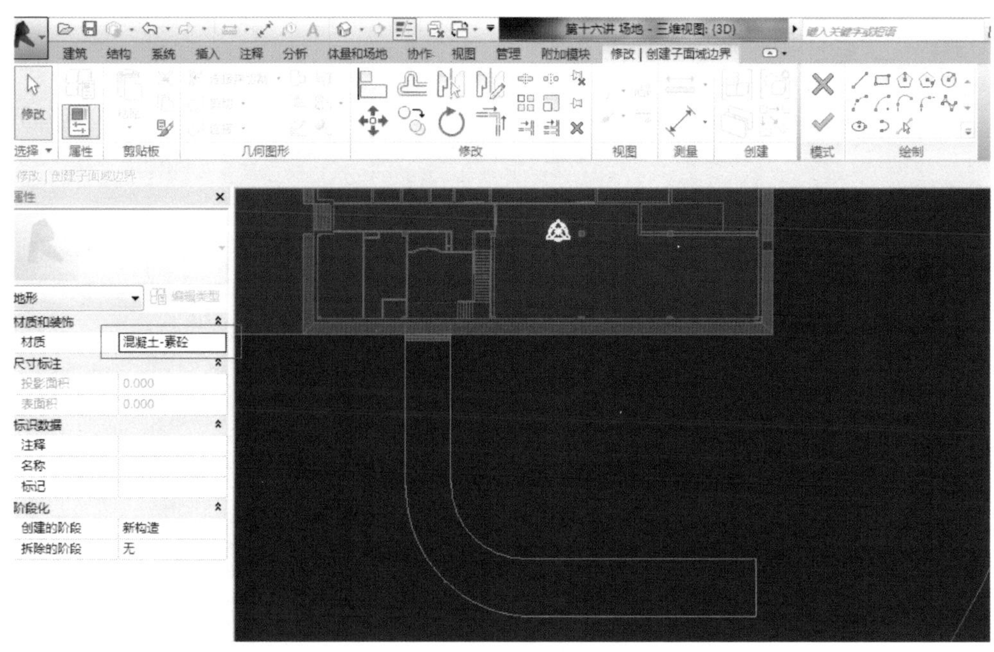

图 2.275　创建子面域边界

（4）点击“修改｜地形”选项卡下“子面域”面板中的“编辑边界”对子面域道路进行修改编辑，如图 2.276 所示。

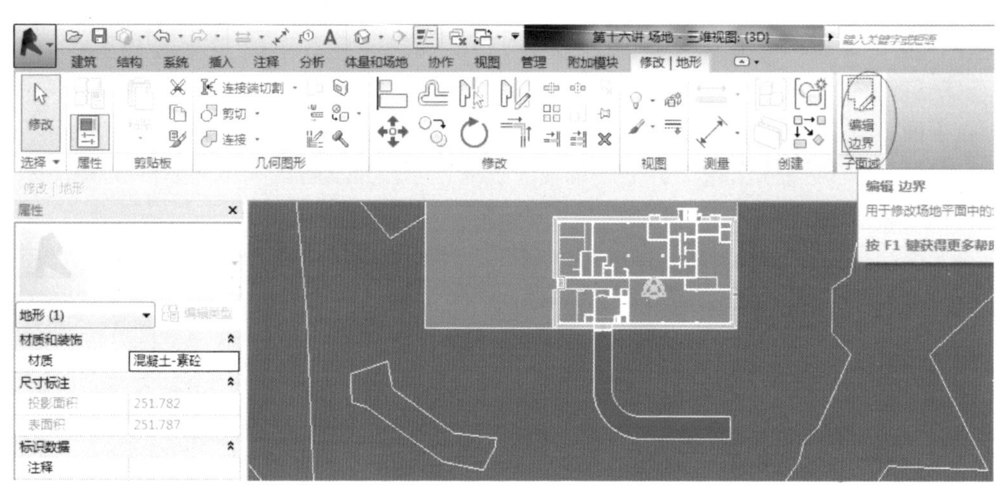

图 2.276　编辑边界

12.4 场地构件

12.4.1　放置场地构件

可在场地平面中放置场地专用构件（如树、电线杆和消防栓）。如果未在项目中载入场地构件，则会出现一条消息，指出尚未载入相应的族。放置场地构件步骤如下：

（1）打开含有要修改的地形表面的视图。

（2）单击“体量和场地”选项卡下“场地建模”面板中的“场地构件”，如图 2.277 所示。

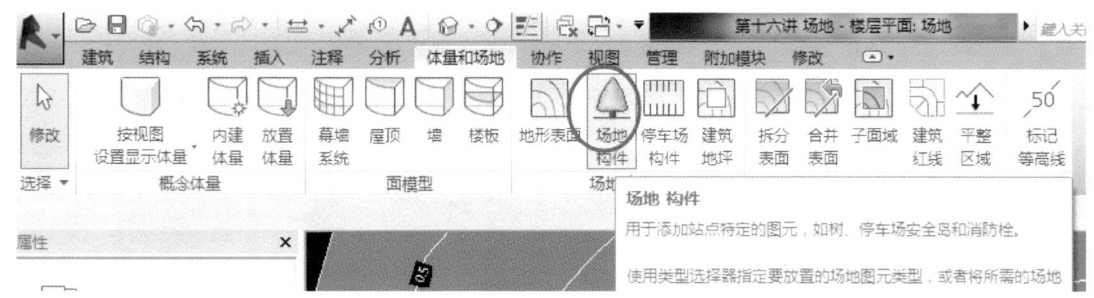

图 2.277　场地构件

（3）从“类型选择器”中选择所需的构件。

（4）在绘图区域中单击以添加一个或多个构件，如图 2.278 所示。

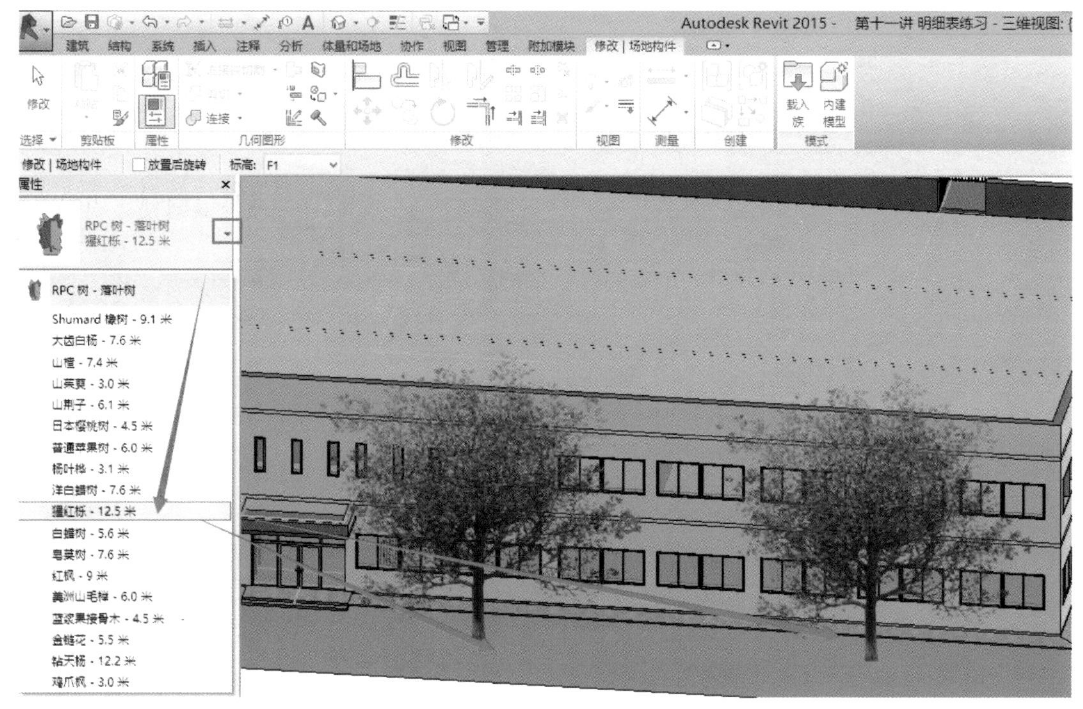

图 2.278　添加构件

12.4.2　载入场地构件

（1）在“插入”选项卡下“从库中载入”面板中，选择“载入族”，如图 2.279 所示。

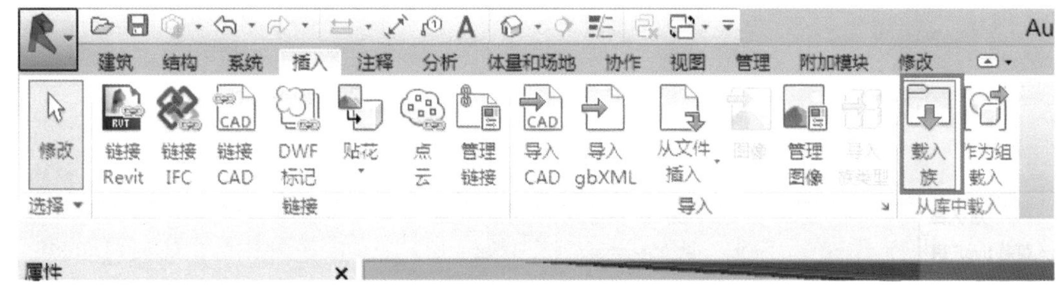

图 2.279　载入构件

（2）根据需要载入场地构件，如体育设施、篮球场、公园长椅等，如图 2.280 所示。

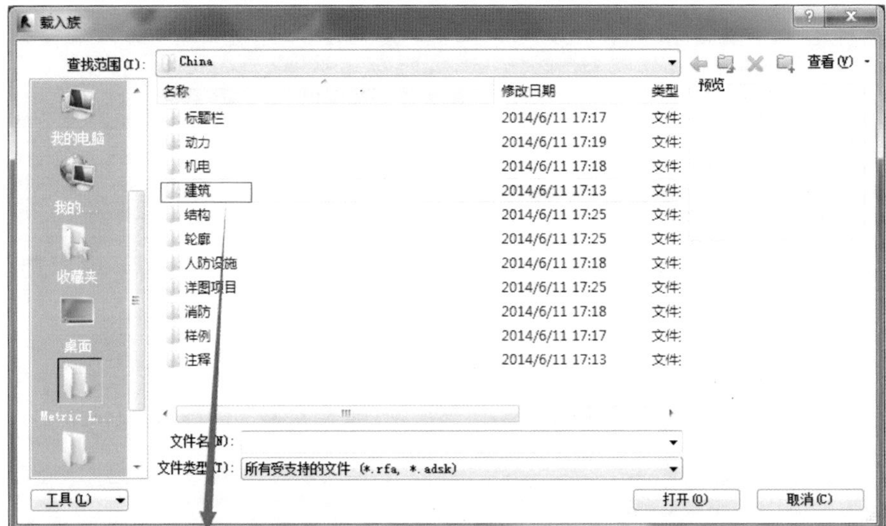

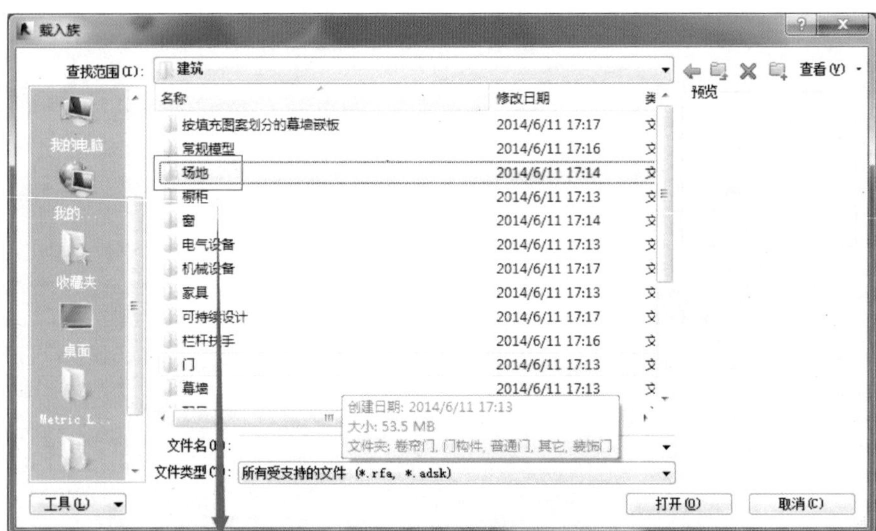

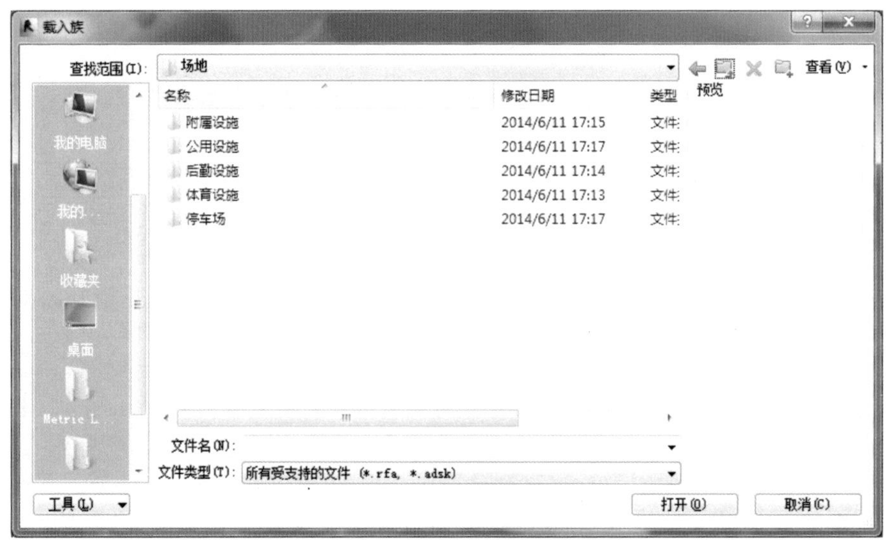

图 2.280　载入场地构件

12.5 室内构件

（1）在“插入”选项卡下“从库中载入”面板中选择“载入族”，如图 2.281 所示。

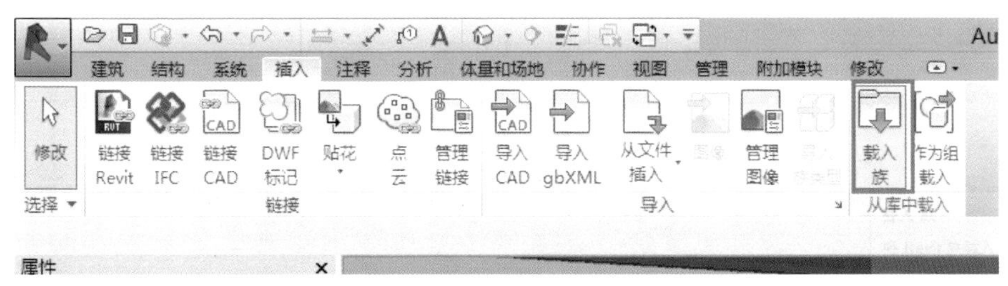

图 2.281　载入族

（2）根据需要载入室内构件，如餐桌家具族，如图 2.282 所示。

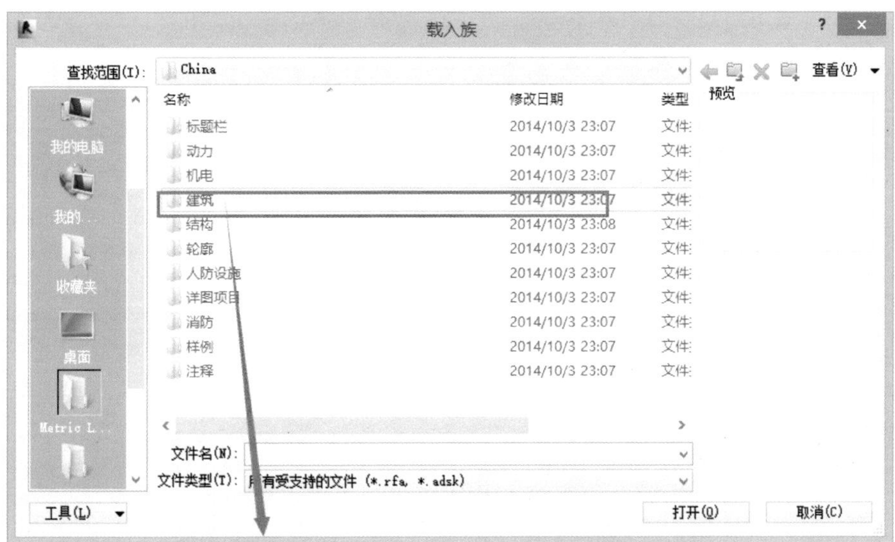

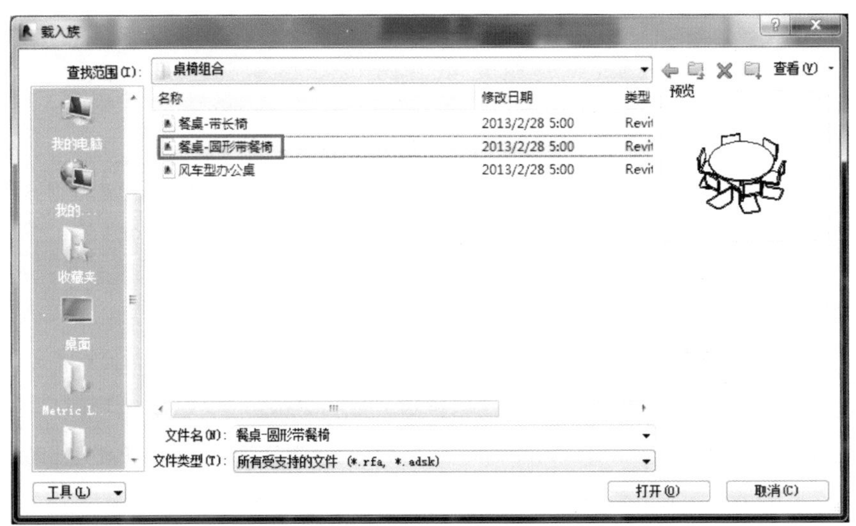

图 2.282　载入家具

（3）点击“建筑”选项卡的“构件”，从“类型选择器”中选择所需的构件，在绘图区域中单击以添加一个或多个构件，如图 2.283 所示。

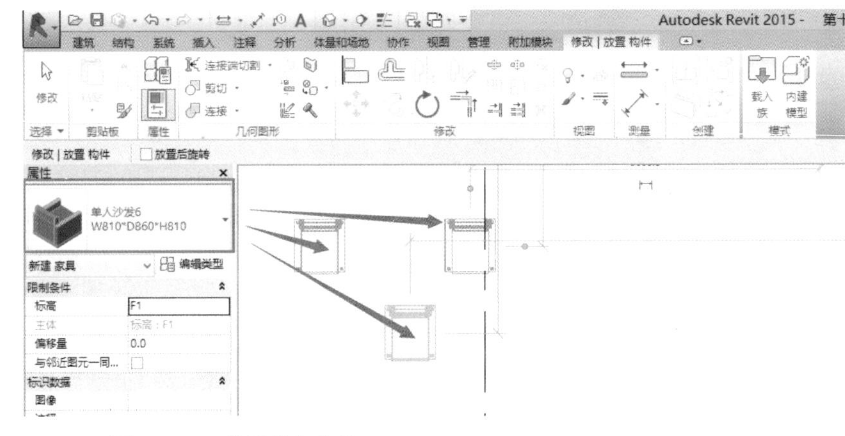

图 2.283　放置载入构件

任务 13　房间和面积

房间是基于图元（例如，墙、楼板、屋顶和天花板）对建筑模型中的空间进行细分的部分。只可在平面视图中放置房间。

13.1 房间和房间标记

13.1.1　创建房间和房间标记

（1）打开平面视图。

（2）单击“建筑”选项卡下“房间和面积”面板中的“房间”，如图 2.284 所示。

（3）如果要随房间显示房间标记，则要确保“修改｜放置房间”选项卡下“标记”面板中的“在放置时进行标记”处于选中状态，如图 2.285 所示。如果要在放置房间时忽略房间标记，则关闭此选项。

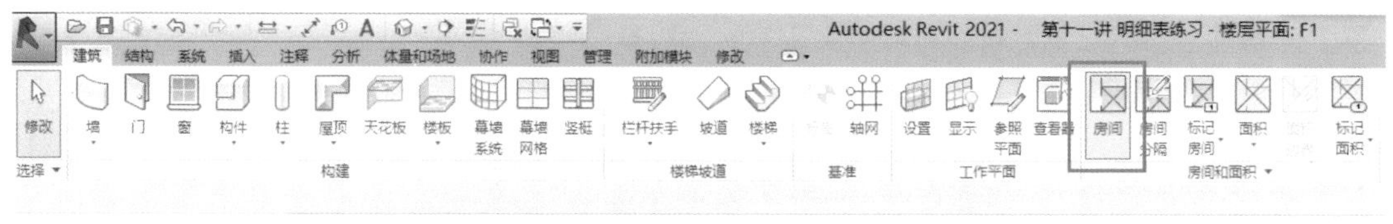

图 2.284　房间标记

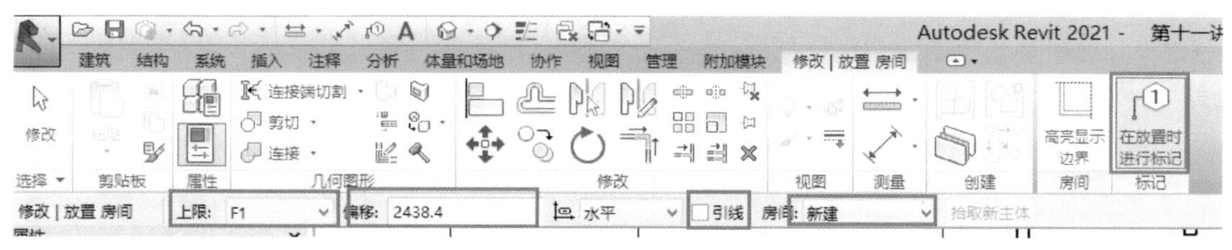

图 2.285　房间标记设置

（4）在选项栏上执行下列操作：

“上限”：指定将从该处测量房间上边界的标高。例如，如果要向标高 1 楼层平面添加一个房间，并希望该房间从标高 1 扩展到标高 2 或标高 2 上方的某个点，则可将“上限”指定为“标高 2”。

“偏移”：指房间上边界距“上限”标高的距离。输入正值表示向“上限”标高上方偏移，输入负值表示向其下方偏移。指明所需的房间标记方向。

“引线”：要使房间标记带有引线，请勾选该项。

“房间”：选择“新建”创建新房间，或者从列表中选择一个现有房间。

（5）要查看房间边界图元，请单击“修改｜放置房间”选项卡下“房间”面板中的“高亮显示边界”。

（6）在绘图区域中单击以放置房间，如图 2.286 所示。

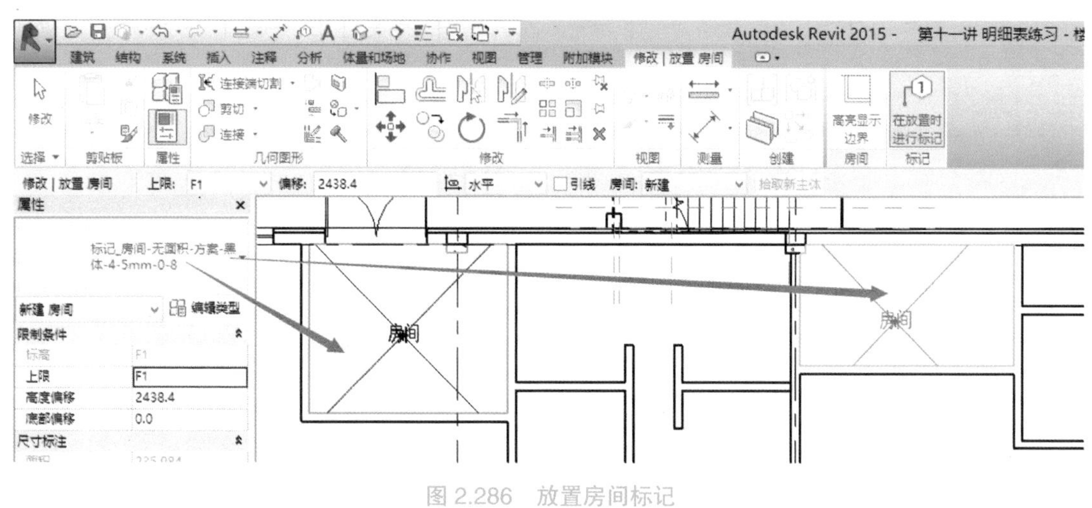

图 2.286　放置房间标记

注意：Revit 不会将房间置于宽度小于 306 mm 的空间中，请根据具体情况进行房间分割，如图 2.287 所示。

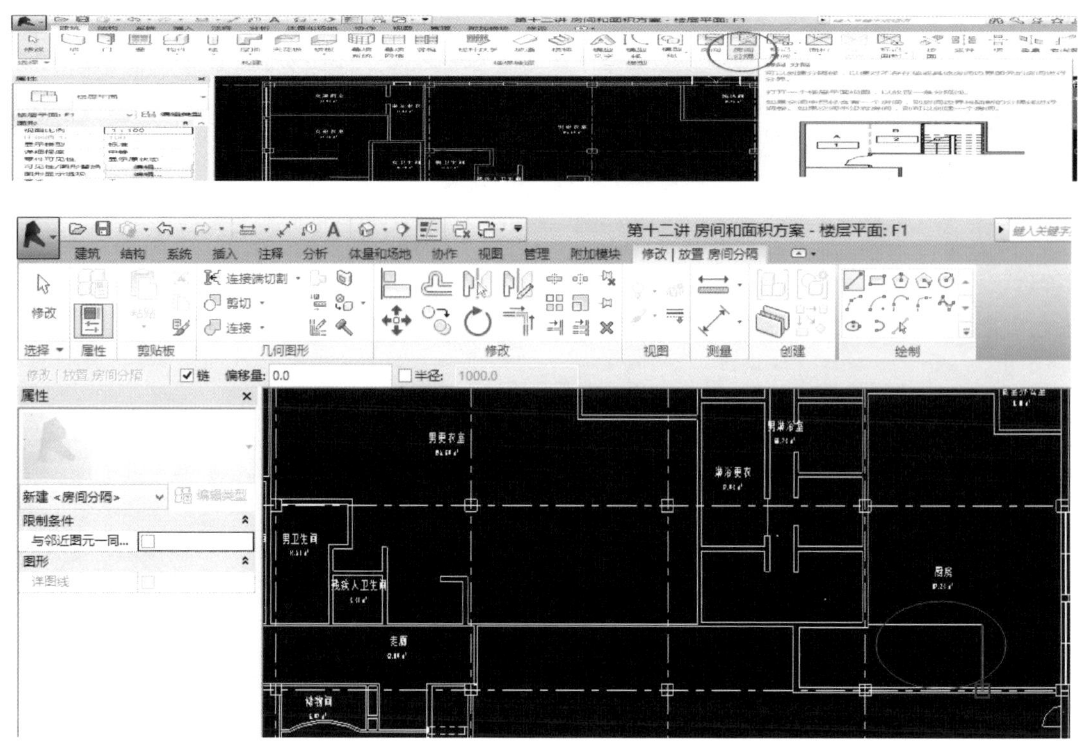

图 2.287　房间分割

（7）选中房间后在“属性”选项板中修改房间编号及名称，如图 2.288 所示。

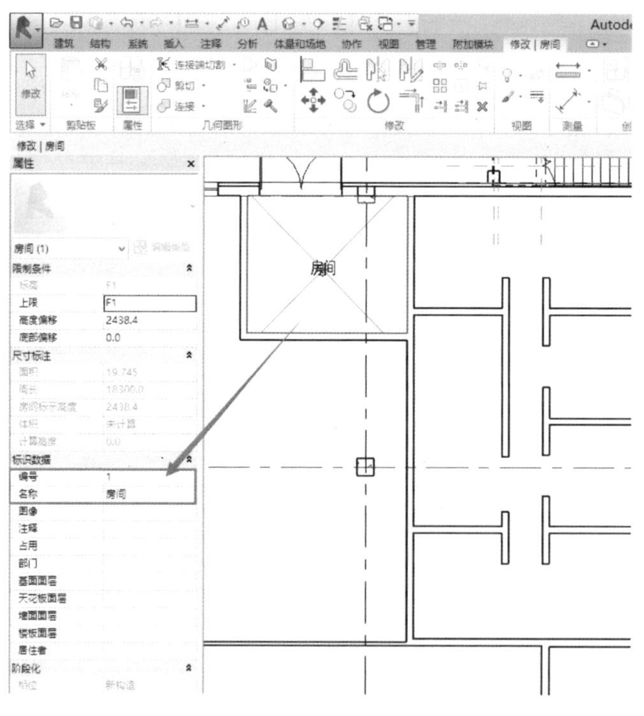

图 2.288　房间名称

如果将房间放置在边界图元形成的范围之内，则该房间会充满该范围。也可以将房间放置到自由空间或未完全闭合的空间中，稍后再在此房间的周围绘制房间边界图元。添加边界图元时，房间会充满边界。

13.1.2　房间颜色方案

可以根据特定值或值范围，将颜色方案应用于楼层平面视图和剖面视图。可以向每个视图应用不同颜色方案。使用颜色方案可以将颜色和填充样式应用到如房间、面积、空间和分区、管道和风管等对象中。

注意：要使用颜色方案，必须先在项目中定义房间或面积；若要为 Revit MEP 图元使用颜色方案，还必须在项目中定义空间、分区、管道或风管。

创建房间颜色方案步骤如下：

（1）在“建筑”选项卡下“房间和面积”面板下拉列表中选择“颜色方案”，如图 2.289 所示。

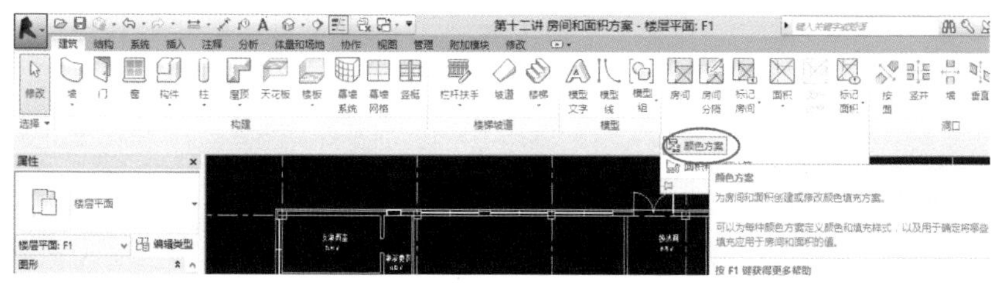

图 2.289　颜色方案

（2）“方案类别”选择“房间”，复制颜色“方案 1”并将其命名为“房间颜色按名称”，如图 2.290 所示。

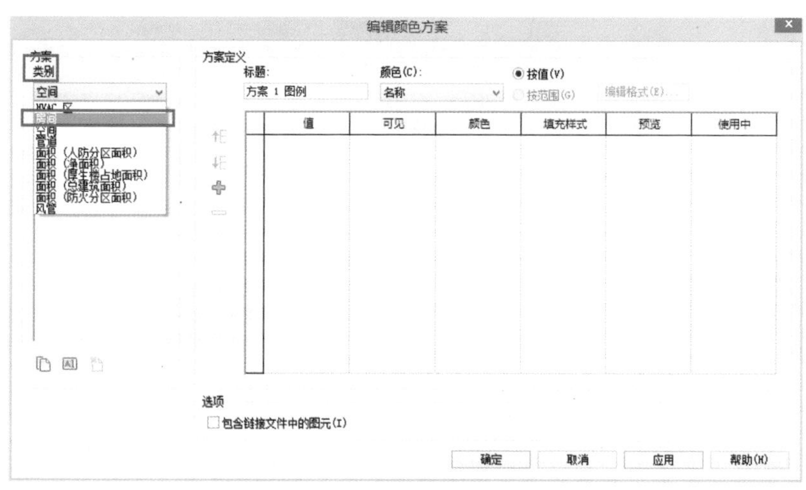

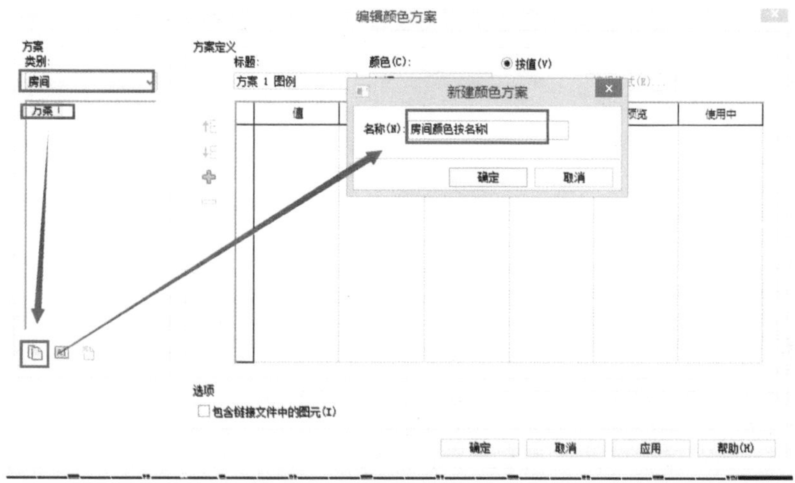

图 2.290　房间颜色方案名称

（3）方案标题改为“按名称”，颜色选择“名称”，完成房间颜色方案编辑，依次点击“应用”“确定”，如图 2.291 所示。

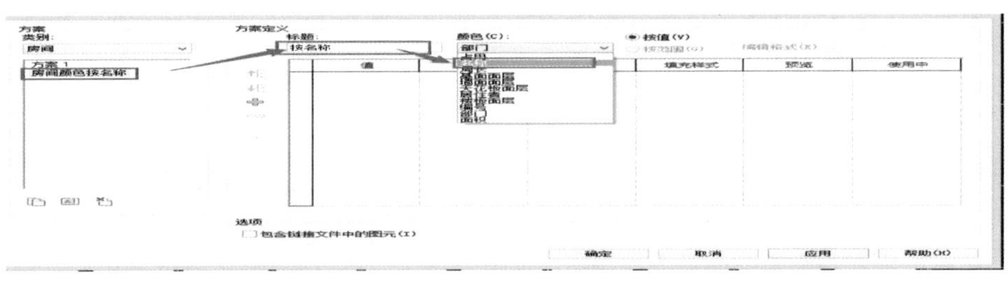

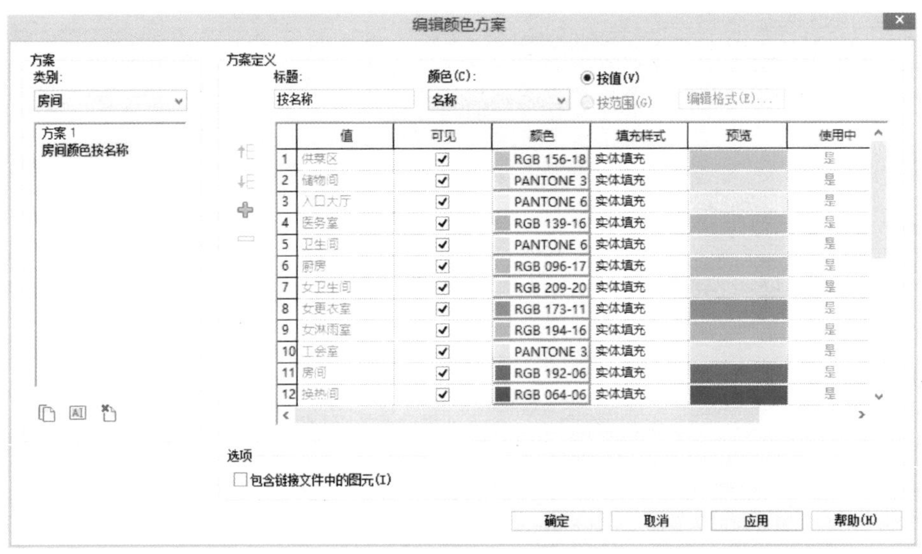

图 2.291　编辑颜色方案

13.2 面积和面积方案

面积是对建筑模型中的空间进行再分割形成的，其范围通常比各个房间范围大。

面积不一定以模型图元为边界，可以绘制面积边界，也可以拾取模型图元作为面积边界。

13.2.1　面积平面的创建

（1）单击“建筑”选项卡下“房间和面积”面板中“面积”下拉列表内的“面积平面”，如图 2.292 所示。

（2）在“新建面积平面”对话框中选择“净面积”作为“类型”。

（3）为面积平面视图选择楼层。

（4）要创建唯一的面积平面视图，请选择“不复制现有视图”。要创建现有面积平面视图的副本，可清除“不复制现有视图”复选框。

（5）单击“确定”，如图 2.293 所示。

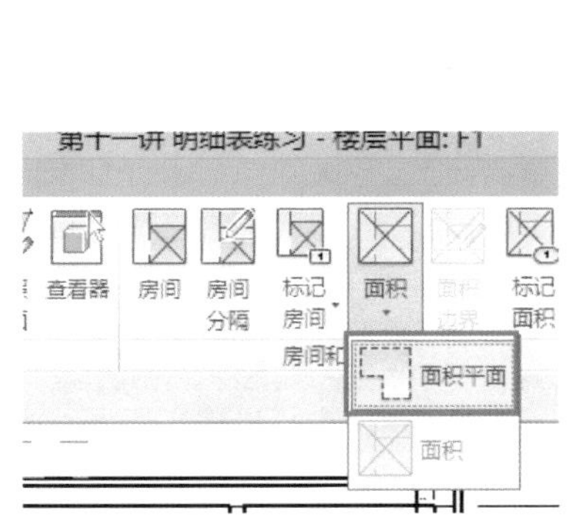

图 2.292　面积平面

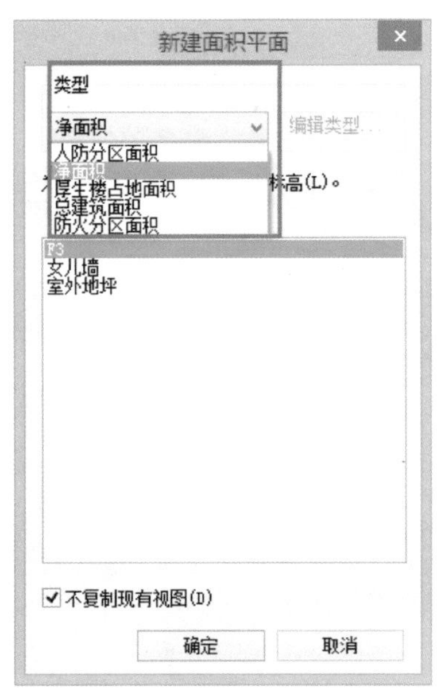

图 2.293　新建面积平面

13.2.2　定义面积边界

定义面积边界，类似于房间分割，是将视图分割成一个个面积区域。

1）在“项目浏览器”中的“面积平面”下选择一个面积平面视图并打开。

2）在“建筑”选项卡下“房间和面积”面板中点击“面积边界”，如图 2.294 所示。

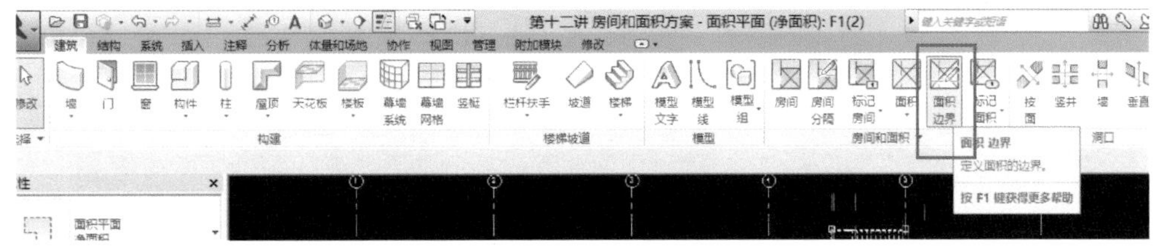

图 2.294　面积边界

3）拾取或绘制面积边界。

拾取面积边界：

（1）单击“修改 | 放置面积边界”选项卡下“绘制”面板中的“拾取线”。

（2）如果不希望 Revit 应用面积规则，请在选项栏上清除“应用面积规则”复选框，并指定偏移。

注意：如果应用了面积规则，则面积标记的面积类型参数将会决定面积边界的位置。必须将面积标记放置在边界以内才能改变面积类型。

（3）选择边界的定义墙，如图 2.295 所示。

绘制面积边界：

（1）单击“修改 | 放置面积边界”选项卡，在“绘制”面板中选择一个绘制工具。

（2）使用绘制工具完成边界的绘制。

13.2.3　面积和面积标记的创建

面积边界定义完成之后即可进行面积的创建，面积的创建方法同房间的创建方法一样，如图 2.296 所示。

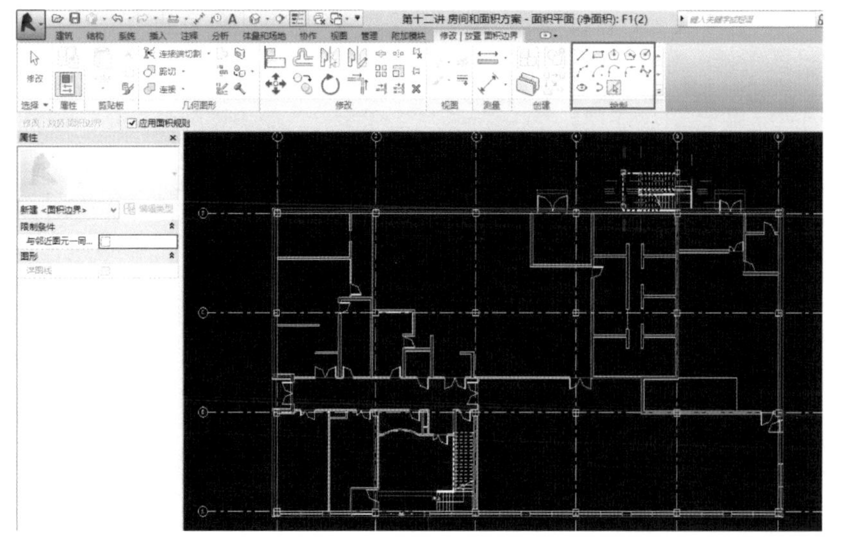

图 2.295　选择墙

图 2.296　面积

创建面积标记后直接在绘图区域中放置，如图 2.297 所示。

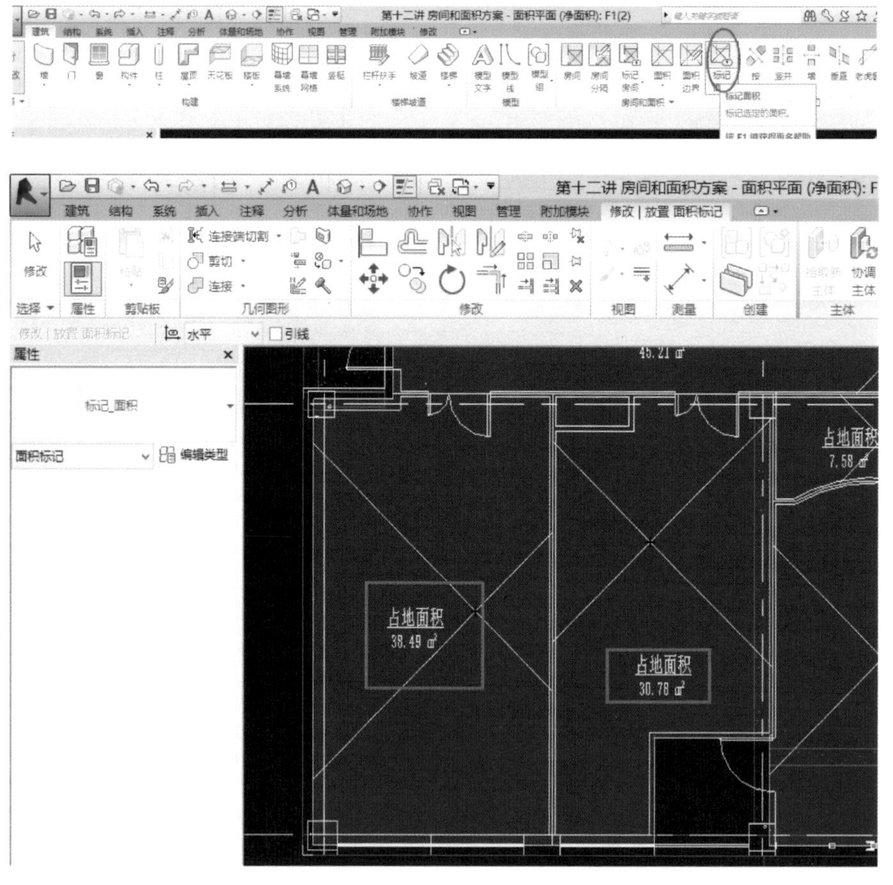

图 2.297　面积标记

13.2.4　创建面积颜色方案

创建面积颜色方案的方法与创建房间颜色方案的方法相同，方案类型选择“面积（净面积）”，如图 2.298 所示。

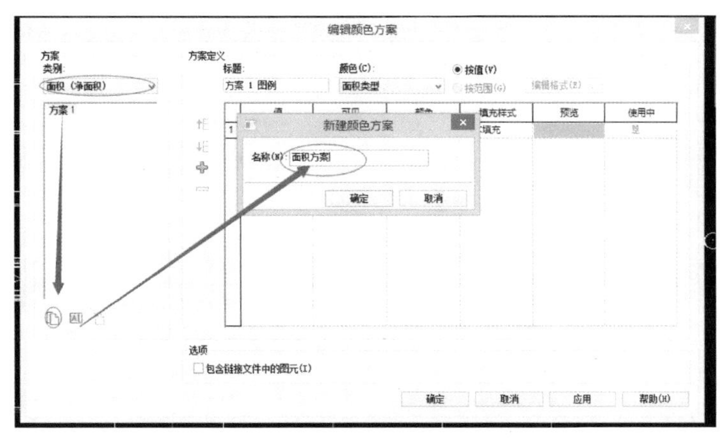

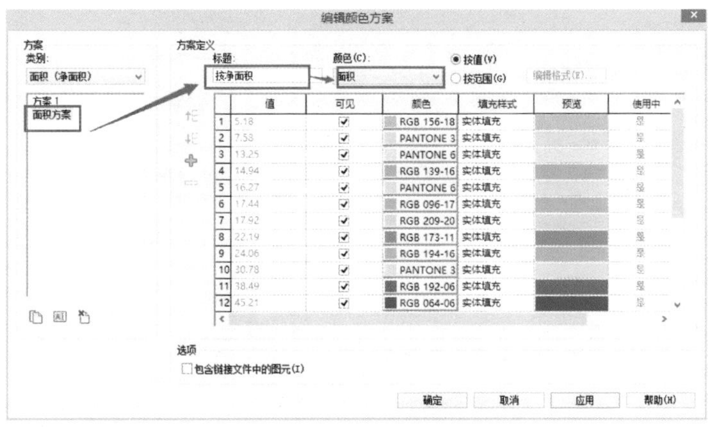

图 2.298　颜色方案

13.3 在视图中进行颜色方案的放置

13.3.1　放置房间颜色方案

（1）打开平面视图，在“注释”选项卡下“颜色填充”面板中选择“颜色填充图例”，在视图空白区域放置图例，如图 2.299 所示。

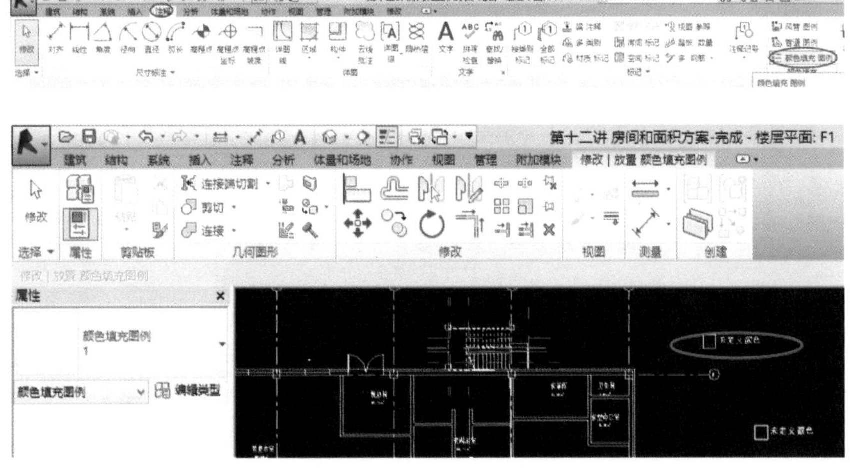

图 2.299　放置图例

（2）放置好的图例是没有定义颜色方案的，此时选中图例，点击上下文选项卡中的“编辑方案”按钮，如图 2.300 所示。

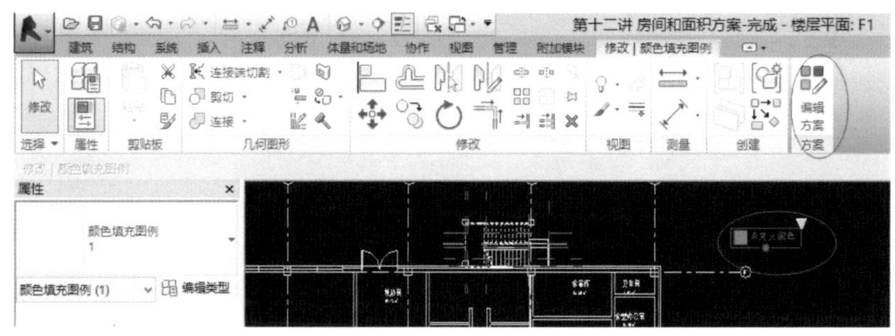

图 2.300　编辑图例

在弹出的对话框中选择事先编辑好的颜色方案，依次点击“应用”“确定”，完成房间颜色方案放置，如图 2.301 所示。

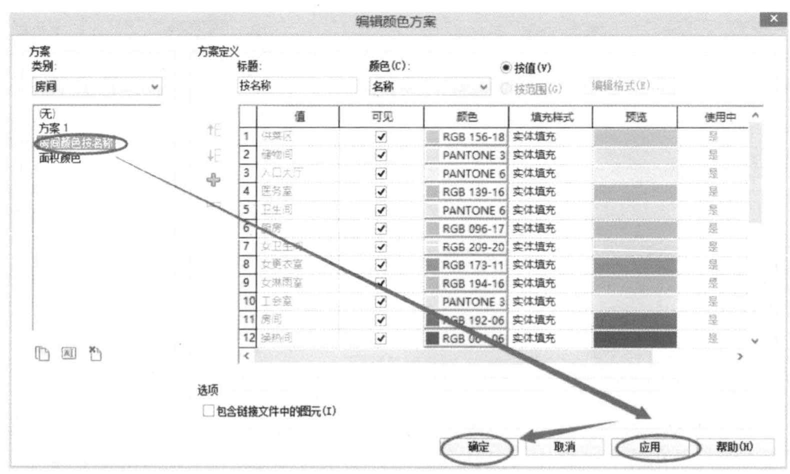

图 2.301　生成颜色方案和图例

13.3.2　放置面积颜色方案

转到“面积平面（净面积）F1”平面视图，在“注释”选项卡下“颜色填充”面板中选择“颜色填充图例”，在视图空白区域放置图例。与放置房间颜色方案图例不同的是，放置面积颜色方案图例会直接弹出对话框，只要在颜色方案中选择事先编辑好的面积颜色方案即可。如图 2.302 所示。

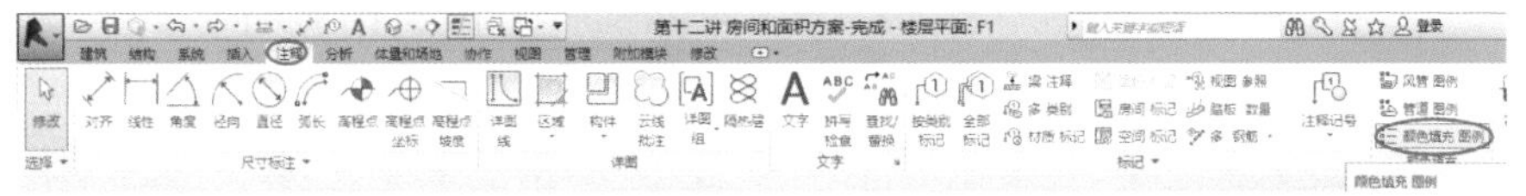

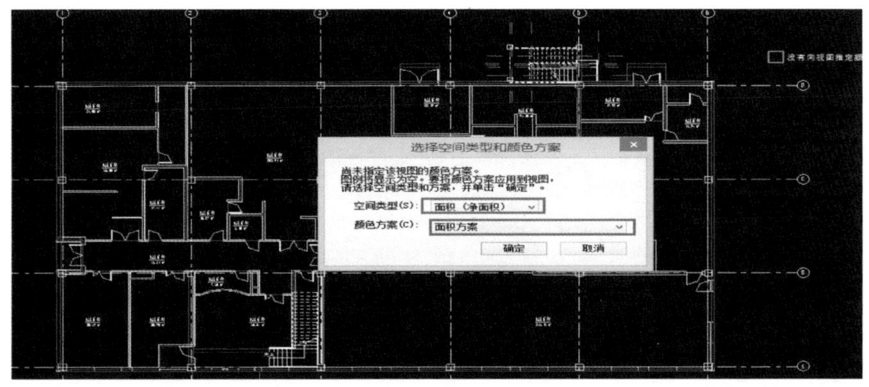

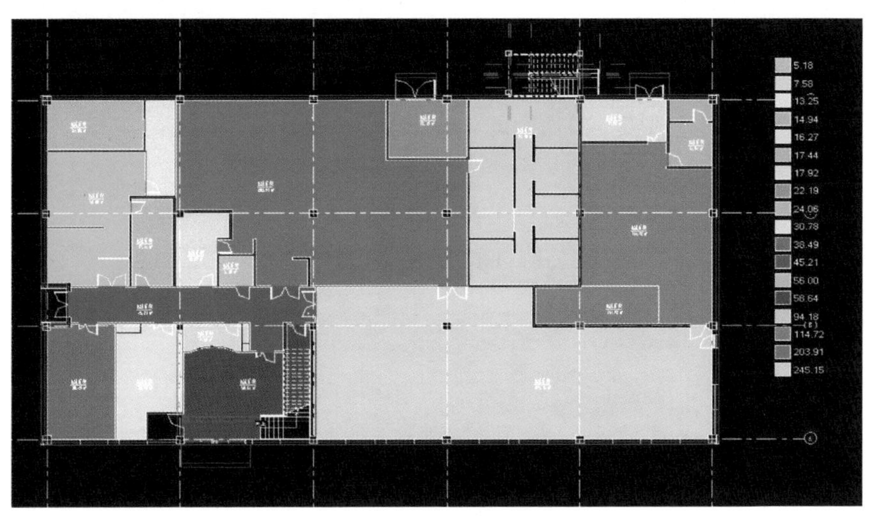

图 2.302　放置面积颜色方案

任务 14　明细表

创建明细表、数量和材质提取，可以用于以确定并分析在项目中使用的构件和材质。明细表是项目模型的另一种视图。

明细表以表格形式显示信息，这些信息是从项目中的图元属性中提取的。用户还可以将明细表导出到其他软件程序中，如电子表格程序。

项目被修改时，所有明细表都会自动更新。例如，如果移动一面墙，则房间明细表中的面积会相应更新。修改项目中建筑构件的属性时，相关的明细表也会自动更新。

又如，可以在项目中选择一扇门并修改其制造商属性，门明细表中也将反映制造商属性的变化。

“视图”选项卡下“创建”面板中的“明细表”下拉列表内包含下列明细表类型：

明细表 / 数量；

图形柱明细表；
材质提取；
图纸列表；
注释块；
视图列表。
明细表可以显示项目中任意类型图元的列表，除上述列表中的类型外还包括下列类型：
关键字明细表；
修订明细表；
图纸列表；
配电盘明细表。

14.1 建筑构件明细表

在项目中添加建筑图元构件列表的步骤如下：

（1）在“视图”选项卡下“创建”面板中的“明细表”下拉列表内选择“明细表 / 数量”，如图 2.303 所示。

（2）在“新建明细表”对话框的“类别”列表中选择一个构件。“名称”文本框中会显示默认名称，可以根据需要修改该名称。选择“建筑构件明细表”，指定“阶段”，单击“确定”，如图 2.304 所示。

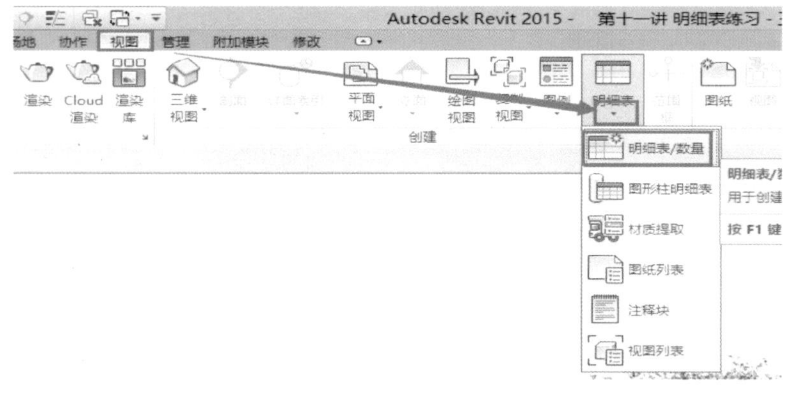

图 2.303 明细表 / 数量

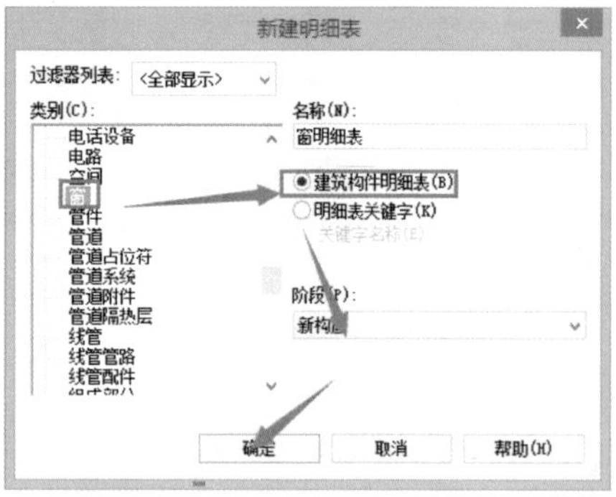

图 2.304 明细表设置

（3）在“明细表属性”对话框中，指定明细表属性。

（4）单击“确定”。

14.2 明细表属性

14.2.1 明细表字段

可以提取建筑构件相关信息，如图 2.305 所示。

图 2.305　明细表字段

14.2.2　明细表过滤器

可以过滤提取建筑构件相关信息，如图 2.306 所示。

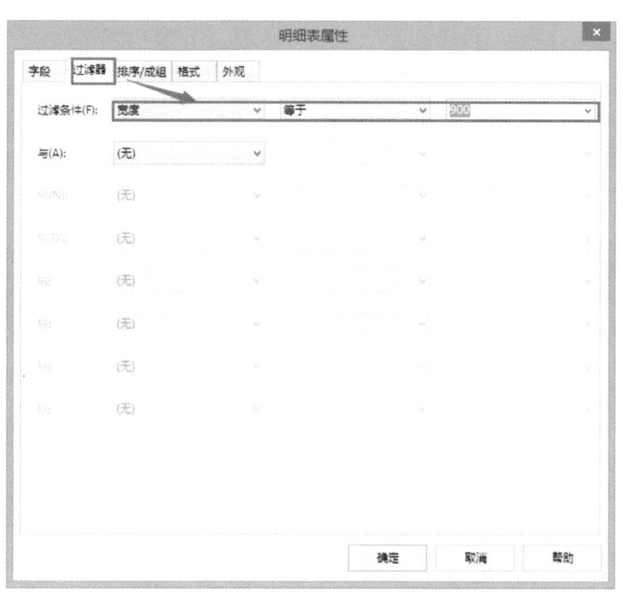

图 2.306　明细表过滤器

14.2.3　明细表排序 / 成组

在“明细表属性”对话框（或“材质提取属性”对话框）的“排序 / 成组”选项卡中，可以指定明细表中行的排序选项。也可选择显示某个图元类型的每个实例，或将多个实例层叠在单行上。在明细表中可以按任意字段进行排序，但“总计”除外，如图 2.307 所示。

14.2.4　明细表外观

可以将页眉、页脚以及空行添加到排序后的行中，如图 2.308 所示。

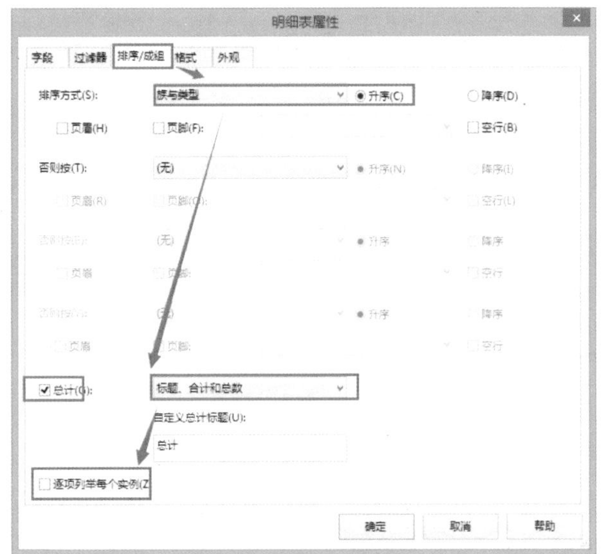

图 2.307　明细表排序 / 成组

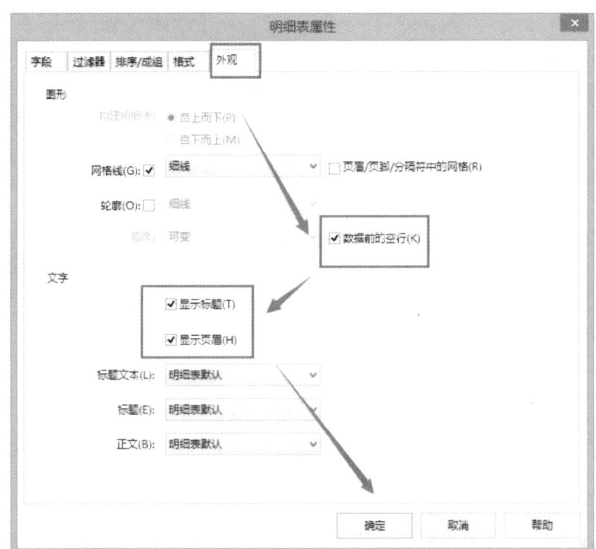

图 2.308　明细表外观设置

14.2.5　明细表格式

可以设置明细表中字段的条件格式，如图 2.309 所示。

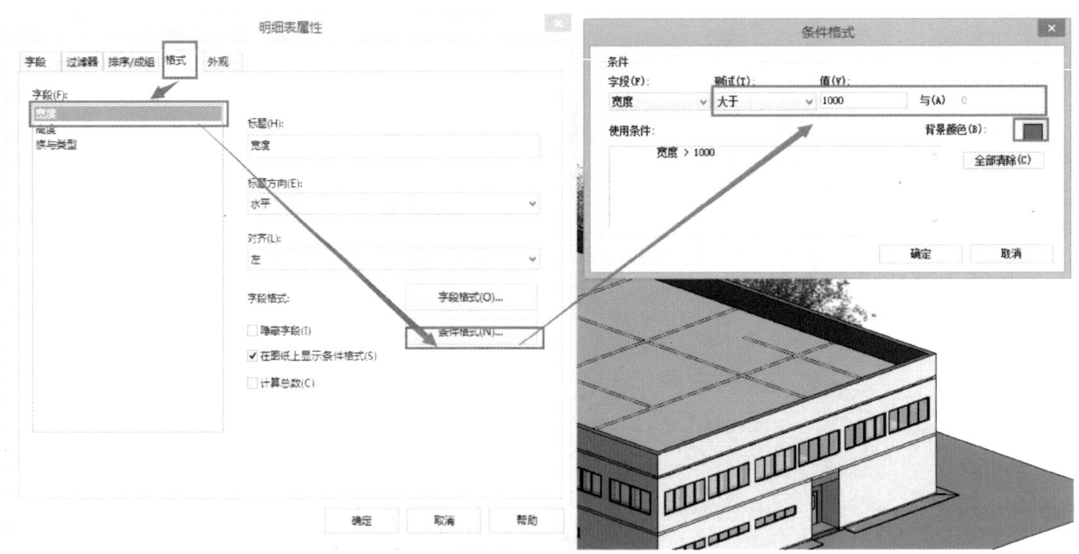

<窗明细表>		
A	B	C
宽度	高度	族与类型
900	600	固定：2=厚生
450	1500	固定：2=厚生
1800	600	推拉窗6：2=厚
1800	1500	推拉窗6：2=厚
总计：94		

图 2.309　明细表格式设置

14.3 材质提取明细表

在项目中添加提供详细信息（例如项目构件会使用何种材质）的明细表的步骤如下：

（1）单击“视图”选项卡下“创建”面板中“明细表”下拉列表内的“材质提取”，如图 2.310 所示。

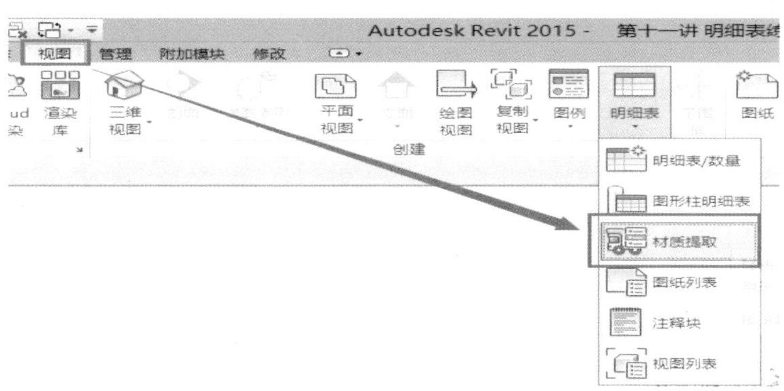

图 2.310　材质提取明细表

（2）在“新建材质提取”对话框中，单击材质提取明细表的类别，然后单击“确定”，如图 2.311 所示。

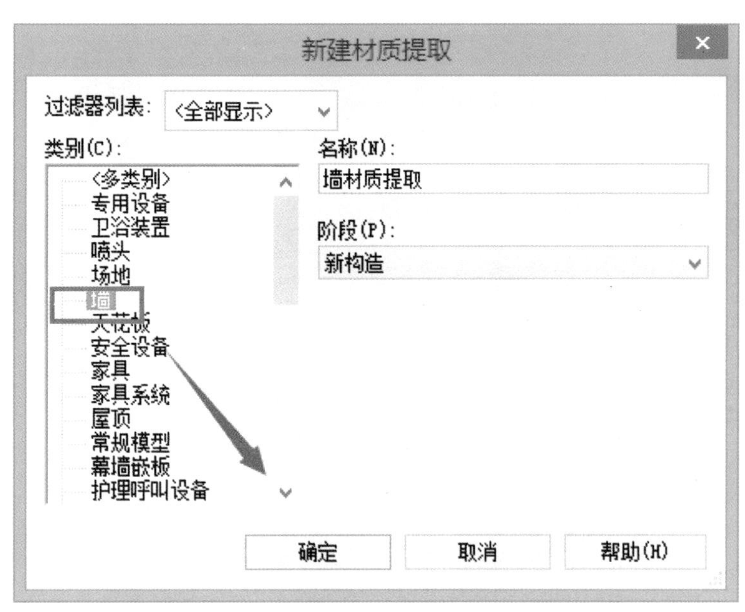

图 2.311　新建材质提取

（3）在“材质提取属性”对话框中，为“可用的字段”选择材质特性，如图 2.312 所示。

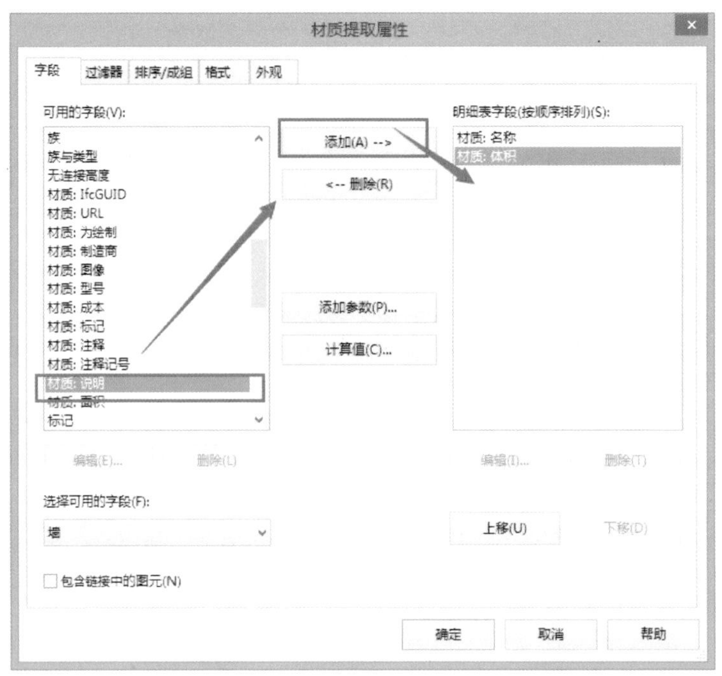

图 2.312　材质提取属性（一）

（4）可以选择对材质提取明细表进行排序、成组或格式操作，如图 2.313 所示。

（5）单击“确定”以创建“材质提取明细表”。

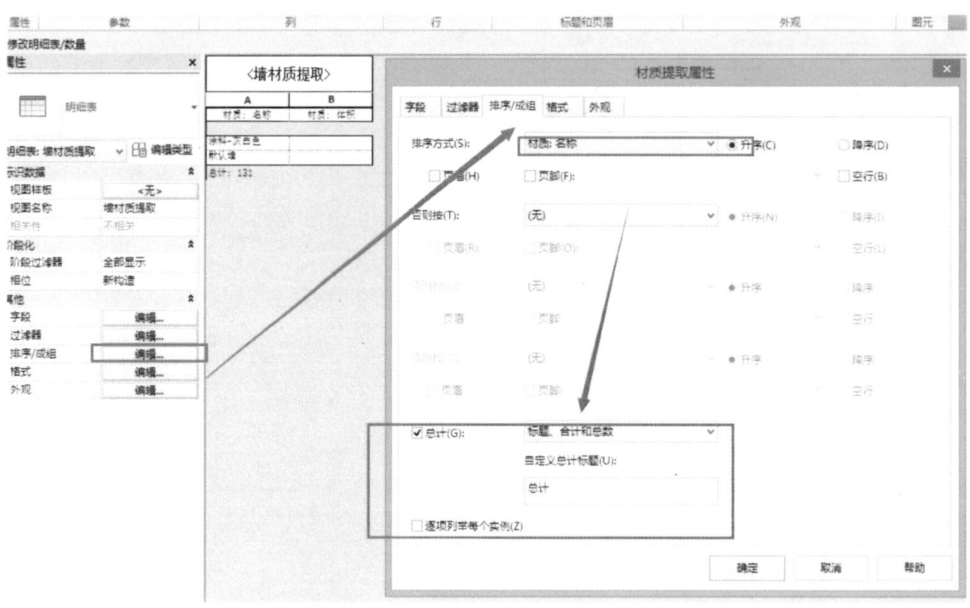

图 2.313　材质提取属性（二）

此时显示“材质提取明细表”，并且该视图将在“项目浏览器”的“ 明细表 / 数量”类别下列出。

任务 15　渲染和漫游

15.1 赋予材质渲染外观

进入三维视图，选择图元（墙体）设置材质，如图 2.314 所示。

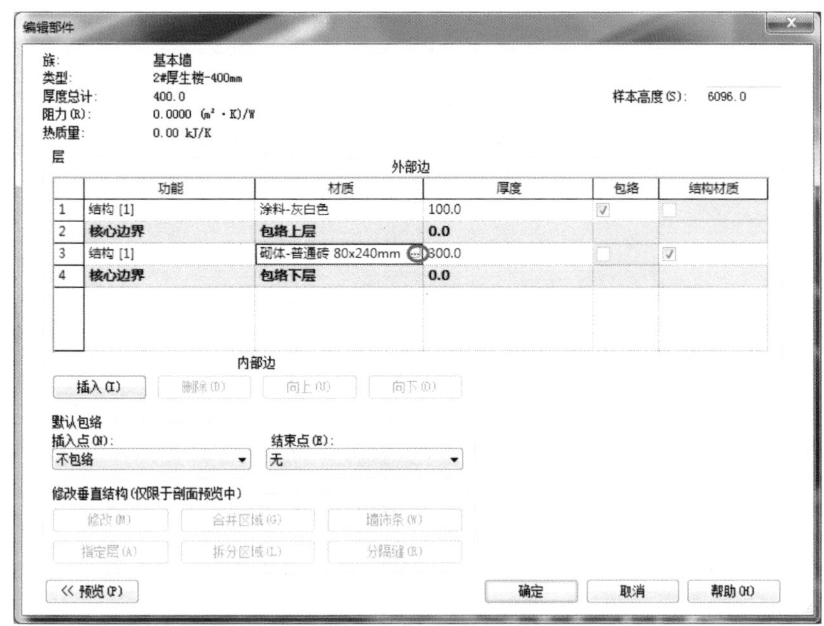

图 2.314　设置材质

打开材质浏览器，如图 2.315 所示。

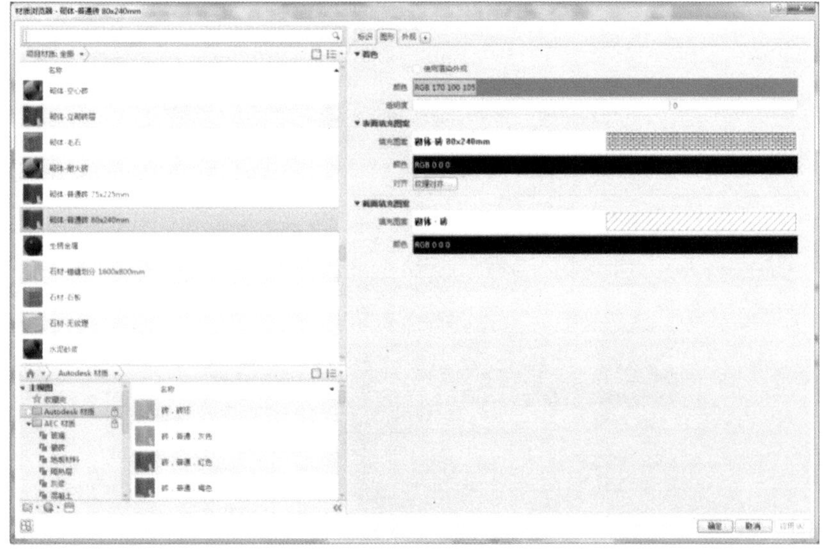
图 2.315　材质浏览器

15.2 贴花

15.2.1 创建贴花类型

（1）单击“插入”选项卡下“链接”面板中“贴花”下拉列表内的“贴花类型”，如图 2.316 所示。

（2）在“贴花类型”对话框中，单击“创建新贴花”。

（3）在“新贴花”对话框中，为贴花输入一个名称，然后单击“确定”。

“贴花类型”对话框中将显示新的贴花名称及其属性，如图 2.317 所示。

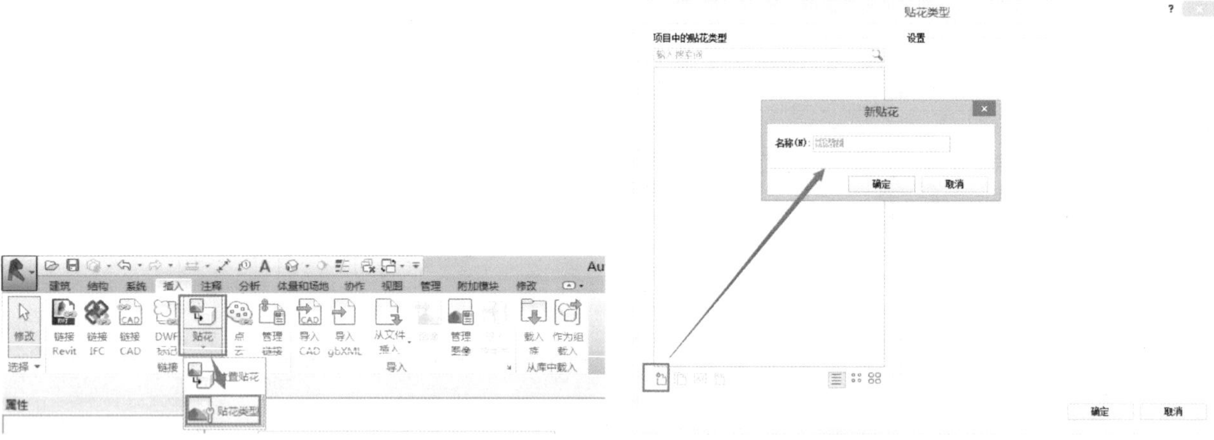

图 2.316 贴花类型（1）　　图 2.317 贴花类型（2）

（4）指定要使用的文件作为“图像文件”。

单击 ...（浏览）定位到该文件并打开（Revit 支持下列类型的图像文件：BMP、JPG、JPEG 和 PNG）。指定贴花的其他属性，单击“确定”，如图 2.318 所示。

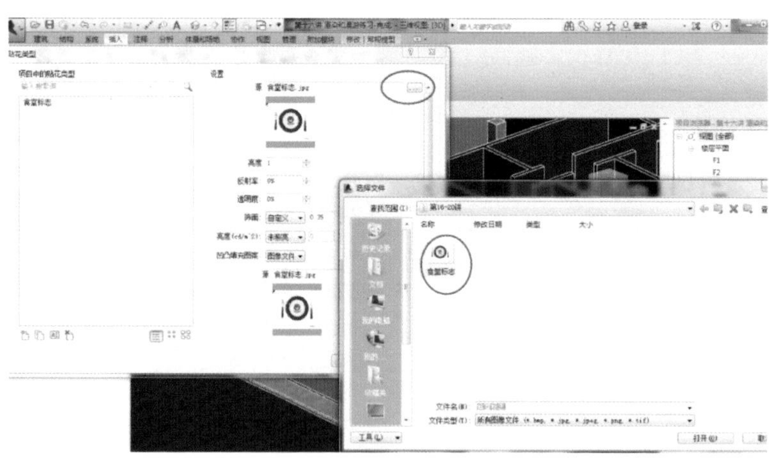

图 2.318 贴花属性设置

15.2.2 放置贴花

二维视图或三维正交视图中放置贴花的步骤如下：

（1）在 Revit 项目中，打开二维视图或三维正交视图。该视图中必须包含一个可以在其上放置贴花的平面或圆柱形表面。不能在三维透视视图中放置贴花。

（2）单击“插入”选项卡下“链接”面板中“贴花”下拉列表内的“放置贴花”▣。

（3）在“类型选择器”中，选择要放置到视图中的贴花类型。

（4）如果要修改贴花的物理尺寸，请在选项栏中输入“宽度”和“高度”值。要保持这些尺寸标注间的长宽比，请勾选“固定宽高比”。

（5）在绘图区域中，单击要在其上放置贴花的水平表面（如墙面或屋顶面）或圆柱形表面。贴图在所有未渲染的视图中显示为一个占位符，如图 2.319 所示。将光标移动到该贴图或选中贴图时，它将显示为矩形横截面。详细的贴花图像仅在已渲染图像中可见。

图 2.319　放置贴花

（6）放置贴花之后，可以继续放置更多相同类型的贴花。要放置不同类型的贴花，请在“类型选择器”中选择所需的贴花，然后在建筑模型上单击需要放置贴花的位置。

（7）要退出“贴花”工具，请按 Esc 键两次。

15.3 相机

15.3.1　相机的创建步骤

（1）打开一个平面视图、剖面视图或立面视图。

（2）单击“视图”选项卡下“创建”面板中“三维视图”下拉列表内的“相机”。

（3）在绘图区域中单击以放置相机。将光标拖曳到所需目标然后单击即可设定目标位置，如图 2.320 所示。

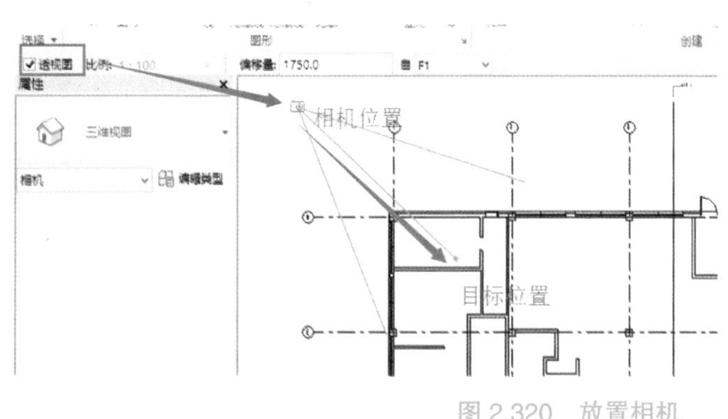

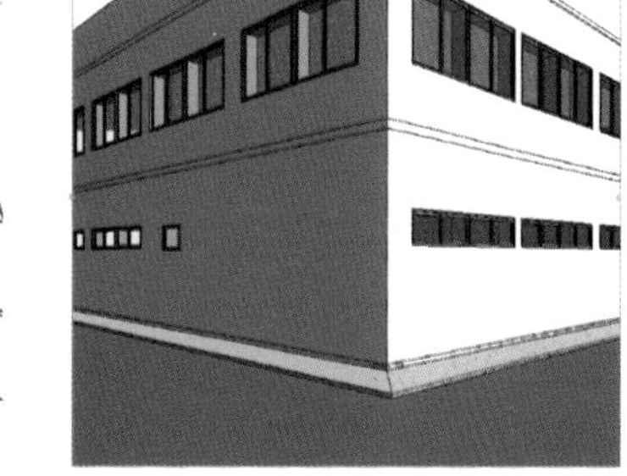

图 2.320　放置相机

注意：如果清除选项栏上的“透视图”选项，则创建的视图会是正交三维视图，不是透视视图。

15.3.2 修改相机设置

选中相机，在“属性”选项板里修改“视点高度”和“目标高度”以及“远剪裁偏移”。也可在绘图区域拖曳视点和目标点的水平位置。如图 2.321 所示。

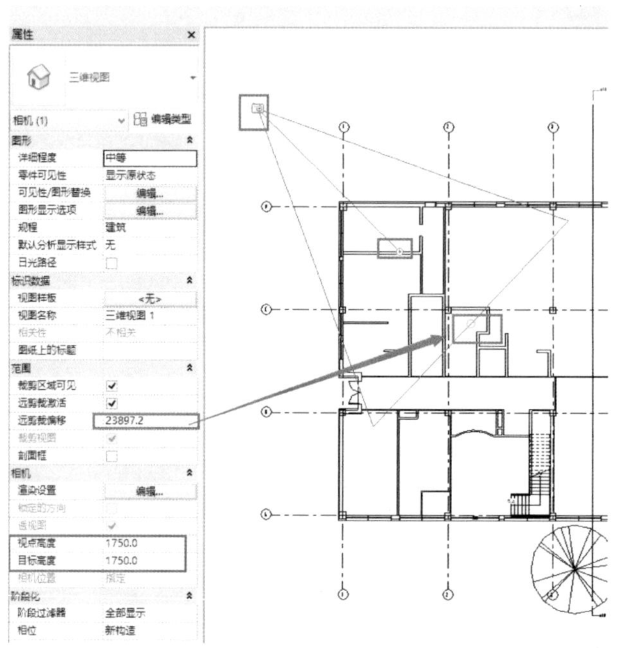

图 2.321 相机设置

15.4 渲染

渲染的基本步骤如下：

（1）打开建筑模型的三维视图。

（2）指定材质的渲染外观，并将材质应用到模型图元。

（3）将以下内容添加到建筑模型中：（可选）

植物；

人物、汽车和其他环境；

贴花。

（4）定义渲染设置，如图 2.322 所示。

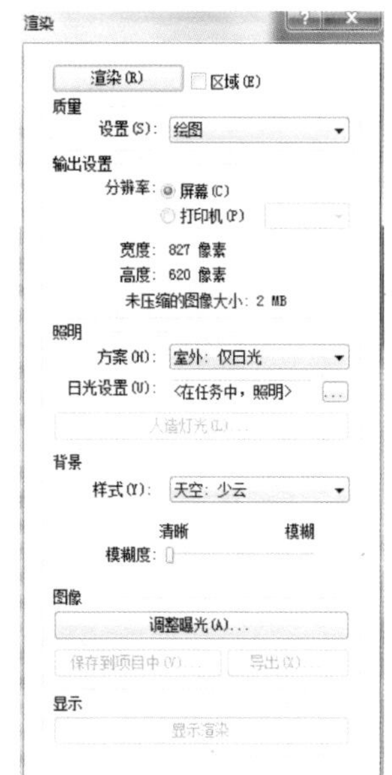

图 2.322　渲染设置

（5）渲染图像。完成后保存渲染图像，如图 2.323 所示。

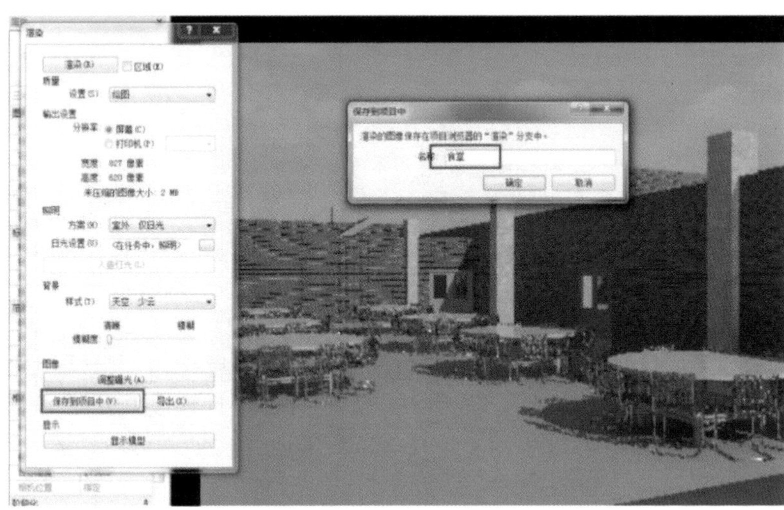

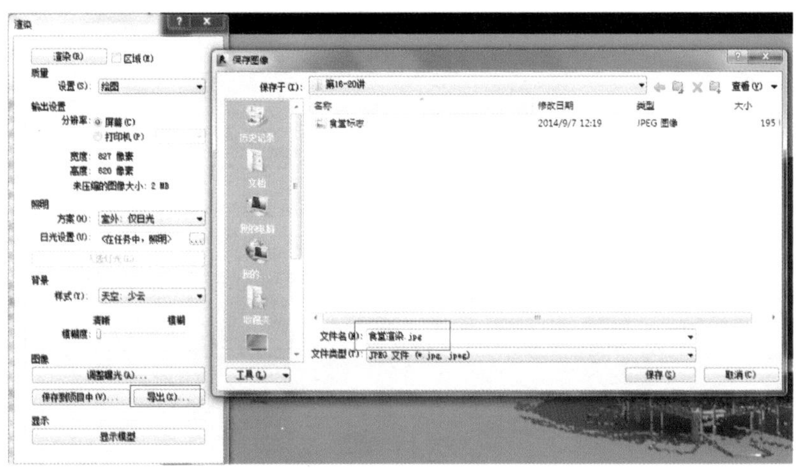

图 2.323　保存渲染

15.5 漫游

漫游是指沿着定义的路径移动相机，此路径由帧和关键帧组成。

关键帧是指可在其中修改相机方向和位置的可修改帧。

默认情况下，漫游创建为一系列透视视图，但也可以创建为正交三维视图。

15.5.1 创建漫游路径

（1）打开要放置漫游路径的视图。

注意：通常在平面视图创建漫游，也可以在其他视图（包括三维视图、立面视图及剖面视图）中创建漫游。

（2）单击“视图”选项卡下“创建”面板中“三维视图”下拉列表内的“漫游”，如图 2.324 所示。

如果需要，在“选项栏”上清除“透视图”选项，将漫游创建作为正交三维视图。

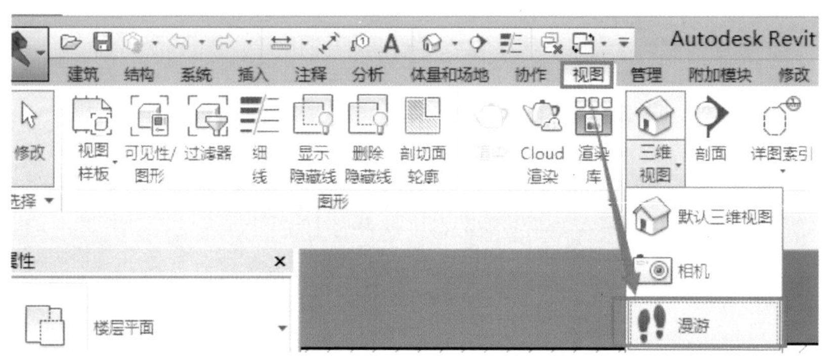

图 2.324 漫游

如果在平面视图中，通过设置相机距所选标高的偏移，可以修改相机的高度。在“偏移量”文本框内输入高度，并从“自”菜单中选择标高，这样相机将显示为沿楼梯梯段上升。

（3）将光标放置在视图中并单击以放置关键帧。沿所需方向移动光标以绘制漫游路径，如图 2.325 所示。

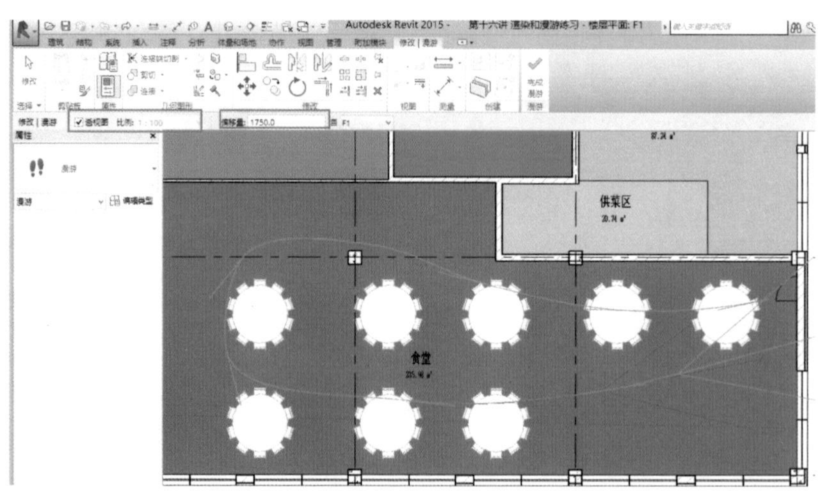

图 2.325 漫游路径设置

（4）要完成漫游路径创建，可以执行下列任一操作：

单击“完成漫游”；

双击结束路径创建；

按 Esc 键。

15.5.2　编辑漫游

15.5.2.1　编辑漫游路径

（1）在项目浏览器中的漫游视图名称上单击鼠标右键，然后选择“显示相机”。

（2）要移动整个漫游路径，请将该路径拖曳至所需的位置，也可以使用“移动”工具。

（3）若要编辑路径，请单击“修改｜相机”选项卡下“漫游”面板中的“编辑漫游”，如图 2.326 所示。

可以从选项栏的“控制”下拉菜单中选择要在路径中编辑的控制点，控制点会影响相机的位置和方向。

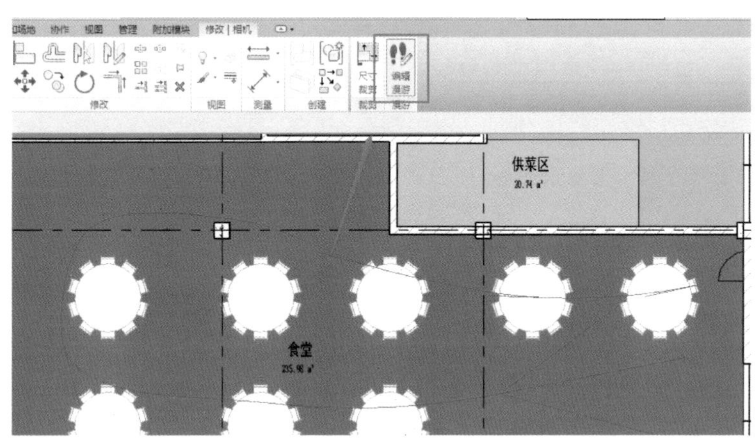

图 2.326　编辑漫游路径

将相机拖曳到新帧的步骤如下：

（1）选择“活动相机”作为“控制”。

（2）沿路径将相机拖曳到所需的帧或关键帧，相机将捕捉关键帧。也可以在“帧”文本框中键入帧的编号。在相机处于活动状态且位于关键帧时，可以拖曳相机的目标点和远剪裁平面。如果相机不在关键帧处，则只能修改远裁剪平面。

修改漫游路径的步骤如下：

（1）选择“路径”作为“控制”。关键帧变为路径上的控制点。

（2）将关键帧拖曳到所需位置，如图 2.327 所示。

注意：“帧”文本框中的值保持不变。

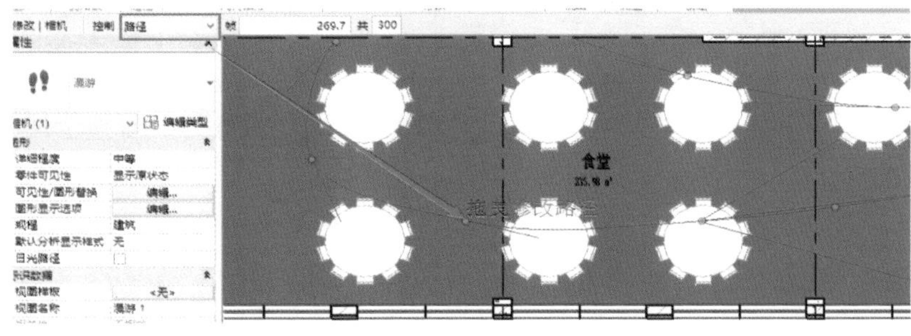

图 2.327　修改漫游路径

添加关键帧的步骤如下：

（1）选择“添加关键帧”作为“控制”。

（2）沿路径放置光标并单击以添加关键帧，如图 2.328 所示。

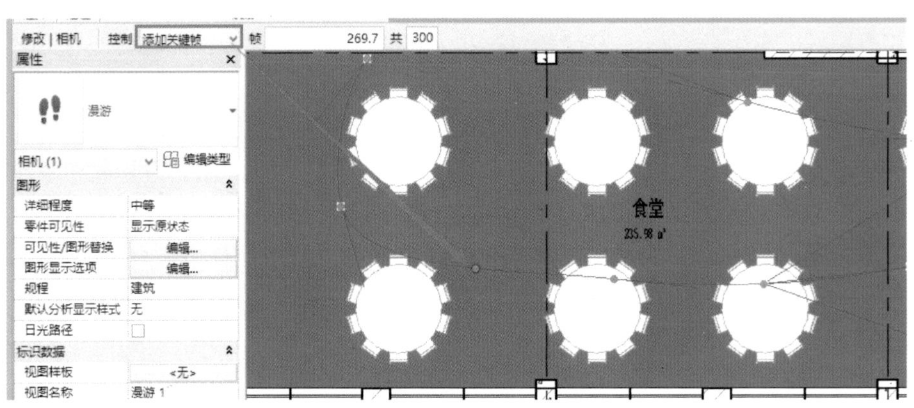

图 2.328　添加关键帧

删除关键帧的步骤如下：

（1）选择“删除关键帧”作为“控制”。

（2）将光标放置在路径中的现有关键帧上，单击以删除此关键帧，如图 2.329 所示。

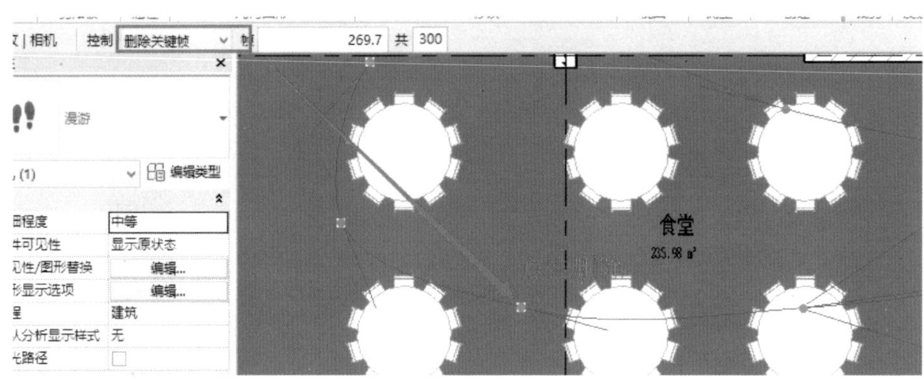

图 2.329　删除关键帧

15.5.2.2　编辑时显示漫游视图

在编辑漫游路径过程中可能需要查看实际视图的修改效果，若要打开漫游视图，请单击“修改 | 相机”选项卡下“漫游”面板中的“打开漫游”。

（1）打开漫游视图后单击“修改 | 相机”选项卡下“漫游”面板中的“编辑漫游”。

（2）在选项栏上单击漫游帧编辑按钮 300 。“漫游帧”对话框中包含下列五个显示帧属性的列，如图 2.330 所示：

“关键帧”列显示了漫游路径中关键帧的编号。单击某个关键帧编号，可显示该关键帧在漫游路径中显示的位置。相机图标将显示在选定关键帧的位置上。

“帧”列显示了关键帧所在的帧。

“加速器”列显示的数字可用于修改控制特定关键帧处漫游播放的速度。

“速度”列显示了相机沿路径移动通过每个关键帧的速度。

“已用时间”显示了从第一个关键帧开始到该关键帧的已用时间。

（3）默认情况下，相机沿整个漫游路径的移动速度保持不变。通过增加或减少总帧数，或者增减每秒帧数，就可以修改相机的移动速度，只需为两者中的任何一个输入所需的值。

（4）若要修改某一关键帧的漫游播放速度，可清除“匀速”复选框并在“加速器”列中为该关键帧输入所需值。“加速器”有效值介于 0.1 和 10 之间。

（5）沿路径分布的相机：为了帮助理解沿漫游路径的帧分布，请勾选“指示器”。输入“帧增量”值，将按照该增量值查看相机指示符，如图 2.331 所示。

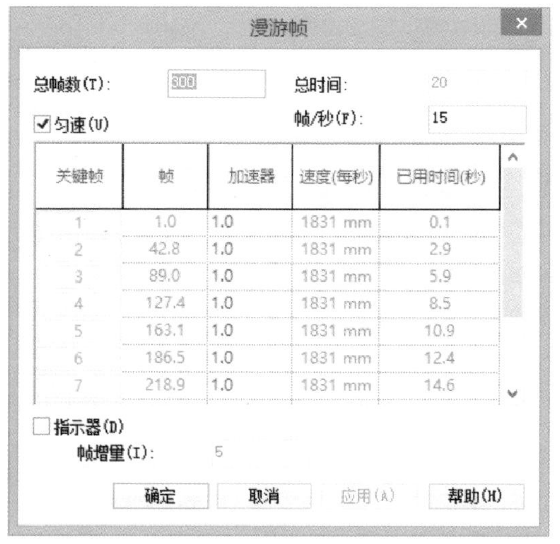

关键帧	帧	加速器	速度(每秒)	已用时间(秒)
1	1.0	1.0	1831 mm	0.1
2	42.8	1.0	1831 mm	2.9
3	89.0	1.0	1831 mm	5.9
4	127.4	1.0	1831 mm	8.5
5	163.1	1.0	1831 mm	10.9
6	186.5	1.0	1831 mm	12.4
7	218.9	1.0	1831 mm	14.6

图 2.330　漫游帧

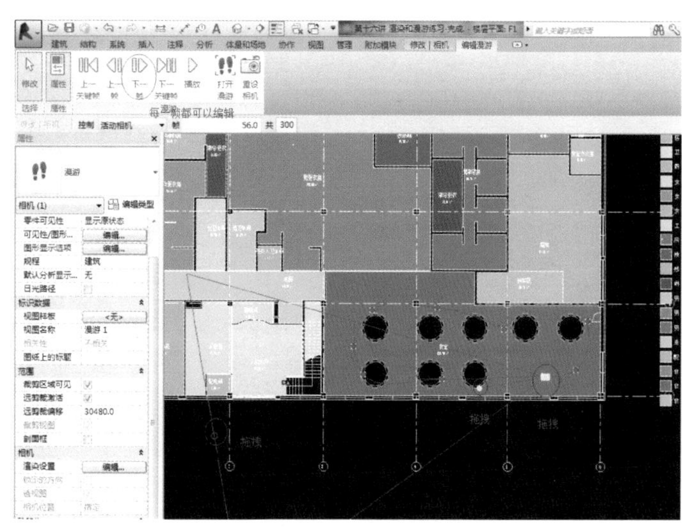

图 2.331　编辑漫游帧

（6）重设目标点：可以在关键帧上移动相机目标点的位置。例如，要创建相机环顾两侧的效果，需要将目标点重设回沿着该路径，请单击“修改 | 相机”选项卡下“漫游”面板中的“重设相机”。

15.5.3　导出漫游动画

可以将漫游导出为 AVI 或图像文件。将漫游导出为图像文件时，漫游的每个帧都会被保存为单个文件。导出步骤如下：

（1）依次单击“应用程序菜单”“导出”“图像和动画”“漫游”，如图 2.332 所示。

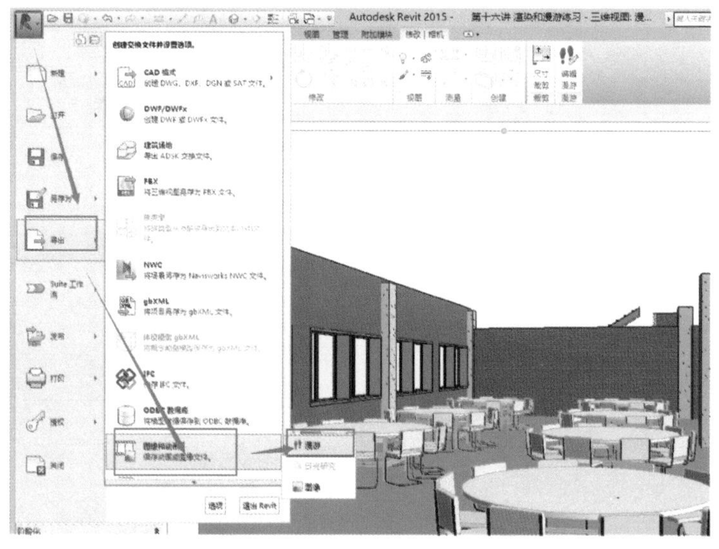

图 2.332　导出漫游

（2）在打开的“长度 / 格式”对话框中，“输出长度”有以下两种选择：

“全部帧”：将所有帧包括在输出文件中。

“帧范围”：仅导出特定范围内的帧。对于此选项，请在输入框内输入帧范围。

在改变每秒的帧数时，总时间会自动更新，如图 2.333 所示。

（3）在“格式”框中将“视觉样式”“尺寸标注”和“缩放”设置为需要的值，如图 2.334 所示。

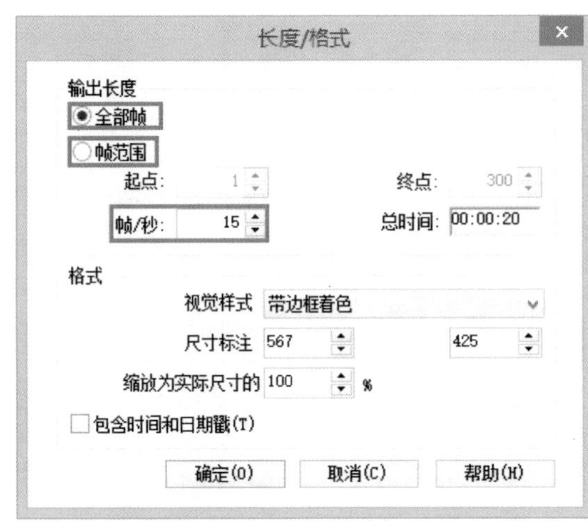

图 2.333　设置帧数

图 2.334　设置格式

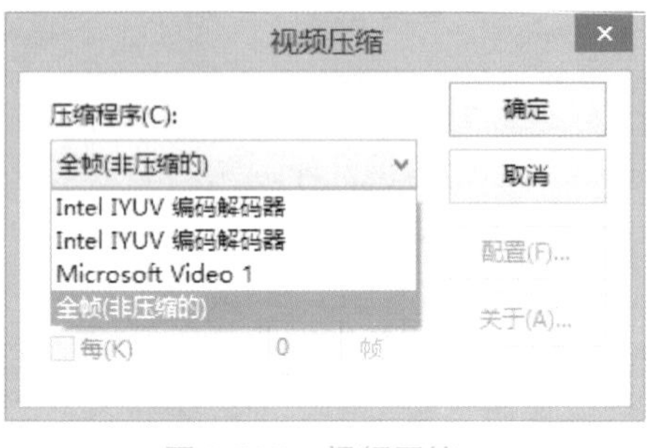

图 2.335　视频压缩

（4）单击“确定”。

（5）接受默认的输出文件名称和路径，或浏览至新位置并输入新名称。

（6）选择文件类型：AVI 或图像文件（JPEG、TIFF、BMP 或 PNG）。单击“保存”。

（7）在“视频压缩”对话框中，从已安装在计算机上的压缩程序列表中选择视频压缩程序，如图 2.335 所示。

（8）要停止记录 AVI 文件，请单击屏幕底部的进度指示器旁的“取消”，或按 Esc 键。

任务 16　视图控制

16.1 创建视图

16.1.1　创建剖面视图

（1）打开一个平面、剖面、立面或详图视图。

（2）单击“视图”选项卡下“创建”面板中的“剖面”。

（3）在“类型选择器”列表中选择视图类型，或者单击“编辑类型”以修改现有视图类型或创建新

的视图类型。（可选）

（4）将光标放置在剖面的起点处，单击并拖曳光标穿过模型或族。

注：现在可以捕捉与非正交基准、墙平行或垂直的剖面线。可在平面视图中捕捉到墙。

（5）当到达剖面的终点时再次单击。这时将出现剖面线和裁剪区域，如图 2.336 所示。

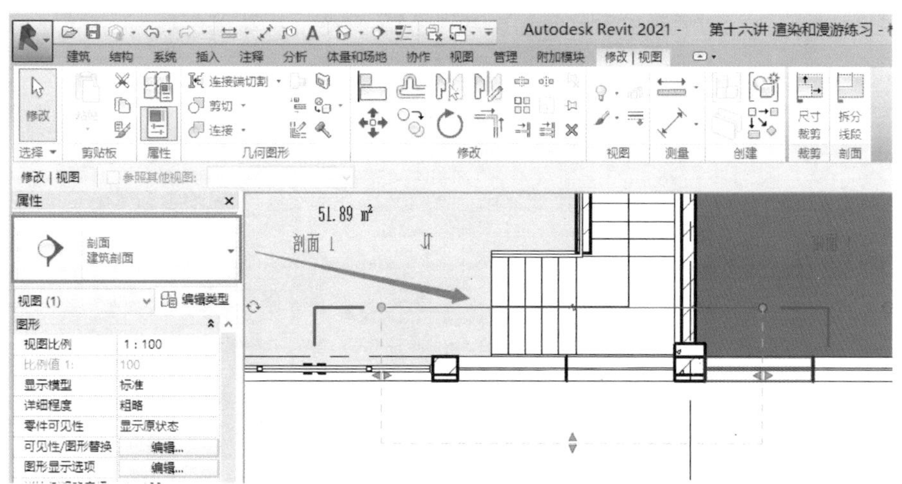

图 2.336　剖面线放置

（6）如果需要，可通过拖曳蓝色控制柄来调整裁剪区域的大小，剖面视图的深度将相应地发生变化。

（7）单击“修改”或按 Esc 键退出“剖面”工具。

（8）要打开剖面视图，请双击剖面标头或从项目浏览器的“剖面”组中选择剖面视图。

16.1.2　创建立面视图

创建立面视图步骤，如图 2.337 所示。

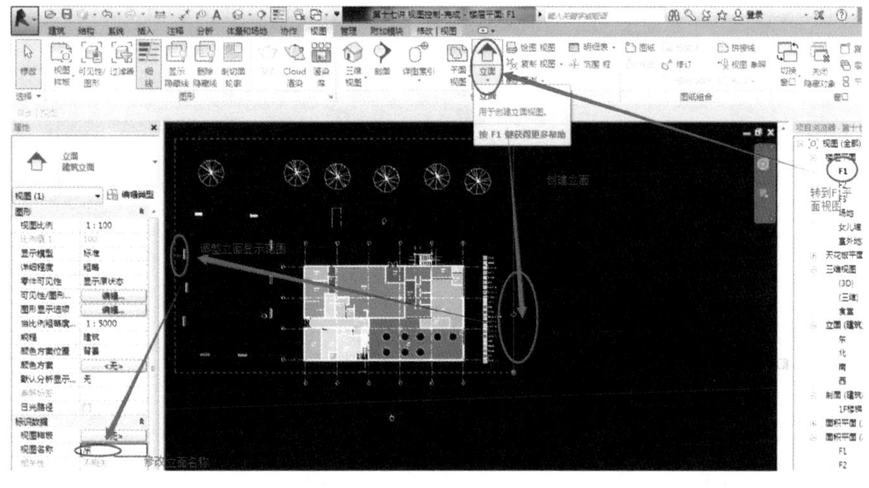

图 2.337　创建立面视图

16.1.3　创建详图

以绘制食堂东南角立柱详图为例，如图 2.338 所示。

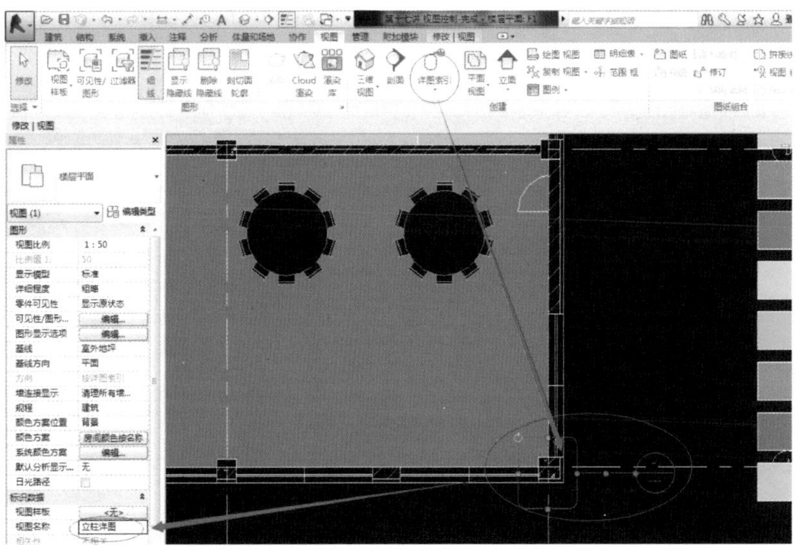

图 2.338　创建详图

16.2 使用视图样板

创建视图样板

从当前视图创建视图样板（F1 平面视图），如图 2.339 所示。

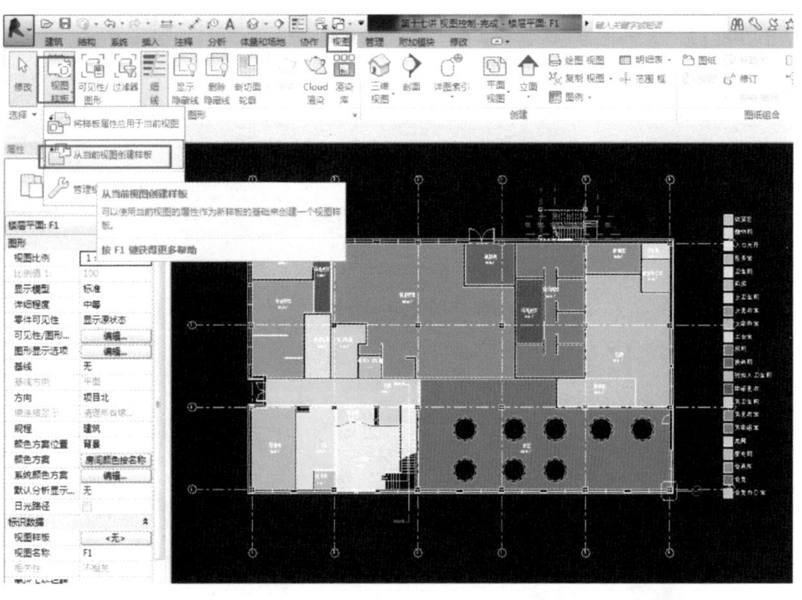

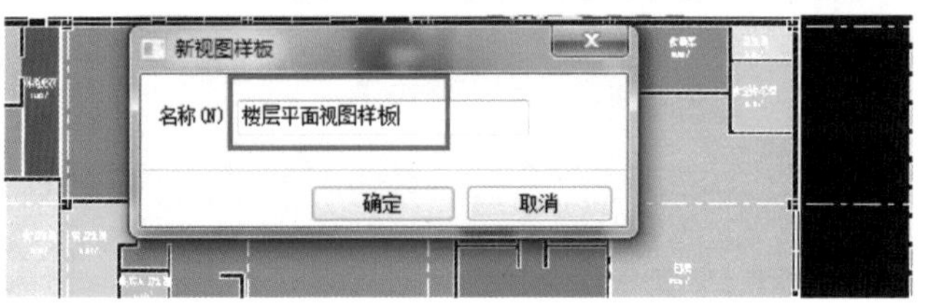

图 2.339　创建视图样板

转到 F2 楼层平面视图应用样板，如图 2.340 所示。

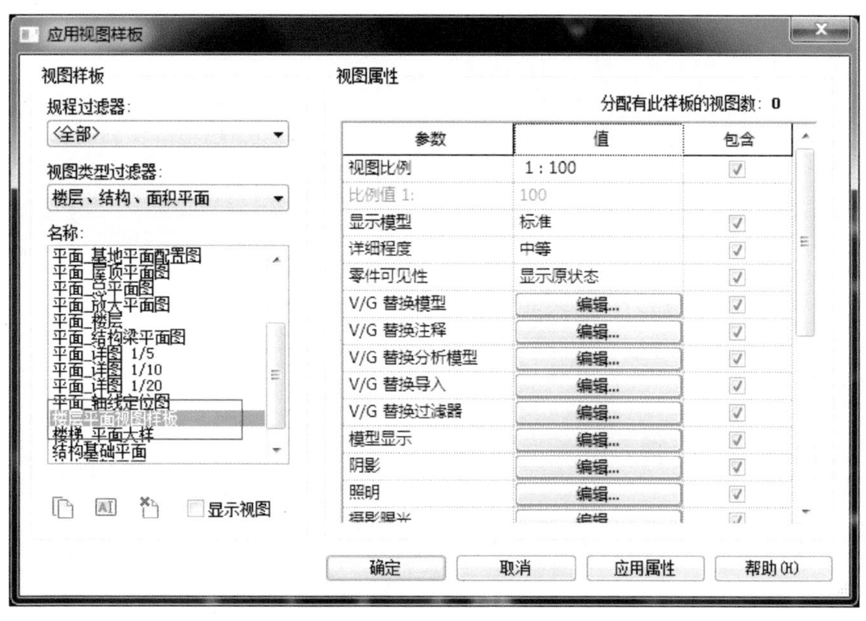

图 2.340　视图样板应用

其他视图设置，如图 2.341 所示。

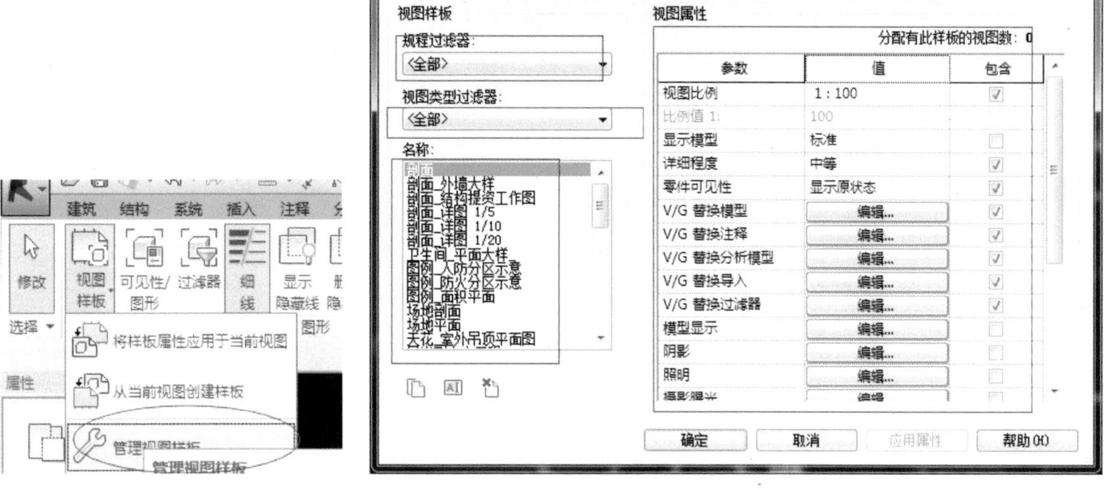

图 2.341　视图样板管理

16.3 视图显示属性

显示范围：在 F2 楼层平面视图设置显示范围，如图 2.342 所示。

显示比例：修改 F2 平面视图的视图比例，如图 2.343 所示。

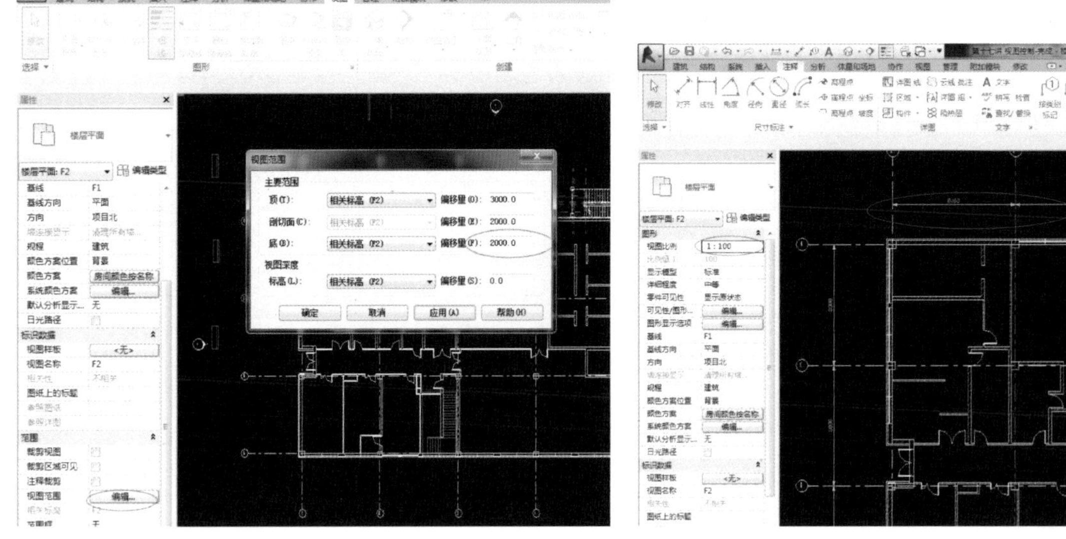

图 2.342　视图显示设置　　　　图 2.343　视图比例

16.4 控制视图图元显示

控制视图图元显示，如图 2.344 所示。

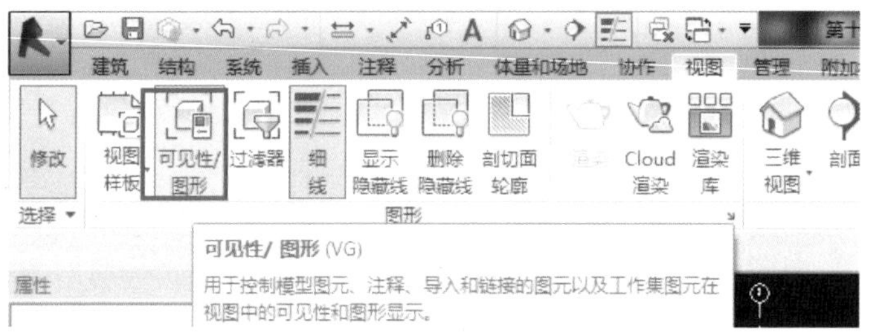

图 2.344　控制视图图元显示

（1）模型图元，在 F1 平面视图，隐藏墙和房间，如图 2.345 所示。

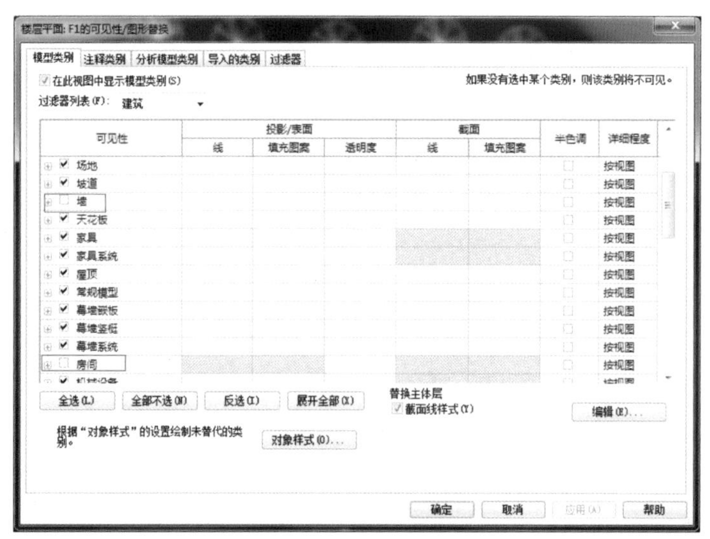

图 2.345　控制模型类别视图图元显示

（2）注释图元，如图 2.346 所示。

图 2.346　控制注释类别视图图元显示

16.5 视图过滤器

（1）创建视图过滤器，转到 F2 楼层平面。如图 2.347 所示。

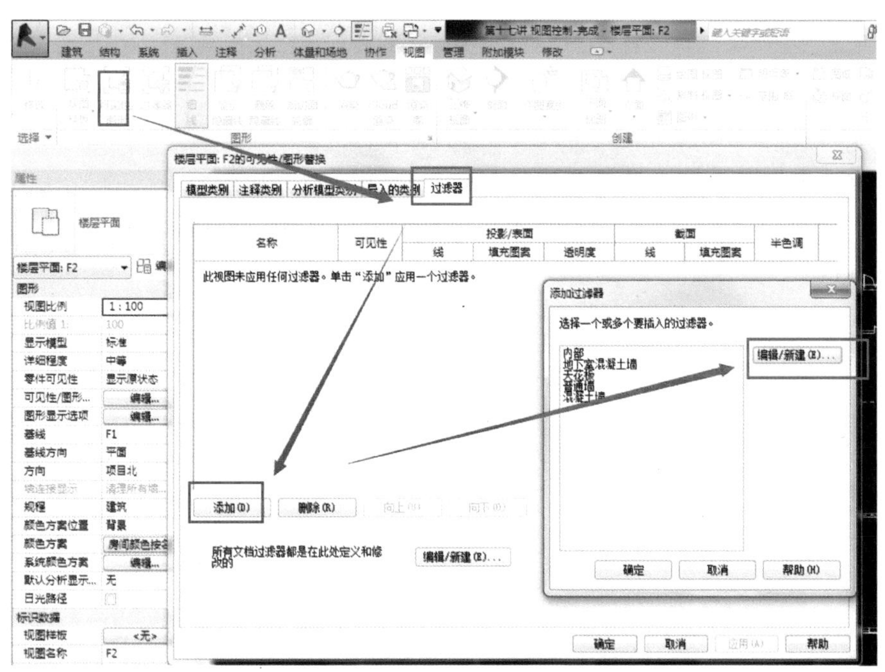

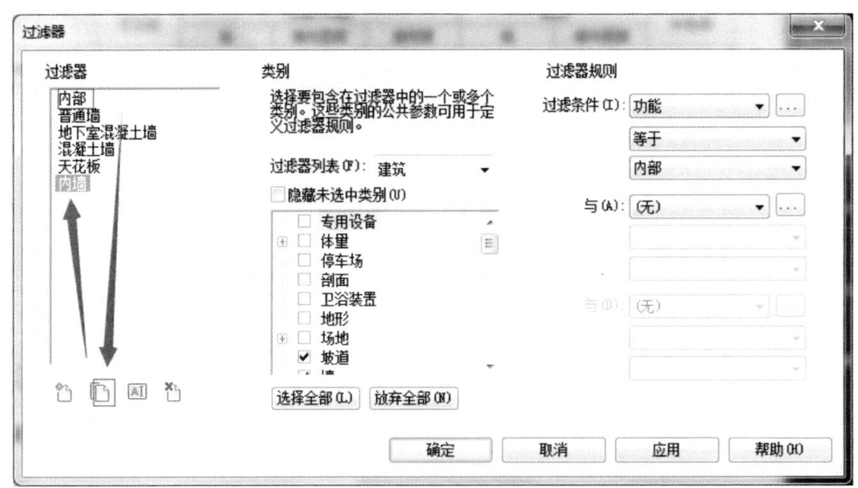

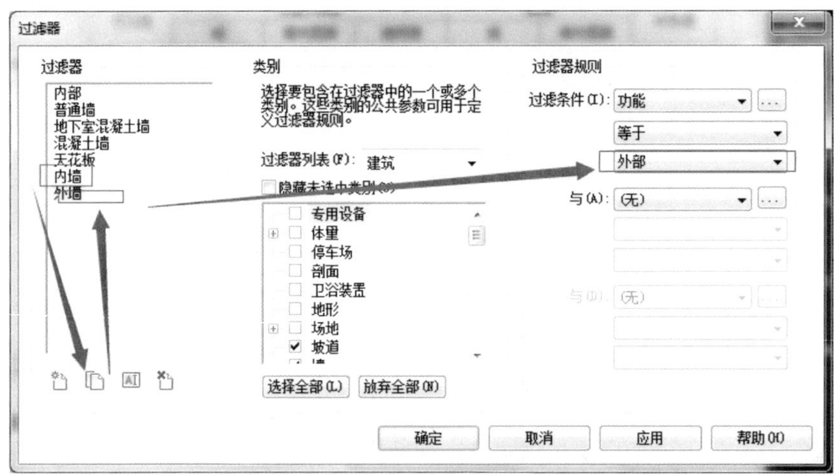

图 2.347　视图过滤器设置

（2）使用视图过滤器。如图 2.348 所示。

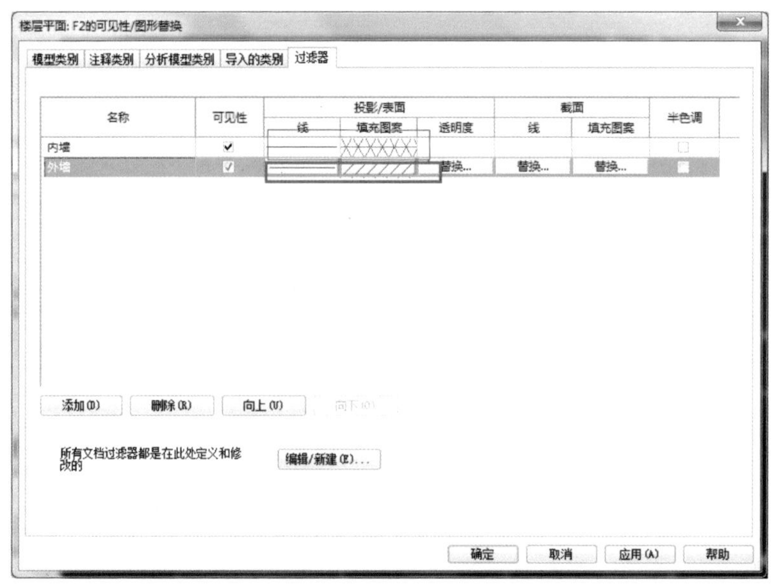

图 2.348　视图过滤器设置

16.6 线性与线宽

（1）打开“管理”选项卡下“设置”面板中“其他设置”的下拉菜单，选择“线样式”，如图 2.349 所示。

图 2.349　线宽设置

（2）在“线样式”对话框中将草图的线颜色改为红色，如图 2.350 所示。

类别	线宽 投影	线颜色	线型图案
线	2	RGB 000-166-00(	实线
<中心线>	2	黑色	中心线
<已拆除>	1	黑色	
<房间分隔>	2	黑色	实线
<架空线>	1	黑色	
<空间分隔>	6	绿色	
<草图>	3	红色	实线
<超出>	1	黑色	实线
<钢筋网外围>	1	RGB 127-127-12	划线
<钢筋网片>	1	RGB 064-064-06	实线
<隐藏>	1	黑色	
<面积边界>	6	RGB 128-000-25	实线
中粗线	3	黑色	实线
宽线	4	黑色	实线

图 2.350　线样式设置

（3）在东立面选择墙，编辑轮廓，可以发现草图线变为红色，如图 2.351 所示。

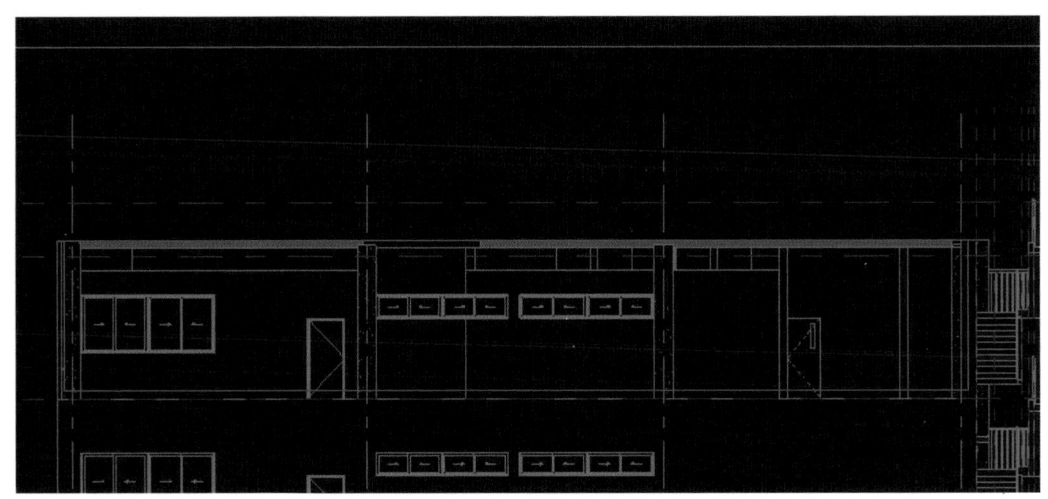

图 2.351　草图线变为红色

（4）设置轴线样式，在 F3 平面视图设置轴线样式。

16.7 对象样式设置

在 F3 平面视图，将墙改为红色，如图 2.352 所示。

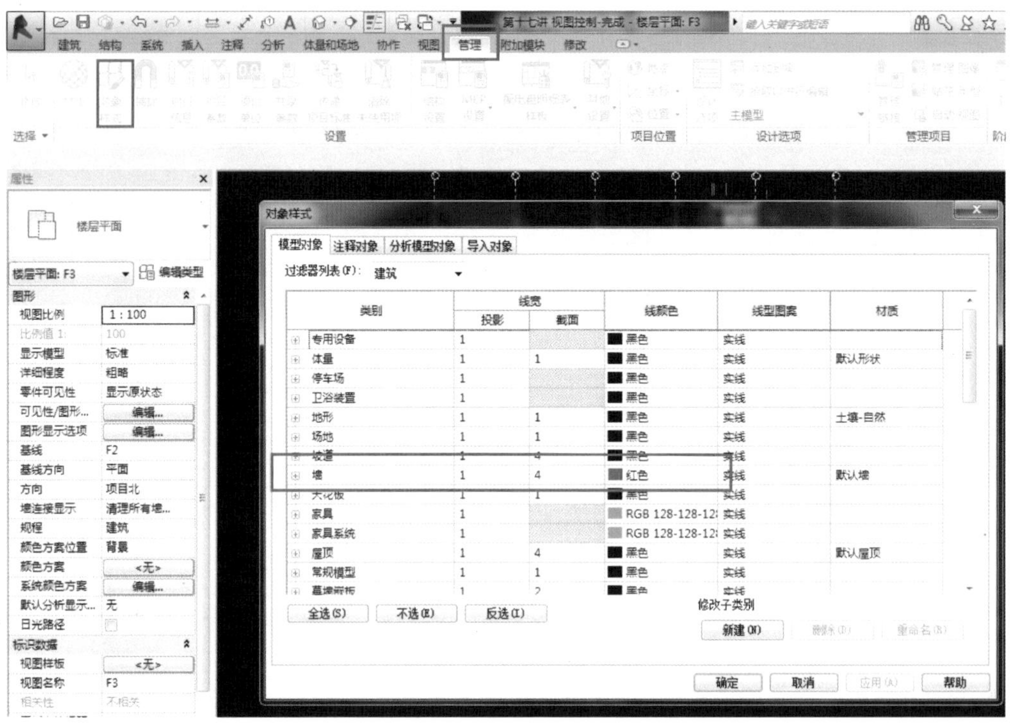

图 2.352　对象样式设置

任务 17　注释、布图与打印

17.1 注释

17.1.1　添加尺寸标注

1. 对齐标注

（1）选择“注释”选项卡下“尺寸标注”面板中的“对齐”工具按钮，如图 2.353 所示。

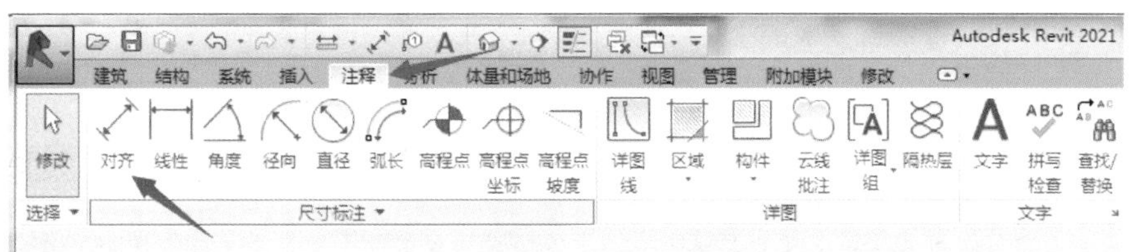

图 2.353　注释

（2）选择“标注尺寸”类型，然后对轴网进行对齐标注，从左向右依次点击需要标注的轴线即可，如图 2.354 所示。

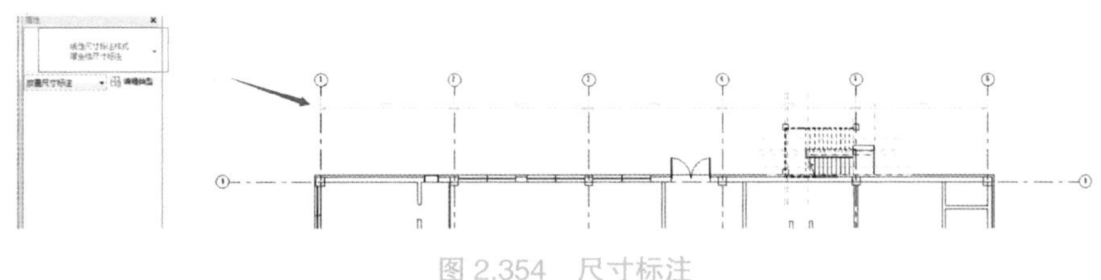

图 2.354　尺寸标注

（3）在选项栏的“修改｜放置尺寸标注”下拉菜单中选择“参照墙面”，再点击需要注释的墙，如图 2.355 所示。

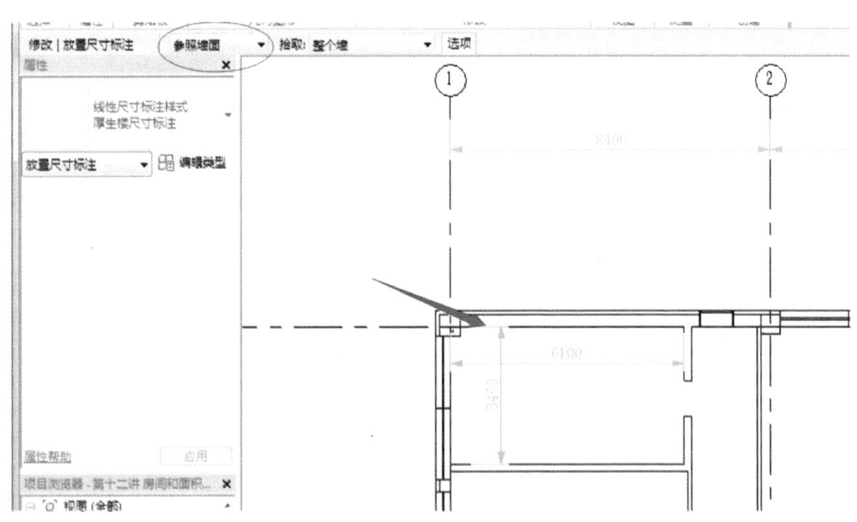

图 2.355　注释墙

2. 线性标注

线性标注的操作类似于对齐标注，选择对象时应配合使用 Tab 键。

3. 角度标注

选中“角度”标注命令后，点击需标注的边线即可，如图 2.356 所示。

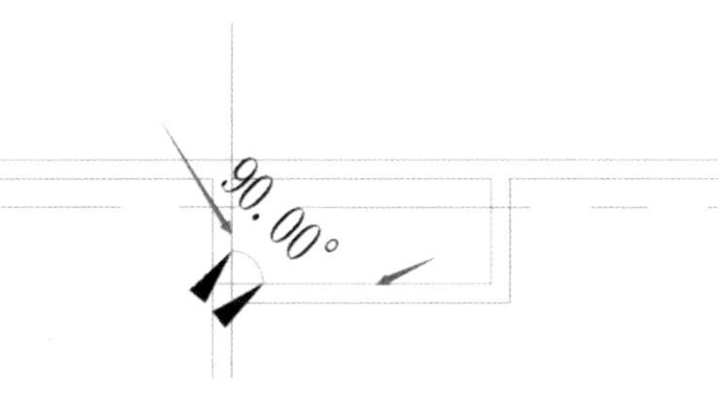

图 2.356　角度标注

4. 半径标注

（1）选中“径向”标注命令，如图 2.357 所示。

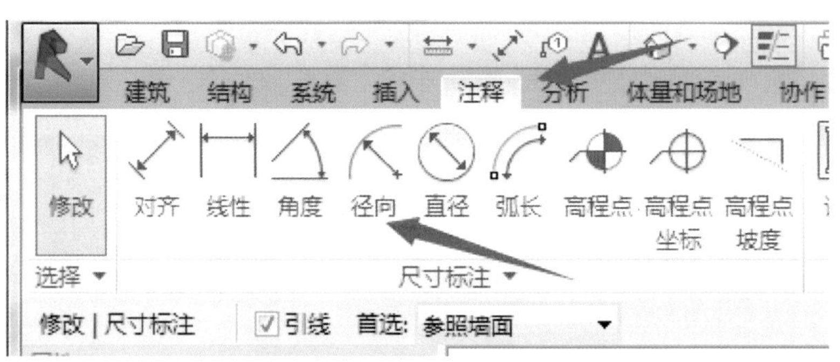

图 2.357　径向

（2）在“类型选择器”中选择“实心箭头”类别，再点击目标曲线，在空白处单击即可，如图 2.358 所示。

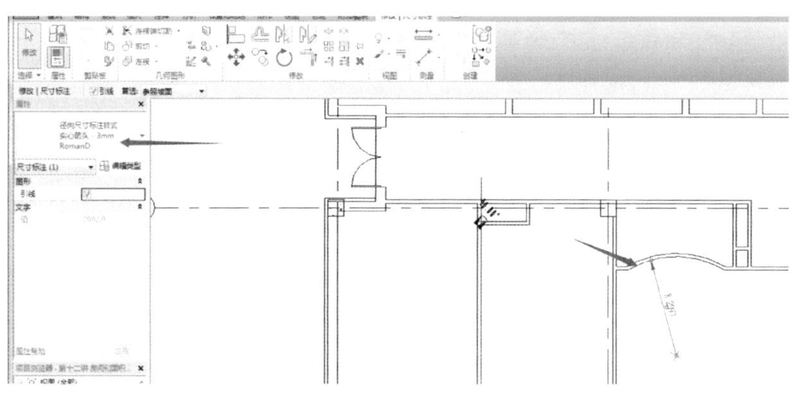

图 2.358　半径标注

5. 弧长标注

（1）选择“弧长”标注命令，如图 2.359 所示。

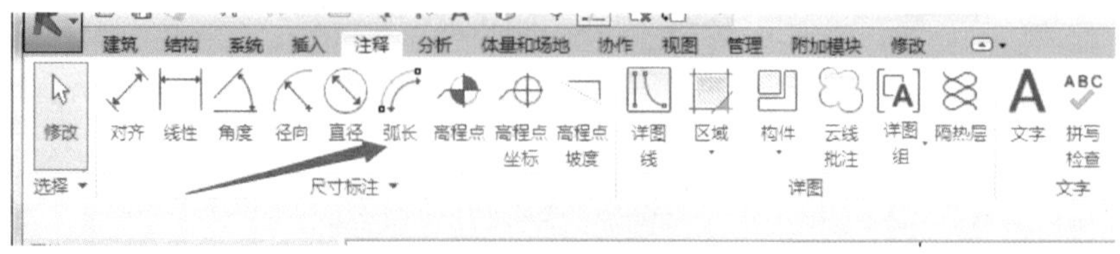

图 2.359　弧长

（2）先点击中间的弧线，再点选两边直线，即可，如图 2.360 所示。

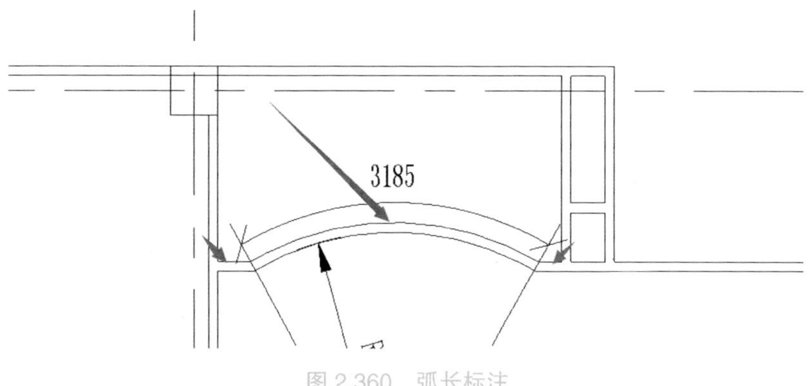

图 2.360　弧长标注

17.1.2　添加高程点和坡度

（1）添加高程点，如图 2.361 所示。

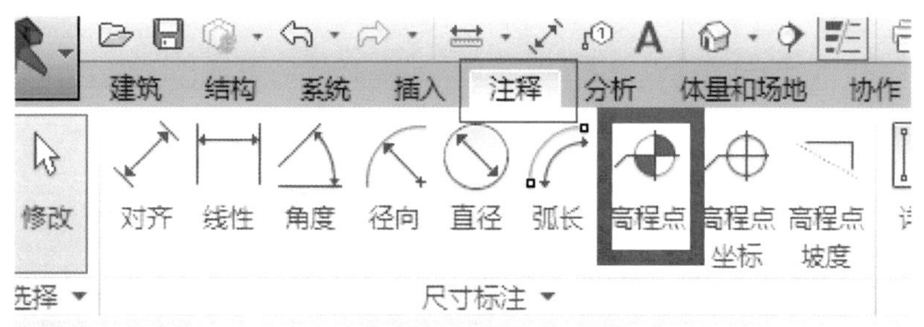

图 2.361　高程点

（2）添加坡度，如图 2.362 所示。

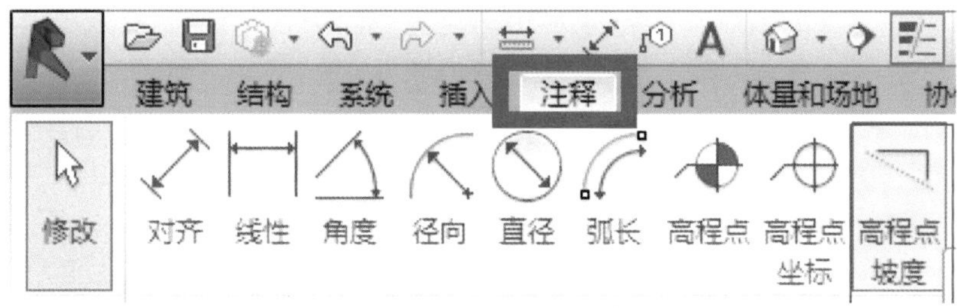

图 2.362　坡度

17.1.3　添加门窗标记

添加门窗标记，如图 2.363 所示。

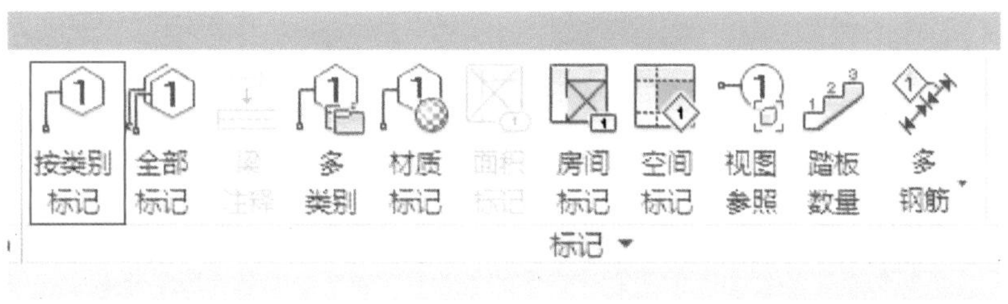

图 2.363　门窗标记

17.1.4 添加材质标记

添加材质标记，如图 2.364 所示。

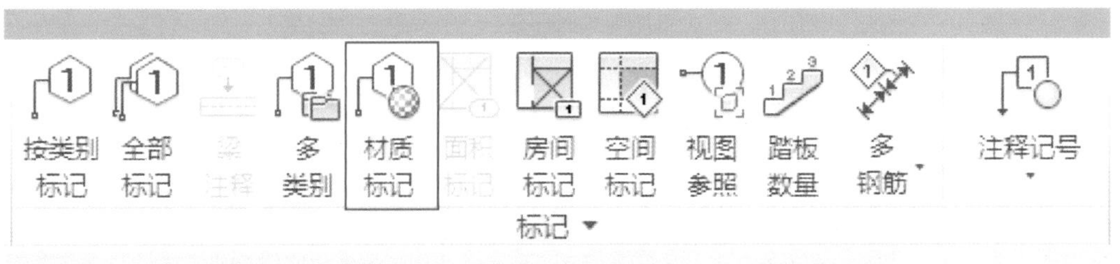

图 2.364 材质标记

17.2 图纸布置

17.2.1 图纸创建

（1）创建图纸视图，指定标题栏。步骤如下：选择“视图”选项卡中“图纸组合”面板中的“视图”选项，在弹出的“新建图纸”对话框中选择标题栏内容，如图 2.365 所示。

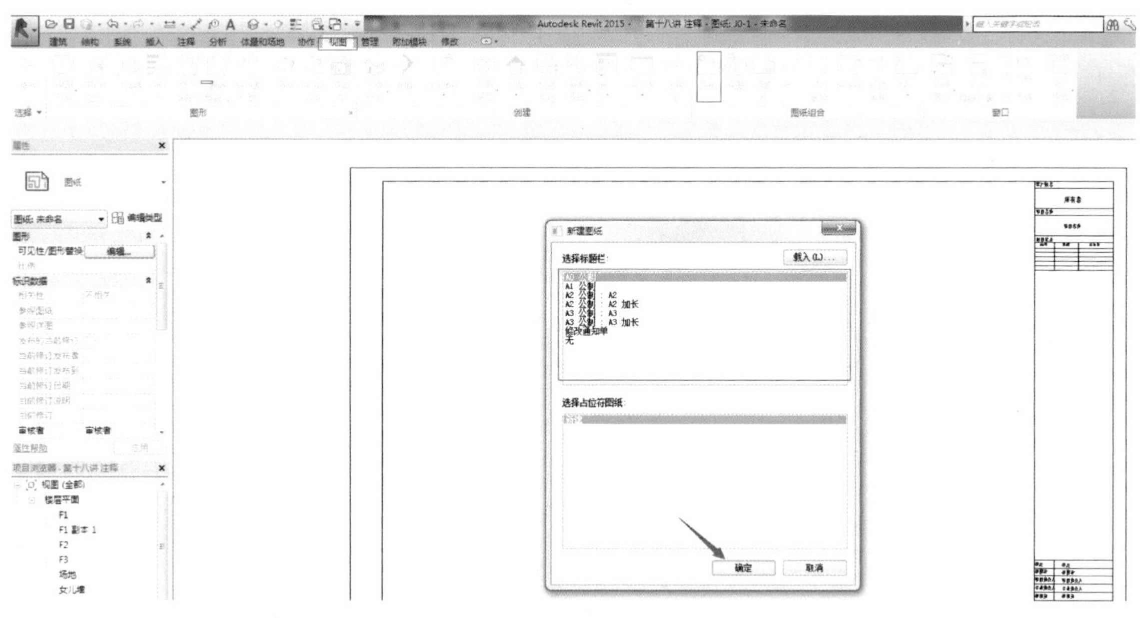

图 2.365 视图选项

（2）将指定的视图布置在图纸视图中。步骤如下：转到图纸视图，将 F1 楼层平面视图从项目浏览器中拖入图纸视图，如图 2.366 所示。

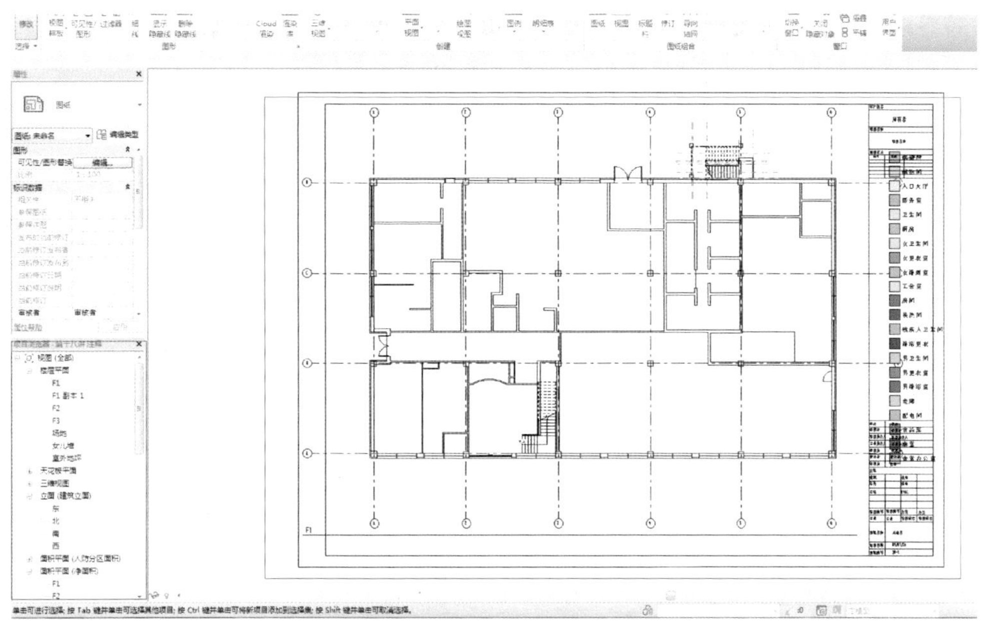

图 2.366　图纸布置

17.2.2　项目信息设置

选择“管理”选项卡中“设置”面板中的“项目信息”选项，在弹出的项目属性对话框中输入实例参数，如图 2.367 所示。

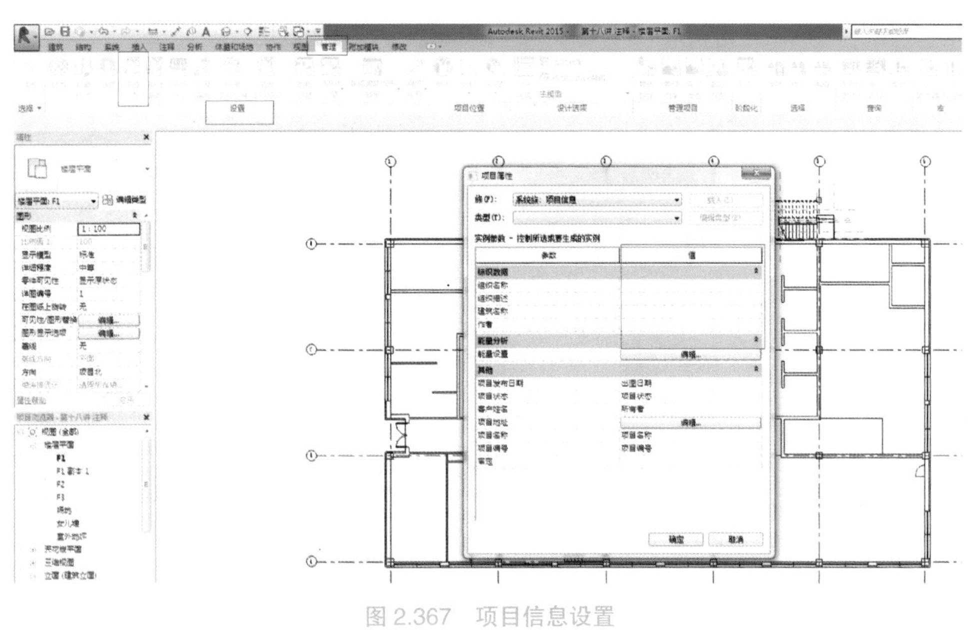

图 2.367　项目信息设置

17.3 打印

17.3.1　打印范围

单击“应用程序菜单”按钮选择“打印”，如图 2.368 所示。

在弹出的“打印”对话框中，选择打印范围，勾选需要出图的图纸，点击“确定”，如图 2.369 所示。

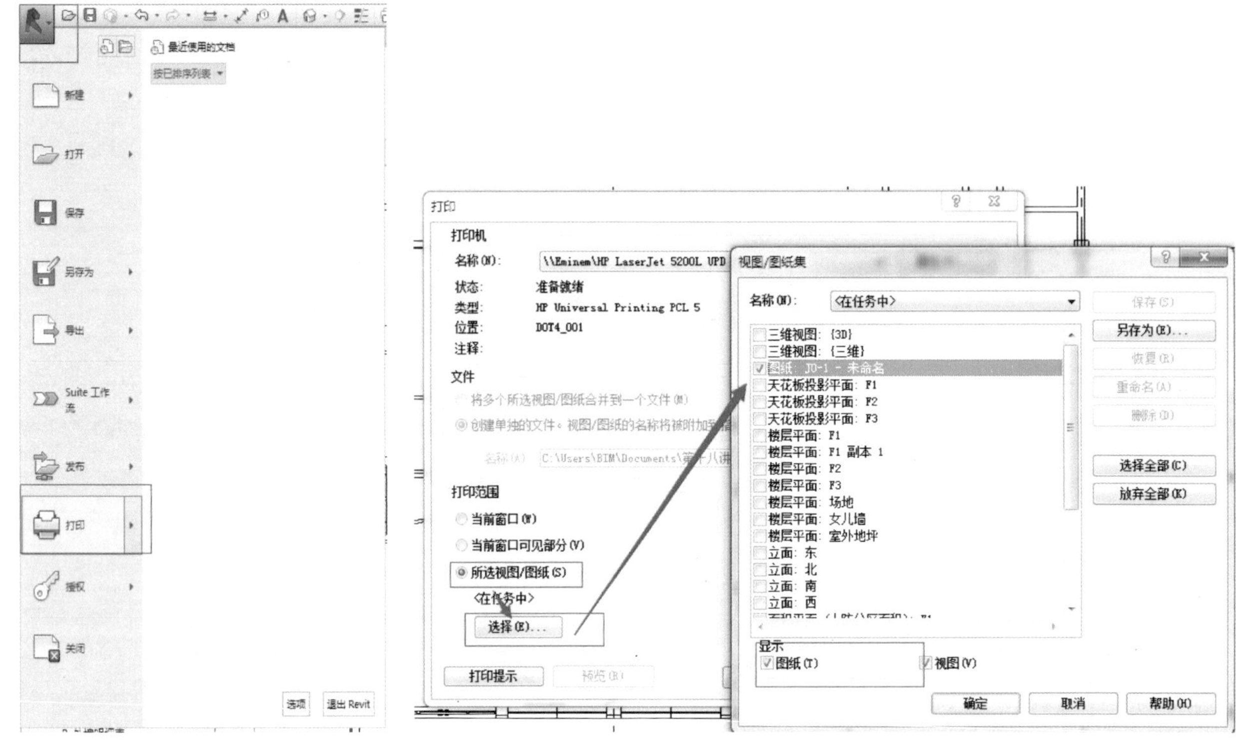

图 2.368　打印　　　　图 2.369　选择打印范围

17.3.2　打印设置

打开“应用程序菜单”选择“打印”。在“打印”对话框中点击“设置”，然后在“打印设置”对话框中按需求调整纸张尺寸、打印方向、页面定位方式、打印缩放等设置，在选项栏中还可以进一步选择是否隐藏图纸边界等，如图 2.370 所示。

图 2.370　打印设置

模块 3 结构专业建模

任务 18 结构模型创建

给排水、暖通、电气系统与建筑物一起构成一个有机整体，其管线的布置要与建筑物内部结构和空间分布相统一，为了更真实地表现出水暖电模型的准确性、合理性，创建与水暖电模型相应的建筑结构模型是有必要的。创建完成建筑结构模型和水暖电模型后，可以通过链接导入一个模型文件或将它们导入 Navisworks 中进行碰撞检查。由于水暖电与建筑结构之间的碰撞主要发生在梁、板、柱等结构的位置，因此为了提高建模效率，通常只需要搭建出结构模型即可。

本章主要通过实际案例操作来讲解使用 Revit 软件创建结构模型的方法和步骤，案例为“地下车库－结构模型”。

18.1 标高与轴网的创建

创建结构模型之前，需要确定模型主体之间的定位关系。其定位关系主要借助于标高和轴网来确定。本节主要讲解如何绘制项目案例需要的标高和轴网。

18.1.1 新建项目

启动 Revit 软件，单击软件界面左上角的应用程序菜单按钮，在出现的下拉菜单中依次单击“新建”→“项目”，在弹出的“新建项目”对话框中单击“浏览”，选择“地下车库结构样板”文件，单击“打开”，如图 3.1 所示。

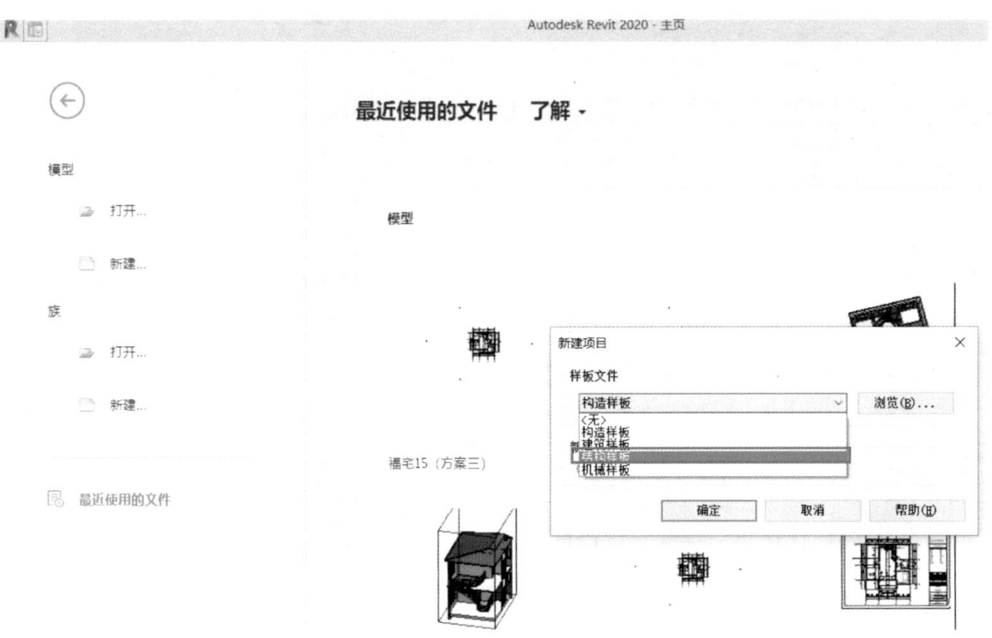

图 3.1　新建项目

打开文件后单击界面左上角的应用程序菜单按钮，在弹出的下拉菜单中依次单击“另存为”→“项目”，项目文件命名为“地下车库 - 结构模型”，单击“保存”。如图 3.2 所示。

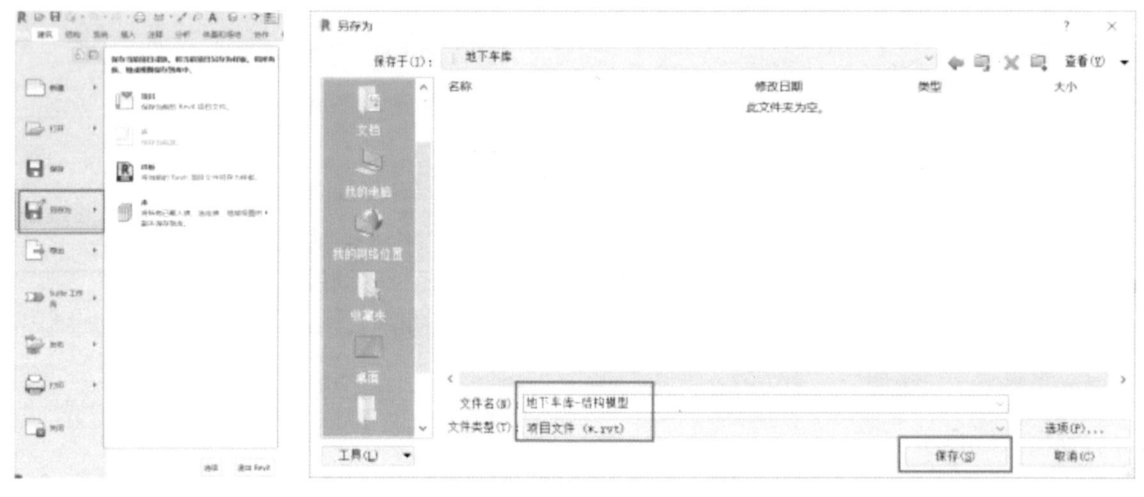

图 3.2　另存项目

18.1.2　标高创建

1. 建筑标高与结构标高

在绘制 Revit 模型时，建筑标高与结构标高是区分开的。为方便后期应用，一般来说会创建两套标高，如图 3.3 所示。

绘制模型时，结构构件（如结构柱）是从结构标高到结构标高，而建筑构件（建筑柱）则是从建筑标高到建筑标高，否则会出现如图 3.4 所示的情况，结构与建筑构件发生混乱。

在本项目案例中，仅搭建结构模型，因此只绘制结构标高，不再绘制建筑标高。

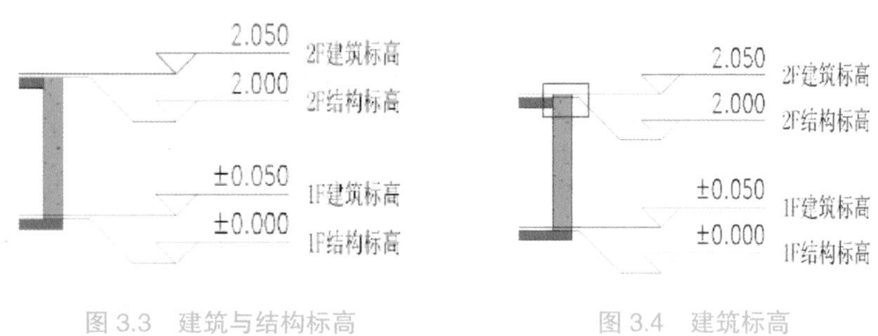

图 3.3　建筑与结构标高　　图 3.4　建筑标高

2. 进入南立面

在项目浏览器中展开“立面（建筑立面）”，双击视图名称“南”（或右键单击），进入南立面视图，系统默认设置了两个标高——1F 和 2F，作为结构标高，如图 3.5 所示。

3. 创建标高

根据需要修改标高数值：选择需要改高度的标高，在“属性”选项板中修改表示高度的数值，如“2F”高度数值“4000”，将项目浏览器下“楼层平面”视图的名称改为“1F”“2F”，如图 3.6 所示。

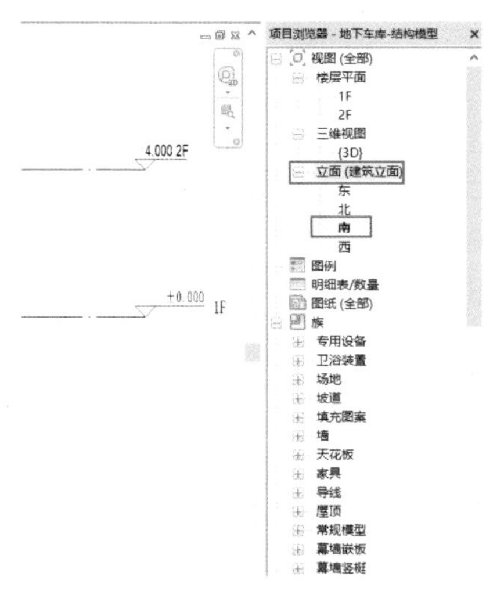

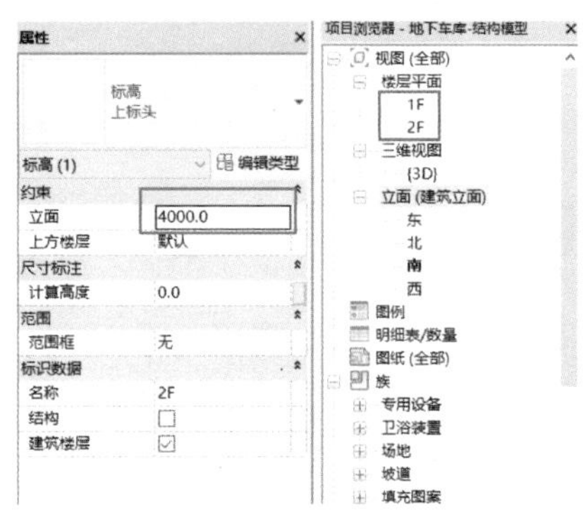

图 3.5　默认标高　　图 3.6　修改标高

4. 锁定标高

框选所绘制的标高，单击“修改｜标高”上下文选项卡下“修改”面板中的“锁定”工具（或使用快捷键 PN），即可锁定绘制完成的标高，如图 3.7 所示。

图 3.7　锁定标高

18.1.3 轴网创建

1. 链接 CAD 底图

轴网是通过导入或链接相关的 CAD 图，并以 CAD 图原有轴网为依据来创建的。在项目浏览器中双击“结构平面”下的视图“1F”，进入 1F 的平面视图。单击“插入”选项卡下“链接”面板中的“链接 CAD”，打开“链接 CAD 格式”对话框，在本教材附带的相关资料库中选择“地下车库平面图－基础”DWG 文件。

进行如下设置：勾选“仅当前视图”，颜色：“保留”，图层 / 标高：“全部”，导入单位：“毫米”，定位：“自动－中心到中心”，放置于：“1F”，其他选项保留默认设置。再单击“打开”，如图 3.8 所示。

图 3.8 链接图纸

CAD 图纸链接完成后，选中图纸，单击“修改 | 地下车库平面图－基础”上下文选项卡下“修改”面板中的“锁定”工具（或使用快捷键 PN），锁定链接的 CAD 图纸，如图 3.9 所示。

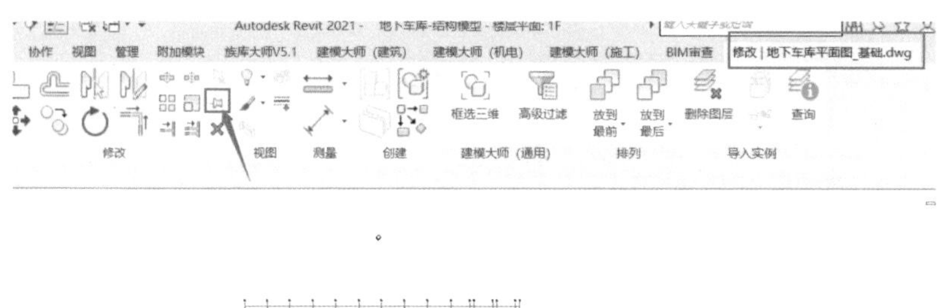

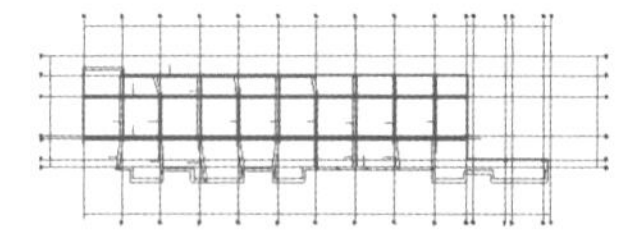

图 3.9 锁定 CAD 图纸

2. 创建轴网

单击“建筑”选项卡下“基准”面板中的“轴网”工具（或使用快捷键 GR），选择“拾取线”命令，依次单击 CAD 图中各轴线，创建轴网，如图 3.10 所示。

图 3.10 拾取线

轴网创建完成之后，单击“属性”选项板中“可见性 / 图形替换”的“编辑”按钮（或使用快捷键 VV），弹出“可见性 / 图形替换”对话框。单击“导入的类别”选项卡，取消勾选“地下车库平面图 - 基础”，再单击“确定”，如图 3.11 所示。

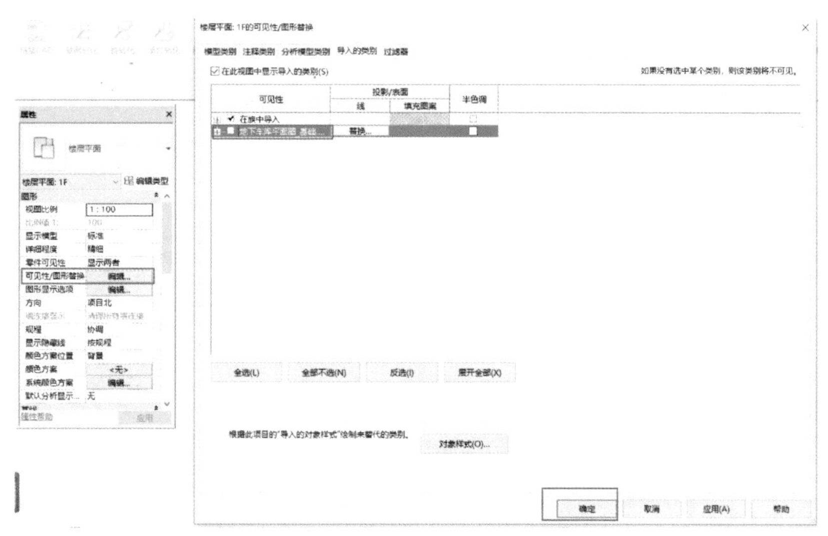

图 3.11 可见性 / 图形替换设置

创建完成的轴网如图 3.12 所示。

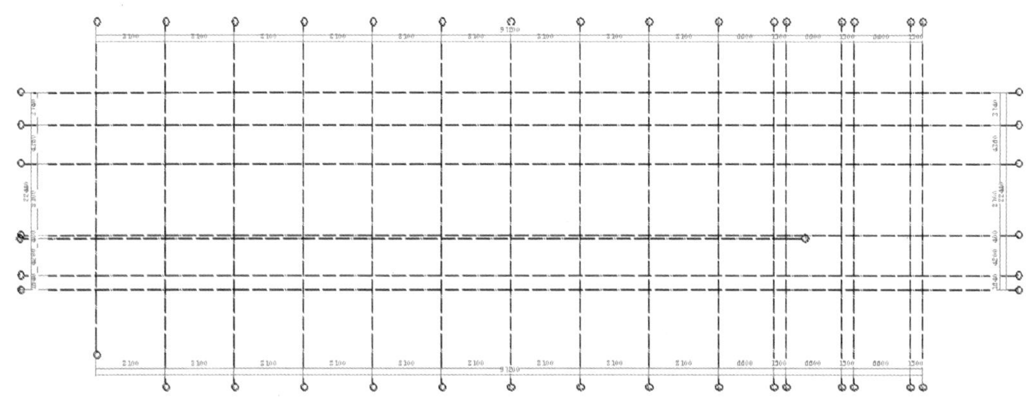

图 3.12 地下车库轴网

选择绘制好的轴网，单击“修改轴网”上下文选项卡下“修改”面板中的“锁定”工具（或使用快捷键 PN），锁定绘制的轴网。单击“保存”，将文件命名为“地下车库 – 结构模型 – 标高轴网”。

18.2 柱的创建

接上节练习，打开文件“地下车库 – 结构模型”。在“应用程序菜单”中依次单击“打开”→“项目”，在弹出的对话框中，选择“地下车库 – 结构模型 – 标高轴网”文件，单击“打开”。

18.2.1 链接底图

在软件界面的项目浏览器中，双击“结构平面”下的视图“1F”，进入“1F”的平面视图。单击“插入”选项卡下“链接”面板中的“链接 CAD”，打开“链接 CAD 格式”对话框，在本教材附带的相关资料中选择“地下车库平面图 – 墙柱”DWG 文件。

进行如下设置：勾选“仅当前视图”，颜色：“保留”，图层 / 标高：“全部”，导入单位：“毫米”，定位：“自动 – 中心到中心”，放置于：“1F”，其他选项保留默认设置。再单击“打开”，如图 3.13 所示。

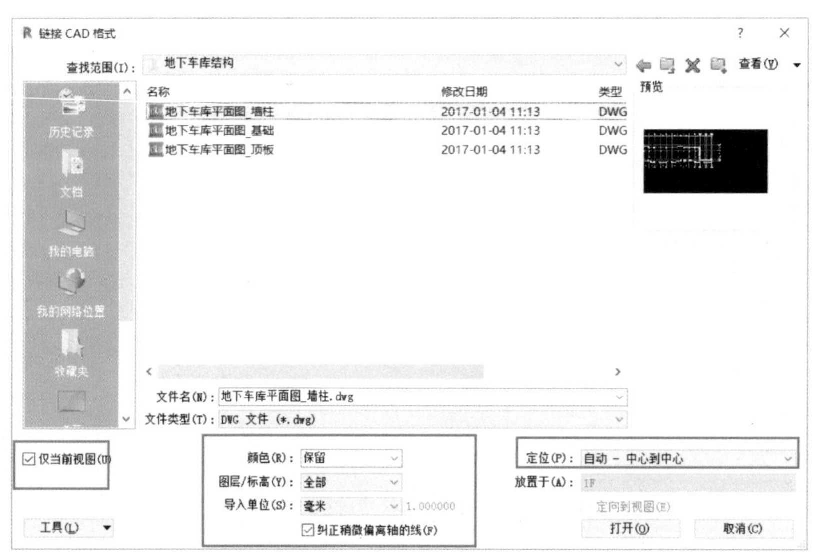

图 3.13　链接墙柱图纸

链接 CAD 之后，需要将 CAD 底图与项目轴网对齐，选择“修改”面板中的“对齐”命令，将 CAD 底图与项目轴网对齐，然后点击“锁定”工具将图纸锁定，如图 3.14 所示。

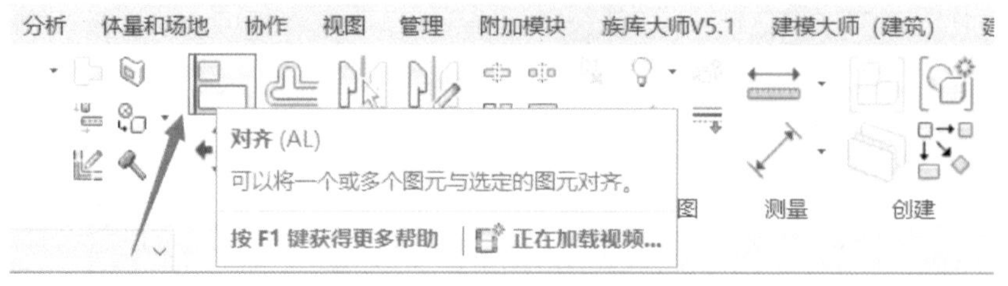

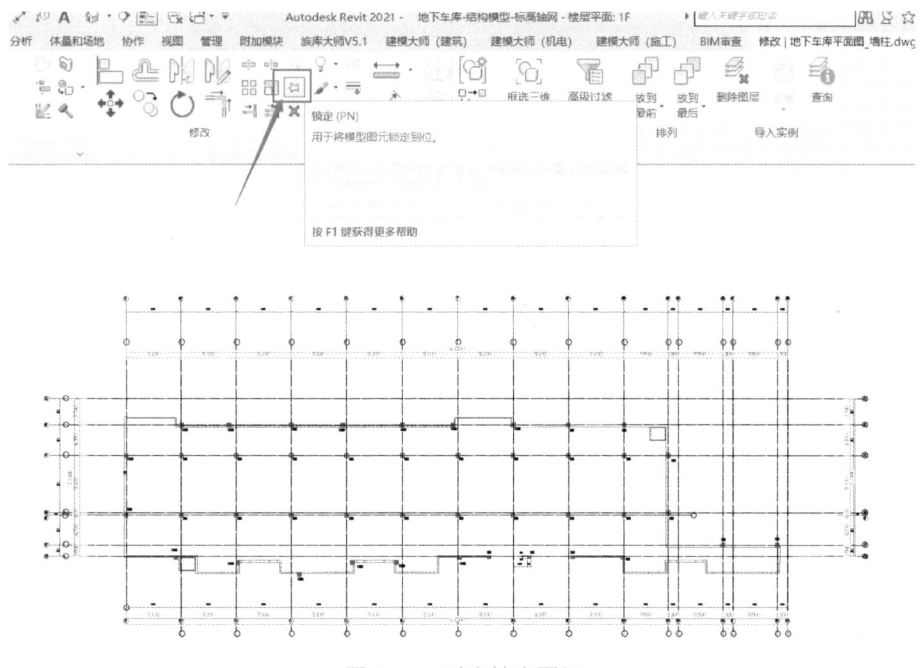
图 3.14　对齐锁定图纸

18.2.2　新建结构柱

1. 新建结构柱类型

单击“结构”选项卡下“结构”面板中的“柱”命令，在类型选择器下拉列表中选择“现浇混凝土矩形柱 -C30”，单击“属性”选项板中的“编辑类型”，进入“类型属性”对话框，单击“复制”按钮，在弹出的对话框中输入新建结构柱名称“600×600”，单击“确定”。

在“类型属性”对话框中的“尺寸标注”选项栏中将 h、b 值均改为“600”，单击“确定”，完成结构柱类型“600×600”的创建，如图 3.15 所示。

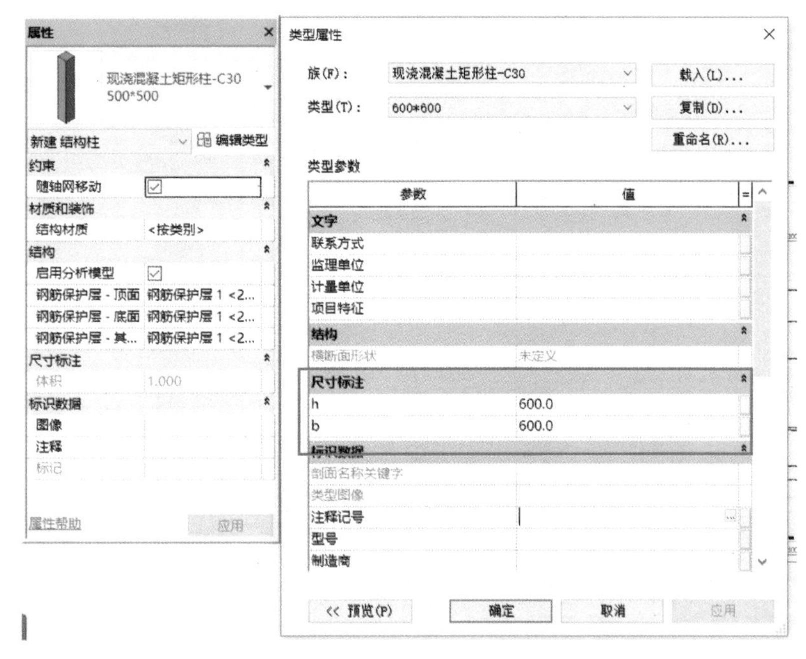
图 3.15　新建 600×600 结构柱

2. 布置结构柱

在类型选择器中选择合适的结构柱类型，按图 3.16 所示对结构柱进行设置之后，把鼠标移动到绘图区域，在 CAD 底图标记柱子的地方单击放置结构柱。

使用相同的操作，完成所有结构柱的绘制，放置完成后如图 3.17 所示。

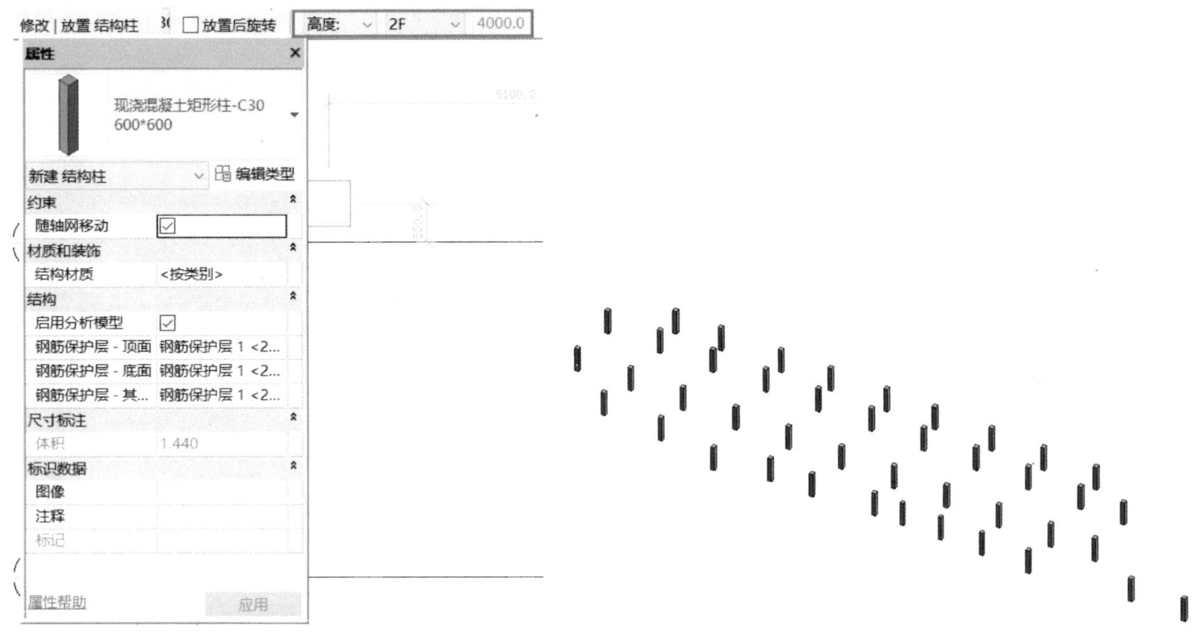

图 3.16　布置结构柱　　　　图 3.17　结构柱

18.3 墙体创建

1. 选择墙体类型

在本项目中有宽度为 200、250 和 300 三种厚度的墙体，对应项目中的剪力墙类型为基墙 – 钢筋砼 C30–200 厚、基墙 – 钢筋砼 C30–250 厚和基墙 – 钢筋砼 C30–300 厚。单击“结构”选项卡下“构建”面板中的“墙”工具，在弹出的“放置墙”选项卡中“图元”面板上的类型选择器中选择相应的墙体类型。

2. 设置墙体属性

选好墙体类型后，在“修改 | 放置墙”选项栏中选择“高度”“2F”，定位线选择“核心面：外部”，如图 3.18 所示。

3. 绘制墙体

在弹出的“放置墙”选项卡中的“绘制”面板中选择“直线”命令，在绘图区域中单击鼠标左键确定墙体的起点，再一次单击确定墙体的终点，按顺时针方向沿 CAD 墙体外边缘绘制墙体。也可用“绘制”面板中的“拾取线”命令，拾取 CAD 图中的墙体边线来创建墙体，如图 3.19 所示。完成之后单击“保存”，将文件命名为“地下车库 – 结构模型 – 墙体”。

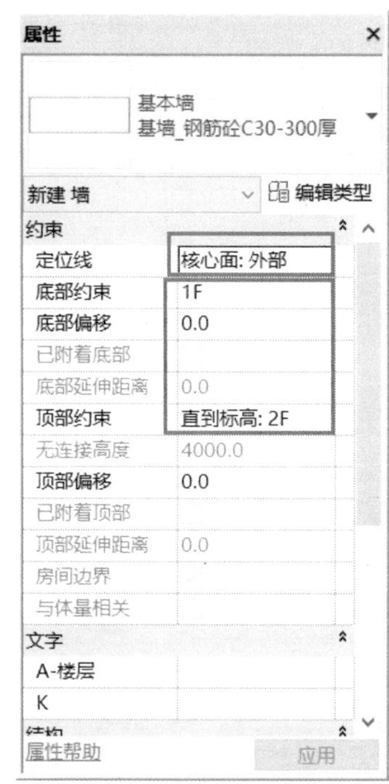

图 3.18　墙体属性

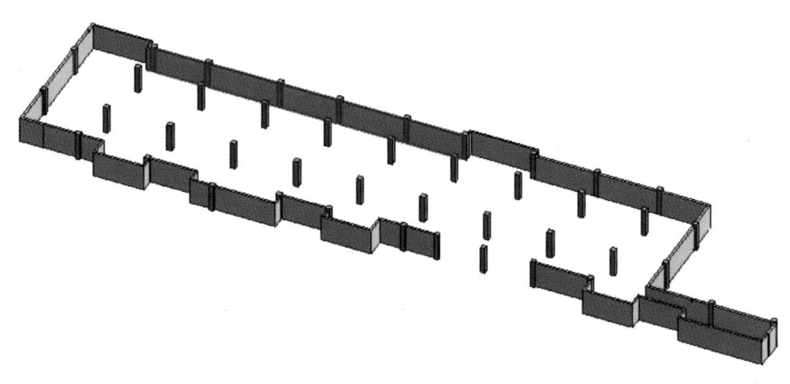

图 3.19　绘制墙体

18.4　结构梁的创建

本项目中的结构梁主要有基础地梁和顶板框架梁，其中基础地梁有 700×700、600×900 和 700×900 三种尺寸类型，顶板框架梁有 500×950、600×950、600×750、300×600、200×600、250×500 六种尺寸类型。需要新建这九种尺寸规格的梁来完成本节结构梁的绘制。

在 CAD 图中已对各种梁进行了标注，在绘制梁时要严格按照 CAD 图中标注的梁尺寸进行绘制。

18.4.1　绘制基础梁

接上节练习，打开“应用程序菜单”，依次单击“打开”→“项目”，在弹出的对话框中，选择并打开“地下车库 – 结构模型 – 墙体”文件。

1. 平面视图的可见性设置

在项目浏览器中，双击“楼层平面”下的视图“1F”，进入“1F”的平面视图。单击“属性”选项板中“可见性/图形替换”的“编辑”按钮（或快捷键VV），弹出“可见性/图形替换”设置对话框。单击“导入的类别”选项卡，取消勾选“地下车库平面图－墙柱”，勾选“地下车库平面图－基础”，如图3.20所示。

单击“模型类别”选项卡，取消勾选“墙”，单击“确定”，如图3.21所示。

图3.20　可见性设置

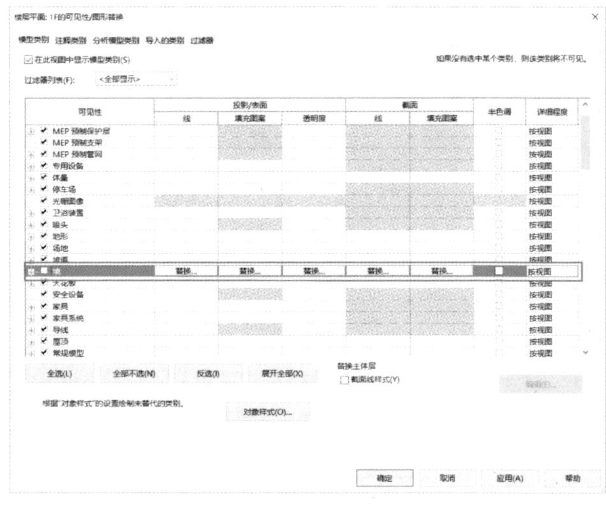

图3.21　墙体可见性设置

2. 新建梁类型

在“结构”选项卡下，单击“结构”面板中的“梁”工具，在类型选择器下拉列表中选择“现浇混凝土基础梁－C30”，在弹出的实例属性选项板中单击“编辑类型”，进入“类型属性”对话框，单击“复制”按钮，在弹出的对话框中输入新建结构梁类型名称“700×700”，单击“确定”。在“类型属性”对话框中的“尺寸标注”栏中将h、b数值均改为“700”，单击“确定”，完成梁类型的创建，如图3.22所示。

图3.22　新建梁类型

同样方法新建基础梁类型“600 × 900”“700 × 900”。

3. 绘制梁

在梁绘制状态下，将放置平面设置为“标高：1F”，“Y 轴对正”的值设置为“左”，如图 3.23 所示。设置完成之后移动鼠标到绘图区域，依据 CAD 图中梁的位置，单击确定梁的边界线起点，再一次单击确定梁边界线的终点，完成基础梁绘制。

也可以通过“拾取线”命令直接拾取 CAD 图中的梁边界线来进行梁的绘制。在梁的“属性”选项板中，调整“Y 轴对正”的值为“左”，然后拾取梁的左边线即可绘制梁，如图 3.24 所示。

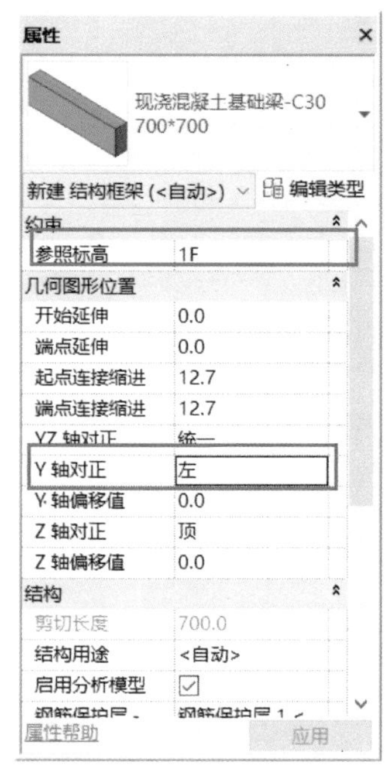

图 3.23　设置梁约束属性

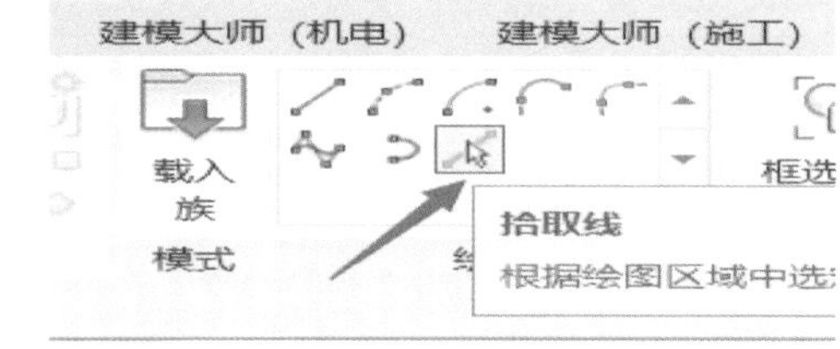

图 3.24　拾取线

注意：在实例属性中设置的参照标高是以梁的顶部高度为标准。

绘制完成之后，可以采用“对齐”命令调整位置偏离的梁，如图 3.25 所示。

完成的基础梁模型如图 3.26 所示。

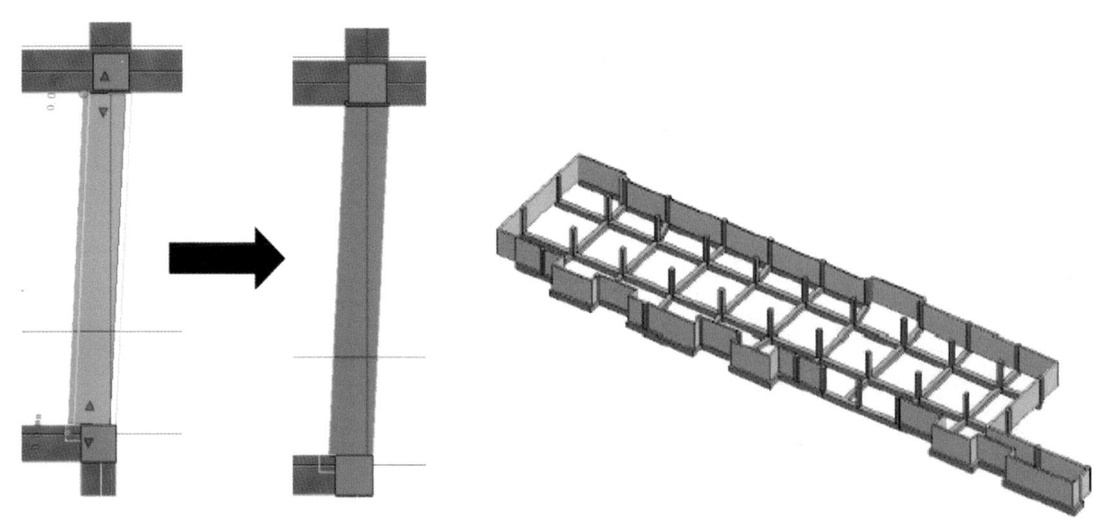

图 3.25　对齐梁

图 3.26　基础梁

18.4.2 绘制顶板梁

1. 链接 CAD 底图

在项目浏览器中，双击“结构平面”下的视图“2F”，进入“2F”的平面视图。单击“插入”选项卡下“链接”面板中的“链接 CAD ”命令，在打开的“链接 CAD 格式”对话框中，选择 DWG 文件“地下车库平面图 – 顶板”。

进行如下设置：勾选“仅当前视图”，颜色：“保留”，图层 / 标高：“全部”，导入单位：“毫米”，定位：“自动 – 中心到中心”，放置于：“2F”，其他选项保留默认设置。再单击“打开”。

2. 新建梁类型

在“结构”选项卡下，单击“结构”面板中的“梁”工具，在打开的“放置梁”选项卡中选择“现浇混凝土矩形梁 –C30”，单击“编辑类型”，新建梁类型 500 × 950、600 × 950、600 × 750、300 × 600、200 × 600、250 × 500，创建方法同基础梁。

3. 绘制梁

在梁绘制状态下，将放置平面设置为“标高：2F”，“Y 轴对正”的值设置为“左”，如图 3.27 所示。设置完成之后移动鼠标到绘图区域，依据 CAD 图中梁的位置进行顶板梁的绘制，绘制方法同基础梁。

完成的顶板梁模型如图 3.28 所示。

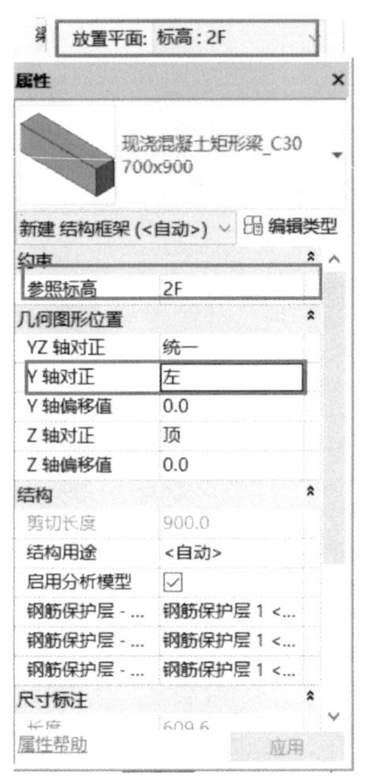

图 3.27 设置梁约束属性

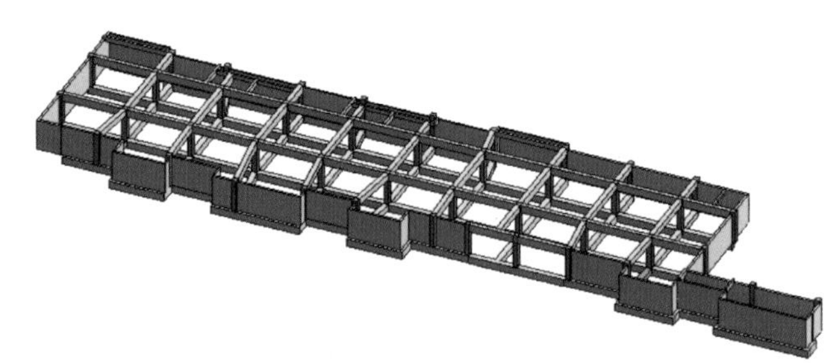

图 3.28 顶板梁

18.5 楼板的创建

18.5.1 楼层地板创建

1. 绘制楼板轮廓

在项目浏览器中，双击“楼层平面”下的视图“1F”，进入“1F”的平面视图。单击“属性”选项板中“可见性 / 图形替换”的“编辑”按钮（快捷键 VV），弹出“可见性 / 图形替换”设置对话框。单击“模型类别”选项卡，勾选“墙”，单击“确定”，如图 3.29 所示。

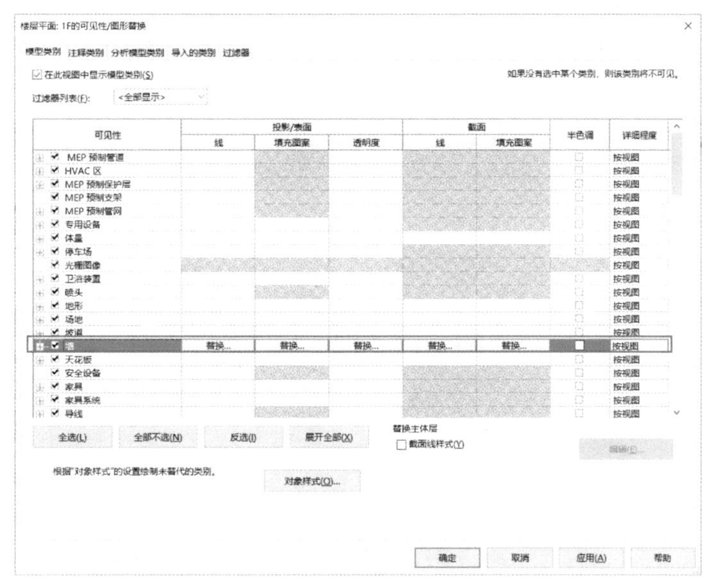

图 3.29　可见性模型类别设置

在“结构”选项卡下，单击“结构”面板中的“楼板”工具。在“创建楼板”选项卡下“绘制”面板中单击“拾取线”工具，拾取 CAD 图纸上的墙体边线作为楼板的边界，单击“编辑”面板中的“修剪”工具，使楼板边界闭合，如图 3.30 所示。

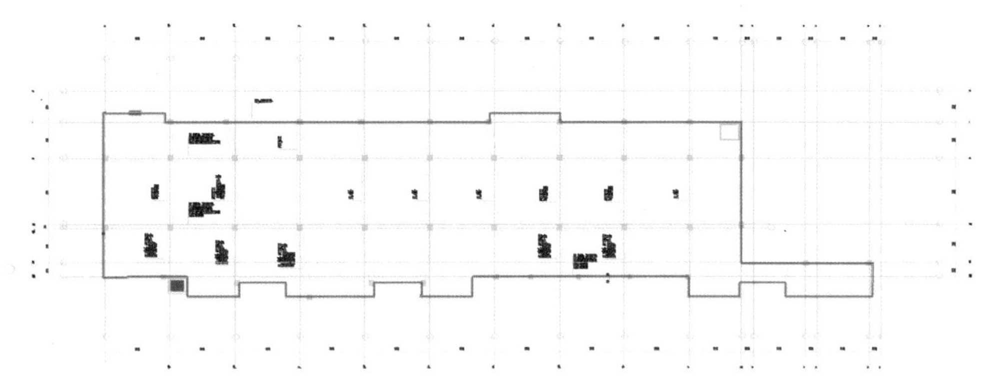

图 3.30　楼板轮廓

2. 新建楼板类型

单击“图元”面板中的“楼板属性”工具，在实例属性中选择类型“无梁板 – 现浇钢筋混凝土 C30–200 厚”，单击“编辑类型”，进入“类型属性”对话框，单击“复制”按钮，在弹出的对话框中输入新建楼板名称“楼层底板”，单击“确定”，如图 3.31 所示。

3. 编辑楼板属性

在“类型属性”对话框中单击结构参数中的“编辑”按钮，在弹出的对话框中，将结构层的厚度设为“600”，单击“确定”，如图 3.32 所示。

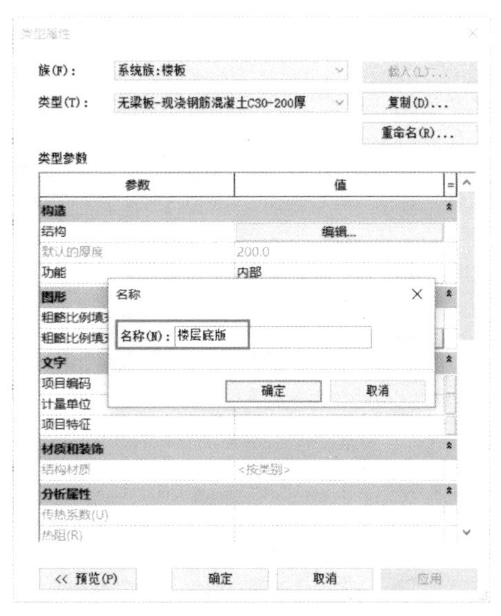
图 3.31　新建楼层底板

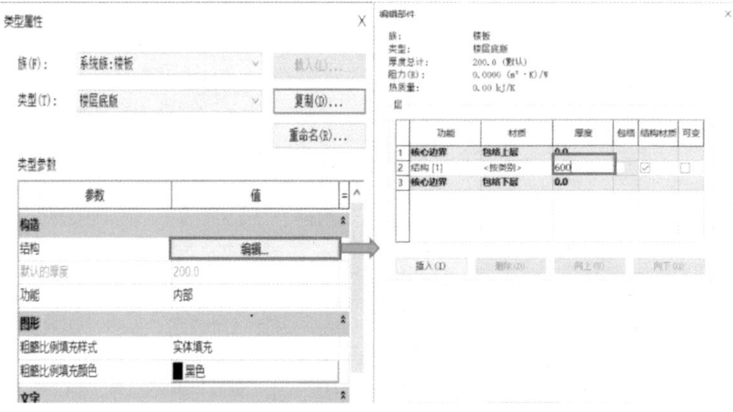
图 3.32　楼板编辑部件

在“实例属性”对话框中设置底板标高为“1F”，相对标高设为“0”，单击“确定”。回到视图中，单击“楼板”面板中“完成楼板”工具，完成楼层底板的创建，如图 3.33 所示。

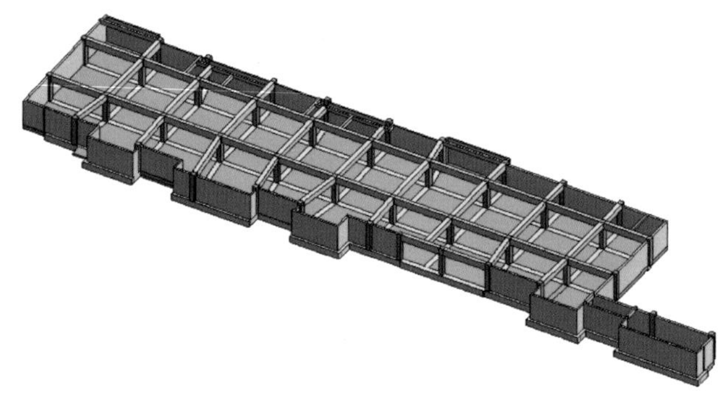
图 3.33　完成后楼层底板

18.5.2　为模型添加两个通风竖井

单击“建筑”选项卡下的“墙”命令按钮，在下拉选项卡中选择“基墙 – 普通砖 –150 厚”，进入“实例属性”，高度限制设置为“无”，无连接高度设置为“8000”。竖井长度为 2300，宽度为 1800，如图 3.34 所示。

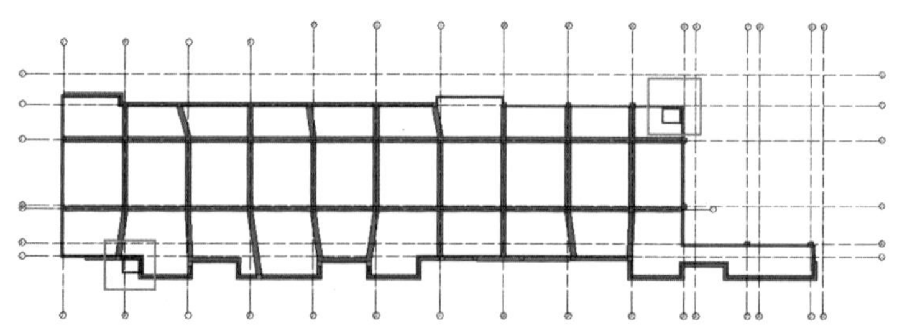
图 3.34　竖井墙绘制

完成的通风竖井模型如图 3.35 所示。

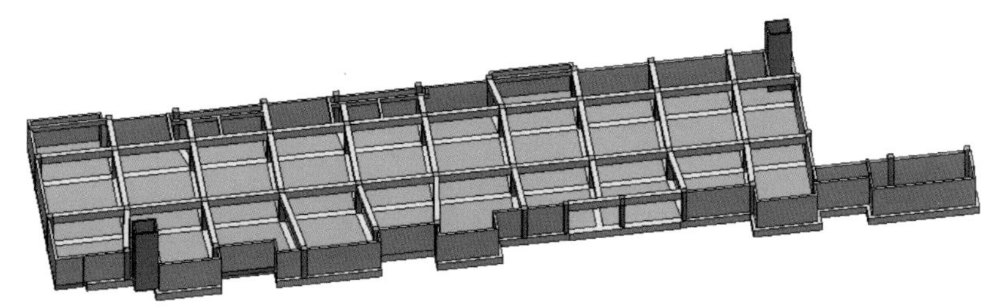

图 3.35　通风竖井

18.5.3　为两个通风竖井的墙壁添加百叶窗

在“系统”选项卡下，单击“HAVC”面板中的“风道末端”工具，在类型选择器下拉列表中找到“百叶窗 – 矩形 – 自垂”，选择类型“1500 × 2000”，然后拾取通风井的墙面，单击完成放置，如图 3.36 所示。完成之后选择刚刚放置的百叶窗，在“属性”选项板中调整标高为 6700，如图 3.37 所示。

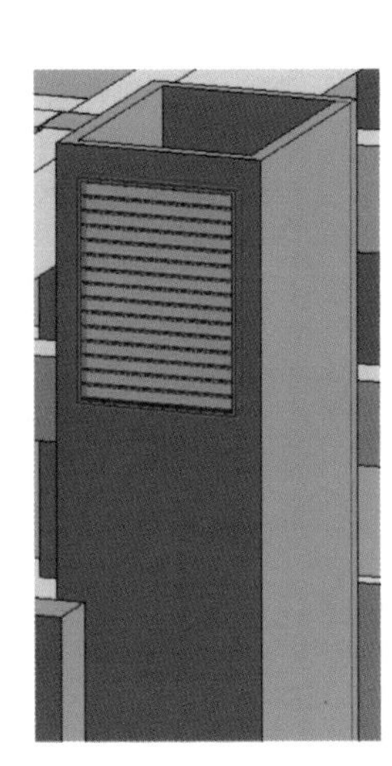

图 3.36　百叶窗

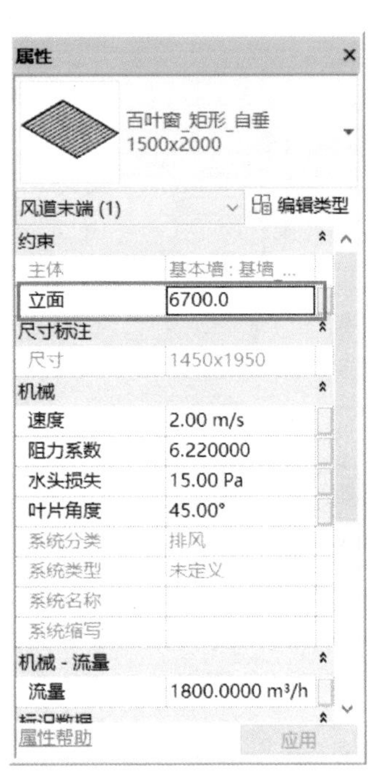

图 3.37　标高设置

18.5.4　楼层顶板创建

选择绘制的楼层底板，在系统自动弹出的“修改 | 楼板”选项卡下，单击“剪切板”面板中的“复制到剪切板”工具，复制该楼板，然后再单击“粘贴”工具的下拉按钮，单击“与选定的标高对齐”，在弹出的选择标高对话框中选择“2F”，单击“确定”，如图 3.38 所示。

选择复制到“2F”的楼板，编辑楼板边界，在右上角竖井处为竖井开一个竖井洞口，楼板属性中选择其类型为“无梁板 – 现浇钢筋混凝土 C30–300 厚”，在实例属性中设置其标高为“2F”，相对标高为“0”，单击“确定”，如图 3.39 所示。

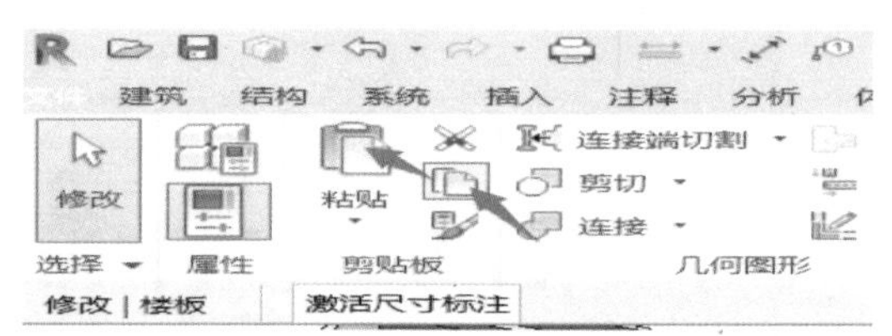

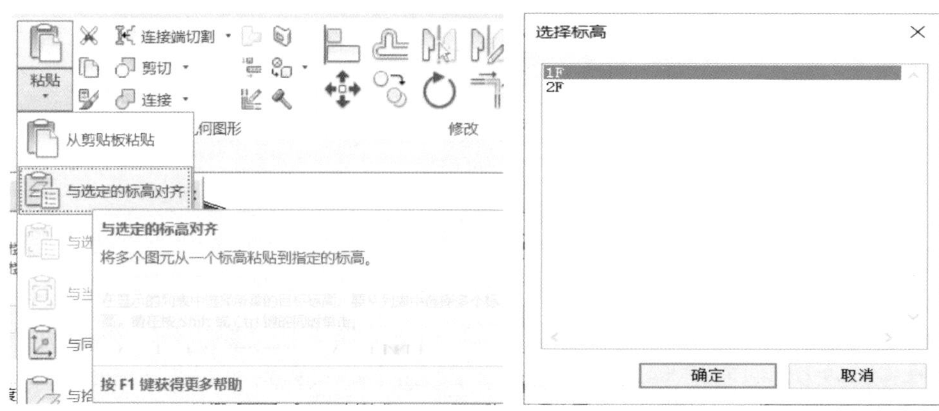

图 3.38　复制楼层底板到 2F

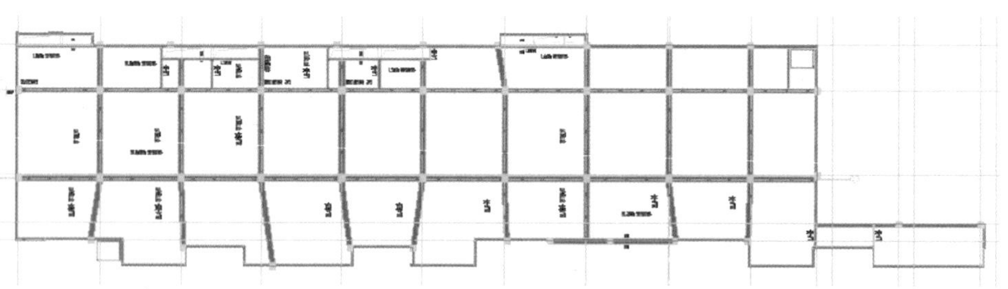

图 3.39　2F 编辑楼边界

在“1F”绘制洞口形状楼板，楼板边界为洞口尺寸，楼板类型选择“常规 -300mm”，绘制完成后将其顶部偏移设置为竖井高度即 8000mm，如图 3.40 所示。

整个结构模型已经完成，如图 3.41 所示，保存文件，命名为“地下车库 - 结构模型”。

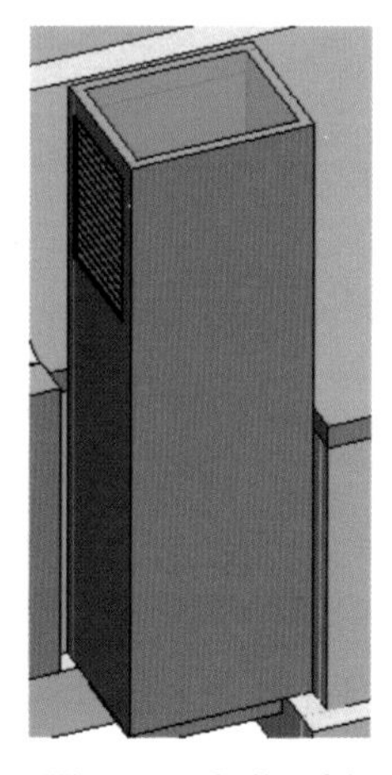

图 3.40　竖井顶板

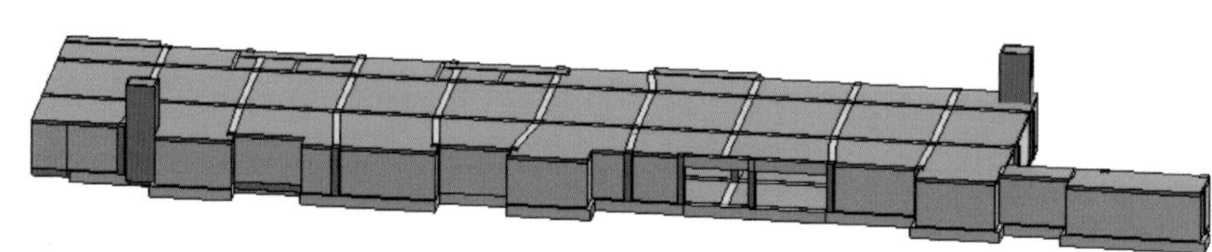

图 3.41　地下车库 - 结构模型

模块 4　设备专业建模

任务 19　暖通模型的创建

中央空调系统是现代建筑设计中必不可少的一部分，尤其是一些面积较大、人流较多的公共场所，更是需要高效、节能的中央空调来实现对空气环境的调节。

本章将通过“某地下车库暖通空调设计”的案例来介绍暖通专业识图和使用 Revit 进行设备建模的方法，并讲解设置风系统各种属性的方法，使读者了解暖通系统的概念和基础知识，掌握一定的暖通专业知识，并掌握在 Revit 中进行设备建模的方法。

19.1 标高和轴网的绘制

本地下车库案例模型按专业分别绘制，分为地下车库 - 暖通模型、地下车库 - 给排水模型、地下车库 - 喷淋模型和地下车库 - 电气模型四个专业模型。模型创建完成之后采用链接的工作模式进行整体的查看和审阅。为方便后期各模型之间的链接，本项目地下车库案例模型采用同一套标高轴网进行绘制。

19.1.1　新建项目

打开 Revit 软件，单击应用程序菜单“文件”下拉按钮，选择“新建项目”，在弹出的“新建项目”对话框中浏览选择“2. 地下车库机电样板”，单击“确定”，如图 4.1 所示。

新建项目

样板文件

2. 地下车库机电样板.rte　浏览(B)...

新建

◉ 项目(P)　○ 项目样板(T)

确定　取消　帮助(H)

图 4.1　新建项目

19.1.2 绘制标高

在项目浏览器中展开“立面（建筑立面）”项，双击视图名称“南”（或单击右键），进入南立面视图，将“2F”标高数值设置为4000，如图4.2所示。将相应的平面视图名称进行修改。

图4.2 南立面标高

19.1.3 绘制轴网

在项目浏览器中单击进入楼层平面“1F”，单击“插入”选项卡下“链接”面板中的“链接Revit”命令，在弹出的对话框中选择“地下车库－结构模型”文件，定位选择“自动－中心到中心”，单击“打开”，如图4.3所示。

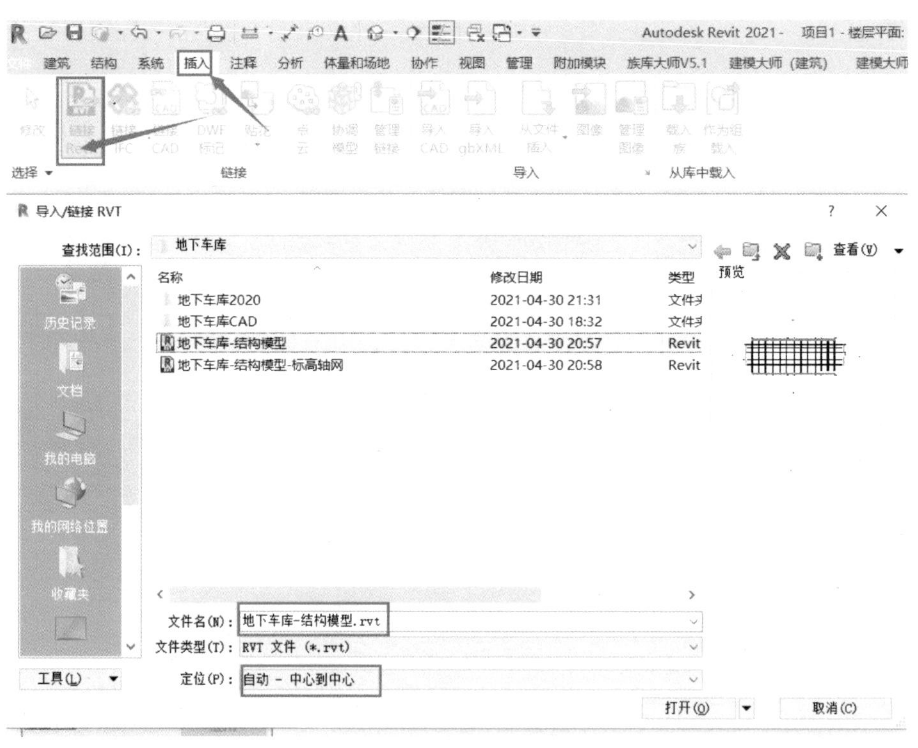

图4.3 链接RVT模型

单击“建筑”选项卡下“基准”面板中的“轴网”工具（或使用快捷键GR），选择“拾取线”命令，依次单击链接模型中各轴网线，创建轴网，完成之后锁定轴网，如图4.4所示。

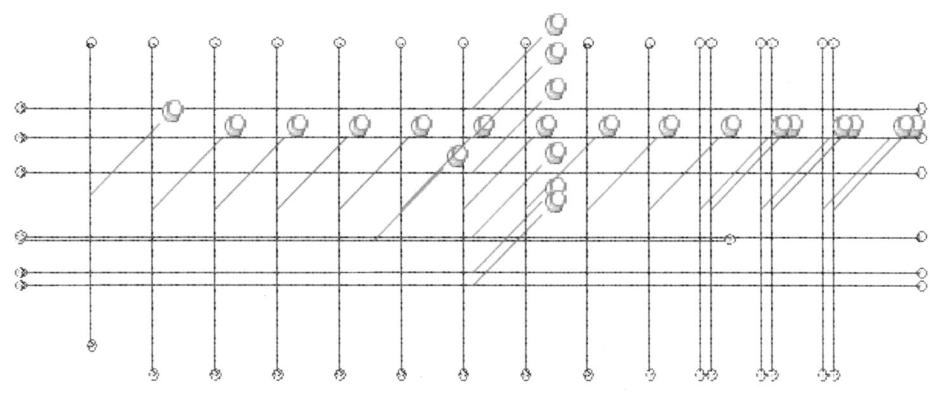

图 4.4　锁定轴网

轴网绘制完成之后，单击“插入”选项卡下“链接”面板中的“管理链接”，在弹出的“管理链接”对话框中选择刚刚插入的链接文件“地下车库－结构模型”，单击“删除”，然后“确定”，如图 4.5 所示。

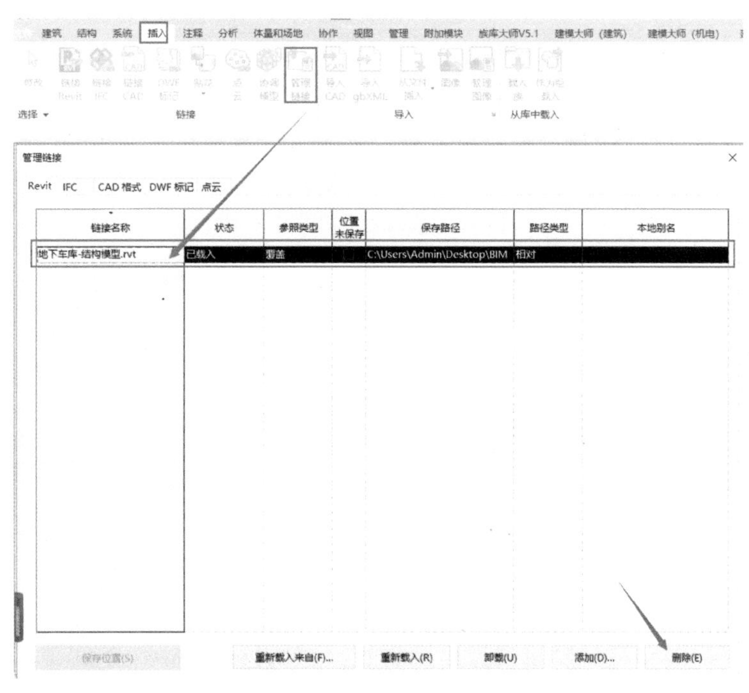

图 4.5　删除链接模型

19.1.4　保存文件

单击应用程序菜单下拉按钮，选择“另存为－项目”，将名称改为“地下车库－暖通模型”。

单击应用程序菜单下拉按钮，选择“另存为－项目”，将名称改为“地下车库－给排水模型”。

单击应用程序菜单下拉按钮，选择“另存为－项目”，将名称改为“地下车库－消防模型”。

单击应用程序菜单下拉按钮，选择“另存为－项目”，将名称改为“地下车库－电气模型”。

此步骤的目的在于多次复用刚才绘制的标高和轴网，而无须重复绘制，从而提高建模效率。

19.2 暖通模型的绘制

本地下车库的暖通模型仅包含风系统，该风系统又主要分为送风系统和回风系统。本节中将讲解风管的绘制方法。

19.2.1 链接 CAD 图纸

打开上节中保存的“地下车库 – 暖通模型”RVT 文件，在项目浏览器中双击进入“楼层平面 1F”平面视图，单击“插入”选项卡下“链接”面板中的“链接 CAD”，打开“链接 CAD 格式”对话框，从“地下车库 CAD”文件夹中选择“地下车库暖施图”DWG 文件，具体设置如图 4.6 所示。

链接导入之后将 CAD 图纸与项目轴网对齐并锁定。之后在“属性”面板点击“可见性 / 图形替换”的“编辑”，在“可见性 / 图形替换”对话框中的“注释类别”选项卡下，取消勾选“轴网”，然后单击“确定”，如图 4.7 所示。隐藏轴网的目的在于使绘图区域更加清晰，便于绘图。

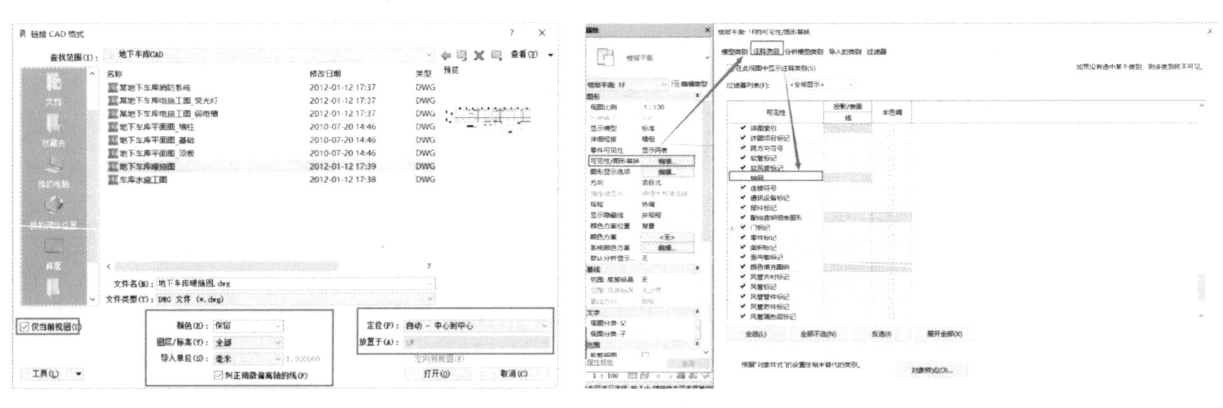

图 4.6　链接 CAD　　　　图 4.7　轴网可见性设置

19.2.2 绘制风管及设置

1. 风管属性的认识

单击“系统”选项卡下“HVAC”面板中的“风管”工具，或使用快捷键 DT，如图 4.8 所示。打开“放置风管”上下文选项卡，如图 4.9 所示。

图 4.8　HAVC 风管

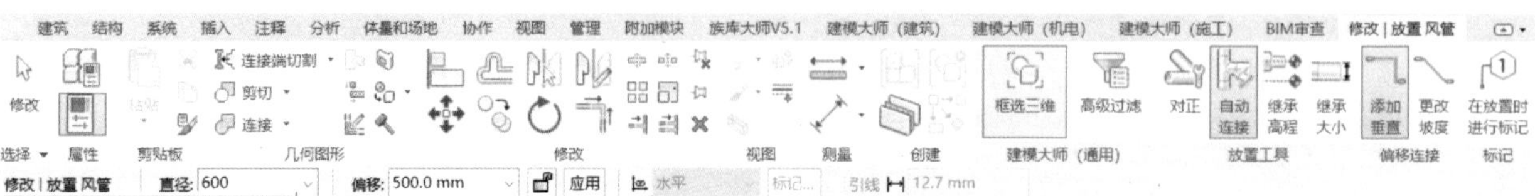

图 4.9　风管绘制

单击“图元属性”工具，打开“类型属性”对话框，如图 4.10 所示。

2. 风管绘制

在项目浏览器中单击进入楼层平面“1F”，首先绘制如图 4.11 所示的一段风管。图中，“500 × 400”为风管的尺寸，500 表示风管的宽度，400 表示风管的高度，单位为毫米。

单击“系统”选项卡下“HVAC”面板上的“风管”工具，风管类型选择“矩形风管 HF 回风 – 镀锌钢板”，在选项栏中设置风管的尺寸和偏移量，宽度设为“500”，高度设为“400”，偏移量设为“2800”，系统类型选择“HF 回风”，如图 4.12 所示。其中偏移量表示风管中心线距离相对标高的高度偏移量。

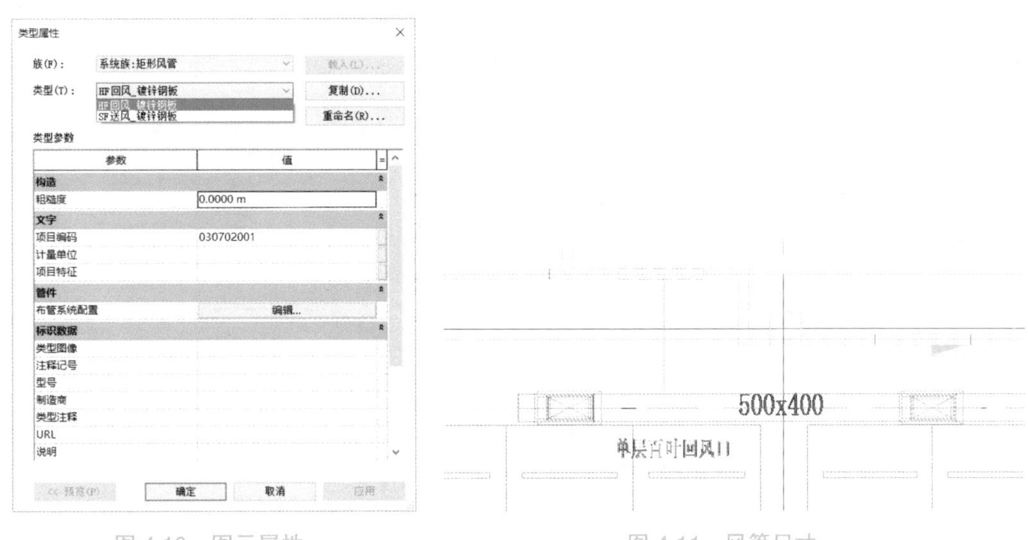

图 4.10　图元属性　　　　图 4.11　风管尺寸

风管的绘制需要两次单击鼠标，第一次单击确认风管的起点，第二次单击确认风管的终点。绘制完毕后选择“修改”选项卡下“编辑”面板上的“对齐”命令，将绘制的风管与底图中心位置对齐并锁定，如图 4.13 所示。

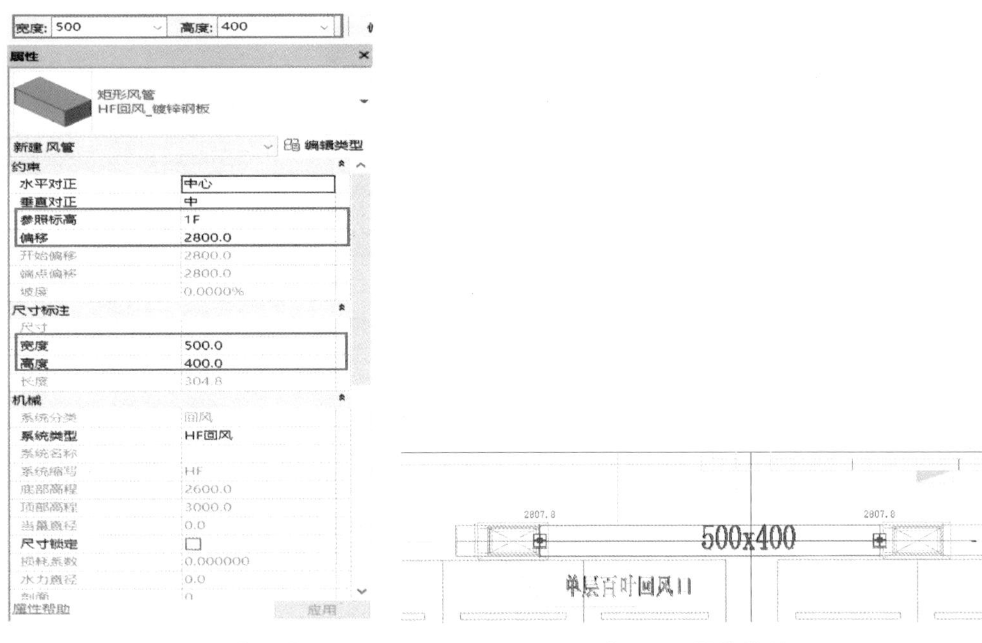

图 4.12　风管约束属性　　　　图 4.13　风管绘制

选择该风管，在右侧小方块上单击鼠标右键，选择“绘制风管”，如图 4.14 所示。在选项栏中修改风管尺寸，将宽度设置为“1000”，然后绘制下一段风管，如图 4.15 所示。对于不同尺寸风管的连接，系统会自动生成相应的管件，不需要单独进行绘制，如图 4.16 所示。

图 4.14　右键绘制风管

图 4.15　风管宽度设置

图 4.16　风管连接

同样的方法绘制完成 CAD 底图中最上方的一段回风管，结果如图 4.17 所示。

图 4.17　回风管

注意：风管默认的变径管是“45 度”，可以更改变径管的类型，选择不同角度的变径管。

选中刚刚所绘制风管中的变径管，类型选择“60 度”，如图 4.18 所示。更改前后变化如图 4.19 所示，更改完成之后模型与 CAD 底图更加贴近。

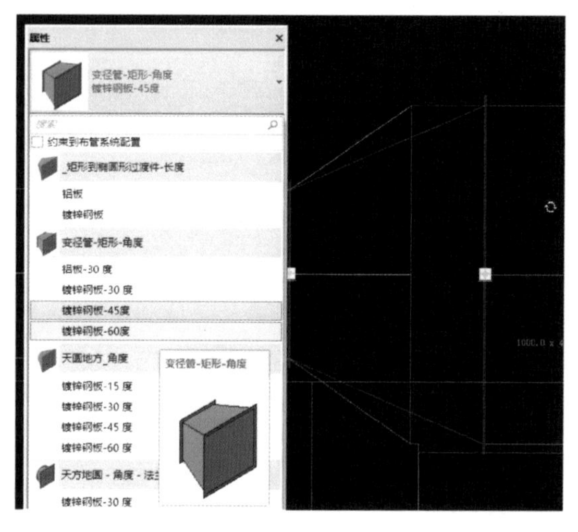

图 4.18　变径管

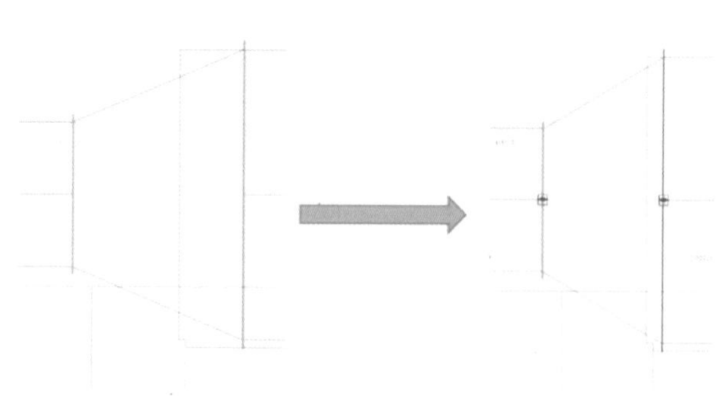

图 4.19　变径管 60 度

接下来绘制如图 4.20 所示的另一根回风管。

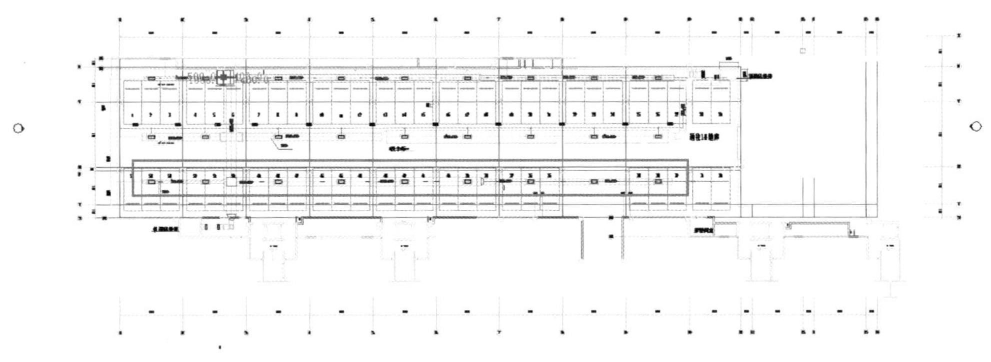

图 4.20　回风管示意

通过观察可以发现，第二道回风管与刚刚所绘回风管基本一致，因此可以采用“复制”命令，将刚刚所绘回风管复制到第二道回风管的位置。如图 4.21 所示。

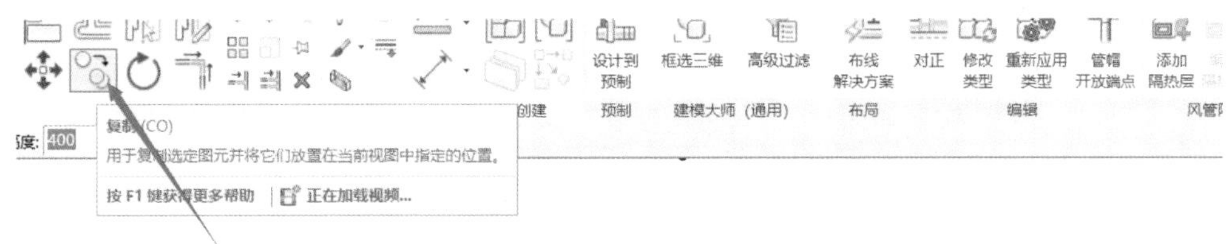

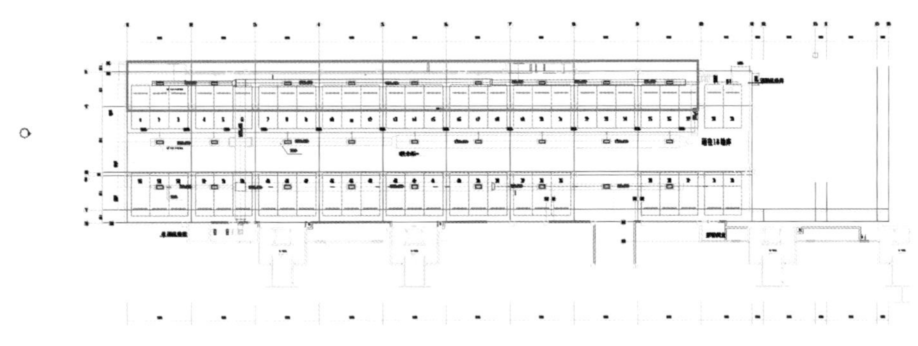

图 4.21　复制回风管

两道横向回风管通过一根纵向的回风管（主管）连接为一个系统，接下来绘制这根纵向的回风管。在风管系统中，三通、四通弯头都属于风管配件，系统会根据风管尺寸、标高的变化自动生成，无须单独绘制。

单击“系统”选项卡下“HVAC”面板上的“风管”命令，风管类型选择“矩形风管 HF 回风－镀锌钢板”。在选项栏中设置风管的尺寸和高度，如图 4.22 所示，宽度设为“1200”，高度设为“400”，偏移量设为“2800”，系统类型选择“HF 回风”。如图 4.23 所示，风管与风管会自动进行连接生成三通或者四通。绘制风管时，可以先不跟 CAD 图纸中对齐，绘制完成后再用对齐命令调整风管位置。

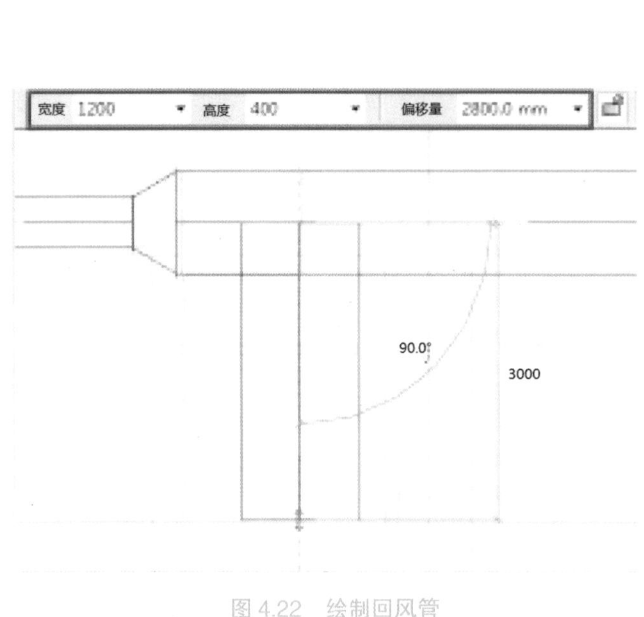

图 4.22　绘制回风管

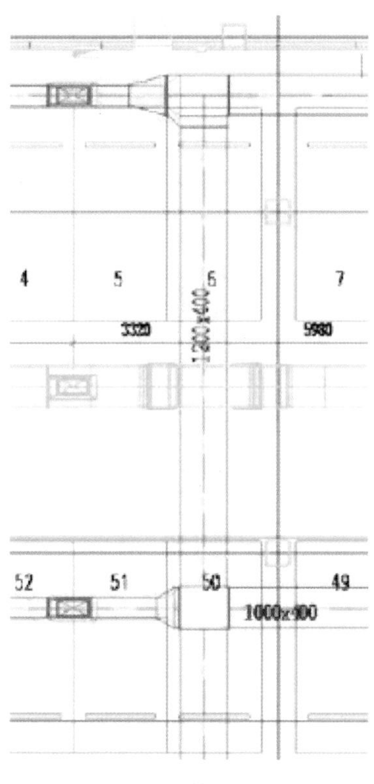

图 4.23　风管自动连接

当采用对齐命令对齐风管时，可能会出现如图 4.24 所示的提示，这是因为在风管处没有足够的空间放置变径管与三通，变径管与三通位置发生冲突，此时可以将变径管稍微向左端移动一定的距离，如图 4.25 所示。

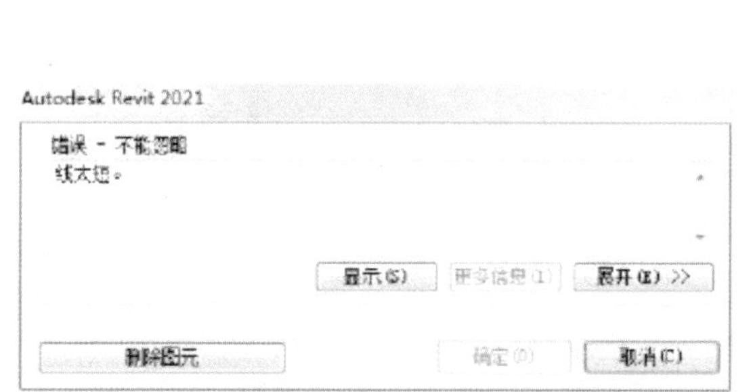

图 4.24　提示线太短

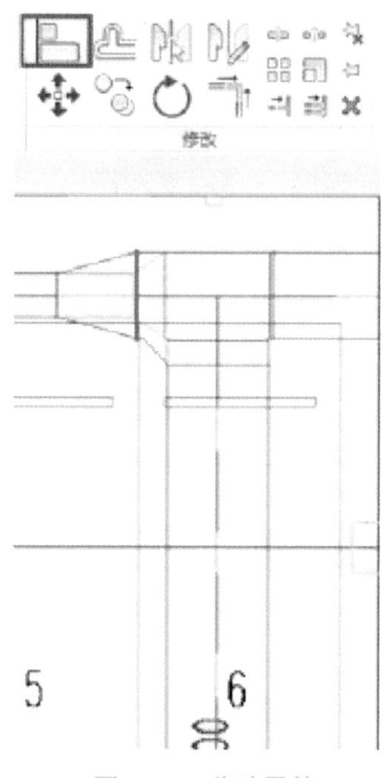

图 4.25　移动风管

接下来绘制主管末端部分。选择刚刚绘制的风管末端，右击选择“绘制风管”，设置风管“宽度”为“600”，“高度”为“600”，单击 CAD 图纸中圆形中心完成此段风管绘制，如图 4.26 所示。然后直接更改风管“偏移量”为500，绘制如图4.27所示风管。

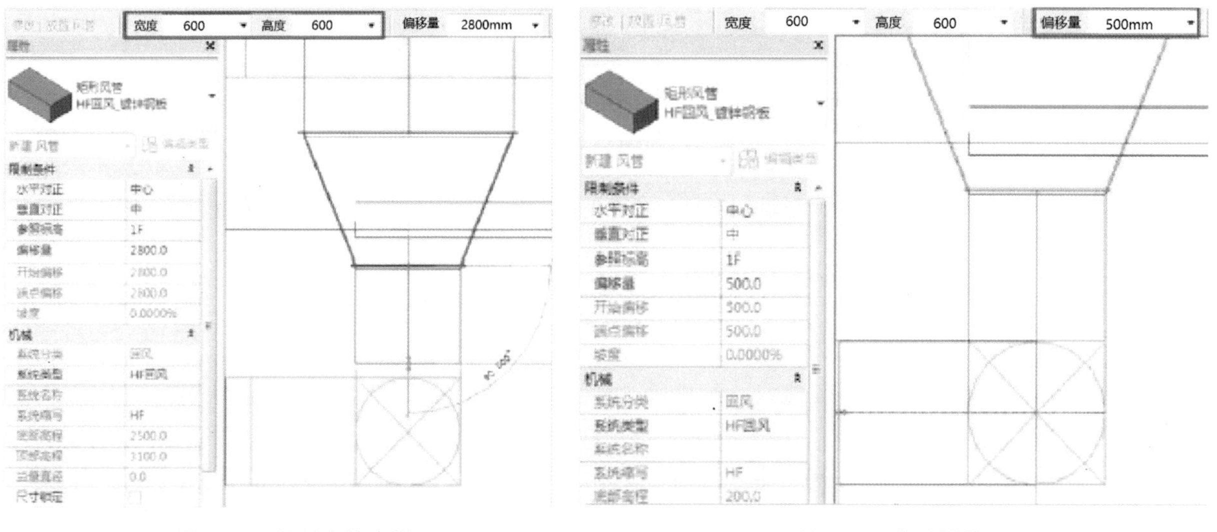

图4.26　绘制主管末端　　　　图4.27　末端风管

最后需要绘制一段圆形风管，风管类型选择“圆形风管 HF 回风－镀锌钢板”，设置风管“直径”为“600”，“偏移量”为“500”，绘制好的圆形风管如图4.28所示。

至此，整个暖通模型的回风管绘制完毕，如图4.29所示。

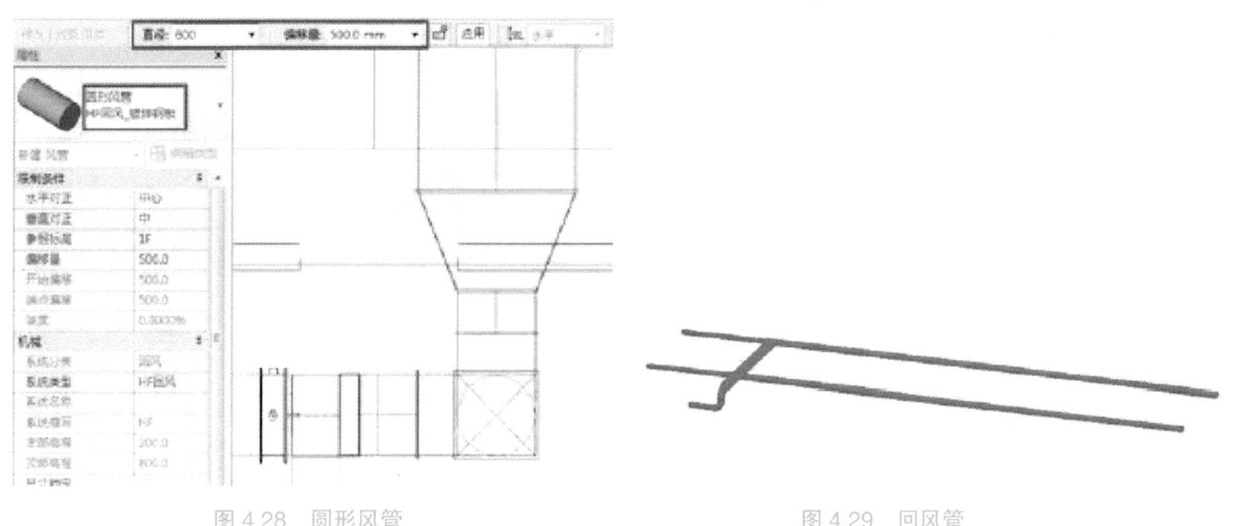

图4.28　圆形风管　　　　图4.29　回风管

接下来绘制送风管。送风管的绘制方法与回风管一致，风管尺寸根据CAD底图中所标注尺寸设定，偏移量仍然设置为“2800”，只是风管的“系统类型”要设置为“SF 送风”，如图4.30所示。

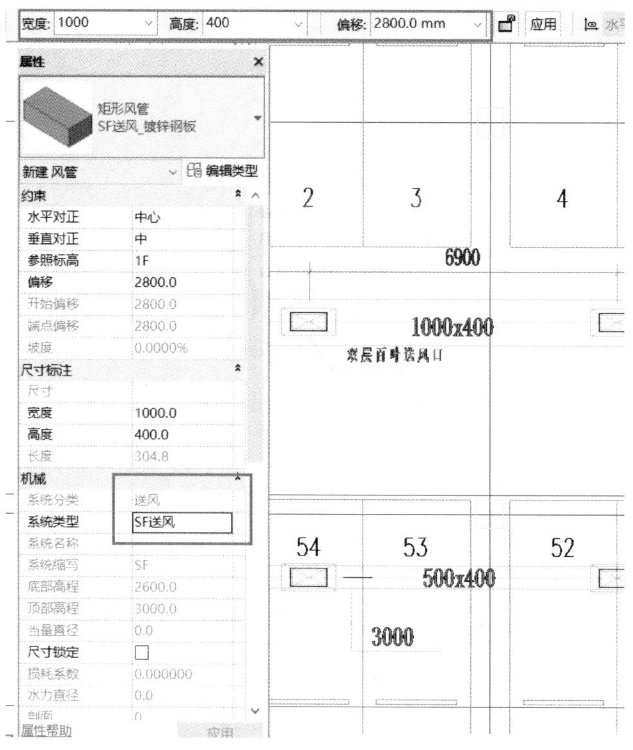

图 4.30　送风管约束属性

这里有一点需要特别说明，由于送风管与回风管整体标高一致，因此在送风管与回风管主管交汇处系统会自动生成四通，从而将两个系统连接，显然这种情况是错误的。所以此处需要将送风管局部抬高，绕过回风管。从 CAD 图中也可以看到此处有特殊处理，如图 4.31 所示。当送风管绘制到回风主管附近时，更改送风管的“偏移量”为“3300”，如图 4.32 所示。横跨过回风主管后，将回风管“偏移量”重新设置为“2800”，如图 4.33 所示。绘制完成后平面转到三维视图，如图 4.34 所示，可以看到送风管部分抬高绕过了回风管，避免了碰撞。

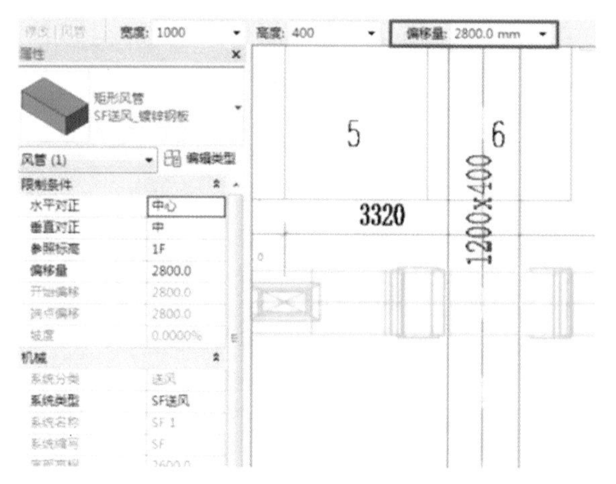

图 4.31　送风管局部处理

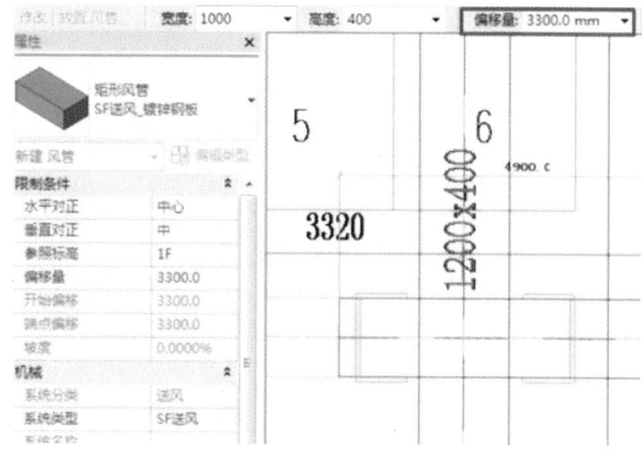

图 4.32　送风管偏移量设置

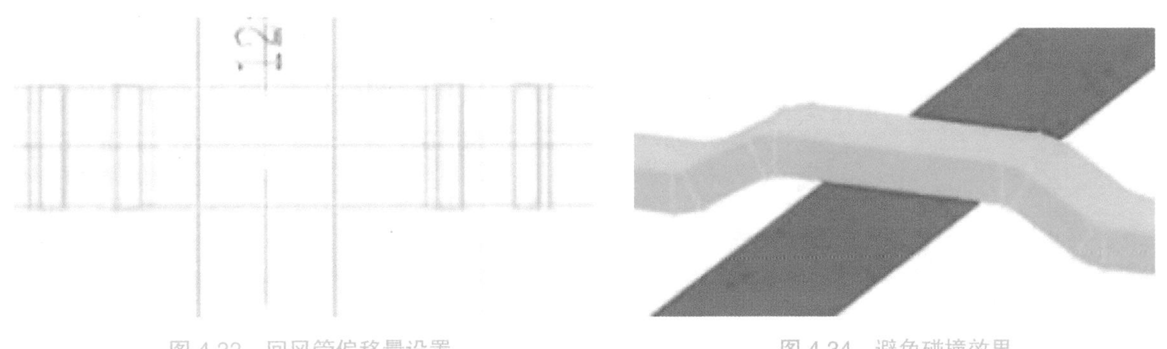

图 4.33　回风管偏移量设置　　　　图 4.34　避免碰撞效果

如图 4.35 所示送风管末端部位，交叉线表示此处有风管的升降，即风管有高程变化。此处风管各构件之间位置比较紧凑，直接按照 CAD 位置放置会比较困难，甚至会报错，因此在绘制时可先拉长各构件之间的相对位置，绘制完毕后再进行调整。

提示：对于构件位置的调整，可以使用键盘上的上下左右键。

所有风管绘制完成之后如图 4.36 所示。

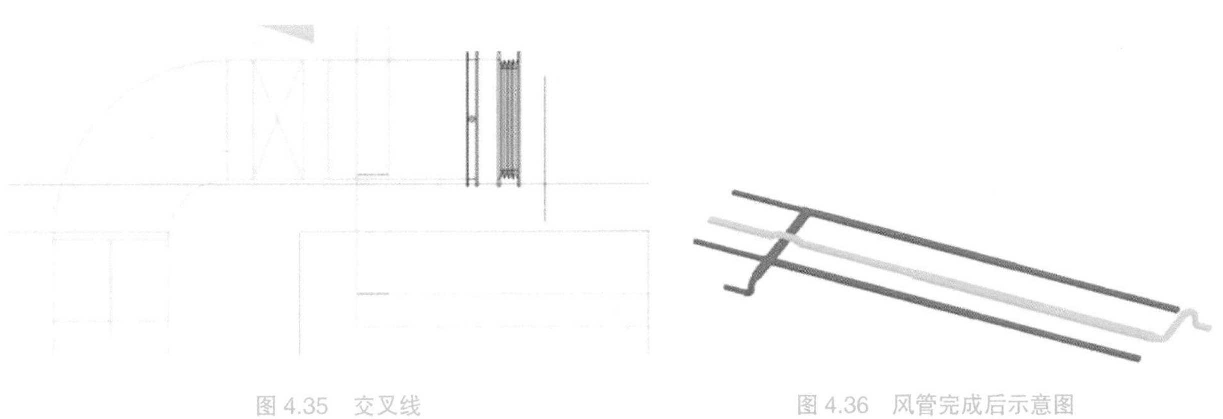

图 4.35　交叉线　　　　图 4.36　风管完成后示意图

从风管完成图中可以看到，SF 送风管为青色，HF 回风管为粉色。风管颜色是根据系统来区分的，一般来说不同的系统有不同的颜色，而系统的颜色是添加在材质中的，如图 4.37 所示。在项目浏览器中族的下拉列表中找到风管系统，右击“HF 回风”选择“类型属性”，如图 4.38 所示，打开回风系统的“类型属性”对话框。

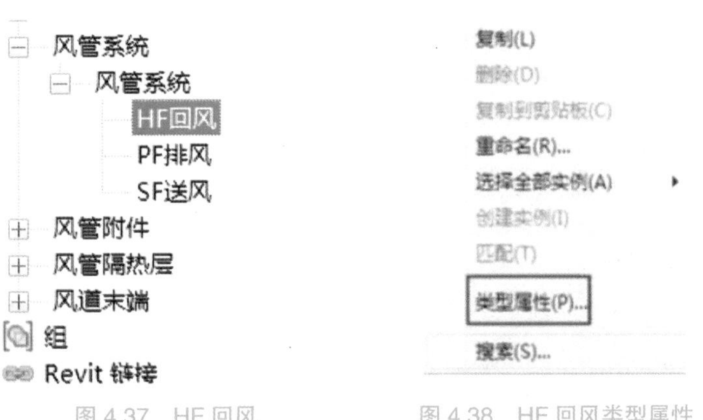

图 4.37　HF 回风　　　　图 4.38　HF 回风类型属性

在“类型属性”对话框中单击“图形替换”的“编辑”，如图 4.39 所示，弹出“线图形”对话框，在这里可以设置系统的线颜色、线宽和填充图案。

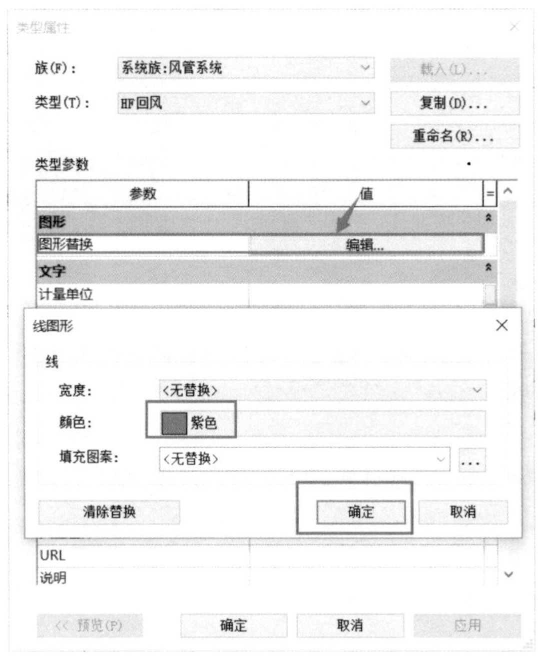

图 4.39　图形替换编辑

在“图形”选项下方是“材质和装饰”选项，此处可以编辑系统的材质，如图 4.40 所示。在弹出的“材质浏览器”对话框中可以为系统添加相应的材质，并为材质设置颜色，如图 4.41 所示。

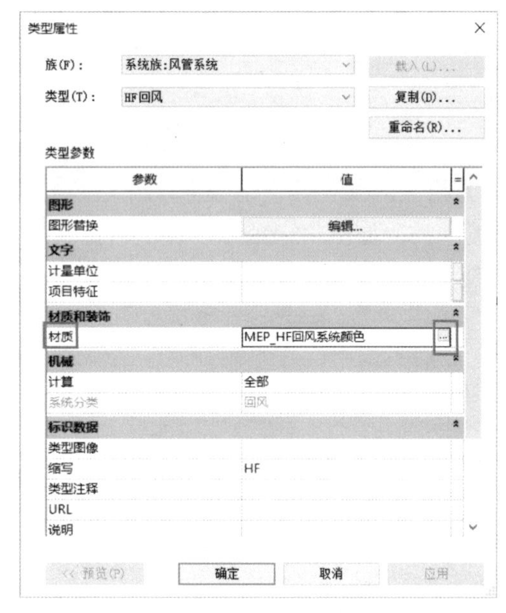

图 4.40　材质和装饰

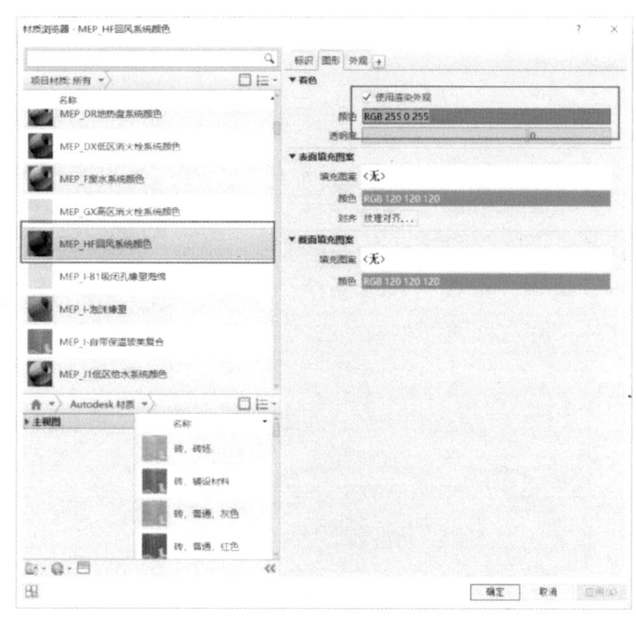

图 4.41　材质颜色

19.2.3　添加风口

不同的风系统使用不同的风口类型。例如在本案例中，SF 送风系统使用的风口为双层百叶送风口；HF 回风口为单层百叶回风口；新风口和室外排风口等与室外空气相接触的风口要在竖井洞口上添加百叶窗，所以风管末端无须添加百叶风口，如图 4.42 所示。

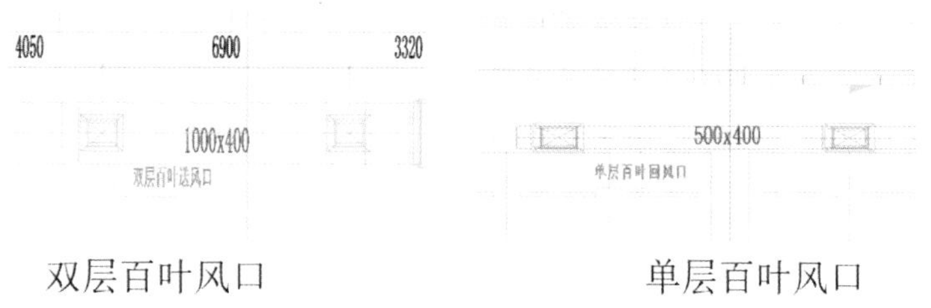

图 4.42　百叶风口

在项目浏览器中单击进入楼层平面“1F”，单击“系统”选项卡下“HVAC”面板上的“风道末端”命令，自动弹出“修改 | 放置风道末端装置”上下文选项卡。在类型选择器中选择所需的“单层百叶回风口 - 铝合金”，“标高”设置为“1F”，“偏移量”设置为“2200”，如图 4.43 所示。将鼠标放置在单层百叶回风口的中心位置，单击左键放置，风口会自动与风管连接。

提示：如果放置时风口方向不对，可以通过空格键进行切换。

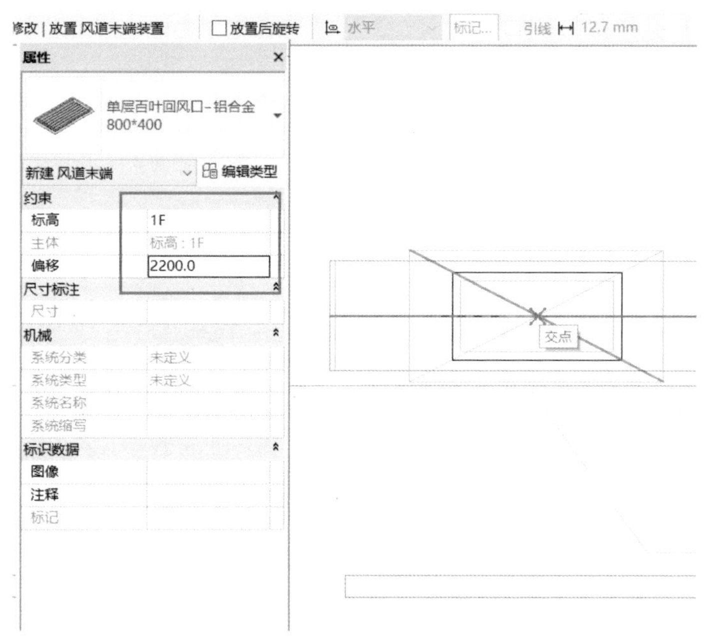

图 4.43　布置回风口

回风口绘制完成之后如图 4.44 所示。

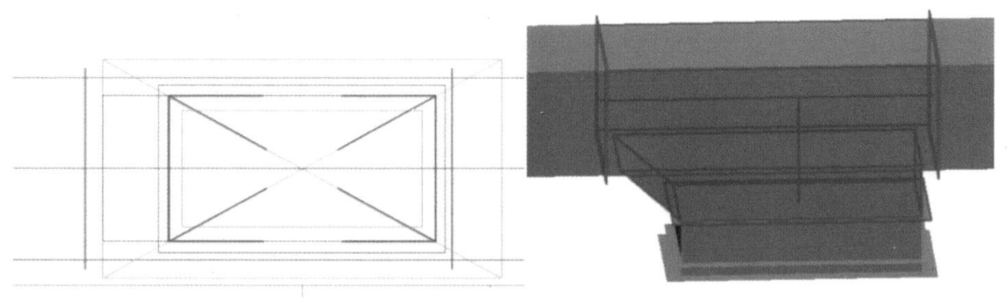

图 4.44　布置完成的回风口

同样的方法将其余回风管道上的单层百叶回风口添加完毕。

接下来添加双层百叶送风口。单击“系统”选项卡下“HVAC”面板上的“风道末端”命令，自动弹出“修改｜放置风道末端装置”上下文选项卡。在类型选择器中选择所需的“双层百叶送风口”，“标高”设置为“1F”，“偏移量”设置为“2200”，如图 4.45 所示。将鼠标放置在双层百叶送风口的中心位置，单击左键放置，风口会自动与风管连接。

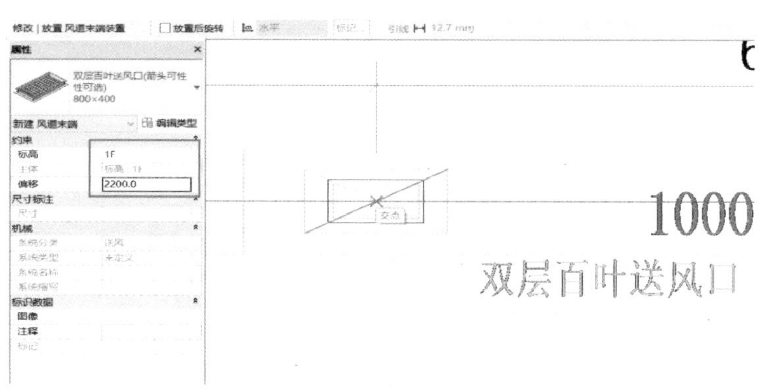

图 4.45　布置送风口

风口添加完成之后的三维模型如图 4.46 所示。

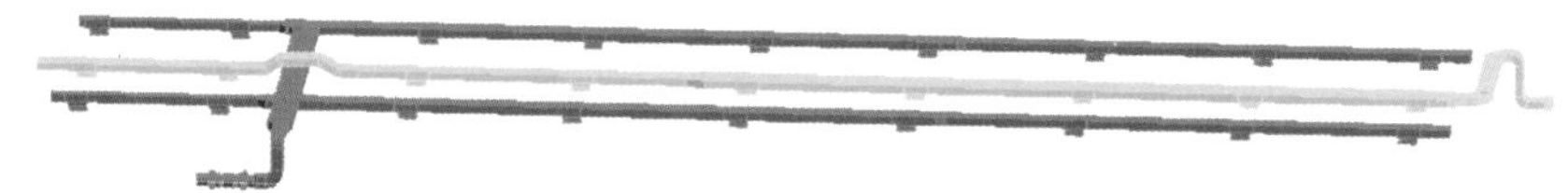

图 4.46　布置风口后的风管模型

19.2.4　添加并连接空调机组

空调机组是完整的暖通空调系统不可或缺的机械设备，有了机组的连接，送风系统、回风系统和新风系统才能形成完整的中央空调系统。单击“系统”选项卡下“机械”面板上的“机械设备”，在类型选择器中选择“空调机组”，“标高”设置为“IF”，“偏移量”设置为“500”，然后在绘图区域内将机组放置在 CAD 底图中机组所在的位置并单击鼠标左键，即可将机组添加到项目中。按空格键可以改变机组的方向。放置完成后用“对齐”命令将机组与 CAD 底图对齐，如图 4.47 所示。

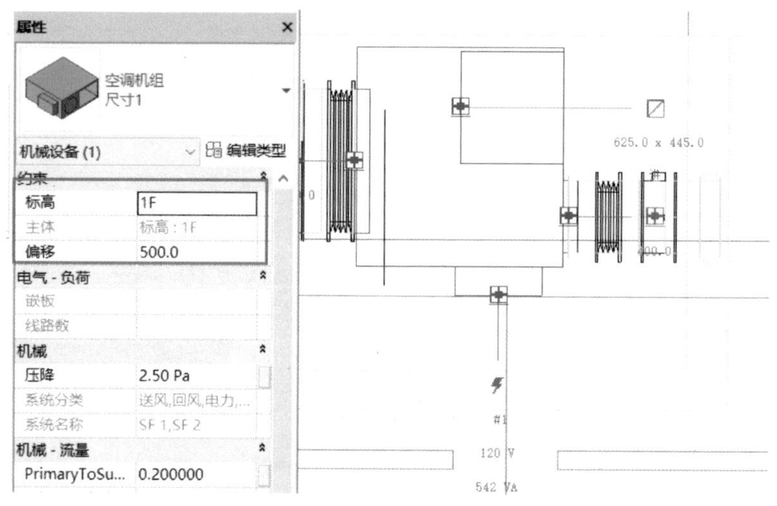

图 4.47　空调机组

空调机组放置完成后，拖动左侧通风管道使其与机组相连。捕捉机组连接点时可使用 Tab 键进行切换捕捉，如图 4.48 所示。

单击选择空调机组，右击右侧风管连接件，如图 4.49 所示，在快捷菜单中单击“绘制风管”。从风管类型选择器中选择“矩形风管 SF 送风 – 镀锌钢板”，绘制与空调机组连接的另一风管，如图 4.50 所示。

绘制完成后的机组风管三维视图如图 4.51 所示。

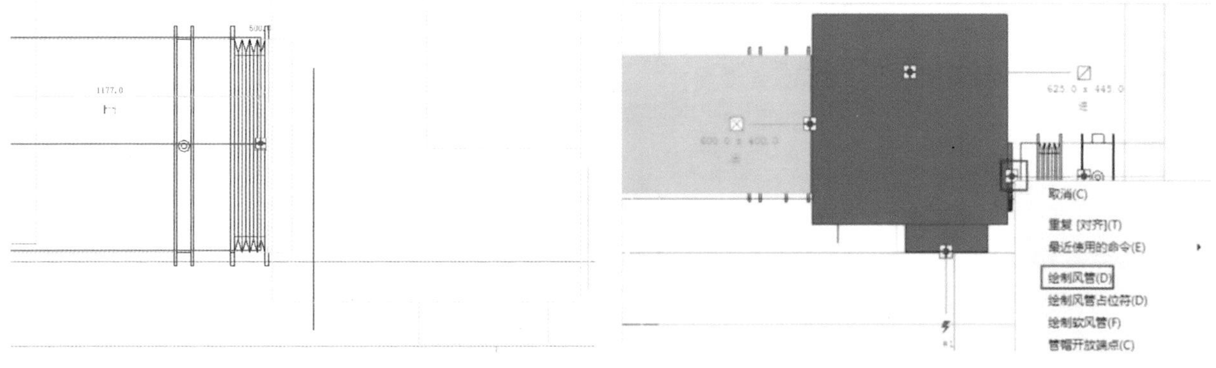

图 4.48　风管连接机组　　　　图 4.49　绘制机组风管

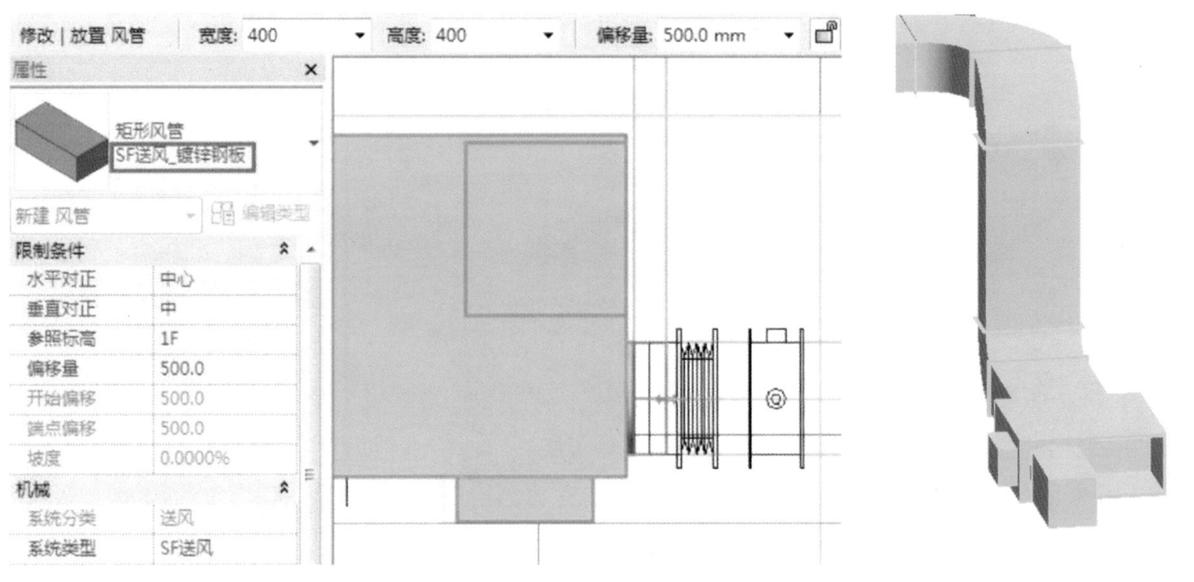

图 4.50　机组风管约束属性　　　　图 4.51　机组风管三维示意

19.2.5　添加风管附件

风管附件包括风阀、防火阀、软连接等，如图 4.52 所示。

单击“系统”选项卡下“HVAC”面板上的“风管附件”命令，自动弹出“修改 | 放置风管附件”上下文选项卡。在类型选择器中选择“风阀”，在绘图区域中需要添加风阀的风管合适的位置的中心线上单击鼠标左键，即可将风阀添加到风管上，如图 4.53 所示。

提示：添加风管附件时一般不需要设置标高及尺寸，系统会自动识别风管的标高及尺寸，放置风管附件时只需确定位置即可。

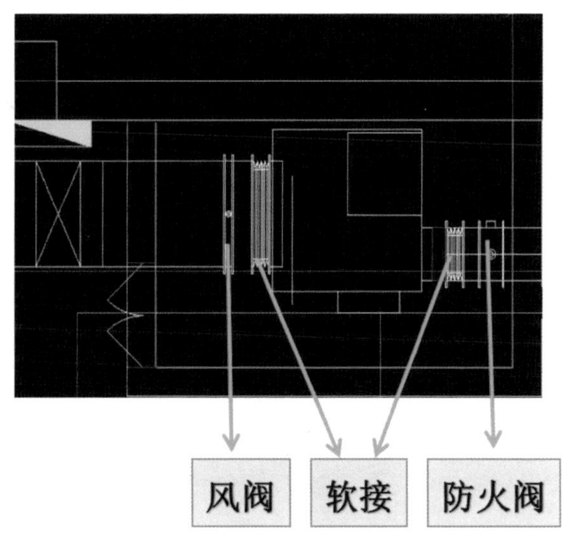

图 4.52　风管附件

图 4.53　风阀布置

同样的方法，在类型选择器中选择“防火阀”和“风管软接”，添加到合适位置。绘制完成的风管附件三维模型如图 4.54 所示。

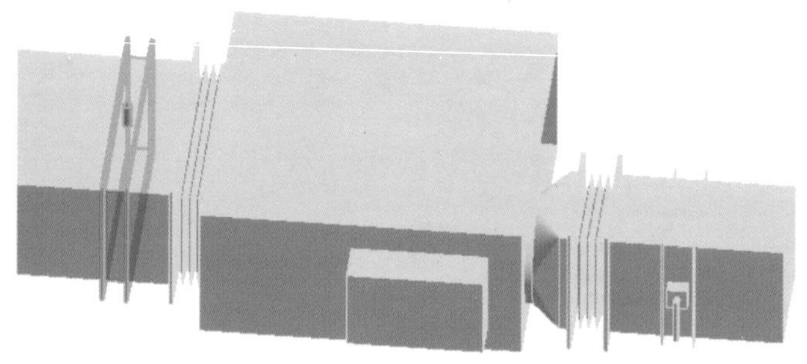

图 4.54　风管附件三维模型

19.2.6　添加排风机

单击“系统”选项卡下“机械”面板上的“机械设备”，在类型选择器中选择“轴流排风机 - 自带软接”。与放置空调机组不同，排风机的放置方法是直接将其添加到绘制好的风管上。选择排风机类型之后直接单击风管中心线上某一点即可放置排风机，如图 4.55 所示。

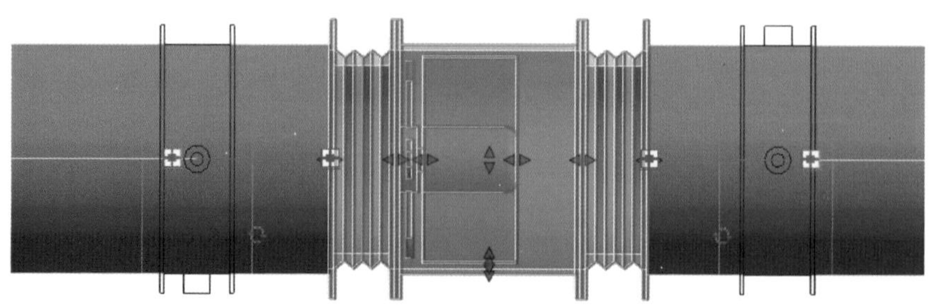

图 4.55　布置轴流排风机

排风机放置完成后再添加相应的风管附件，此处的防火阀类型选择“防火阀－圆形－碳钢”，防火阀添加完成后如图 4.56 所示。

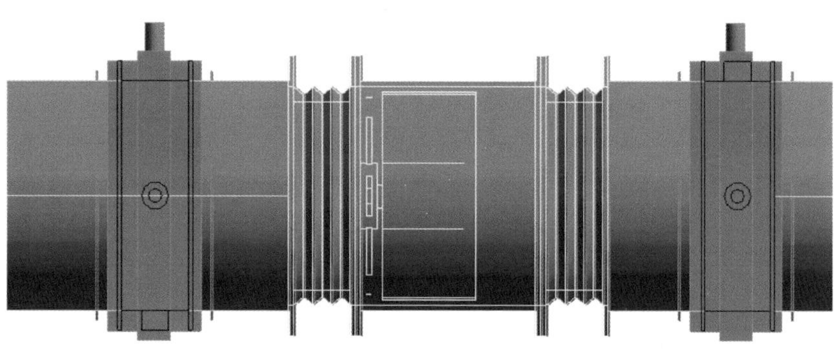

图 4.56　防火阀

整个地下车库暖通模型搭建完成，如图 4.57 所示。

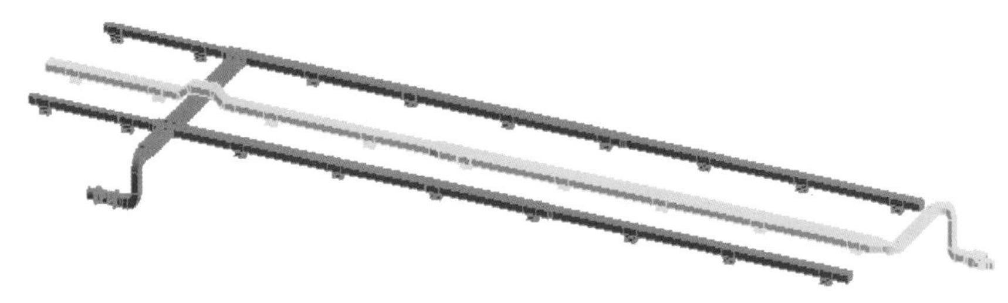

图 4.57　地下车库暖通模型

任务 20　给排水模型创建

水管系统包括空调水系统、生活给排水系统及雨水系统等。空调水系统分为冷冻水、冷却水、冷凝水等系统。生活给排水系统分为冷水系统、热水系统、排水系统等。本章主要讲解在 Revit 中绘制水管系统的方法。案例“地下车库给排水模型”中，需要绘制的水管系统包括热给水、热回水、普通给水、雨水管，以及添加各种阀门管件，并与机组相连，形成生活用水系统。需要说明的是本案例中的空调水部分（热给水和热回水）不属于给排水范畴，但由于都属于管道范畴，所以统一在这里绘制。在地下车库水管平面布置图中，各种管线的意义如图 4.58 所示。绘制水管时，需要注意图例中各种符号的意义，使用正确的管道类型和正确的阀门管件，保证建模的准确性。

绘制水管系统常用的工具在“系统”选项卡下的“卫浴和管道”面板中，如图 4.59 所示，熟练掌握这些工具和它们的快捷键，可以提高绘图效率。

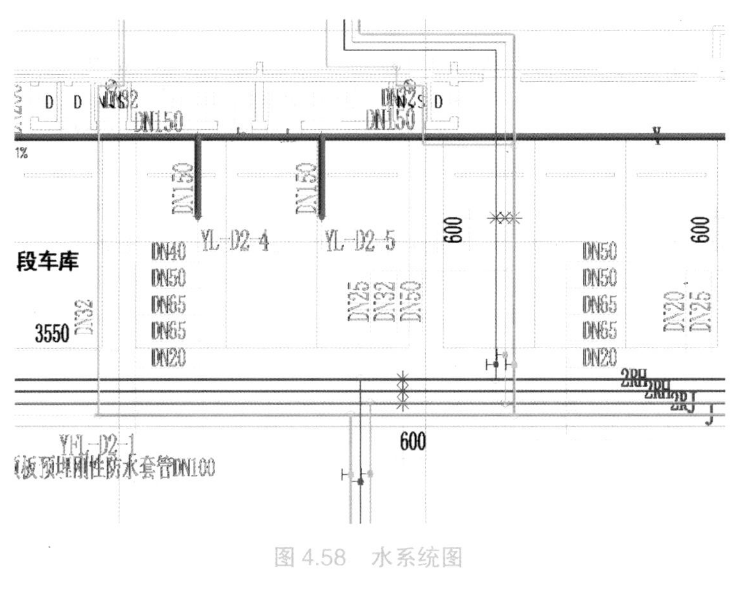

图 4.58　水系统图

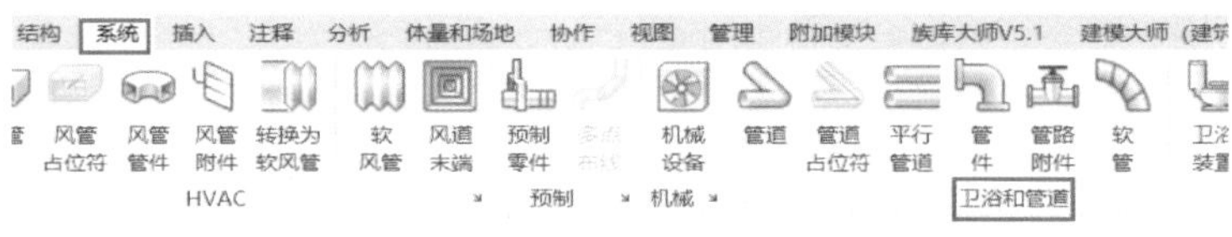

图 4.59　卫浴和管道

20.1 链接CAD底图

打开之前保存的“地下车库－给排水模型”文件，在项目浏览器中双击进入“楼层平面 1F”平面视图，单击“插入”选项卡下“链接”面板中的“链接 CAD”，打开“链接 CAD 格式”对话框，从“地下车库 CAD”文件夹中选择“地下车库水施图”DWG 文件并打开，具体设置如图 4.60 所示。

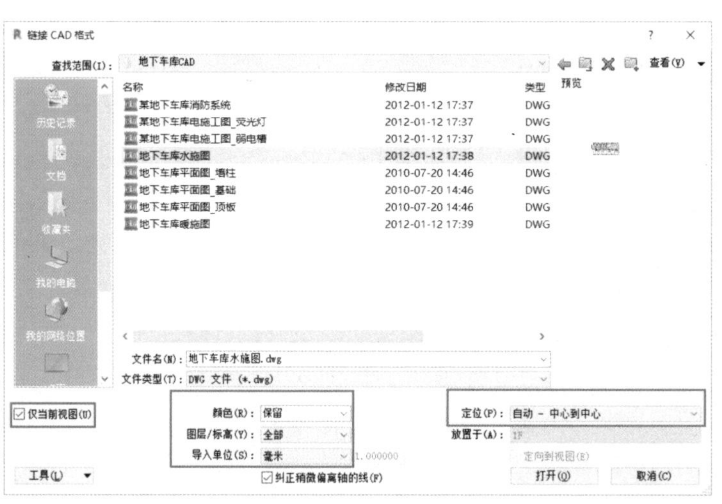

图 4.60　链接水施图

链接导入之后将 CAD 底图与项目轴网对齐锁定。然后点击“属性”选项板中“可见性 / 图形替换”的“编辑”，在“可见性 / 图形替换”对话框中“注释类别”选项卡下，取消勾选“轴网”，然后单击两次确定。如图 4.61 所示隐藏轴网的目的在于使绘图区域更加清晰，便于绘图。

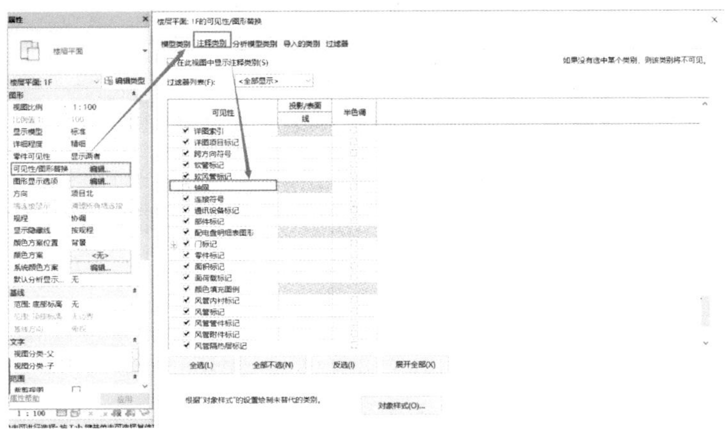

图 4.61　轴网可见性设置

20.2 绘制水管

水管的绘制方法大致和风管一样，本项目从给水管开始绘制。

在“系统”选项卡下，单击“卫浴和管道”面板中的“管道”工具，或使用快捷键 PI，在自动弹出的“修改 | 放置管道”上下文选项卡中的选项栏里设置“直径”为“40”，“偏移量”为“2500”，“管道类型”选择“J 给水 – 铸铁管”，“系统类型”选择“J 给水系统”，如图 4.62 所示。设置完成之后在绘图区域绘制水管，首先在起始位置单击鼠标左键，拖曳光标到需要转折的位置再次单击鼠标左键，再继续沿着底图线条拖曳光标，直到该管道结束的位置，单击鼠标左键，然后按“ESC”键退出绘制。绘制完成后用“对齐”命令将管道与 CAD 底图对齐（对齐时要选择管道，管件不能对齐）。

提示：管道在精细模式下为双线显示，中等和粗略模式下为单线显示。

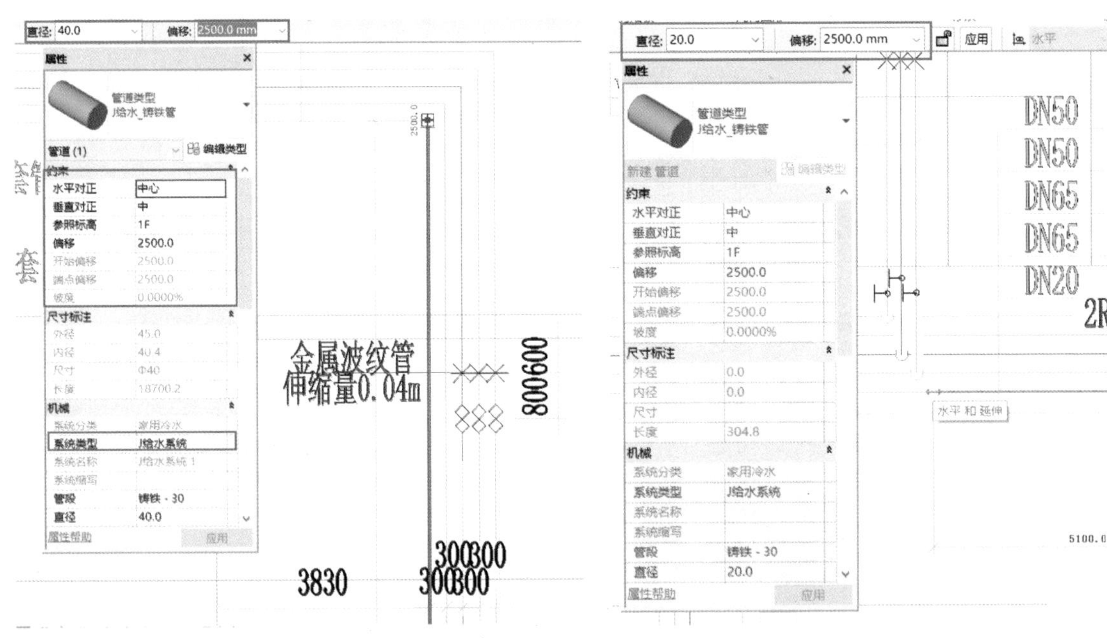

图 4.62　绘制给水管　　图 4.63　变径管道

绘制到管道的变径处时，直接在“修改｜放置管道”上下文选项卡中的选项栏里修改“直径”为“20”，然后接着绘制管道，如图 4.63 所示。

该管道末端是一个向下的立管，绘制立管时，直接在“修改｜放置管道”上下文选项卡中的选项栏里将“偏移量”设置为“1000”，然后单击“应用”即可自动生成相应的立管，如图 4.64 所示。绘制完的结果如图 4.65 所示。

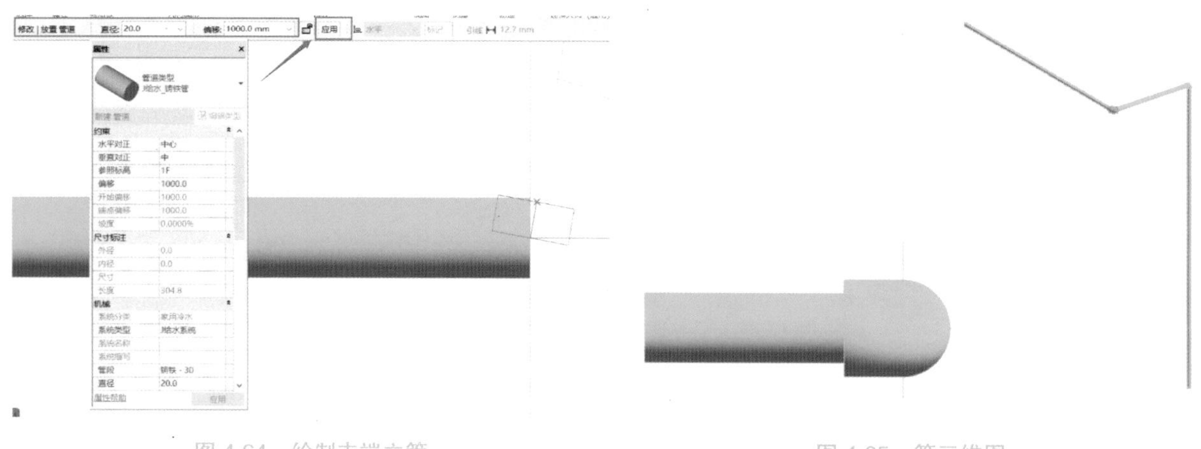

图 4.64　绘制末端立管　　图 4.65　管三维图

在管道系统中，弯头、三通和四通之间可以互相变换。图 4.66（左）所示拐角位置需要连接三根管道，单击选中弯头，可以看到在弯头另外两个方向会出现两个“+”，单击图中所示位置的“+”，可以看到弯头变成了三通，如图 4.66（右）所示。同样，单击选中三通，然后单击三通可以变为弯头，如图 4.67 所示。

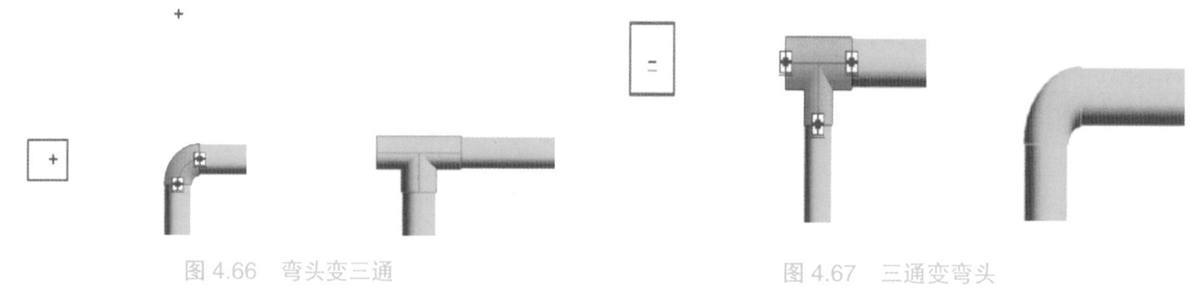

图 4.66　弯头变三通　　图 4.67　三通变弯头

接着三通绘制另一根管道，单击选择三通，右击三通左端拖曳按钮，如图 4.68 所示，选择“绘制管道”。在此交叉口管道发生变径，因此绘制管道时直径要选择“20”。沿 CAD 底图中管道路径进行绘制，此段支路末端同样是一根底标高为“1000”的立管，画法同前文。

图 4.69（上）所示位置的圆形符号表示一根向上的立管。单击“管道”命令，按如图 4.69（左）所示进行设置，单击管道中心位置，然后再对管道标高进行修改，偏移量设置为“4500”，单击“应用”，如图 4.69 所示，系统自动生成相应立管。

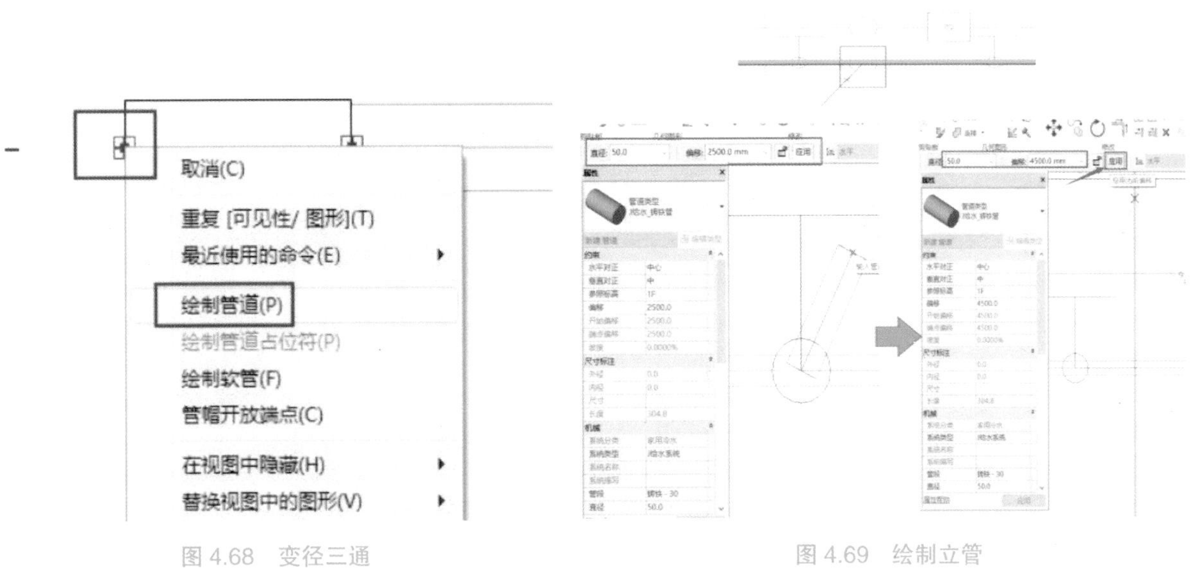

图 4.68　变径三通

图 4.69　绘制立管

从 CAD 图纸标注中可以看出，立管分支处管道直径有变化，由之前的 40 变为 25。选中需要变径的管道及三通，调整直径，设置为“25”，如图 4.70 所示。修改完毕之后就完成了第一根给水管的绘制，结果如图 4.71 所示。

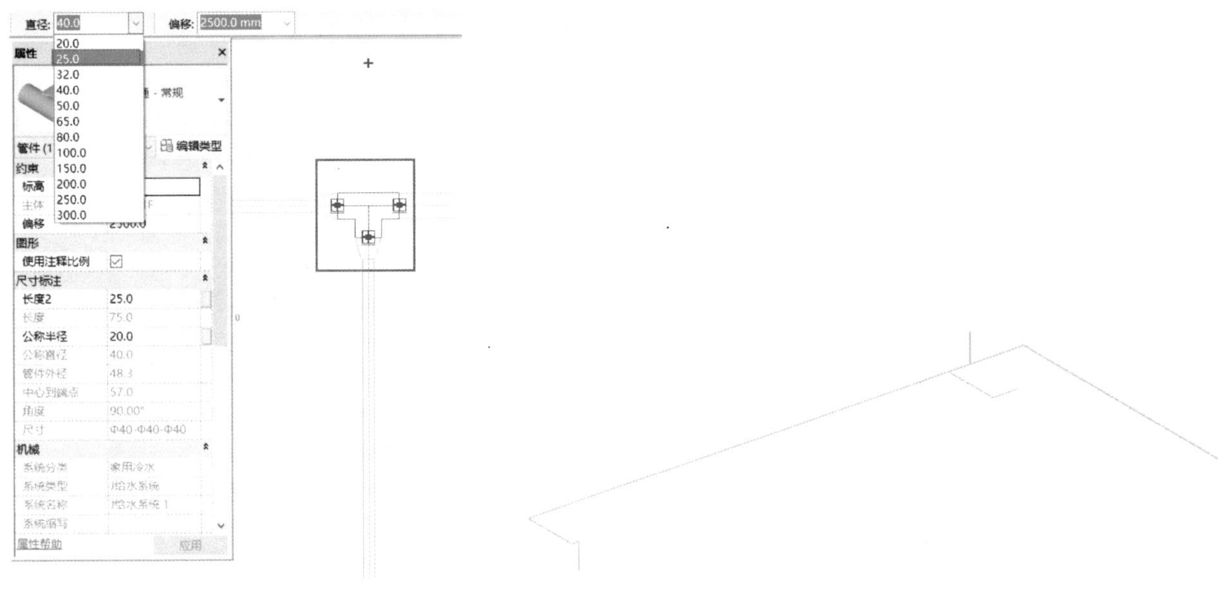

图 4.70　修改变径三通直径

图 4.71　给水管模型

接着绘制另一根给水管。仍然从末端开始画，绘制方法与之前相同，按如图 4.72 所示对管道进行设置，然后沿 CAD 底图中的管道路径绘制管道即可。

在交叉处要先设置完尺寸和标高之后再绘制管道，起始位置要选择已绘制管道的中心，如图 4.73 所示，这样管道才能自动连接。

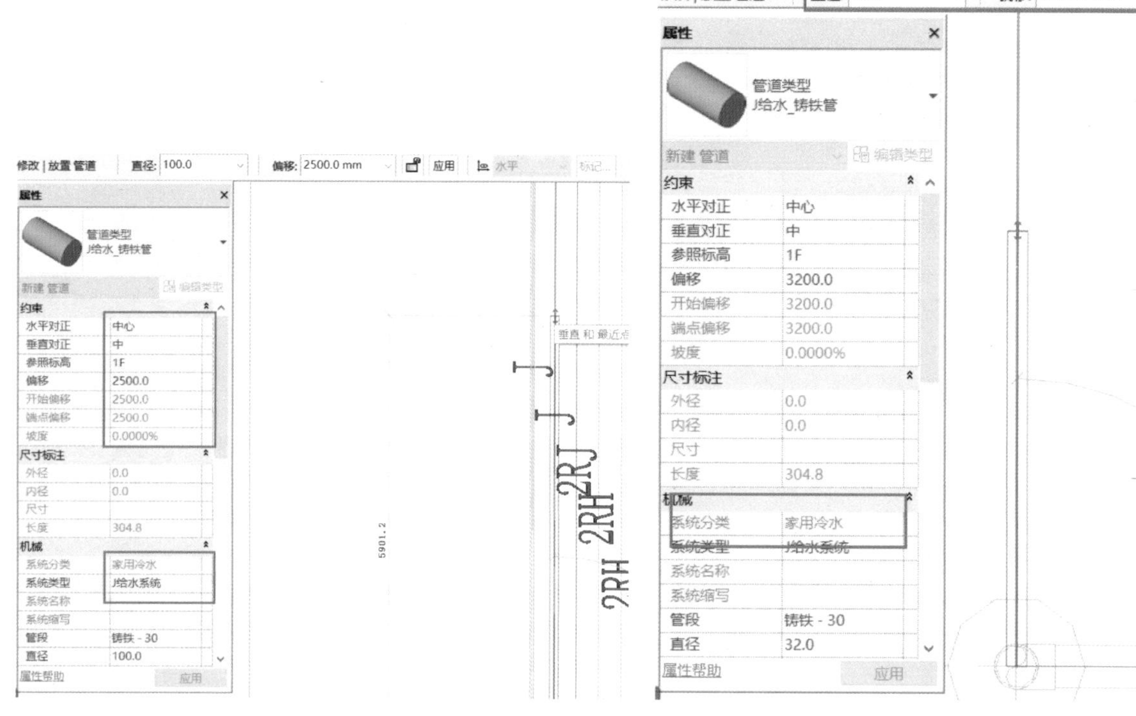

图 4.72　绘制给水管　　　　图 4.73　交叉处水管绘制示意

如图 4.74 所示位置为水表井。此处管道要下降到一个适合的高度，以便人们观察仪表的读数。如图 4.75 所示，将下降管道偏移量设置为“1000”再进行绘制。下降之后管道还要回升到最开始的高度，如图 4.76 所示，将管道偏移量重新设置为“3200”后绘制回升管道。此段给水管绘制完成后的三维模型如图 4.77 所示。

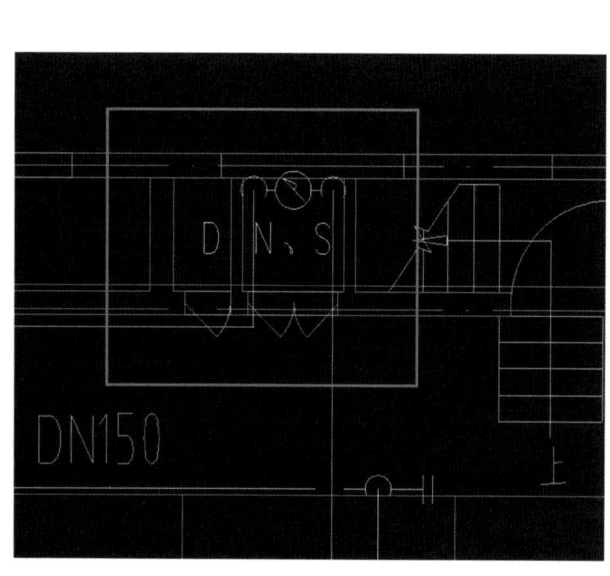

图 4.74　水表井处

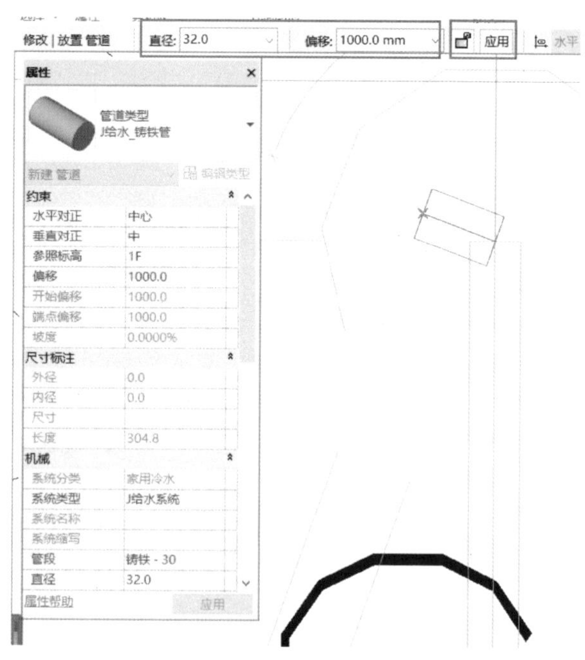

图 4.75　立管管道绘制

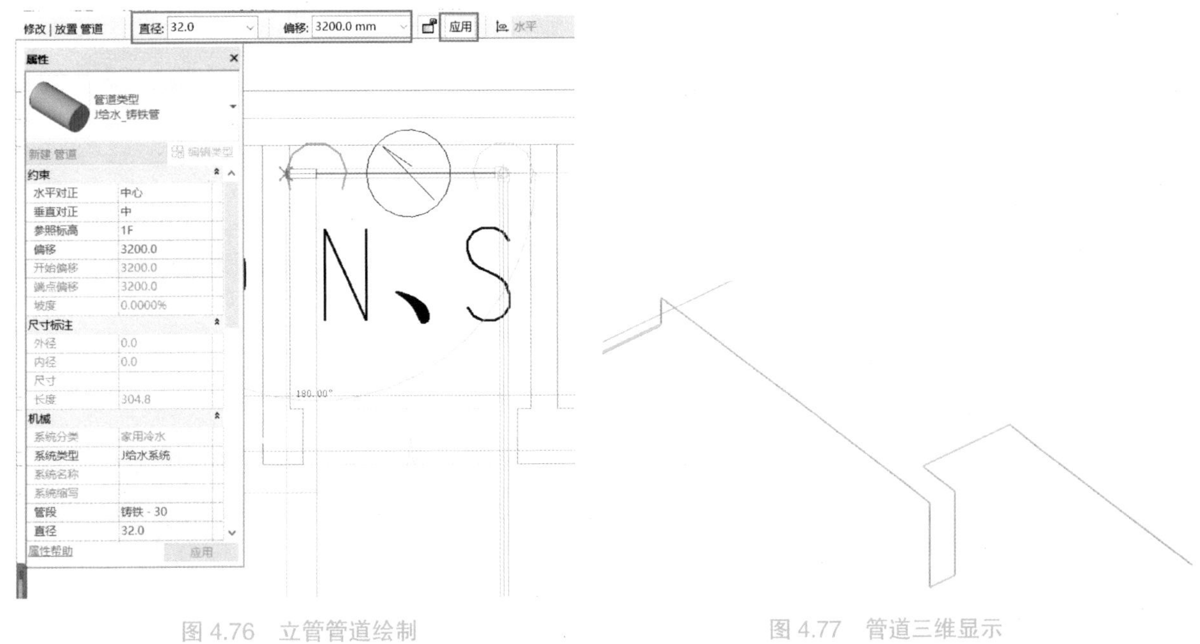

图 4.76　立管管道绘制　　　　图 4.77　管道三维显示

下一个分支处管道绘制方法与上一个相同，具体管道标高按图 4.78 所示进行设定。

其余给水管道可参照之前的绘制方法进行绘制，所有给水管道绘制完成后的三维模型如图 4.79 所示。

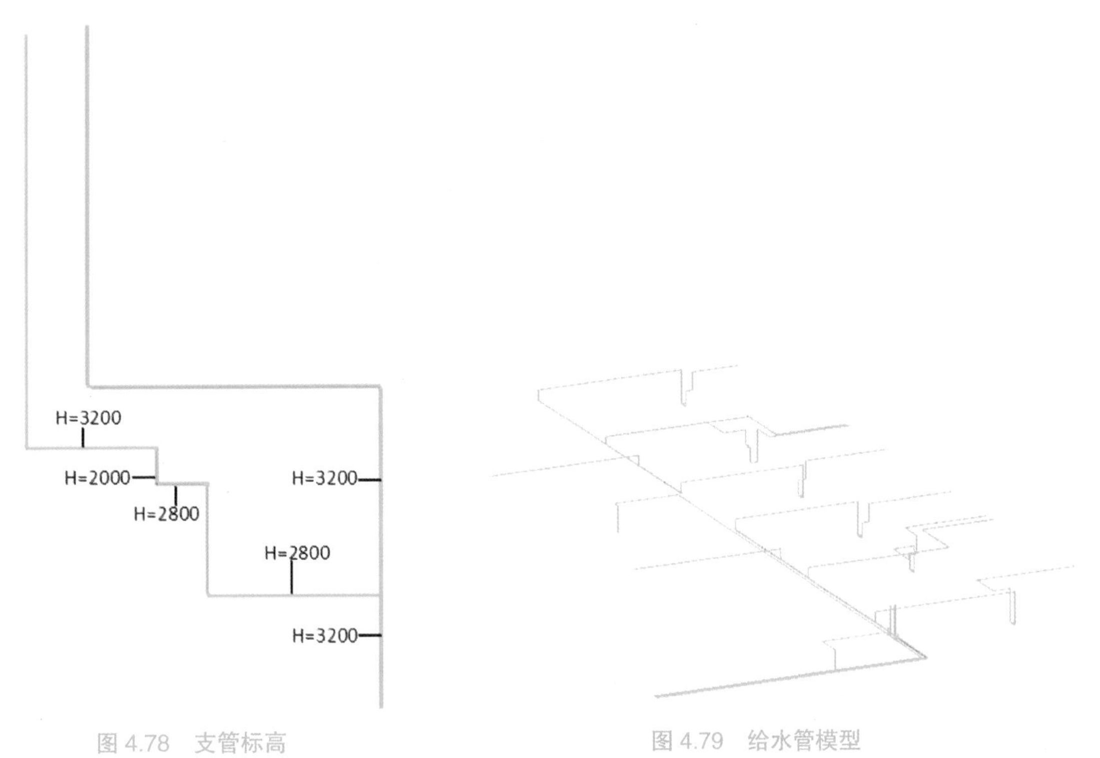

图 4.78　支管标高　　　　图 4.79　给水管模型

给水管道绘制完成之后，再绘制热给水管道（CAD 底图中的深蓝色管道）。绘制热给水管道时“系统类型”要选择“RJ 热给水系统”，如图 4.80 所示。热给水管道绘制完毕后的模型如图 4.81 所示。

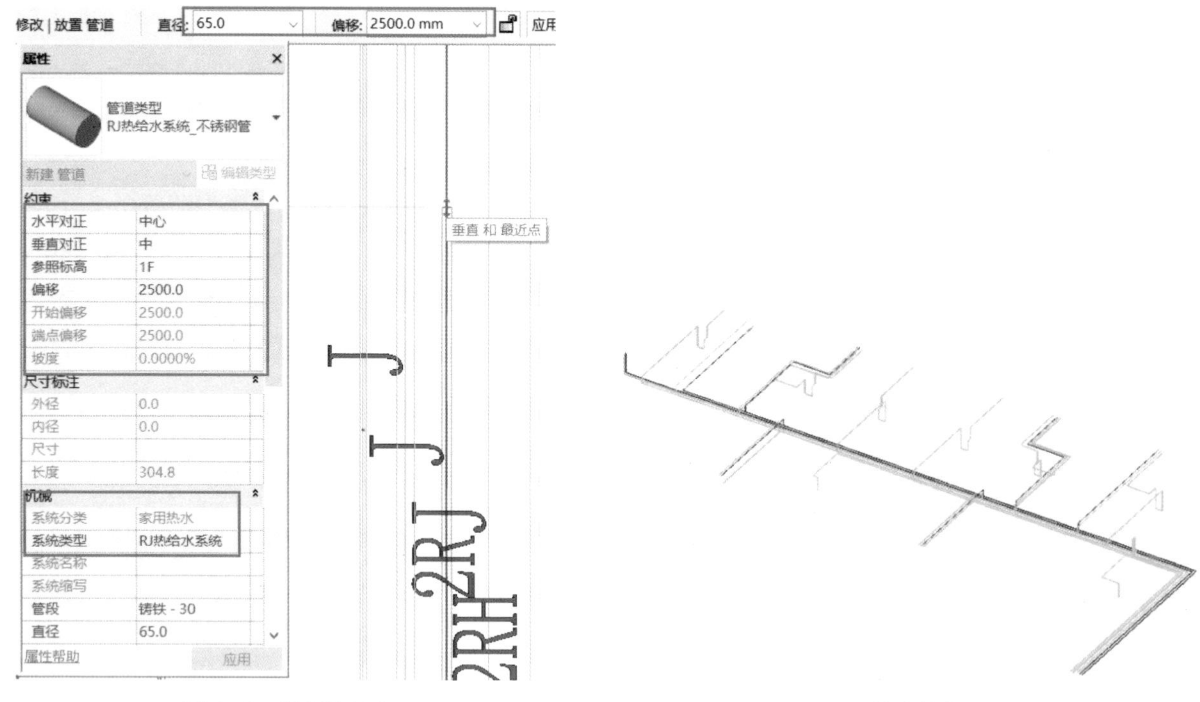

图 4.80　绘制热给水

图 4.81　给水管模型

同理在绘制热回水管道时，“系统类型”要选择“RH 热回水系统”，如图 4.82 所示。

热回水管道绘制完成后的模型如图 4.83 所示。

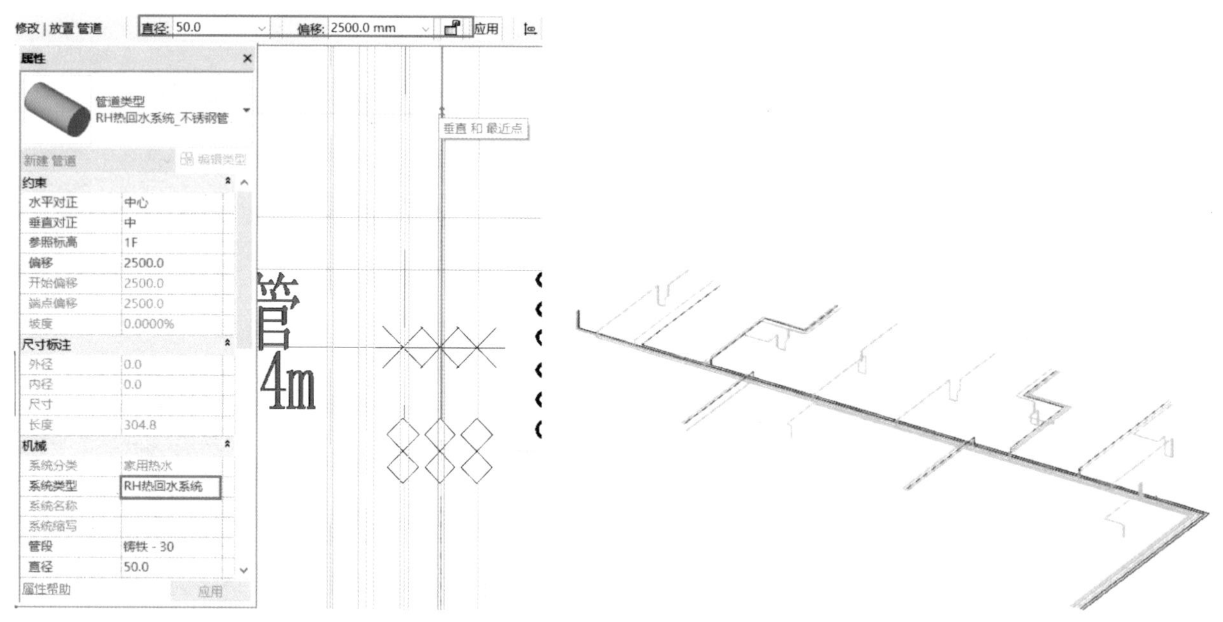

图 4.82　绘制热回水管道

图 4.83　给水管模型

最后绘制雨水管。雨水管是重力流管道（管道内部无压力，依靠重力由高处向低处流），绘制水平方向的雨水管时需要带坡度。如图 4.84 所示，直径设置为“200”，偏移量设置为“2500”，在“修改 | 放置管道”上下文选项卡的“带坡度管道”面板中选择“向上坡度”，坡度值选择“1.000%”，从末端开始绘制。

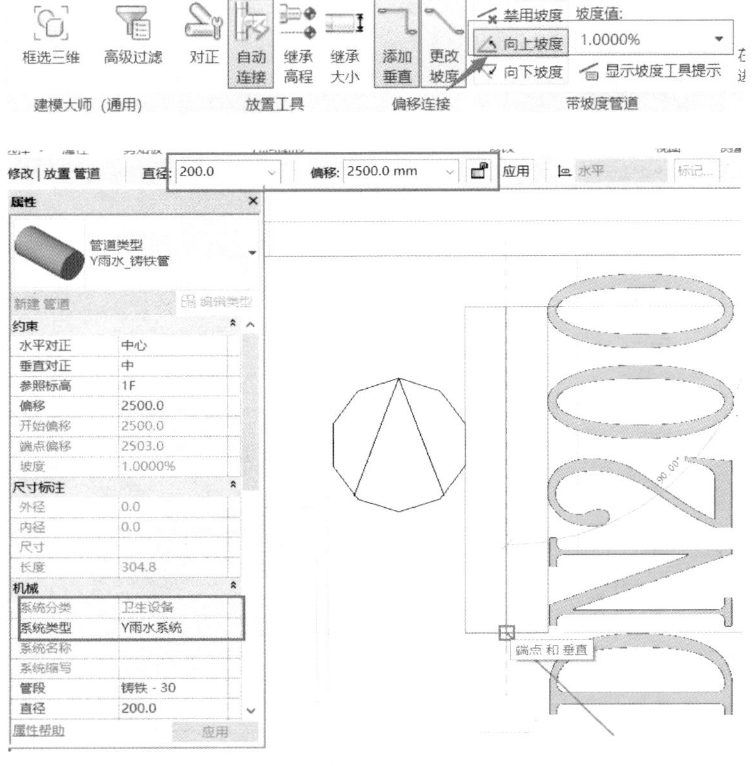

图 4.84　绘制雨水管

绘制到四通处按“ESC”键或鼠标右键取消退出绘制。单击“系统”选项卡下“卫浴和管道”面板中的“管件”，管件类型选择“45° 斜四通 - 承插”，偏移量设置为“2500”，然后在空白处点击放置。此时可以发现这个四通的方向不对，可按空格键将其旋转，如图 4.85 所示。

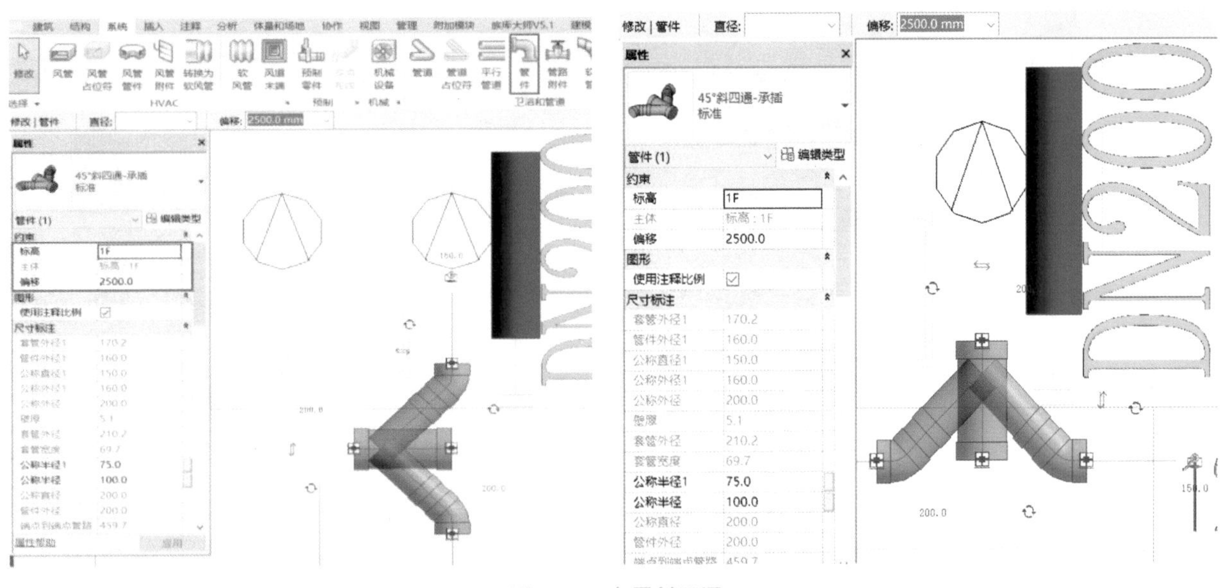

图 4.85　布置斜四通

旋转之后，将四通移动到雨水管下方，通过捕捉虚线使四通与管道对齐。单击雨水管，拖动雨水管下方拖拽点，使其与四通相连接，如图 4.86 所示。四通连接好之后以四通为起始端绘制与其连接的两根雨水管，选择四通，右击四通右侧拖拽点，选择“绘制管道”，如图 4.87 所示。同样，先设置管道坡度为“向上坡度”“1.000%”，再按 CAD 底图所示管道位置从末端开始绘制管道，如图 4.88 所示。

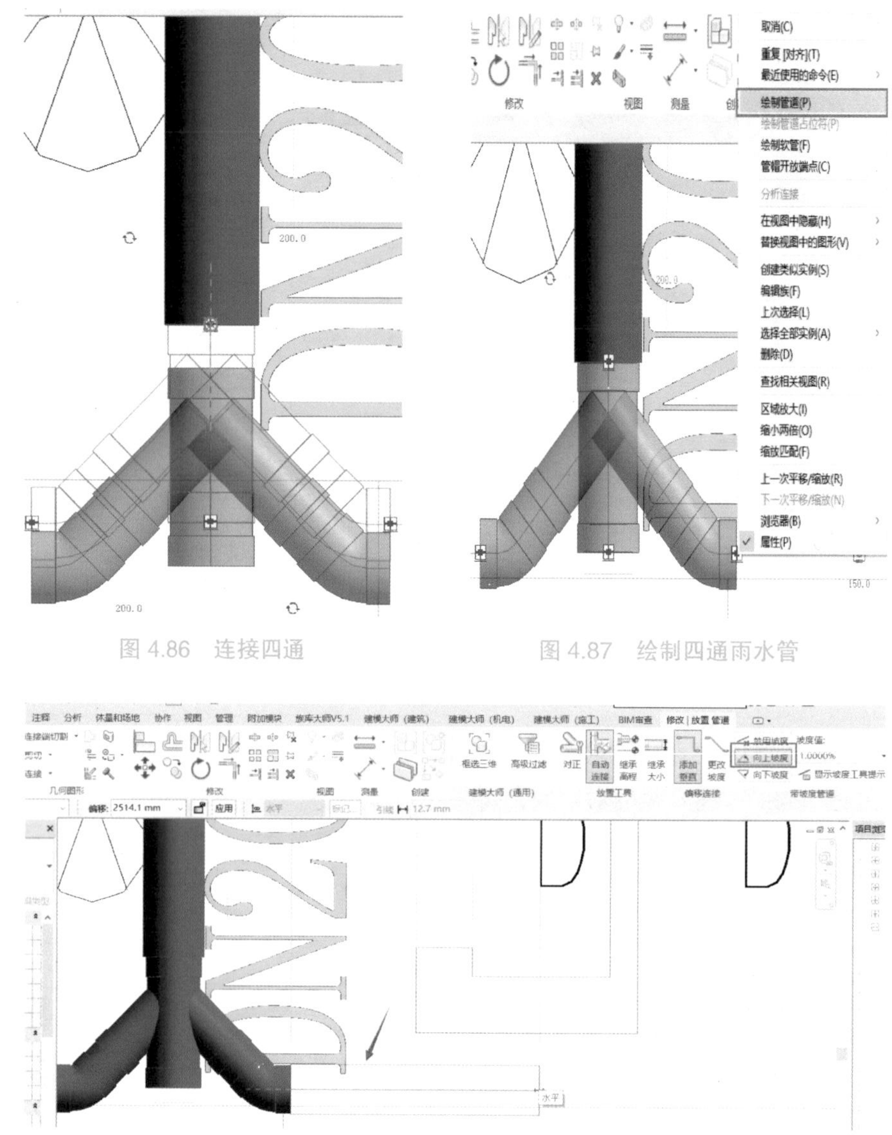

图 4.86　连接四通

图 4.87　绘制四通雨水管

图 4.88　绘制雨水管

对于连接在雨水管中间的有不同标高的雨水管，绘制时直接设置相应的标高，然后按图纸绘制即可，如图 4.89 所示。

绘制管道末端的立管时，管道坡度需要设置为“禁用坡度”，标高设置为“–1000”，再点击“应用”，如图 4.90 所示。

绘制完成的部分雨水管模型如图 4.91 所示。

接下来绘制集水坑中连接水泵的管道。如图 4.92 所示，从水泵端开始绘制，在“系统”选项卡下“卫浴和管道”面板中选择“管道”命令，“管道类型”选择“雨水 – 铸铁管”，“系统类型”选择“YP 压力排水系统”，管道直径设置为“100”，偏移量设置为“–1000”，开始绘制。绘制到拐弯处时将偏移设置为“1000”，接着绘制，如图 4.93 所示。

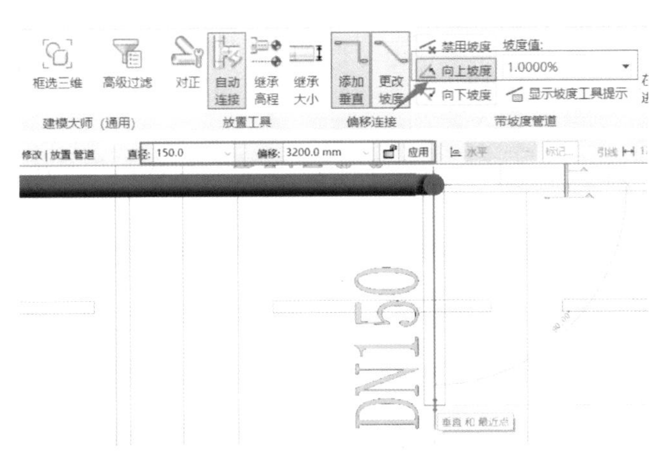

图 4.89　绘制不同标高雨水管

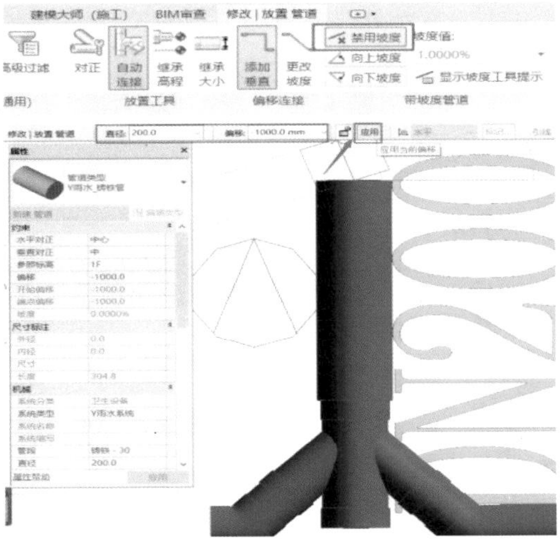

图 4.90　绘制雨水立管

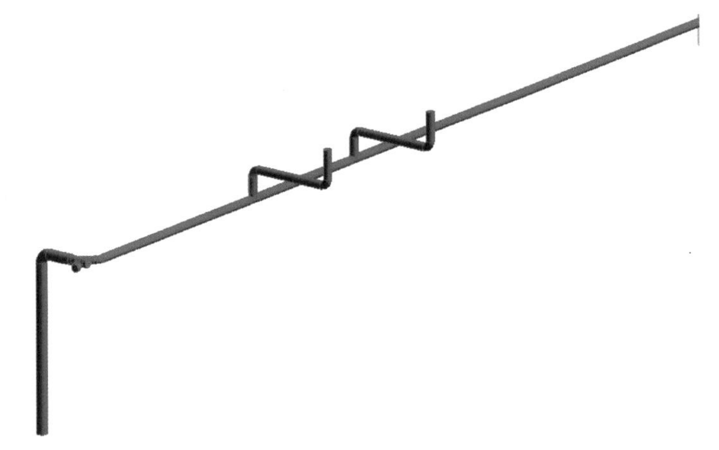

图 4.91　雨水管模型

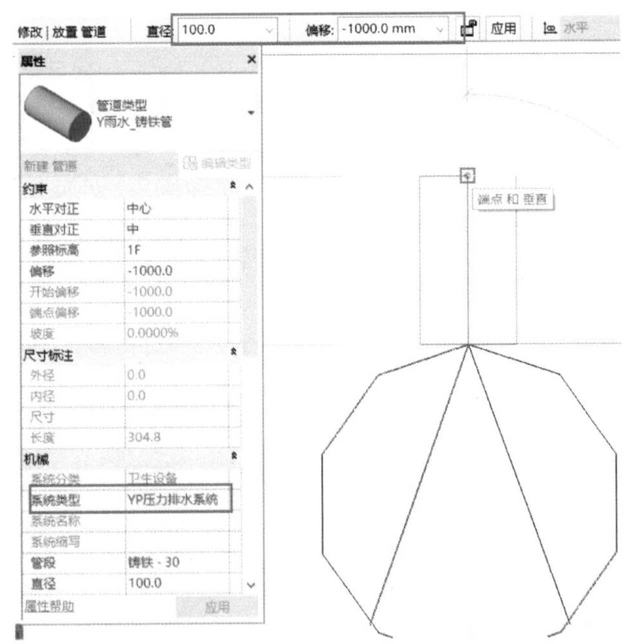

图 4.92　水泵端绘制

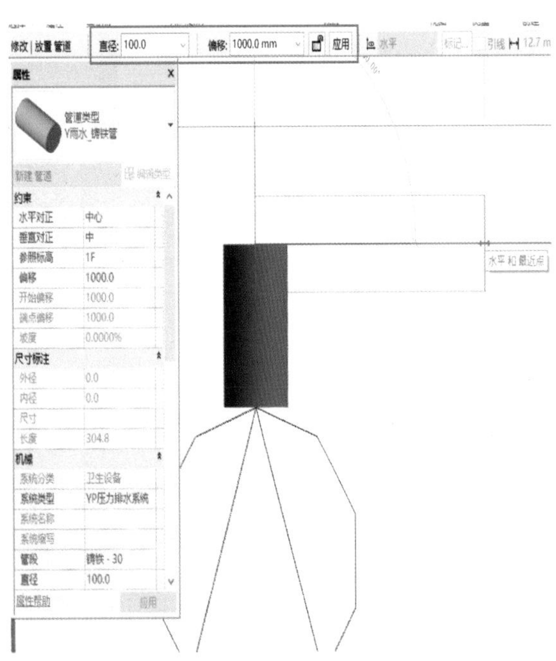

图 4.93　拐弯处标高绘制

在下一拐角处，将偏移设置为“3200”，在管道末端，同样绘制一根顶部标高为“4000”的立管，如图 4.94 所示。

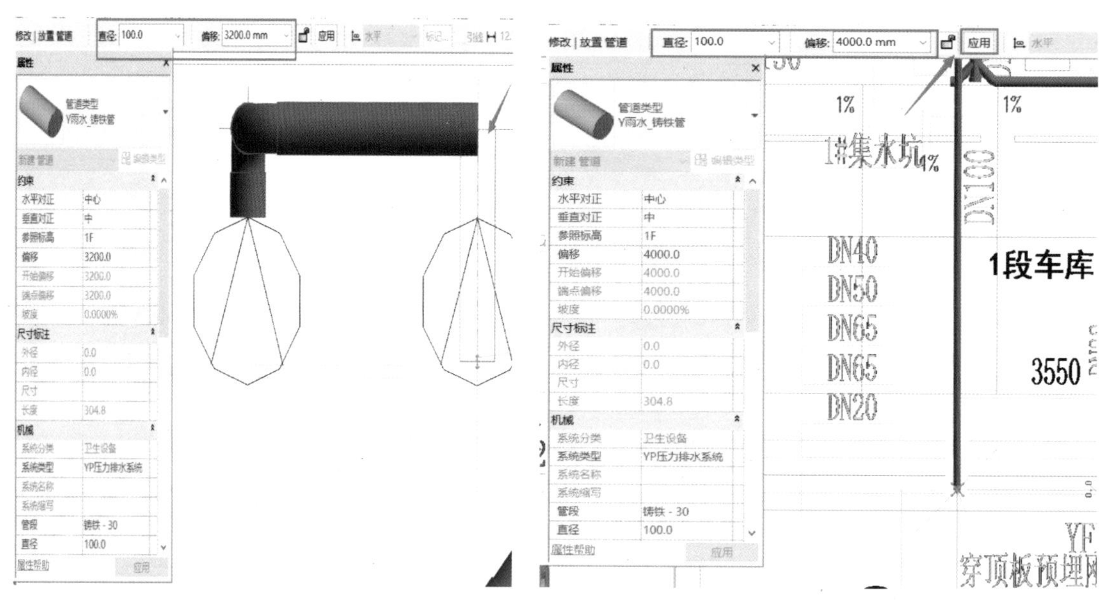

图 4.94　不同标高排水管

此时已绘制完成了连接水泵的其中一条管道，现在用“复制”命令复制另一条与水泵连接的管道。将视图调整到三维视图，选择如图 4.95 所示弯头，点击“+”，将弯头变为三通。再选择如图 4.96 所示部分管道和管件，将视图转换到后视图或北立面，单击“复制”命令，并在“修改 | 多个选择”上下文选项卡中勾选“约束”，将选中构件复制到另一边，操作示意见图 4.97。复制过去的管道还没有与整个系统连接起来，需要手动将它们连接，如图 4.98 所示，拖动管道拖拽点，使之与三通相连接。连接完成后的模型如图 4.99 所示。

图 4.95　弯头变三通　　图 4.96　选择管道　　图 4.97　复制管道

2# 集水坑管道示意见图 4.100，所示压力管绘制跟上述操作方法一样。当全部管道绘制完成后，管道模型如图 4.101 所示。

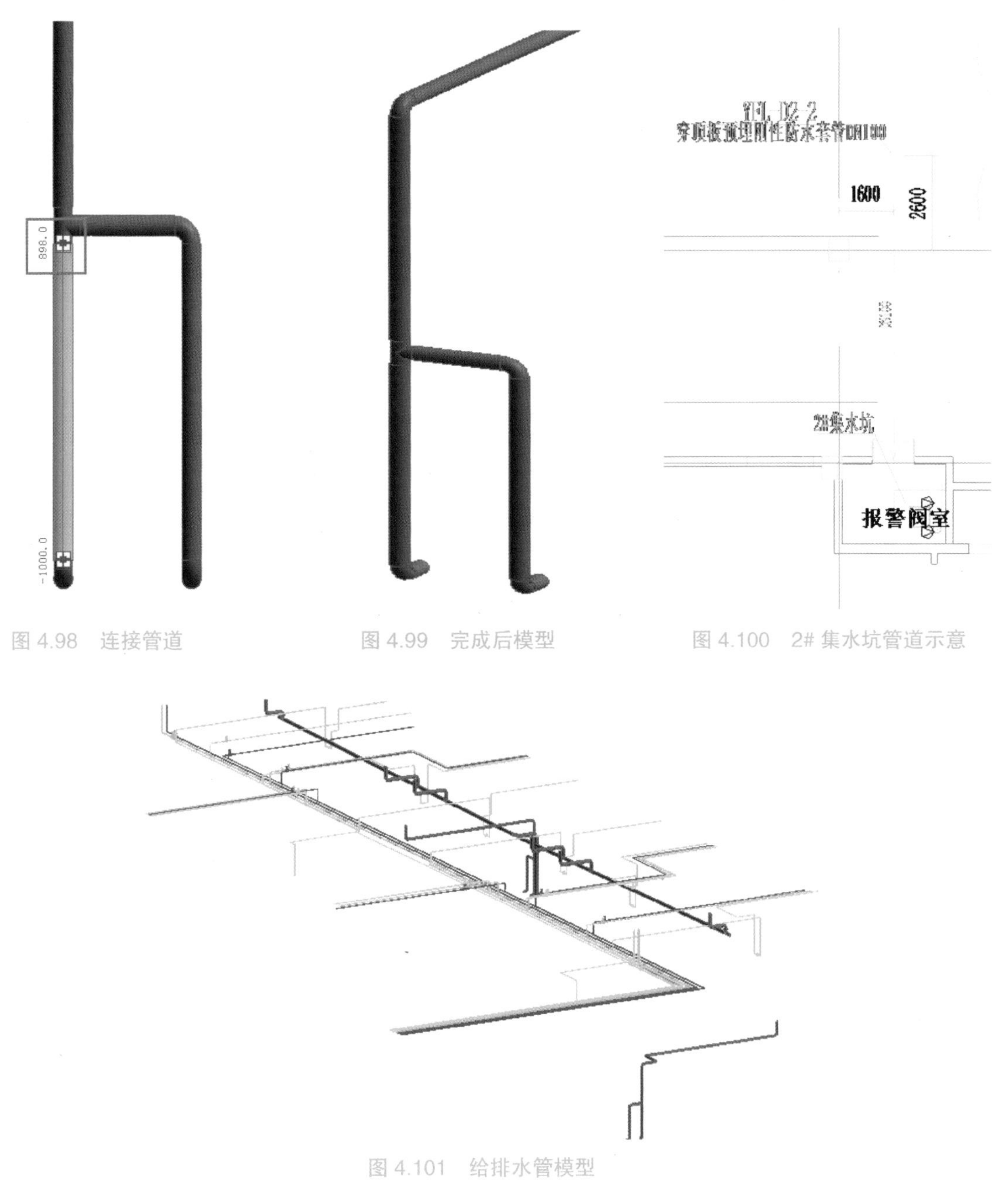

图 4.98　连接管道

图 4.99　完成后模型

图 4.100　2# 集水坑管道示意

图 4.101　给排水管模型

管道的颜色也是依系统而定，具体添加方法与风管一致，这里不再赘述。

20.3 添加管路附件

1. 添加管道上的阀门

在“系统”选项卡下“卫浴和管道”面板中单击“管路附件”工具，软件自动弹出“修改 | 放置管道附件”上下文选项卡。单击“修改图元类型”的下拉按钮，选择“截止阀 -J41 型 - 法兰式”，型号选择“J41H-16-50mm”，如图 4.102 所示，在绘图区把鼠标移动到管道中心线处，捕捉到中心线时（中心线高亮显示）单击鼠标完成阀门的添加。

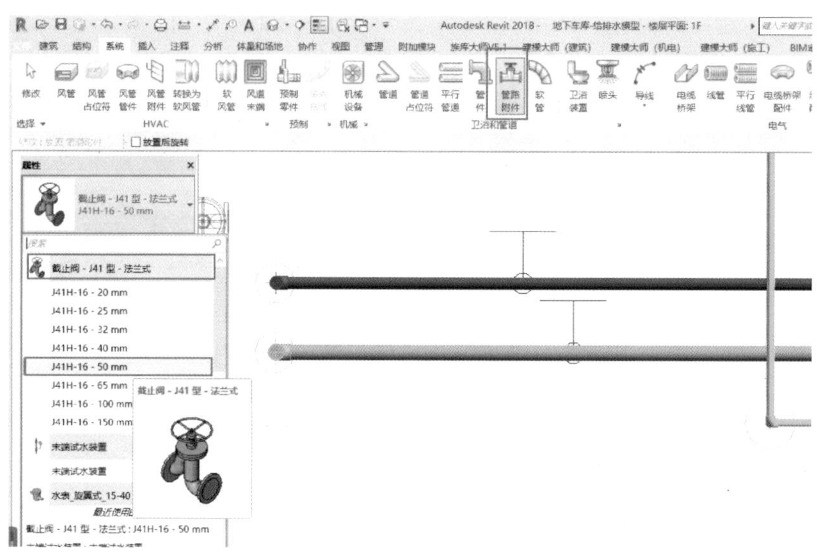

图 4.102　截止阀

将平面的视觉样式设置为中等模式时，阀门会显示其二维表达，如图 4.103 所示。添加完的阀门三维模型如图 4.104 所示。接着将项目中所有的截止阀添加完毕。

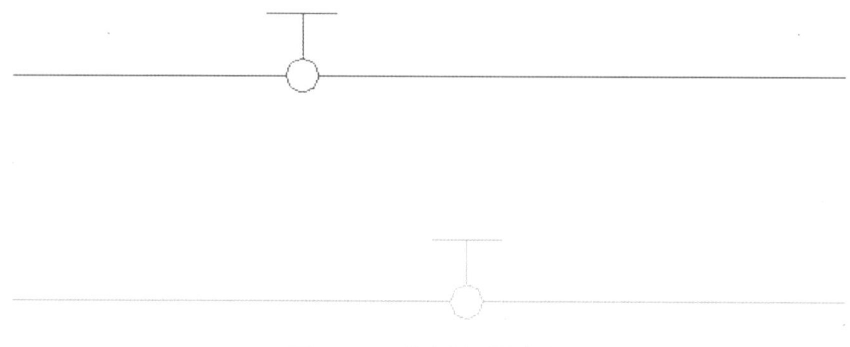

图 4.103　截止阀平面表达

图 4.104　截止阀三维表达

截止阀添加完成之后添加蝶阀，添加方法同上，如图 4.105 所示。

蝶阀布置后的三维模型如图 4.106 所示。然后将剩余蝶阀布置完成。

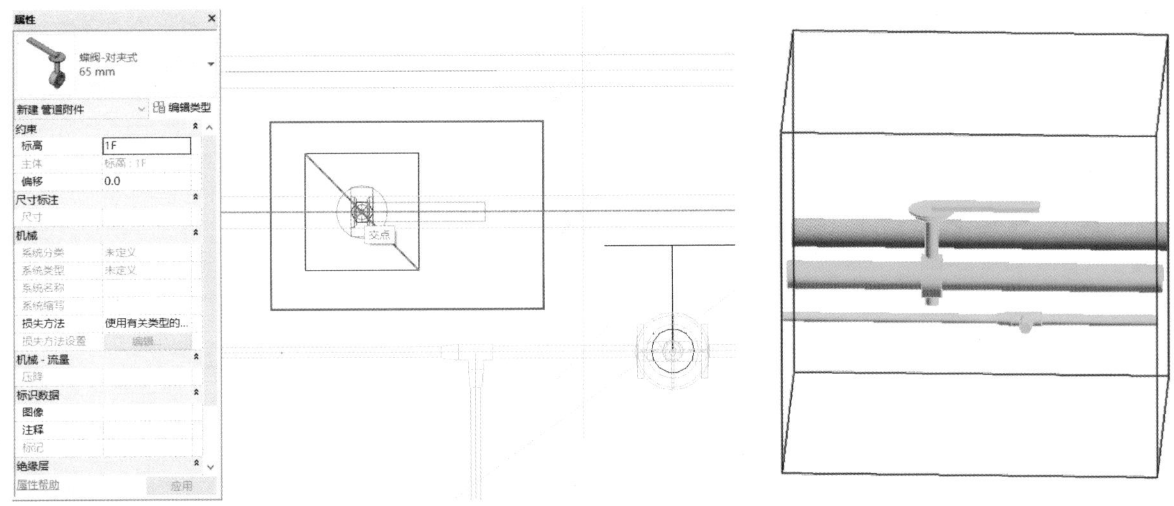

图 4.105　布置蝶阀　　　　图 4.106　蝶阀三维示意

2. 添加管道上的水表

在“系统”选项卡下“卫浴和管道”面板中单击“管路附件”工具，软件自动弹出“修改 | 放置管道附件”上下文选项卡。单击“修改图元类型”的下拉按钮，选择“水表 – 旋翼式 –15–40 mm– 螺纹”，型号选择“32mm”，如图 4.107 所示，在绘图区把鼠标移动到管道中心线处，捕捉到中心线时（中心线高亮显示）单击鼠标完成水表的添加。

水表布置完成后的平面和三维表达如图 4.108 所示。接着再将项目中所有的水表添加完成。

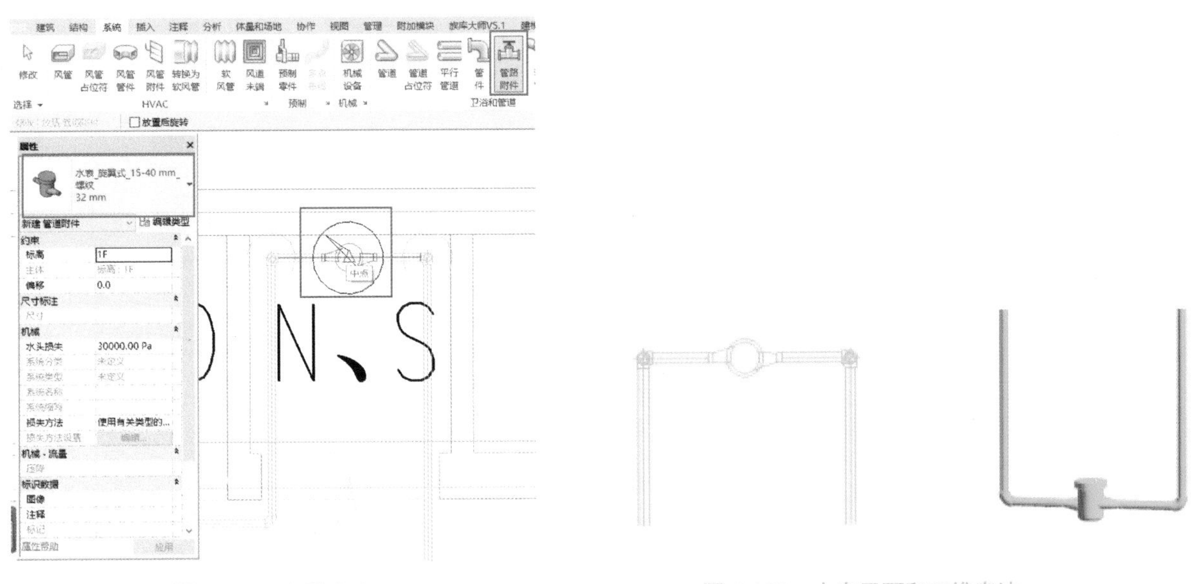

图 4.107　布置水表　　　　图 4.108　水表平面和三维表达

20.4 添加水泵

在“系统”选项卡下“卫浴和管道”面板中单击“机械设备”工具，单击“修改图元类型”的下拉按钮，选择“潜水泵”，单击项目中空白处放置水泵，如图 4.109 所示。

单击选择潜水泵，通过空格键调整潜水泵的方向，使其管道连接口向上。右击潜水泵拖拽点，在弹出的菜单中选择“绘制管道”，如图 4.110 所示。沿着潜水泵绘制一段管道，并将该管道偏移值调整为“-1000”，如图 4.111 所示，这样可以使潜水泵和压力管在同一标高处连接。

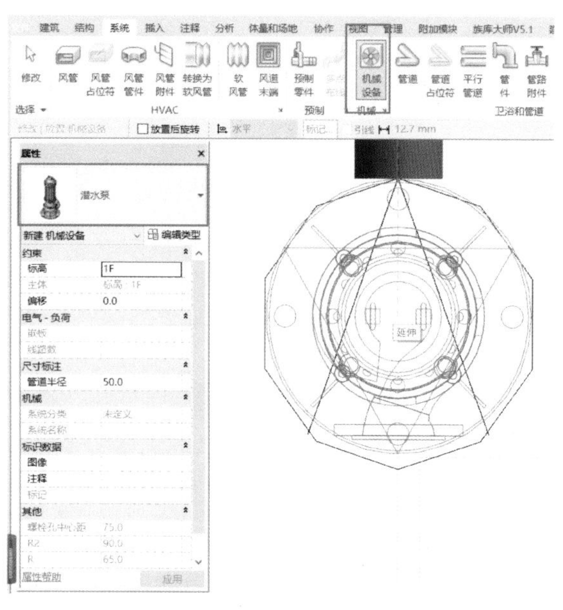

图 4.109　潜水泵

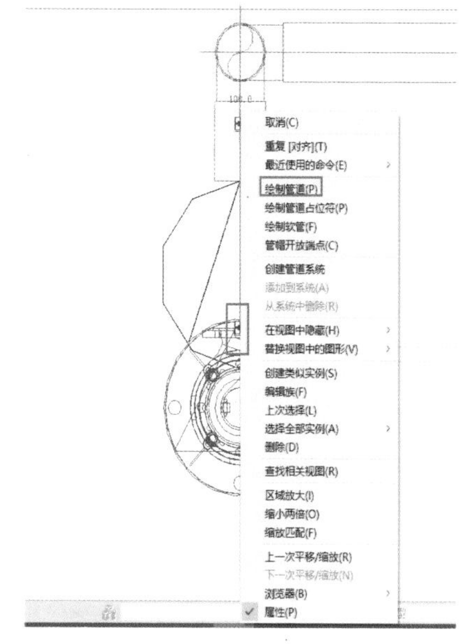

图 4.110　绘制水泵管道

将与潜水泵连接的管道与上方管道对齐，拖动其中一根管道的拖拽点，让两根管道连接，如图 4.112 所示。最后移动潜水泵的位置，使之与 CAD 图纸中潜水泵的位置一致。

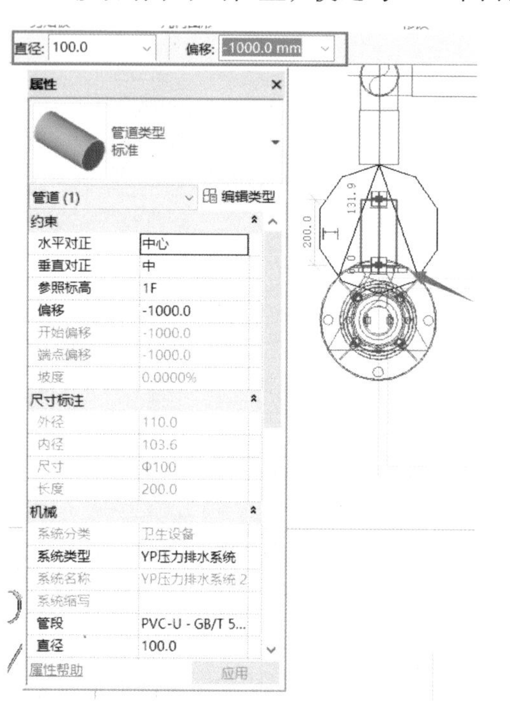

图 4.111　调整管道标高

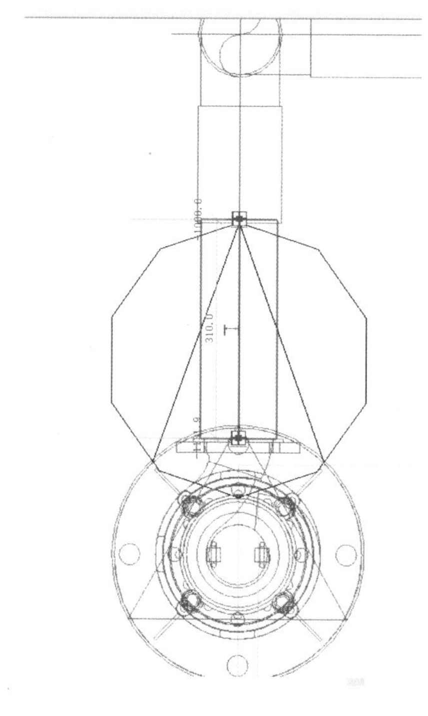

图 4.112　管道连接

将视图转到三维，连接好的一台潜水泵如图 4.113 所示。同样的方法添加另一台潜水泵，完成后的模型如图 4.114 所示。

图 4.113　潜水泵三维示意　　　图 4.114　另一处潜水泵

整个给排水模型绘制完成之后如图 4.115 所示。

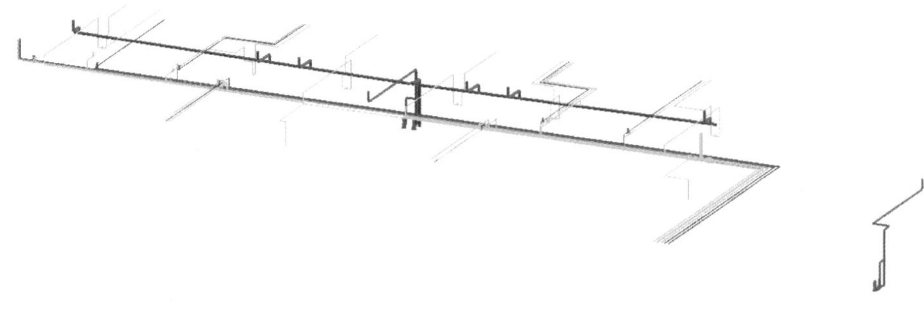

图 4.115　完成后的给排水模型

任务 21　消防模型创建

消防系统是现代建筑设计中必不可少的一部分，由于现代化的建筑物中电气设备的种类与使用量的大大增加，内部陈设与装修材料大多是易燃的，这无疑是火灾发生频率增加的一个因素。其次，现代化的高层建筑物一旦起火，火势猛，蔓延快，建筑物内部的管道竖井、楼梯和电梯等如同一座座烟筒，拔火力很强，会使火势迅速扩散，这样，处于高处的人员及物资疏散就较为困难。除此之外，高层建筑物发生火灾时，其内部通道往往被人切断，而从外部扑救又不如低层建筑物外部扑火那么有效，扑救工作主要靠建筑物内部的消防设施。由此可见现代高层建筑的消防系统是何等的重要。

本章将通过案例来介绍消防专业识图和在 Revit 中进行消防建模的方法，并讲解如何设置管道系统的各种属性，使读者了解消防系统的概念和基础知识，同时掌握一定的消防专业知识以及在 Revit 中绘制消防模型的方法。

21.1 案例介绍

本案例消防模型包含喷淋系统和消火栓系统。如图 4.116 所示，粉色管道部分为喷淋系统，红色管道部分为消火栓系统。图中标注了各管道的尺寸及标高，根据这些信息绘制消防模型。观察消防系统 CAD 图纸可以发现，喷淋管道的排布非常有规律，块与块之间相似度很大，因此绘制喷淋管道时可以反复使用“复制”命令以减少建模工作量。

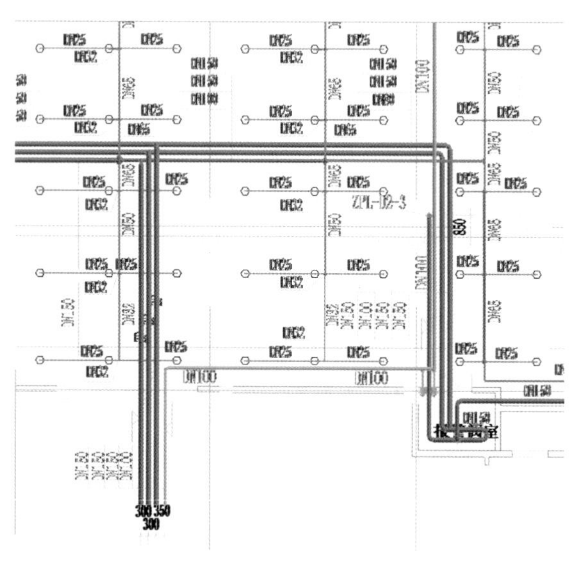

图 4.116　消防喷淋系统

21.2 链接CAD底图

打开之前保存的“地下车库－消防模型”RVT 件，在项目浏览器中双击进入“楼层平面 IF”平面视图，单击“插入”选项卡下“链接”面板中的“链接 CAD”，打开“链接 CAD 格式”对话框，从“地下车库 CAD”文件夹中选择“地下车库消防系统”DWG 文件，具体设置如图 4.117 所示。然后将导入的 CAD 图纸与项目轴网位置对齐并锁定。

与前面章节相同，将 CAD 图纸锁定之后，再将项目本身的轴网隐藏，如图 4.118 所示。

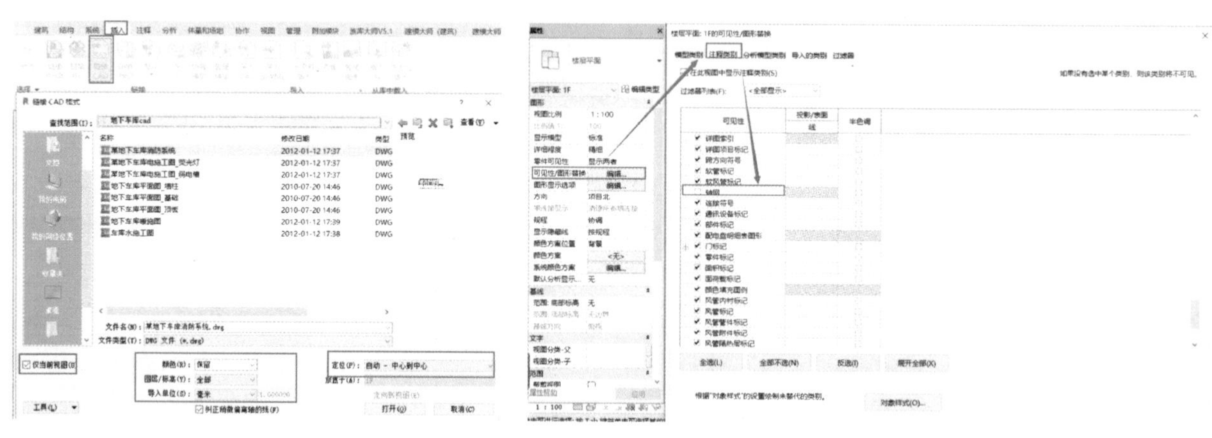

图 4.117　链接 CAD 图纸　　　图 4.118　轴网可见性设置隐藏

21.3 绘制消防管道

21.3.1　喷淋系统管道

在“系统”选项卡下，单击“卫浴和管道”面板中的“管道”工具，或使用快捷键 PI，在自动弹出的“修改｜放置管道”上下文选项卡中的选项栏里设置“直径”为“25”，“偏移量”为“2400”，“管道类型”选择“2P 喷淋钢管”，“系统类型”选择“2P 自动喷淋系统”，如图 4.119 所示。设置完成之后在绘图区域绘制水管，整体绘图方向从左向右。

单击“卫浴和管道”面板中的“喷头”工具，选择“喷头 – ELO 型 – 闭式 – 直立型”，偏移量设置为“3600”，如图 4.120 所示，在绘图区将喷头放置在管道的中心线上。喷头需要手动与管道连接，单击选择喷头，在激活的“修改｜喷头”选项卡下的“布局”面板中选择“连接到”，如图 4.121 所示，然后选择要与喷头连接的管道，即可将它们连接在一起。连接完成之后如图 4.122 所示。

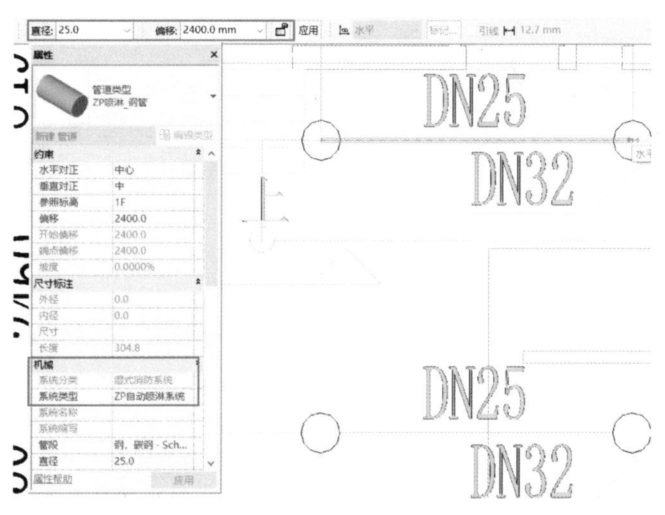

图 4.119　绘制喷淋系统

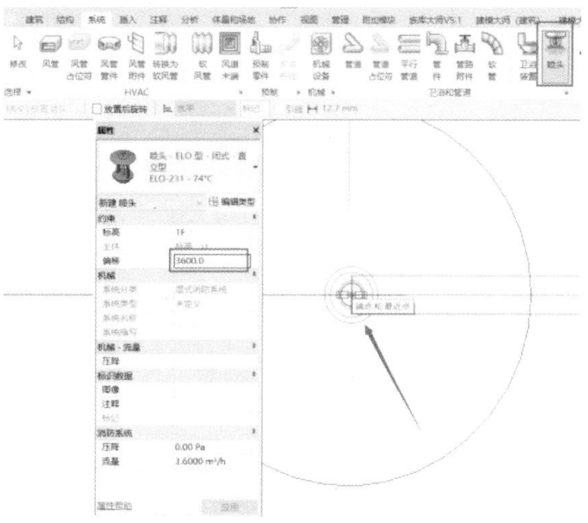

图 4.120　布置喷头

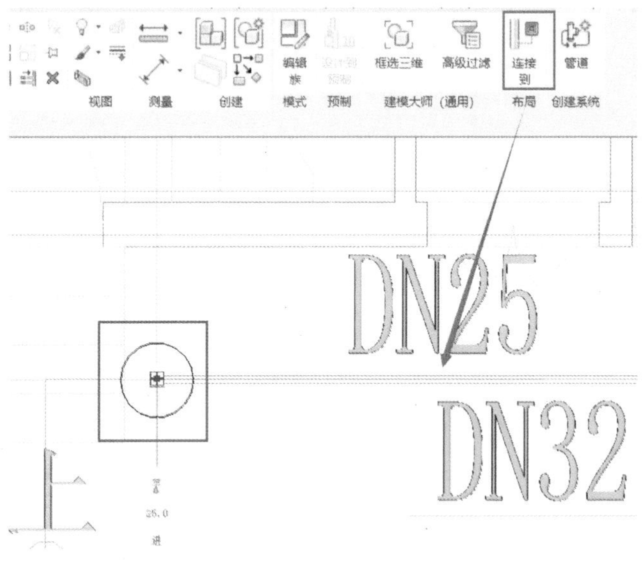

图 4.121　喷头连接至管道

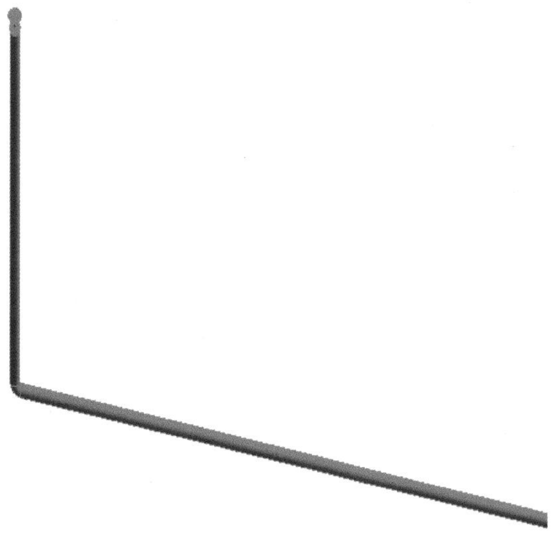

图 4.122　喷头连接后三维示意

用同样的方法将这根横支管上的剩余两个喷头全部连接到管道上。完成之后要将该支管连同相应的喷头整体往下复制。如图 4.123 所示，选中相应的构件，单击“复制”命令，勾选“约束”和“多个”，将选中构件依次复制到下方相应位置。复制完成之后如图 4.124 所示。

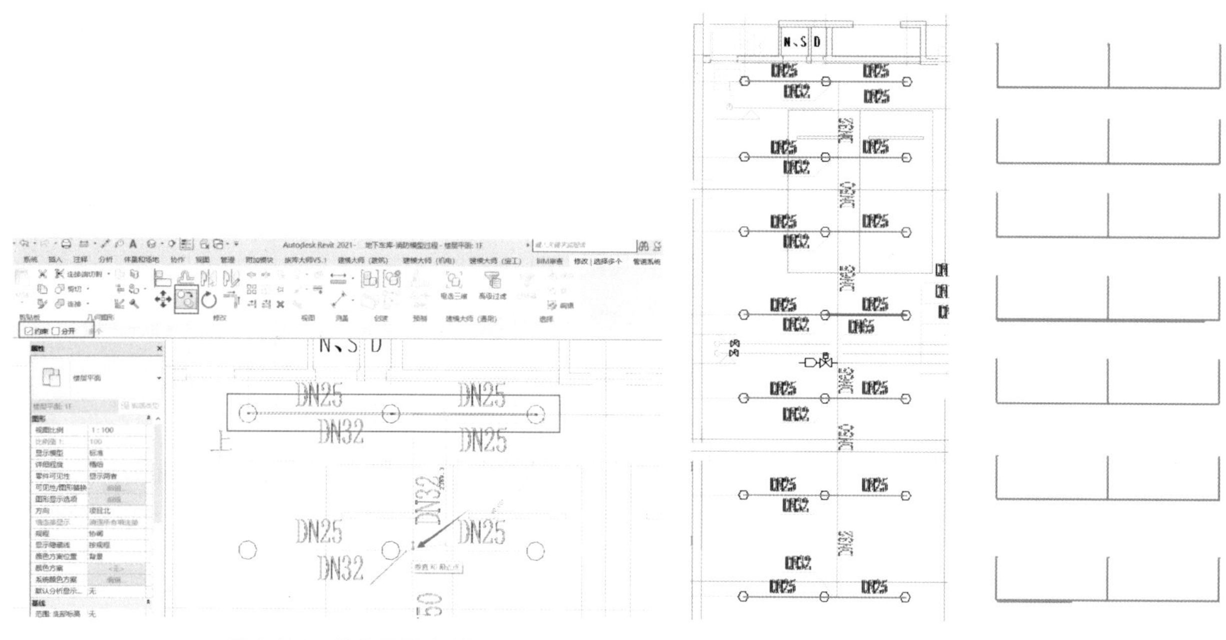

图 4.123　选择构件复制　　　　图 4.124　复制后的横支管

该区域的横支管通过复制快速绘制完成后，接下来绘制贯穿这些支管的主管，如图 4.125 所示，先将管径暂时统一设为“32”，绘制完成之后再调整其他不同管径管道的尺寸。这样先绘制支管最后绘制主管的目的是为了方便在主管上自动生成四通，省去了手动连接的工作。

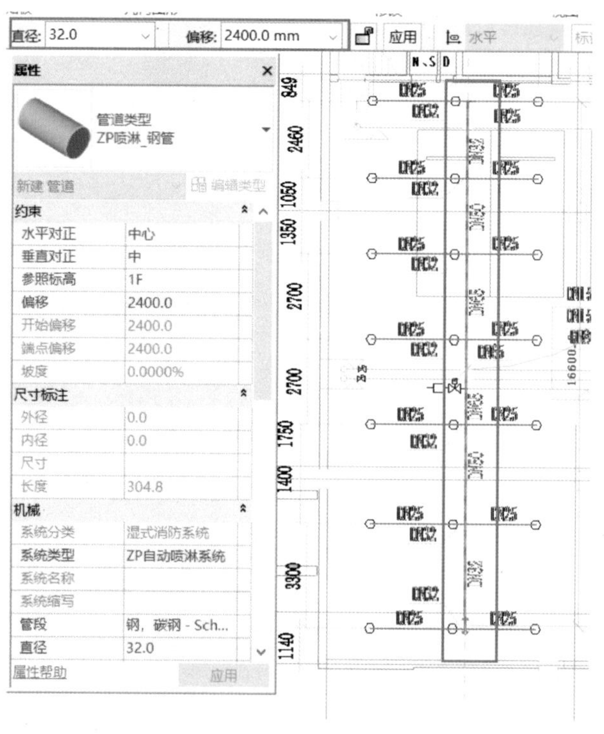

图 4.125　绘制 32 主管

选中需要更改尺寸的构件，如图 4.126 所示，直接将其直径修改为“32”即可。提示：模型中的管件也有不同的尺寸，与管道连接的管件的尺寸不会随着管道尺寸的改变而自动改变，因此已经生成的管件也需要手动更改尺寸。

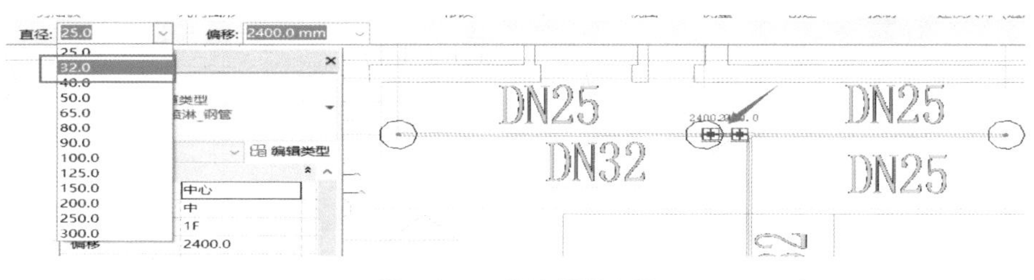

图 4.126　修改管道直径

修改完成之后的喷淋模型如图 4.127 所示。

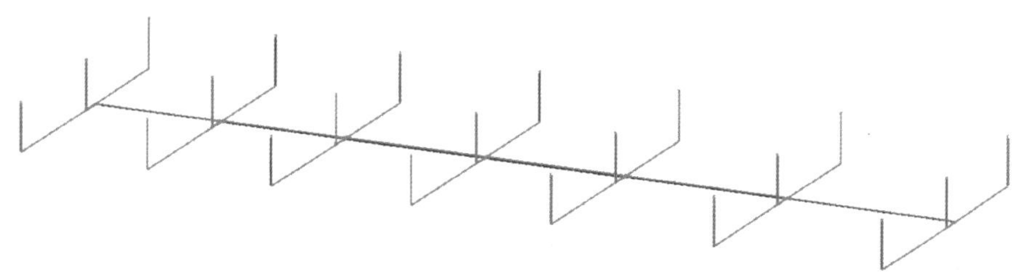

图 4.127　修改后喷淋模型

将刚刚绘制的一整块模型作为一个整体向右复制，如图 4.128 所示。复制之后只需要对其中不相同的部分进行修改即可，如图 4.129 所示。

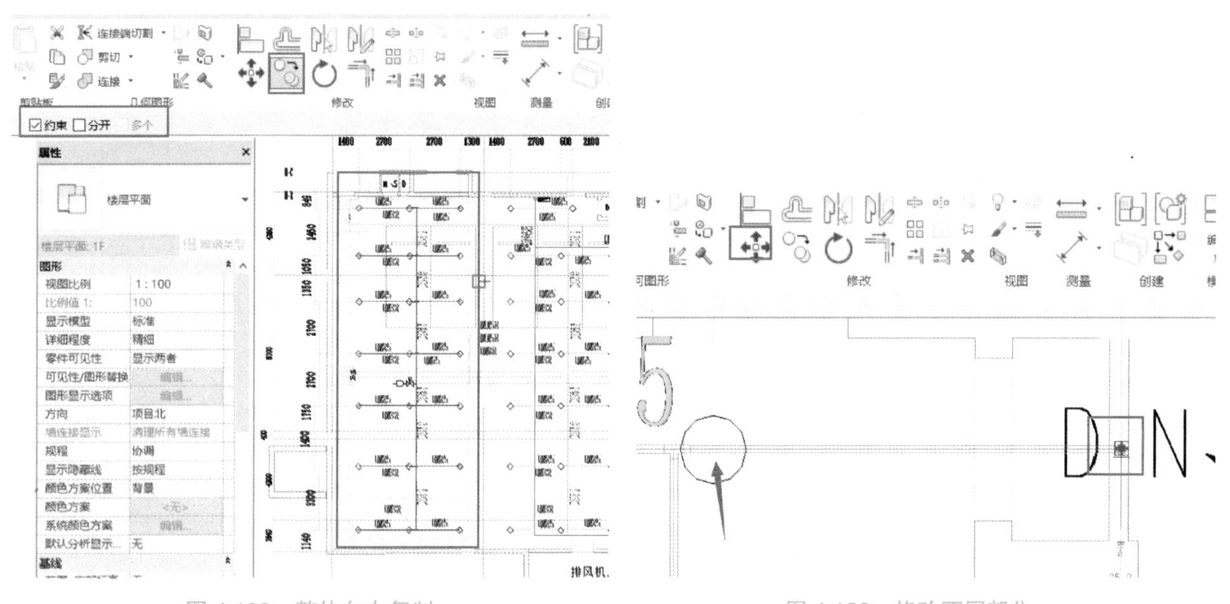

图 4.128　整体向右复制　　　图 4.129　修改不同部分

继续绘制喷淋模型，此时可选择与将要绘制部分相邻的左侧两排管道，如图 4.130 所示，将它们整体向右复制，并按底图所示修改不同部分的支管。按此方法将剩余的支管绘制完成。

所有支管绘制完成之后再绘制贯穿整个系统的主管道，如图 4.131 所示，先将管道直径暂定为“150”，如之前所述，管道连接处会自动生成四通，然后再对部分管道和管件进行尺寸的调整。

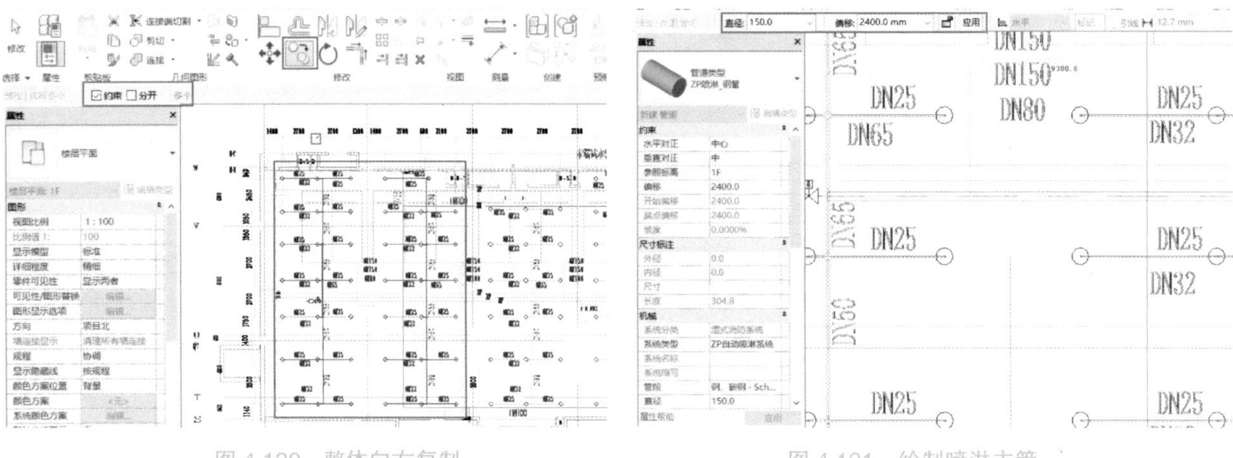

图 4.130　整体向右复制　　　　图 4.131　绘制喷淋主管

所有喷淋管道绘制完毕后的模型如图 4.132 所示。

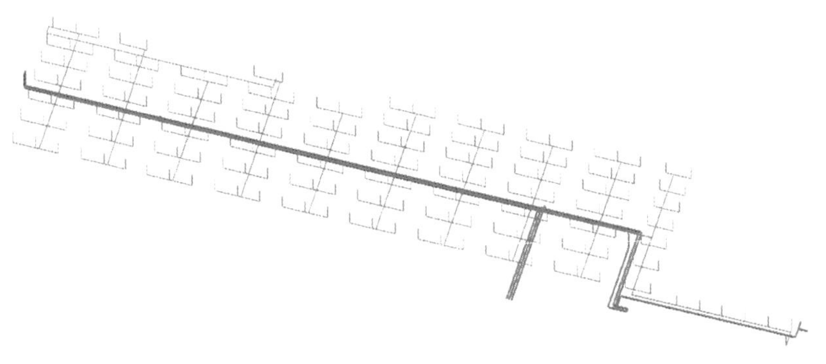

图 4.132　喷淋模型

21.3.2　消火栓系统管道

消火栓管道绘制方法与给排水管道相似。从 CAD 图纸中可以看出，消火栓管道是环绕整个地下车库一圈布置的。绘制时先布置主管道，如图 4.133 所示，系统类型选择“X消火栓”。

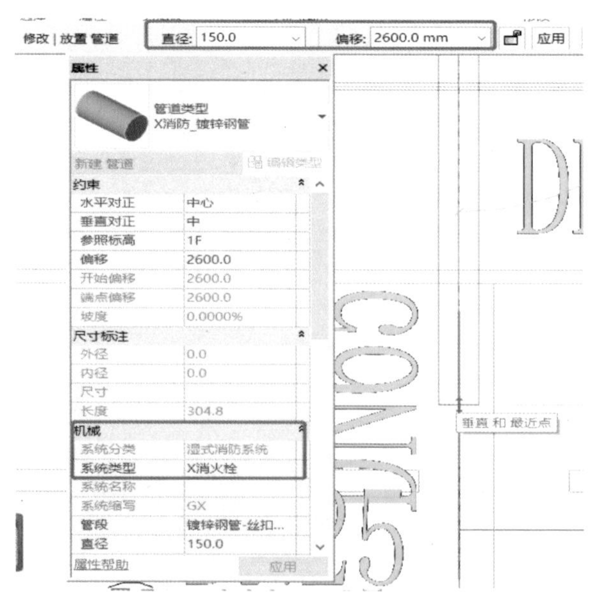

图 4.133　绘制消火栓系统

在绘制与消火栓连接的支管时，无需手动绘制与消火栓连接的立管，只要将水平管绘制到消火栓上方即可，如图 4.134 所示，稍后连接消火栓时系统会自动生成立管。所有消火栓管道绘制完成后的模型如图 4.135 所示。

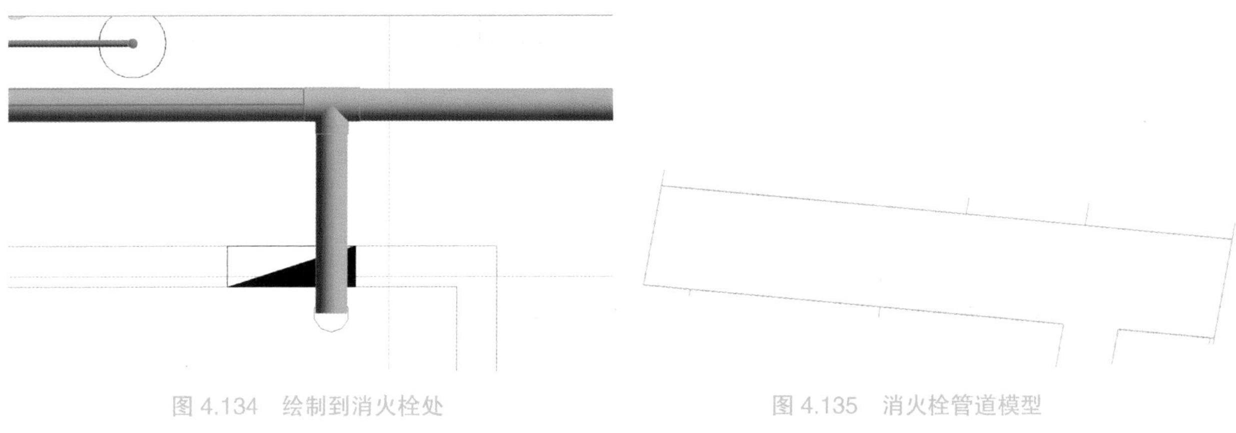

图 4.134　绘制到消火栓处　　　　图 4.135　消火栓管道模型

21.4 绘制管路附件

在“系统”选项卡下“卫浴和管道”面板中单击“管路附件”工具，软件自动弹出“修改 | 放置管道附件”上下文选项卡。附件类型选择“末端试水装置”，偏移量设置为“1000”，如图 4.136 所示，在绘图区域点击放置。单击选中此末端试水装置，在“修改 | 管道附件”选项卡下选择“连接到”命令，然后单击选择要与此末端试水装置连接的管道，即可完成连接，如图 4.137 所示。

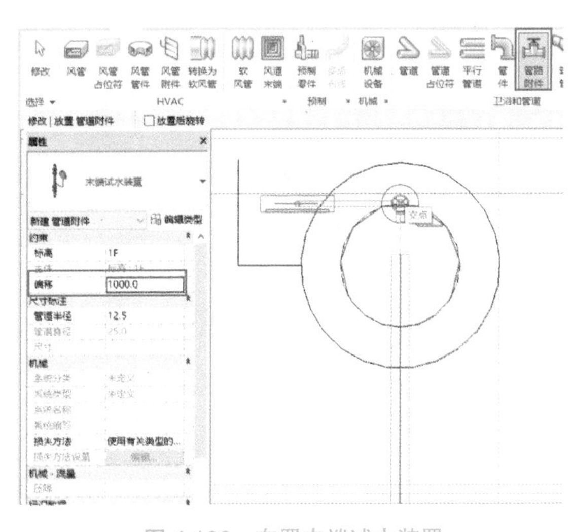

图 4.136　布置末端试水装置

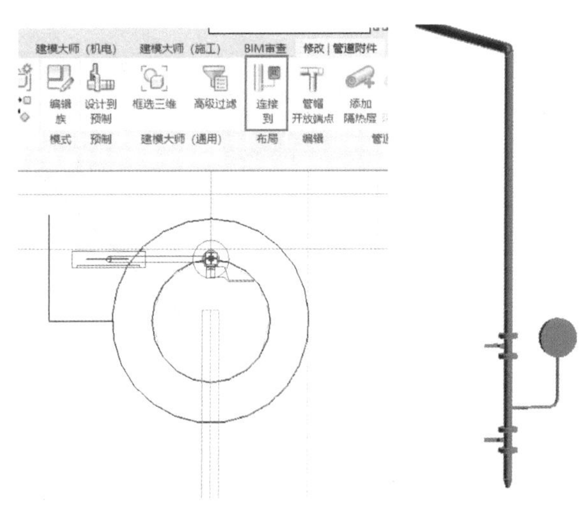

图 4.137　末端试水装置连接

21.5 绘制消火栓

在“系统”选项卡下“卫浴和管道”面板中单击“机械设备”工具，软件自动弹出“修改 | 机械设备”上下文选项卡。设备类型选择“单栓消火栓 – 左接 S65”，偏移量设置为“1100”，如图 4.138 所示，

在绘图区域点击放置。消火栓方向不对时可通过空格键切换构件方向。

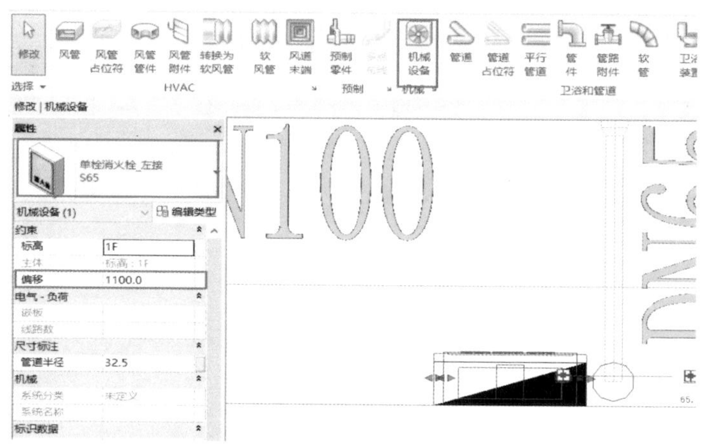

图 4.138　布置消火栓

接着将消火栓连接到相应的管道上。连接消火栓的方法与连接末端试水装置的方法相同，单击选中消火栓，选择“连接到”命令然后单击选择要与该消火栓连接的管道即可。连接完之后如图 4.139 所示。

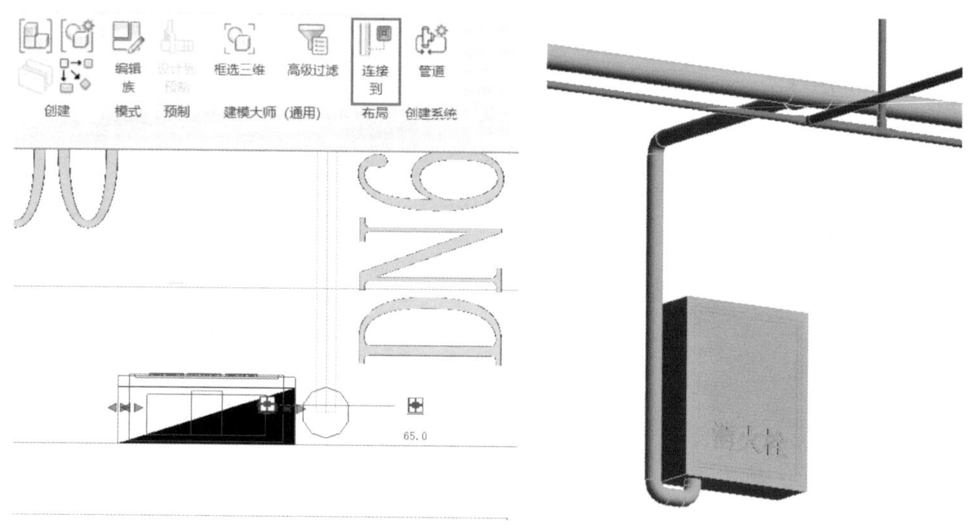

图 4.139　消火栓连接

使用“连接到”命令连接消火栓时，系统会默认采取最短路径连接。对于需要沿其他路径连接的消火栓，如图 4.140 所示，这时需要手动绘制连接管道。

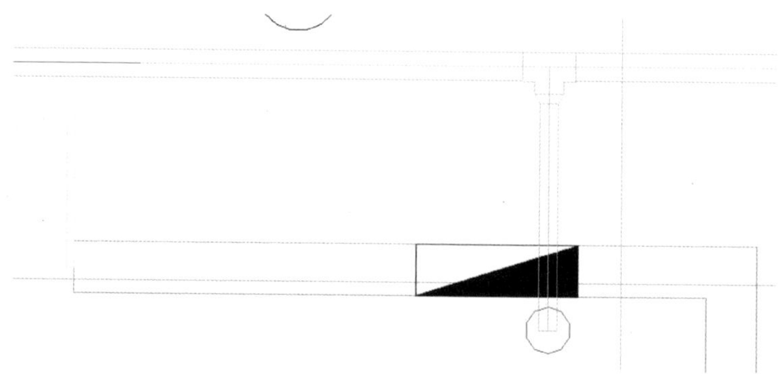

图 4.140　需手动连接消火栓

单击选择该消火栓，右击管道连接点，选择“绘制管道”。将管道偏移量设置为“1000”，如图 4.141 所示。然后按需要进行绘制，绘制完成之后将上下两根管道连接，最后效果如图 4.142 所示。

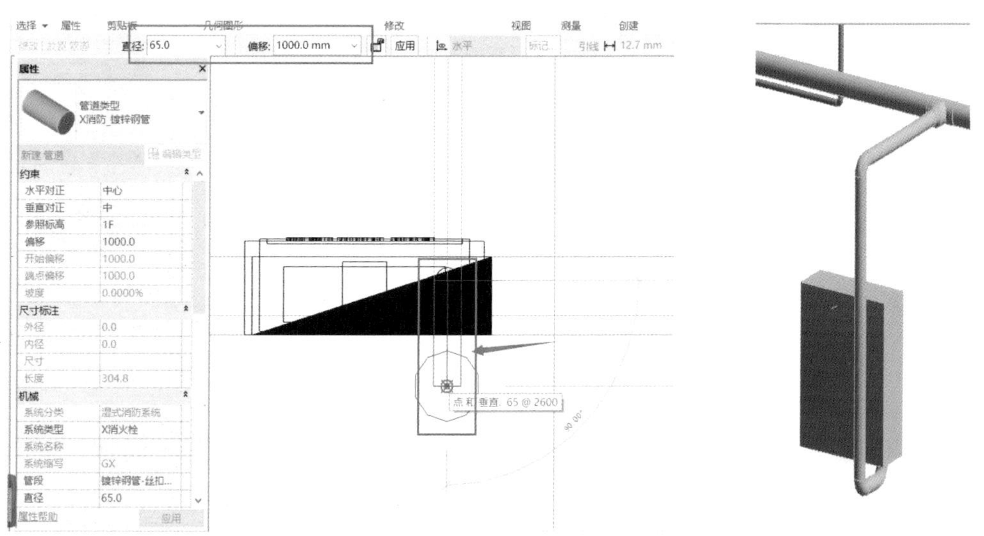

图 4.141　绘制消火栓管道　　　图 4.142　消火栓连接

在此项目中有三种消火栓：单栓消火栓（左接）、单栓消火栓（右接）和双栓消火栓。两种单栓消火栓的绘制方法相同，双栓与单栓的区别是有两根管道与之连接，如图 4.143 所示。此项目中双栓消火栓的连接路径非最短路径，因此需要手动绘制连接管道，连接完成之后如图 4.144 所示。

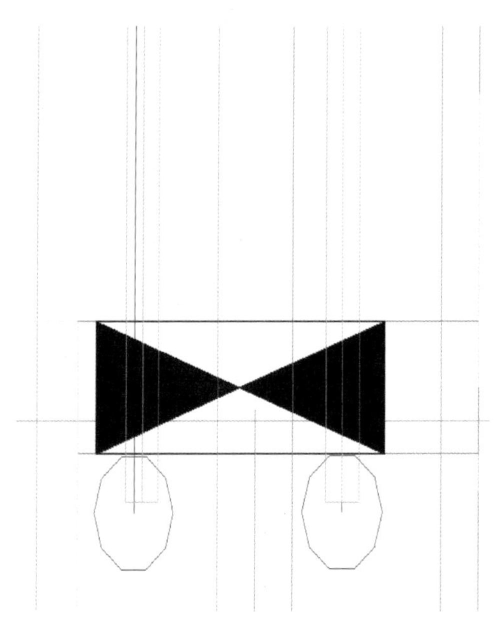

图 4.143　双栓消火栓位置

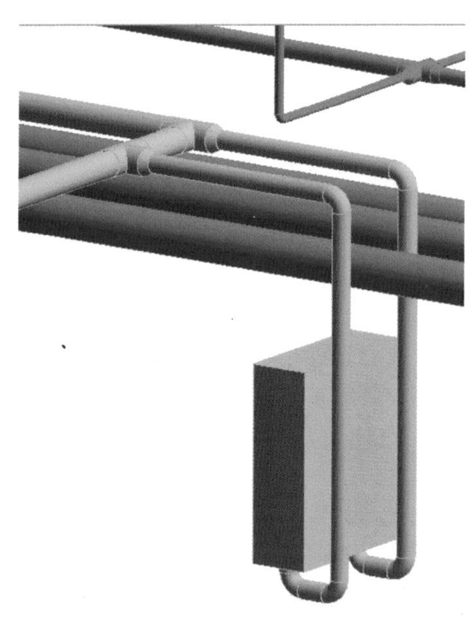

图 4.144　双栓消火栓连接

按照上述方法将其余消火栓与管道进行连接，结果如图 4.145 所示。

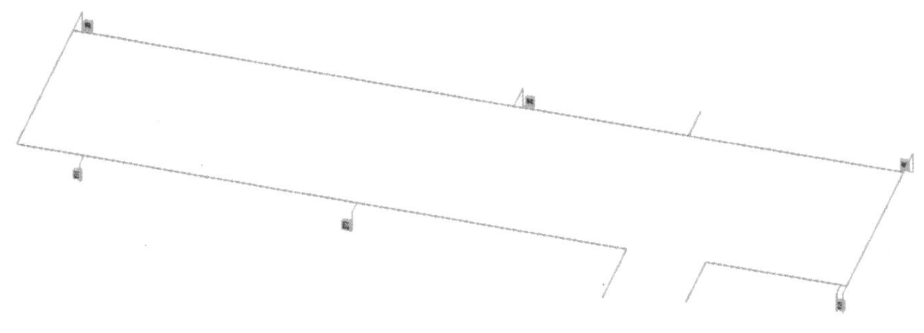

图 4.145 消火栓系统模型

绘制完成的，整个消防系统模型如图 4.146 所示。

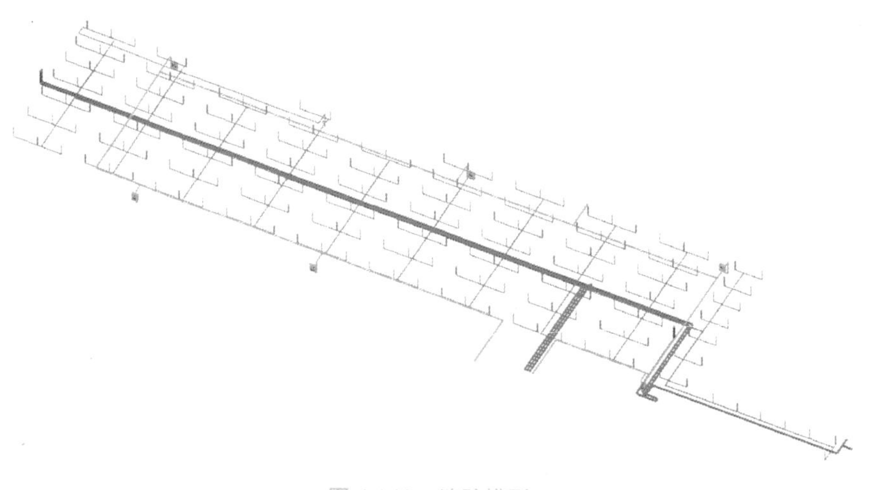

图 4.146 消防模型

任务 22 电气系统的绘制

电气系统是现代建筑设计中很重要的一部分，建筑电气是以电能、电气设备和电气技术为手段来创造、维持与改善限定空间和环境的一门科学，它是介于土建和电气两大类学科之间的一门综合学科。经过多年的发展，建筑电气已经建立了自己完整的理论和技术体系，发展成为一门独立的学科。主要包括：建筑供配电技术，建筑设备电气控制技术，电气照明技术，防雷、接地与电气安全技术，现代建筑电气自动化技术，现代建筑信息及传输技术等。本章将通过案例介绍电气专业识图和在 Revit 中进行电气系统建模的方法，使读者了解电气系统的概念和基础知识，并掌握一定的电气专业知识。

本章选用电气系统中部分图纸作为案例，包括“地下车库强电干线平面图”“地下车库弱电干线平面图”和“地下车库照明平面图”三张 CAD 图纸，涵盖了电气系统中的强电系统、弱电系统和照明系统三大部分，如图 4.147 所示。

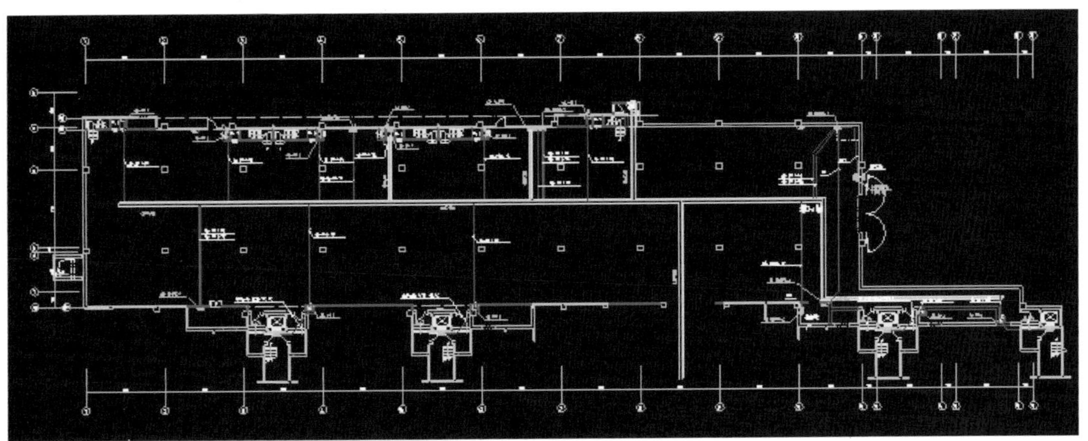

图 4.147（1） 强电干线平面图

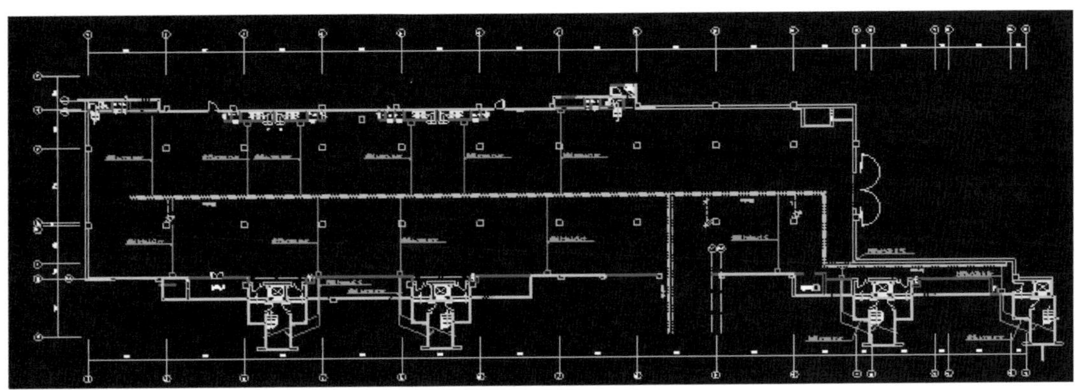

图 4.147（2） 弱电干线平面图

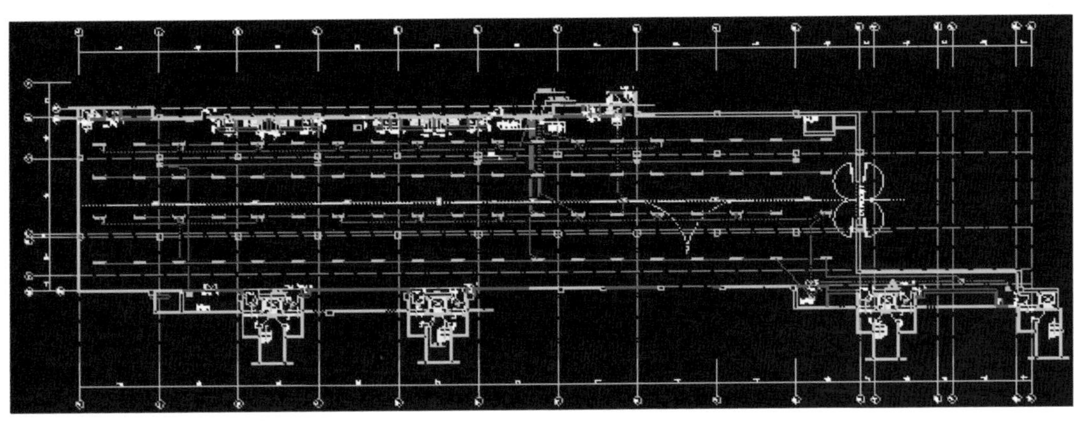

图 4.147（3） 地下车库照明平面图

22.1 强电系统的绘制

22.1.1 链接 CAD 底图

打开之前保存的“地下车库 – 电气模型”RVT 文件，在项目浏览器中双击进入“楼层平面 1F”平面视图，单击“插入”选项卡下“链接”面板中的“链接 CAD”，打开“链接 CAD 格式”对话框，从

“地下车库 CAD”文件夹中选择“地下车库强电干线平面图”DWG 文件，具体设置如图 4.148 所示。

链接 CAD 图纸之后将 CAD 图纸与项目轴网对齐并锁定。然后在“属性”选项板中点击“可见性/图形替换”的“编辑”或者使用快捷键“VV”，在“可见性/图形替换”对话框中“注释类别”选项卡下，取消勾选“轴网”，然后单击两次确定。隐藏轴网的目的使绘图区域更加清晰，如图 4.149 所示。

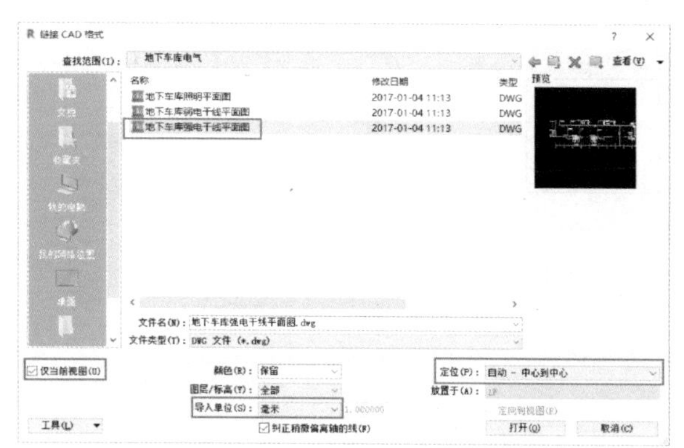

图 4.148　链接 CAD 图纸

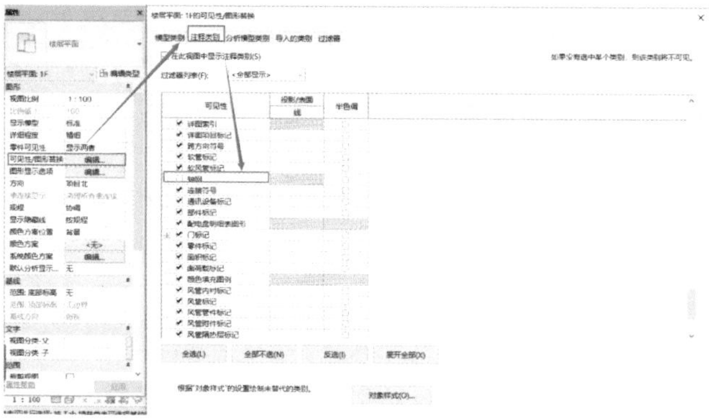

图 4.149　轴网可见性设置

22.1.2　绘制强电桥架

单击“系统”选项卡下“电气”面板上的“电缆桥架”命令，从“带配件的电缆桥架”中选择类型“金属防火线横槽－桥架－强电”，在选项栏中设置桥架的尺寸和高度，如图 4.150 所示，宽度设为“400”，高度设为“200”，偏移量设为“2700”。其中偏移量表示桥架底部距离相对标高的高度偏移量。桥架的绘制与风管的绘制一样需要两次单击鼠标，第一次单击确认桥架的起点，第二次单击确认桥架的终点。绘制完毕后选择“修改”选项卡下“编辑”面板上的“对齐”命令，将绘制的桥架与底图中心位置对齐并锁定，如图 4.151 所示。

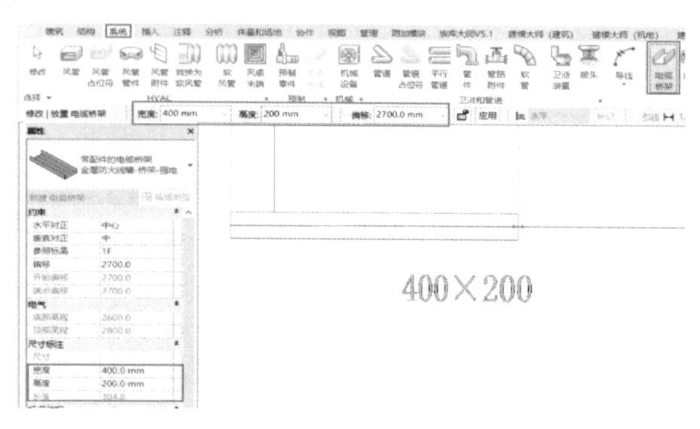

图 4.150　强电桥架约束属性

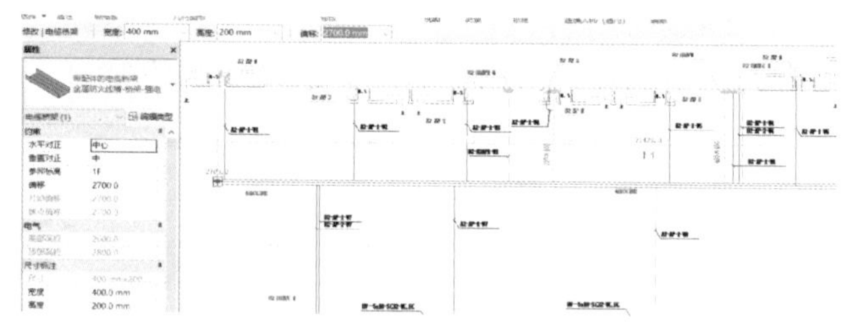

图 4.151　强电桥架

绘制桥架支管的方法与风管支管相同，设置好桥架支管尺寸后直接绘制即可，系统会自动生成相应的配件，如图 4.152 所示。

绘制完成的强电桥架模型如图 4.153 所示。

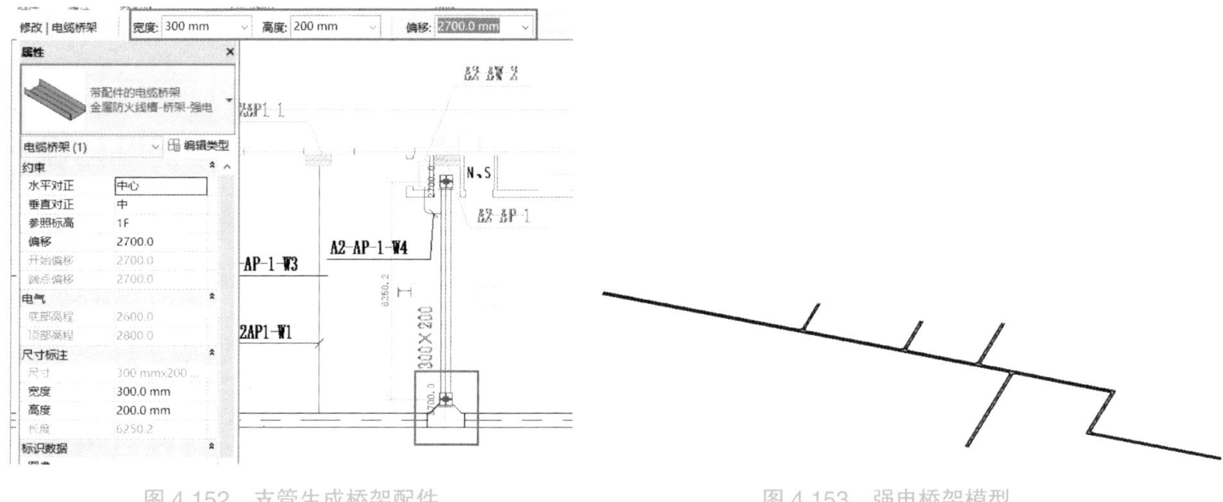

图 4.152　支管生成桥架配件　　　　图 4.153　强电桥架模型

22.1.3　添加过滤器

电气中桥架的绘制方法虽然与风管、水管类似，但是桥架没有系统，因此不能像风管和水管一样通过系统中的材质添加颜色。但是桥架的颜色可以通过过滤器来添加。

在项目浏览器中点击进入“楼层平面 1F”，点击属性选项板中“可见性 / 图形替换”的“编辑”，在“可见性 / 图形替换”对话框中的“过滤器”选项卡中单击“添加”，为视图添加过滤器。再在弹出的“添加过滤器”对话框中单击“编辑 / 新建”命令，如图 4.154 所示。

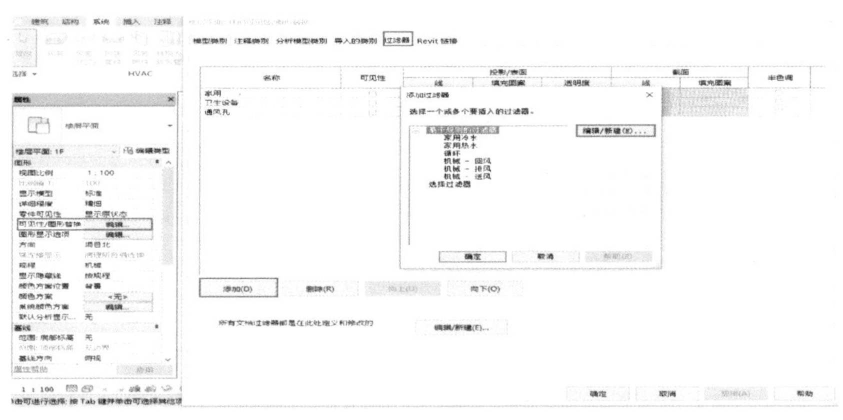

图 4.154　添加过滤器对话框

在弹出的“过滤器”对话框中，单击如图 4.155 所示图标新建过滤器，然后在弹出的“过滤器名称”对话框中输入新建的过滤器名称“强电桥架”，点击“确定”。

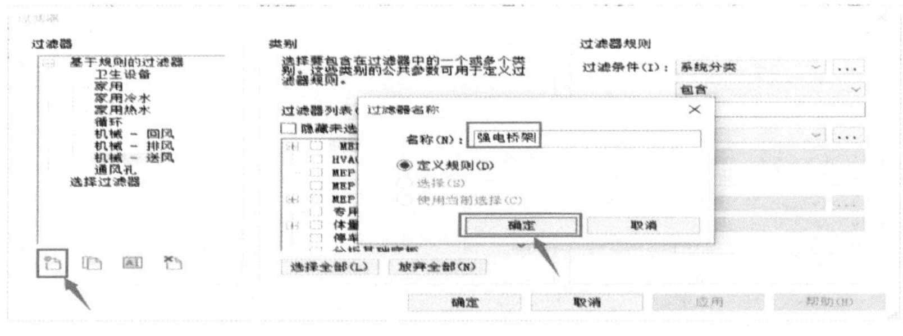

图 4.155　新建强电桥架过滤器

接下来为过滤器“强电桥架”设置相应的过滤条件，具体设置如图 4.156 所示。

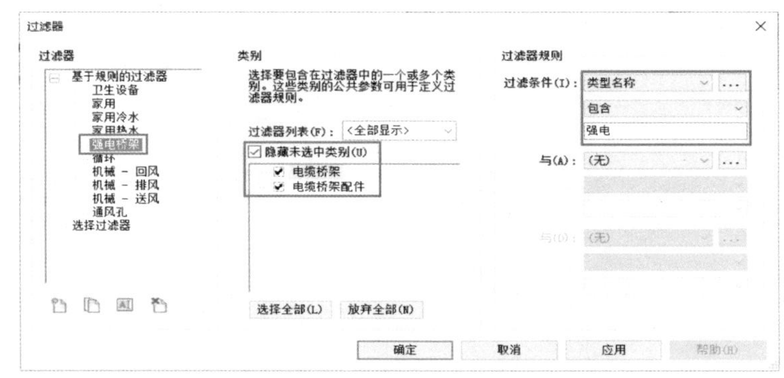

图 4.156　设置强电桥架过滤条件

设置完成“强电桥架”过滤器之后，需要在其基础上创建一个“弱电桥架”过滤器。选择刚刚创建的“强电桥架”过滤器，右击并选择“复制”命令，再将刚刚复制生成的过滤器重命名为“弱电桥架”，具体操作如图 4.157 所示。

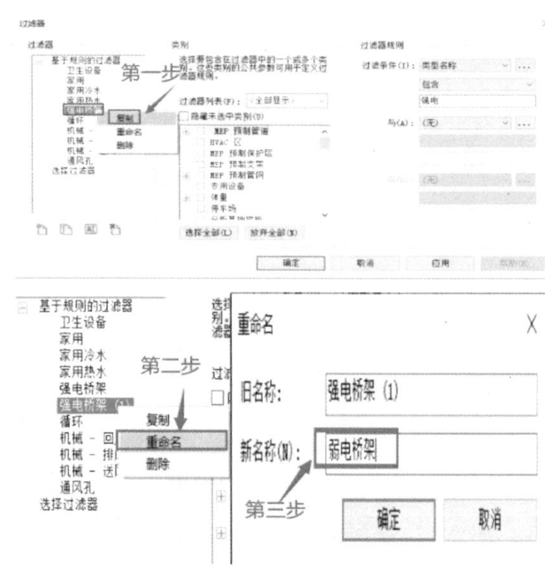

图 4.157　复制并创建弱电桥架过滤器

然后对“弱电桥架”过滤器的过滤规则进行修改，如图 4.158 所示，修改完成后单击“确定”完成过滤器的创建。

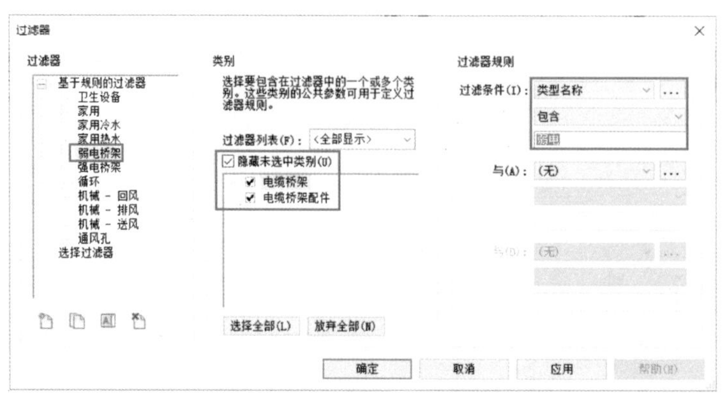

图 4.158　设置弱电桥架过滤条件

接着页面自动跳转到“添加过滤器”对话框，选择刚刚创建的“强电桥架”和“弱电桥架”，如图 4.159 所示。单击“确定”后，页面跳转到“可见性 / 图形替换”对话框，选择刚刚添加的“强电桥架”，单击“投影 / 表面”中“填充图案”下的“替换”，在弹出的“填充样式图形”对话框中将颜色设置为“红色”，填充图案设置为“实体填充”，如图 4.160 所示。

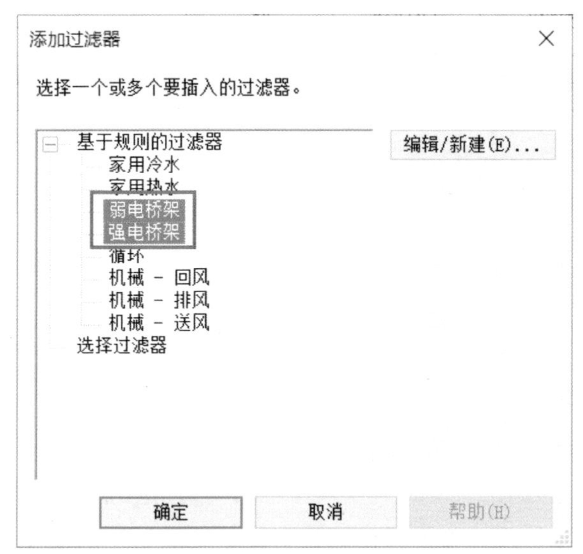

图 4.159　添加过滤器对话框

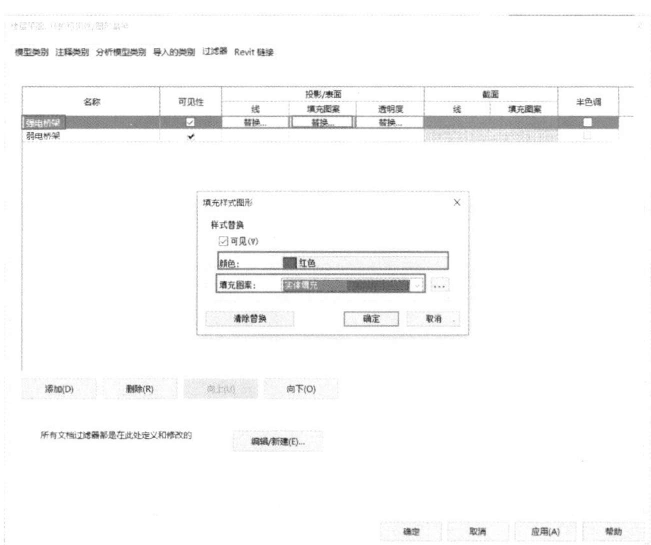

图 4.160　设置过滤器填充样式图形

单击“确定”完成过滤器的添加及设置，这时可以发现，之前绘制的强电桥架模型已经变成了刚刚设置的红色，如图 4.161 所示。

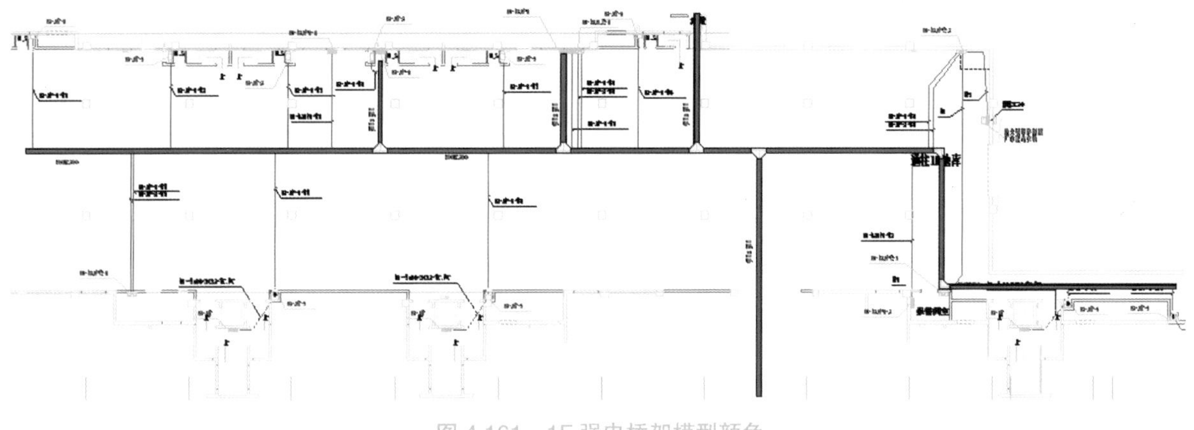

图 4.161　1F 强电桥架模型颜色

将界面切换到三维视图，可以发现此视图中的强电桥架颜色却并没有发生变化，这是因为过滤器的影响范围仅仅是添加该过滤器时所在的视图。因此如果想要三维视图中桥架的颜色也发生相应变化，需要在此视图的可见性设置中添加相应的过滤器，如图 4.162 所示。

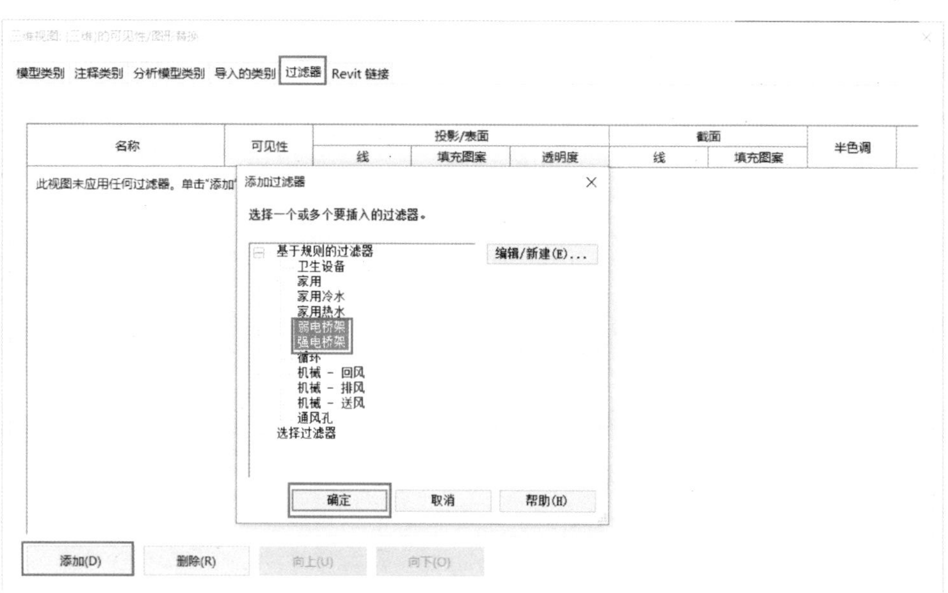

图 4.162　三维视图添加过滤器

Revit 项目中的过滤器是通用的，前面设置的过滤器在另一个视图中也可以使用，添加过滤器时直接选择即可。但是具体的颜色及填充图案需要重新设置，如图 4.163 所示。过滤器添加完成后单击“确定”就可以看到三维视图中桥架的颜色也变成了红色，如图 4.164 所示。

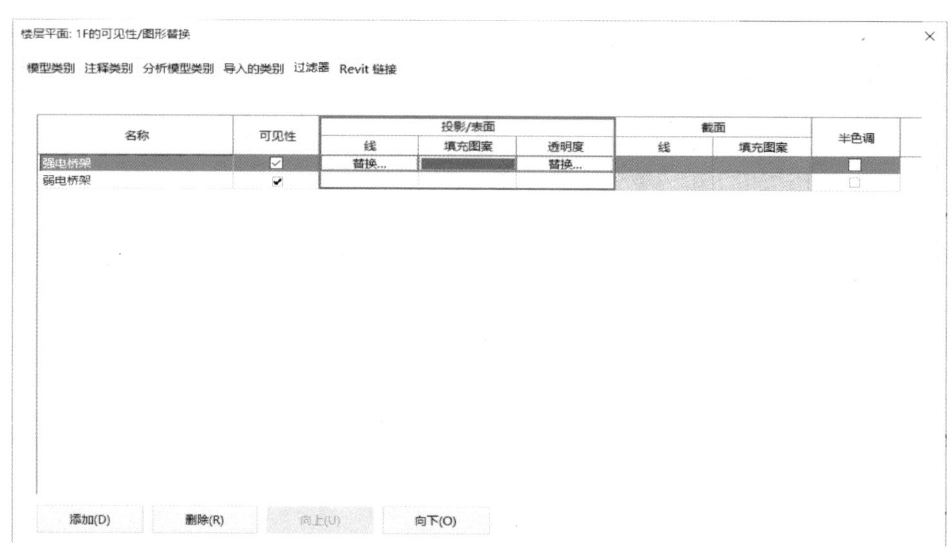

图 4.163　设置过滤器颜色

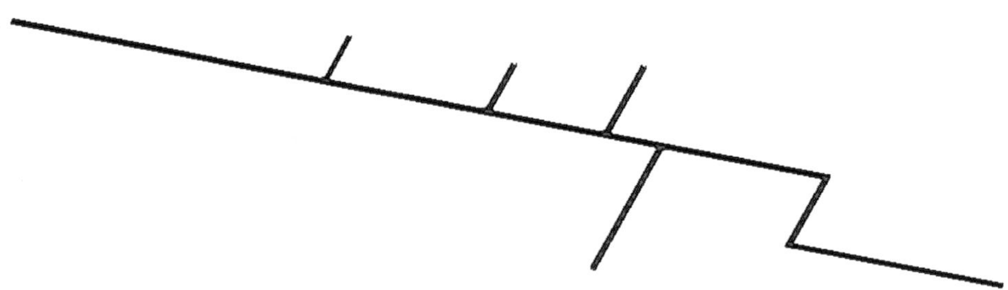
图 4.164　三维视图桥架颜色

22.1.4　添加配电箱

配电箱的添加方法如图 4.165 所示，单击“系统”选项卡下“电气”面板上的“电气设备”工具，设备类型选择“照明配电箱”，再选择相应的型号，设置标高为“1F”，偏移量为“1000”，然后在绘图区点击放置即可。

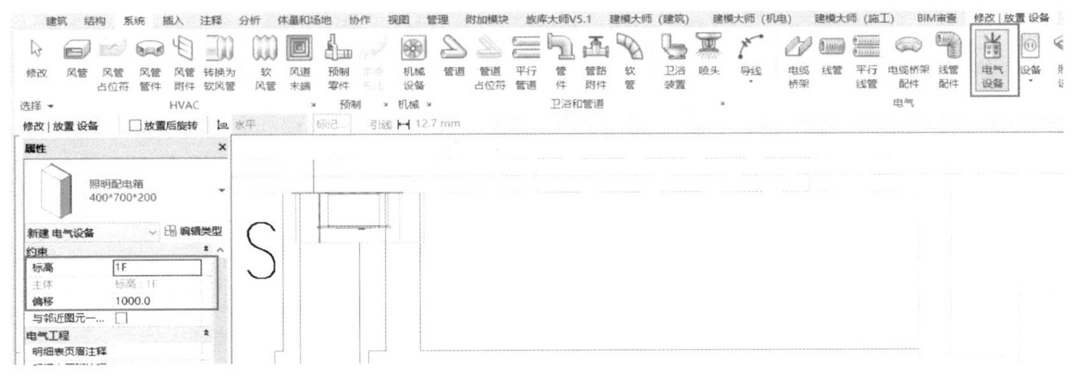

图 4.165　放置照明配电箱

添加配电箱时，CAD 图中显示的“A2-AW-1”“A2-AW-2”和“A2-AW-3”配电箱类型选择“400*700*200”，偏移量设置为“1000”，其余配电箱类型均选择“700*1500*300”，偏移量设置为 0，如图 4.166 所示。

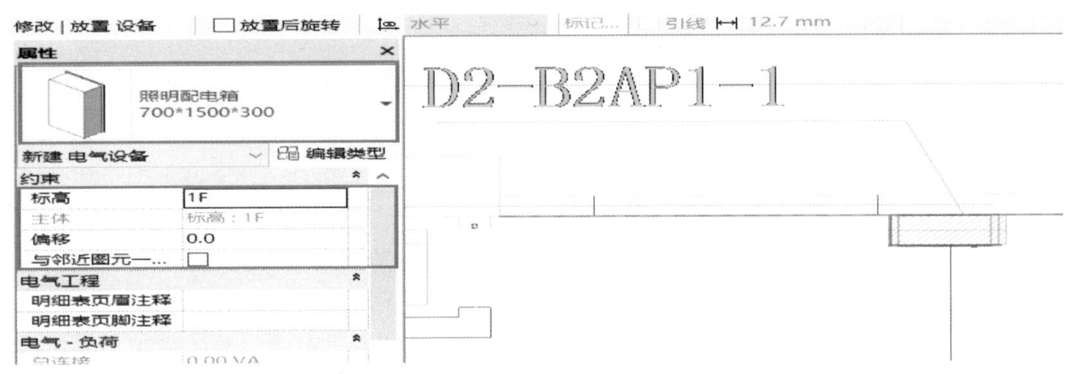

图 4.166　放置 D2-B2-AP1 配电箱

配电箱全部放置完成之后强电系统模型如图 4.167 所示。

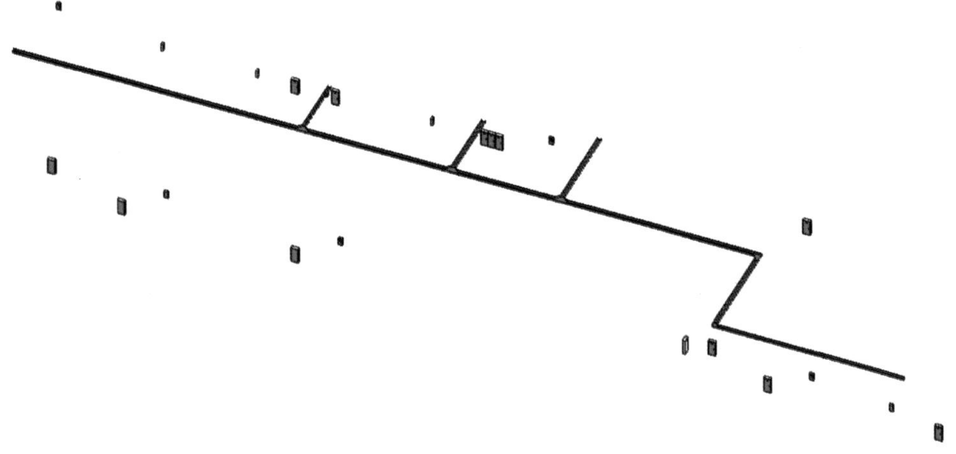

图 4.167　强电系统模型

22.2 弱电系统的绘制

22.2.1 链接 CAD 底图

在项目浏览器中双击进入“楼层平面 1F”平面视图，单击“插入”选项卡下“链接”面板中的“链接 CAD”，打开“链接 CAD 格式”对话框，从“地下车库 CAD”文件夹中选择“地下车库弱电干线平面图”DWG 文件，具体设置如图 4.168 所示。

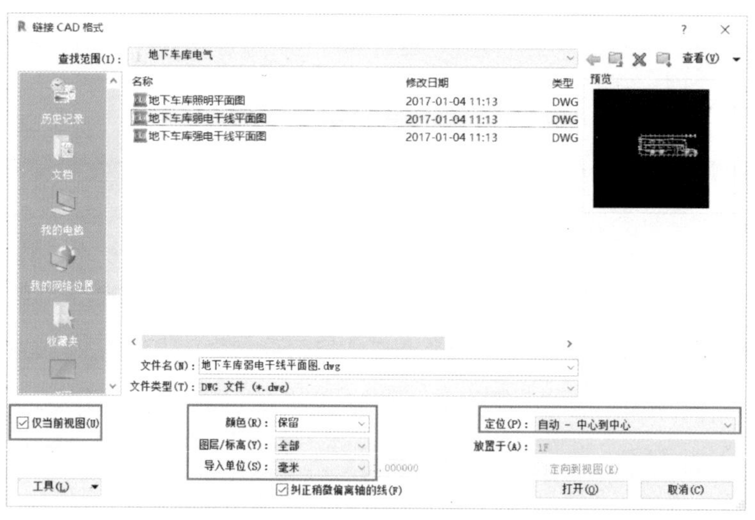

图 4.168　链接 CAD

链接完成后将“地下车库弱电干线平面图”与“地下车库强电干线平面图”对齐。

22.2.2 绘制弱电桥架

打开“楼层平面 1F”视图的“可见性 / 图形替换”对话框，在“导入的类别”选项卡下取消勾选“地下车库强电干线平面图”，如图 4.169 所示。在“过滤器”选项卡下取消勾选过滤器“强电桥架”，单击“确定”完成设置，如图 4.170 所示。

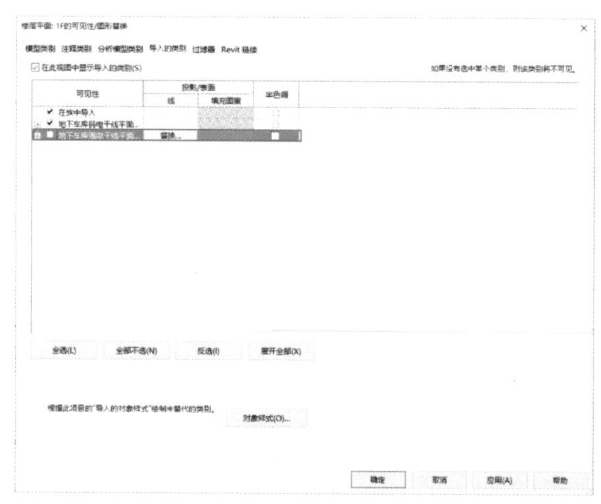

图 4.169　图纸导入类别设置

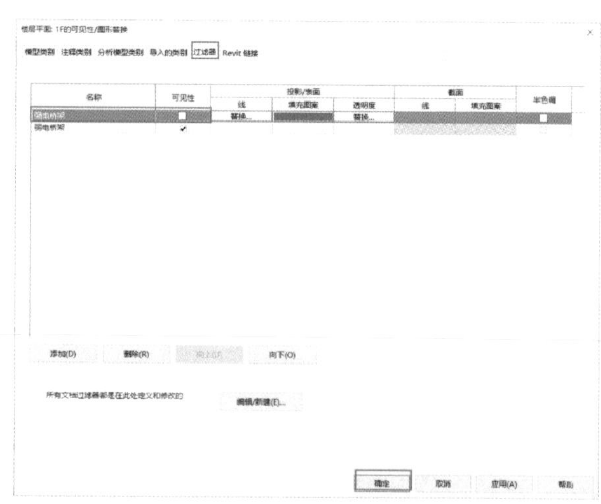

图 4.170　强电桥架过滤器设置

本项目地下车库的弱电系统中主要有两部分内容：弱电桥架和摄像机。首先绘制弱电桥架，弱电桥架的绘制方法与强电桥架相同，按如图 4.171 所示进行设置，然后在绘图区域按照 CAD 图纸示意要求完成弱电桥架的绘制。

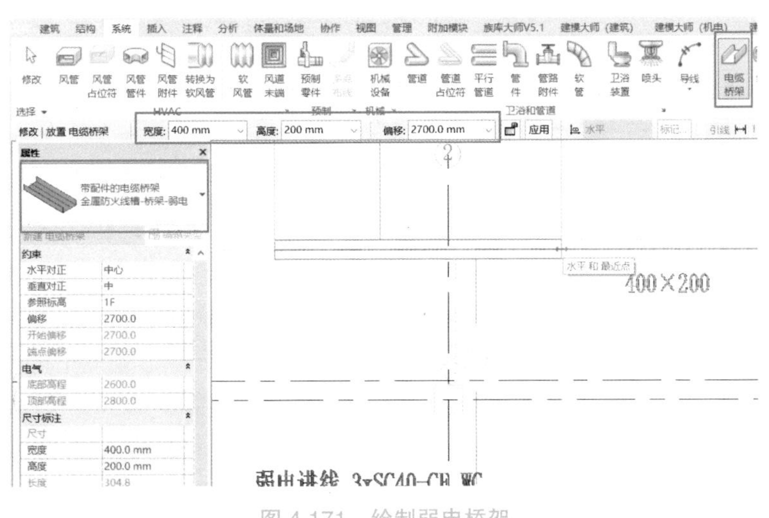

图 4.171　绘制弱电桥架

22.2.3　添加摄像机

接下来添加摄像机。单击“系统”选项卡下“电气”面板上的“设备”下拉菜单箭头，选择“安全”，如图 4.172 所示。设备类型选择“墙上摄像机”，标高设置为“2F”，偏移量设置为“–300”，如图 4.173 所示，在绘图区域中单击需要放置摄像机的位置完成摄像机的添加。

图 4.172　“安全设备”选项　　　　图 4.173　添加布置摄像机

将界面切换到三维视图，可以看到刚刚绘制的弱电桥架仍然是系统默认的颜色。同样通过添加过滤器的方法给弱电桥架添加颜色，如图 4.174 所示，将弱电桥架设置为青色，设置完成之后单击“确定”。完成后的桥架系统模型如图 4.175 所示。

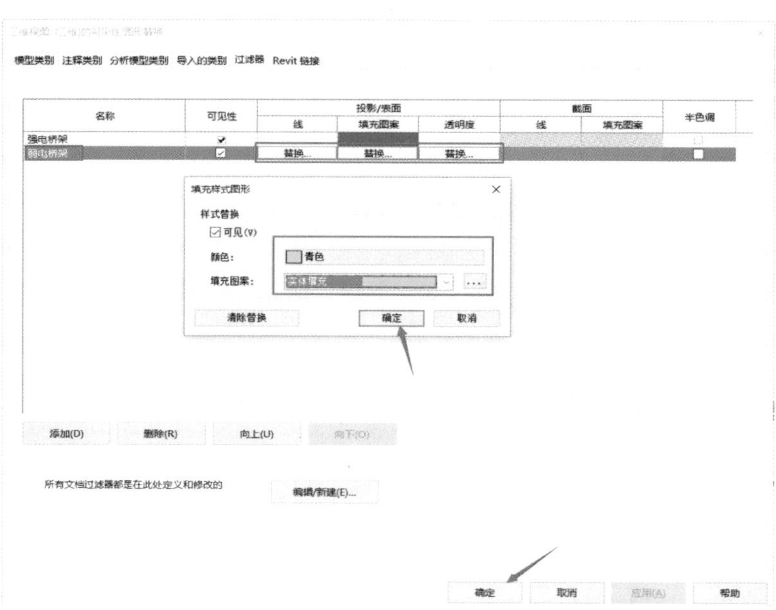

图 4.174　设置弱电桥架过滤器颜色

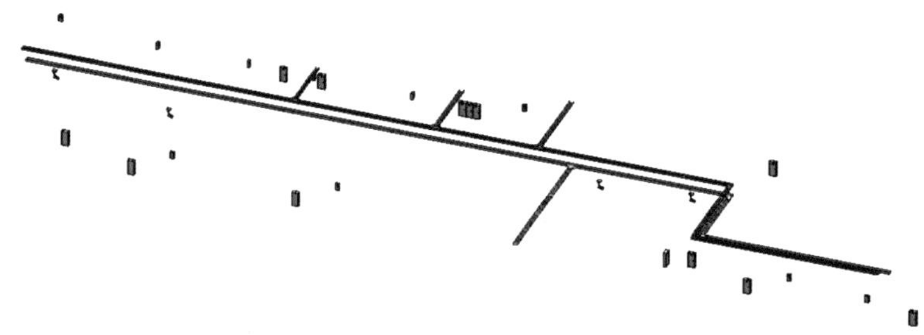

图 4.175　桥架系统模型

22.3 照明系统的绘制

22.3.1 链接 CAD 底图

在项目浏览器中双击进入“楼层平面 1F”平面视图，单击“插入”选项卡下“链接”面板中的“链接 CAD”，打开“链接 CAD 格式”对话框，从“地下车库 CAD”文件夹中选择“地下车库照明平面图”DWG 文件，具体设置如图 4.176 所示。插入链接之后将“地下车库照明平面图”与“地下车库弱电干线平面图”对齐。

打开“楼层平面 1F”视图的“可见性 / 图形替换”对话框，在“导入的类别”选项卡下取消勾选“地下车库弱电干线平面图”，如图 4.177 所示。在“过滤器”选项卡下取消勾选过滤器“弱电桥架”，单击“确定”完成设置，如图 4.178 所示。

单击“系统”选项卡下“电气”面板上的“照明设备”命令，设备类型选择“双管荧光灯 – 带蓄电池 ”，标高设置为“1F”，偏移量设置为“2200”，如图 4.179 所示。在绘图区域按照 CAD 底图所示荧光灯位置单击放置。

双管荧光灯的添加方法与上述带蓄电池的荧光灯添加方法相同，在照明设备类型选择器中选择“双管荧光灯”，标高设置为“1F”，偏移量设置为“2200”，如图 4.180 所示，在绘图区域按 CAD 底图示意点击放置。

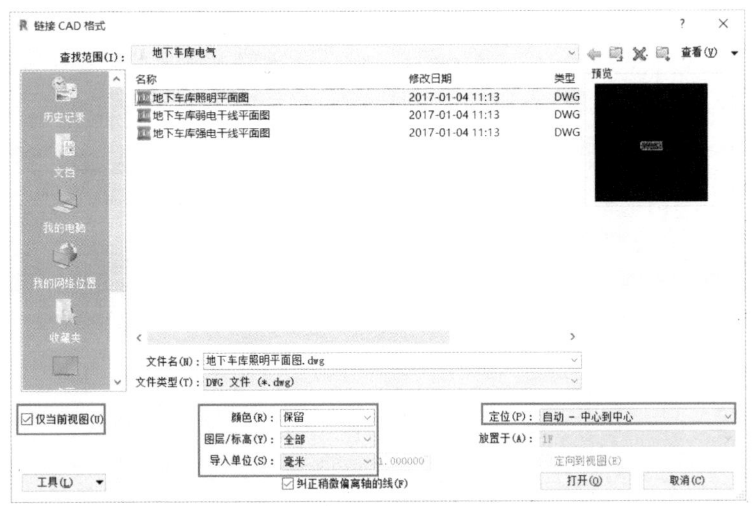

图 4.176　链接 CAD 图纸

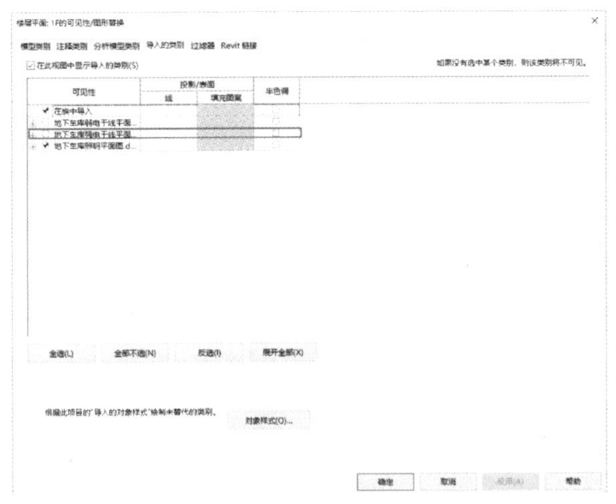

图 4.177　图纸导入类别设置

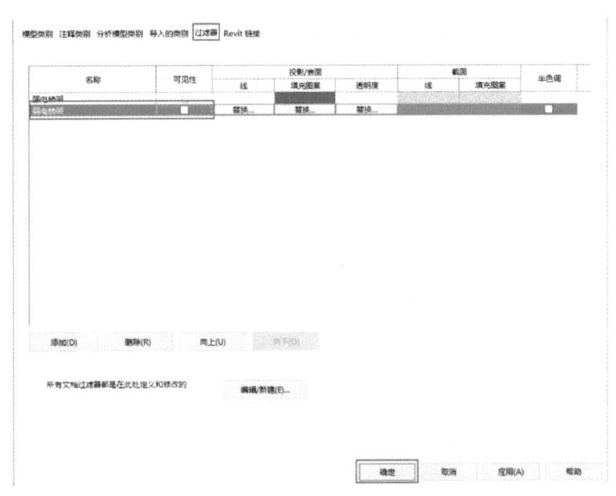

图 4.178　强电桥架过滤器设置

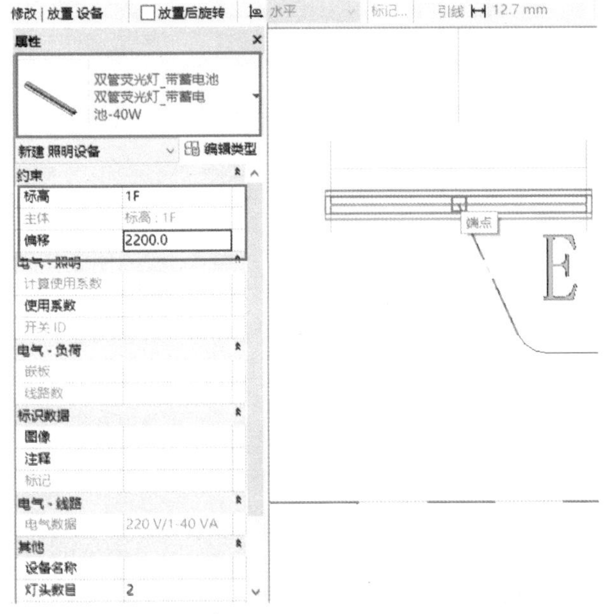

图 4.179　布置双管荧光灯 – 带蓄电池

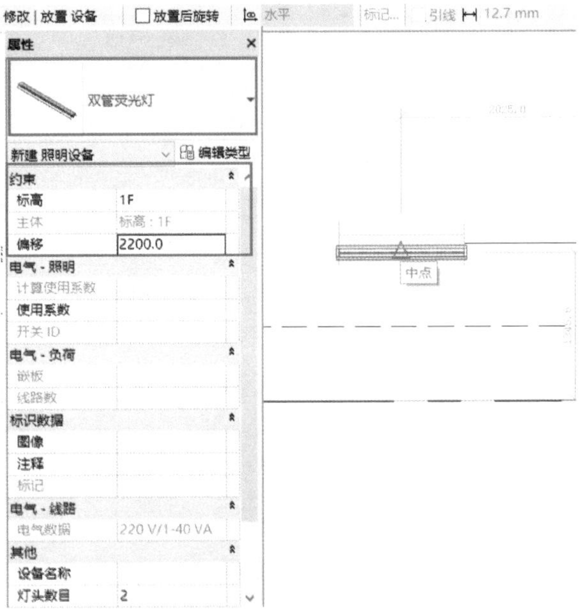

图 4.180　布置双管荧光灯

图中双管荧光灯个数比较多，但是排布很有规律，因此可以采用将部分双管荧光灯整体复制的方法，这样可以节约绘图时间。

壁灯是贴着墙面放置的，因此放置壁灯时需要有主体，此时需要将之前绘制的“地下车库－结构模型”文件链接进来。如图4.181所示，单击“插入”选项卡下“链接”面板上的“链接Revit”命令，选择之前绘制的“地下车库－结构模型”RVT文件，定位设置为“自动－中心到中心”，链接后将结构模型轴网与图纸轴网对齐锁定。

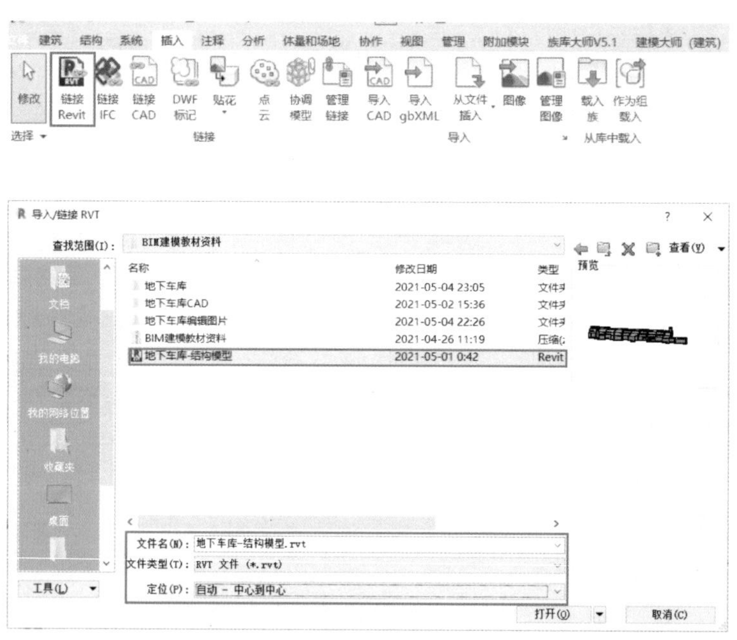

图4.181　链接结构RVT模型

接下来，单击“系统”选项卡下“电气”面板上的“照明设备”命令，设备类型选择“壁灯（基于面）”，偏移量设置为2500，如图4.182所示。在绘图区域按照CAD底图所示壁灯位置单击放置。

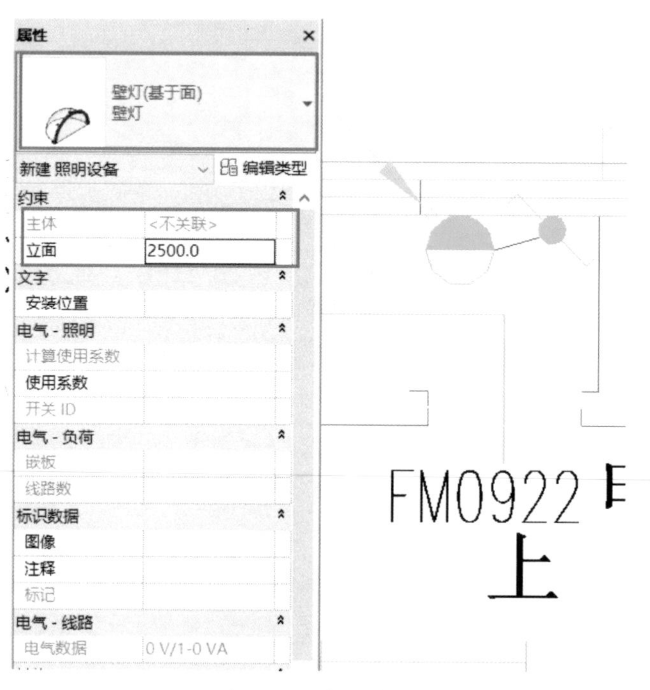

图4.182　布置壁灯

防水防尘吸顶灯和带蓄电池的防水防尘吸顶灯的约束属性设置分别如图 4.183、图 4.184 所示，分别在绘图区域按照 CAD 底图所示位置单击放置。

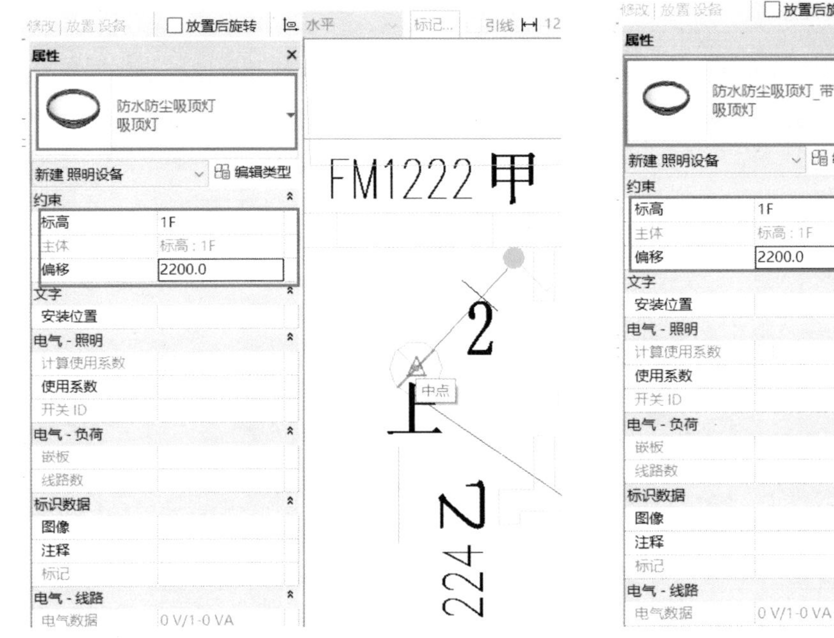

图 4.183　布置防水防尘吸顶灯　　　　图 4.184　布置防水防尘吸顶灯（带蓄电池）

22.3.2　放置开关插座

单击“系统”选项卡下“电气”面板上的“设备”下拉菜单箭头，选择“电气装置”，装置类型选择“五孔插座”，标高设置为“1F”，偏移量设置为“500”，如图 4.185 所示，在绘图区域中点击需要放置插座的位置完成插座的添加。

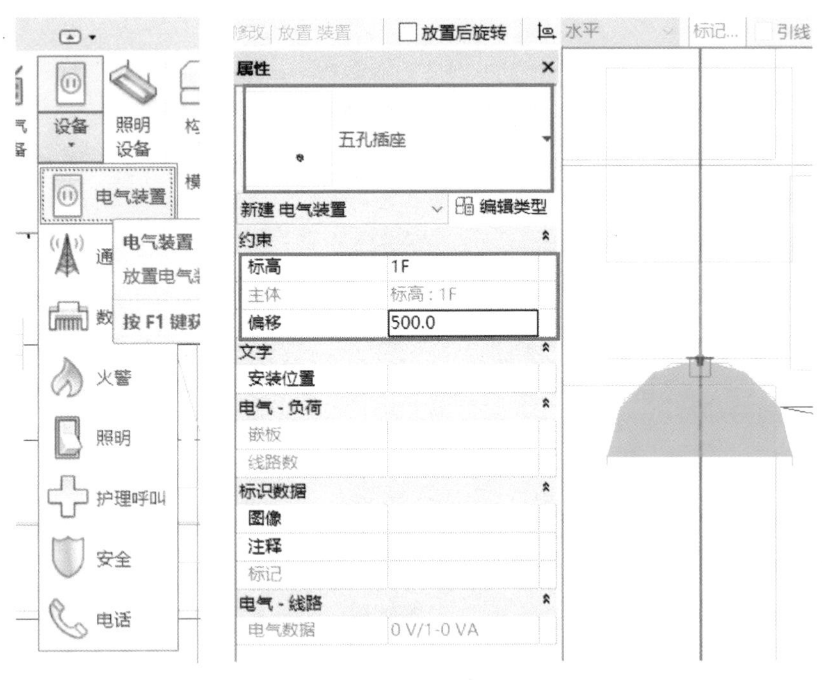

图 4.185　布置五孔插座

与壁灯相连的是双联单级开关，打开“系统”选项卡下“电气”面板上的“设备”下拉菜单，选择“电气装置”，然后在类型选择器中选择“双联单级开关”，立面高度设置为“1500”，在绘图区域中相应位置点击将开关贴墙放置，如图 4.186 所示。

单联单控开关放置方式与双联单级开关相同，如图 4.187 所示。

图 4.186　布置双联单级开关　　图 4.187　布置单联单控开关

22.3.3　放置疏散指示灯

打开“系统”选项卡下“电气”面板上的“设备”下拉菜单，选择“安全”，如图 4.188 所示。设备类型选择“应急疏散指示标志灯向右”，标高设置为“1F”，偏移量设置为“2200”，单击绘图区域中相应位置完成疏散指示灯的添加。

电气模型绘制完成后如图 4.189 所示。

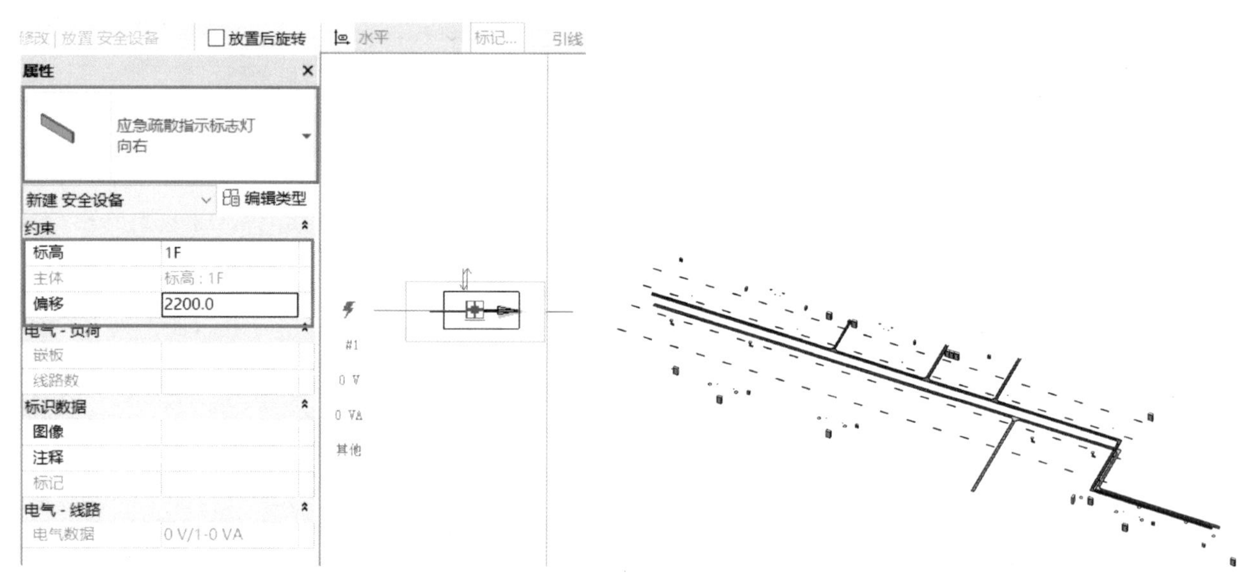

图 4.188　布置疏散指示灯　　图 4.189　完成后的电气模型

任务 23　Revit 碰撞检查

Revit 模型可视化的特点使得各专业构建之间的碰撞检查具有可行性。本章节主要介绍如何在 Revit 中进行碰撞检查以及如何导出相应的碰撞报告。Revit 碰撞检查的优势在于用户可以对碰撞点进行实时的修改，劣势在于只能进行单一的硬碰撞，而且导出的报告没有相应的图片信息。 对于小型项目来说在 Revit 中做碰撞检查还是比较方便的。

23.1 链接Revit模型

打开之前绘制的“地下车库－给排水模型”RVT 文件，单击“插入”选项卡下“链接”面板上的“链接 Revit”命令，在“导入 / 链接 RVT”对话框中选择之前绘制的“地下车库－电气模型”RVT 文件，定位设置为“自动－原点到原点”，如图 4.190 所示。

单击“打开”之后会跳出如图 4.191 所示对话框，这是因为之前在绘制电气模型的时候链接了“地下车库－结构模型”，且设置为默认的“覆盖”，所以当电气模型被链接到其他模型中时结构模型不显示。这里并不影响后序操作，直接单击“关闭”即可。

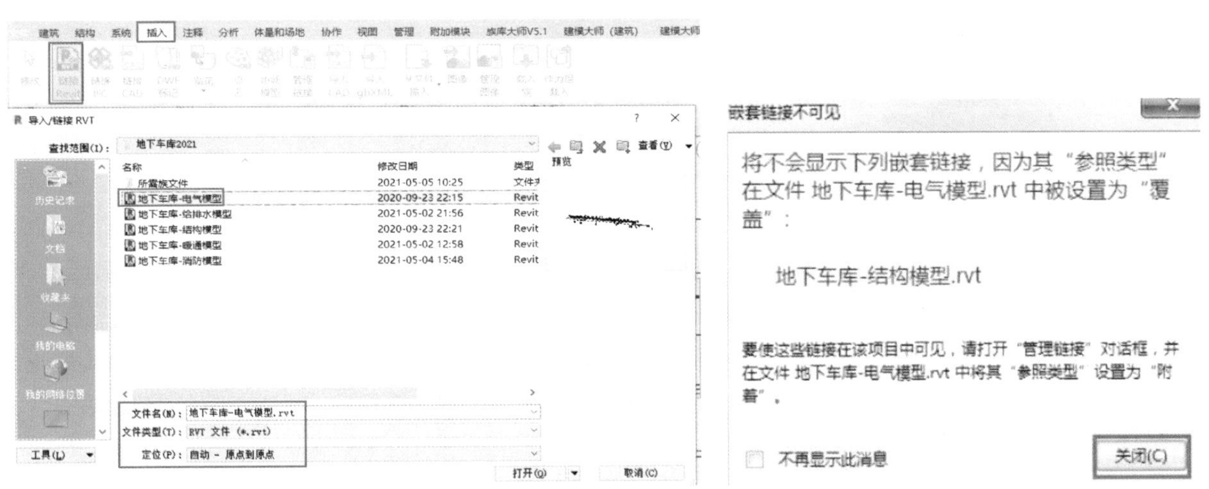

图 4.190　链接 RVT 电气模型　　　图 4.191　关闭嵌套链接

电气模型链接进来之后三维视图如图 4.192 所示。

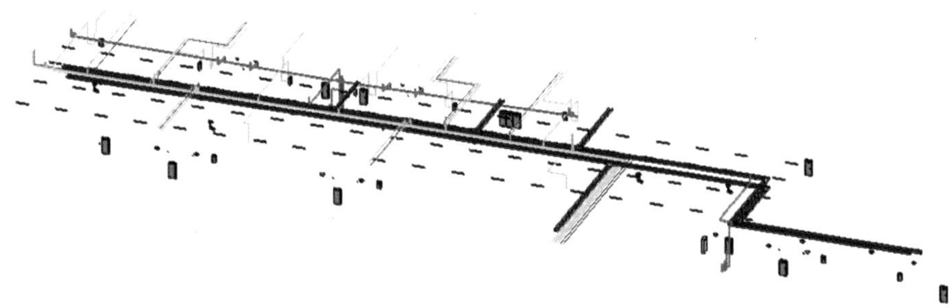

图 4.192　链接模型

用同样的方法将之前绘制的“地下车库 – 暖通模型”“地下车库 – 消防模型”和“地下车库 – 结构模型”都链接进来，三维视图如图 4.193 所示。

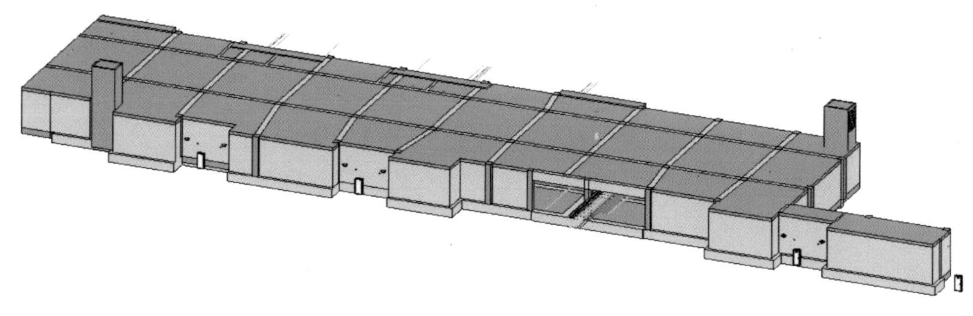

图 4.193　全专业链接模型

23.2 运行Revit碰撞检查

单击“协作”选项卡下“坐标”面板上的“碰撞检查”命令，选择“运行碰撞检查”，如图 4.194 所示。

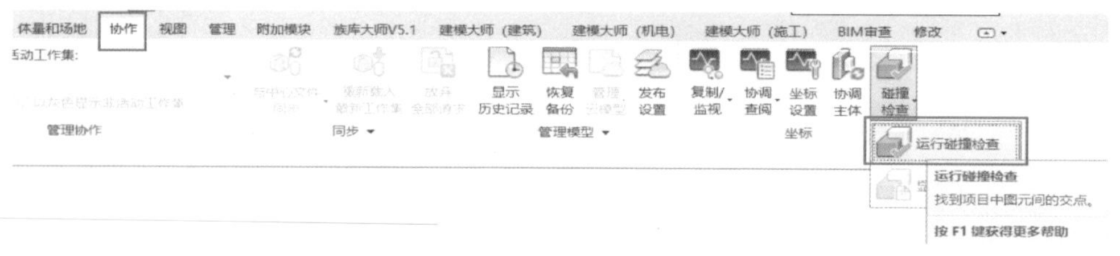

图 4.194　运行碰撞检查

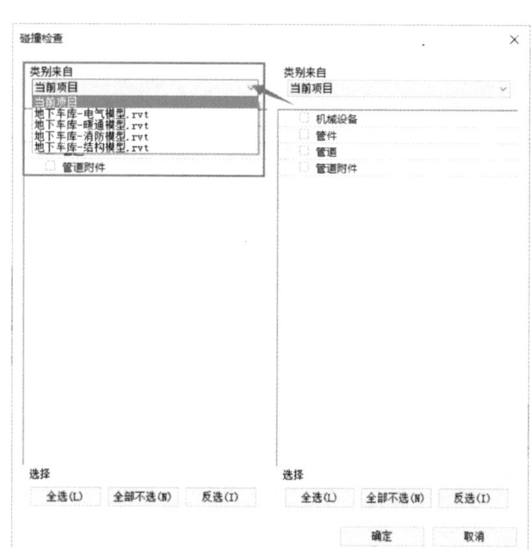

图 4.195　类别项目

在弹出的“碰撞检查”对话框中有两部分内容，如图 4.195 所示。左右两边的“类别项目”用来选择运行碰撞检查的对象。单击下拉菜单可以看到里面有“当前项目”和链接的模型，运行碰撞检查只能在当前项目与当前项目或其中的链接模型之间进行，链接模型与链接模型是不能进行碰撞检查的。

接下来以给排水模型与暖通模型的碰撞检查为例具体介绍 Revit 碰撞检查。首先将界面切换到三维视图，打开视图“可见性 / 图形替换”对话框，在“Revit 链接”选项卡中将链接的结构模型、电气模型和消防模型取消勾选，单击“确定”，如图 4.196 所示。然后运行碰撞检查，如图 4.197 所示，在“碰撞检查”对话框的左边一栏中选择“当前项目”的管件、管道和管路附件，右边一栏选择“地下车库 – 暖通模型”中的风管、风管管件和风管附件。单击“确定”，系统开始运行碰撞检查。

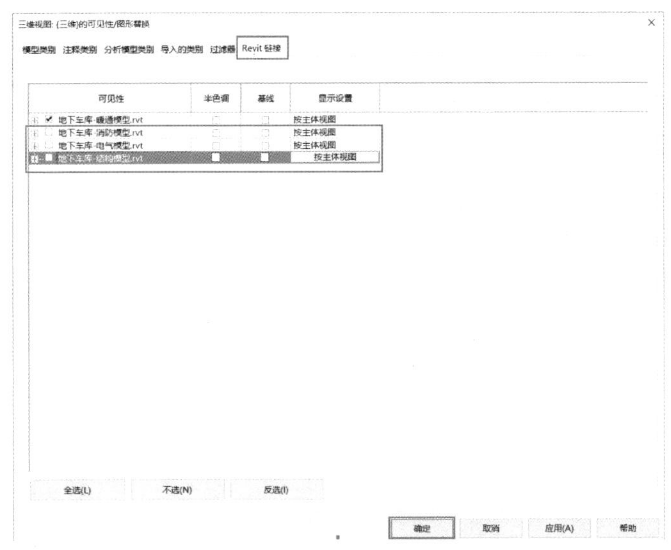

图 4.196　Revit 链接模型可见性设置

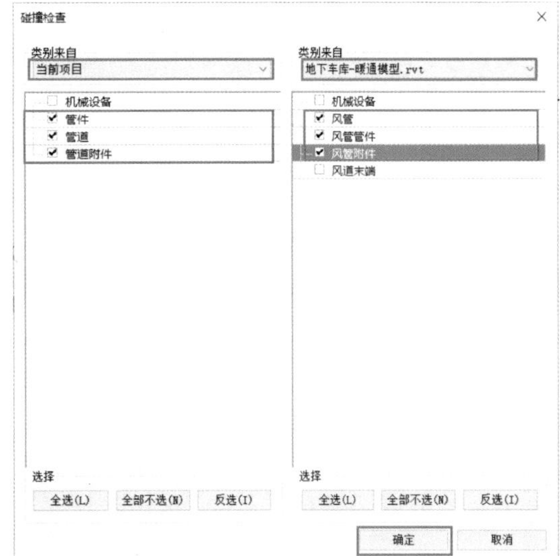

图 4.197　类别项目选择

运行碰撞检查之后系统会自动弹出一个“冲突报告”对话框，如图 4.198 所示。最上方的“成组条件”控制的是碰撞点的排列顺序，图中显示的是“类别 1，类别 2”，对应下方碰撞点的排列顺序就是管件在前风管在后。

单击第一个风管前面的“+”，可以展开碰撞点的具体信息，如图 4.199 所示。碰撞点的信息包含构件的类别、族类型及 ID 号。

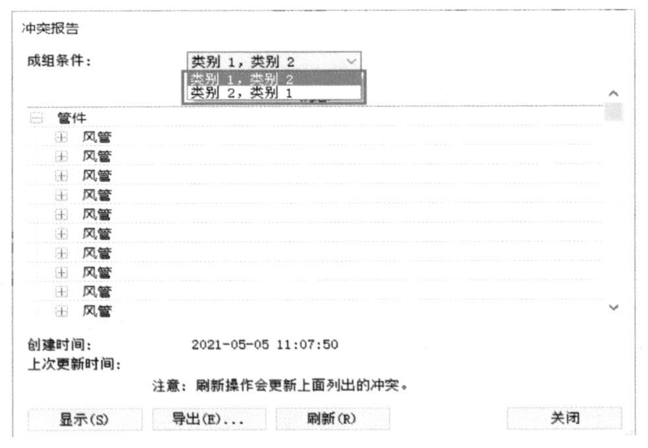

图 4.198　成组条件

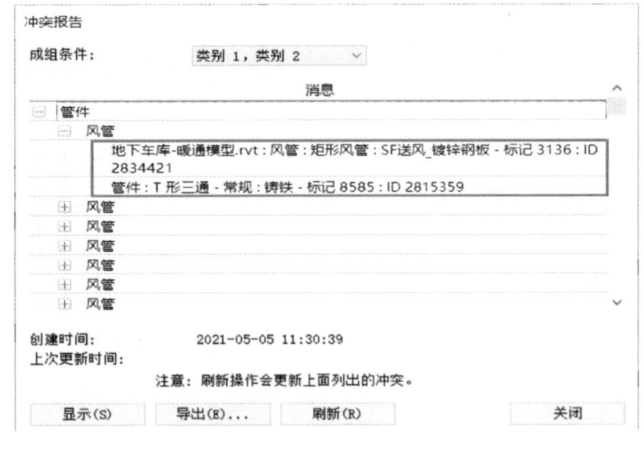

图 4.199　碰撞点信息

选择如图 4.200 所示碰撞构件，单击“显示”按钮，可以在三维视图中看到此风管高亮显示。然后单击“关闭”，在模型中查看碰撞点，找出碰撞的原因并作相应的修改。

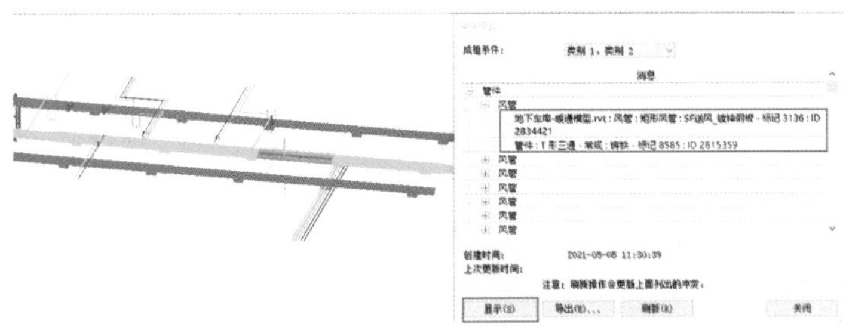

图 4.200　显示碰撞构件

修改完一个碰撞点之后，单击“碰撞检查”下拉列表中的“显示上一个报告”，如图 4.201 所示，可以查看上一个碰撞报告。

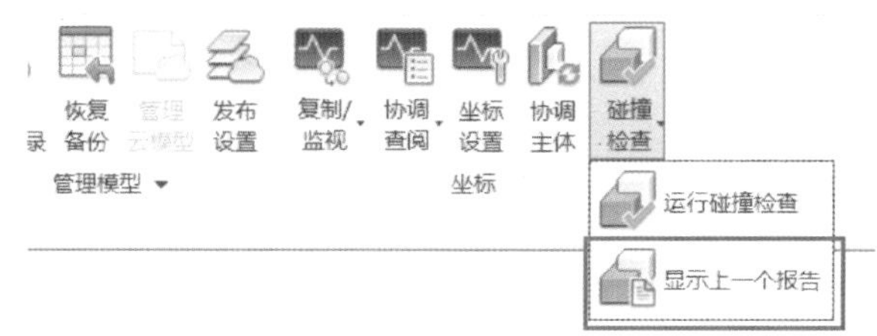

图 4.201

如果已经将一个碰撞点修改完成，在冲突报告中该碰撞点就会自动消失，如果修改的碰撞点过多或由于其他原因碰撞点没有自动消失，可以通过“刷新”命令对模型的冲突报告进行更新，如图 4.202 所示。

除了可以通过“显示”命令显示碰撞点的构件之外，还可以通过构件图元 ID 号对其进行查询。如图 4.203 所示，冲突报告中会显示碰撞点构件图元的 ID 号。

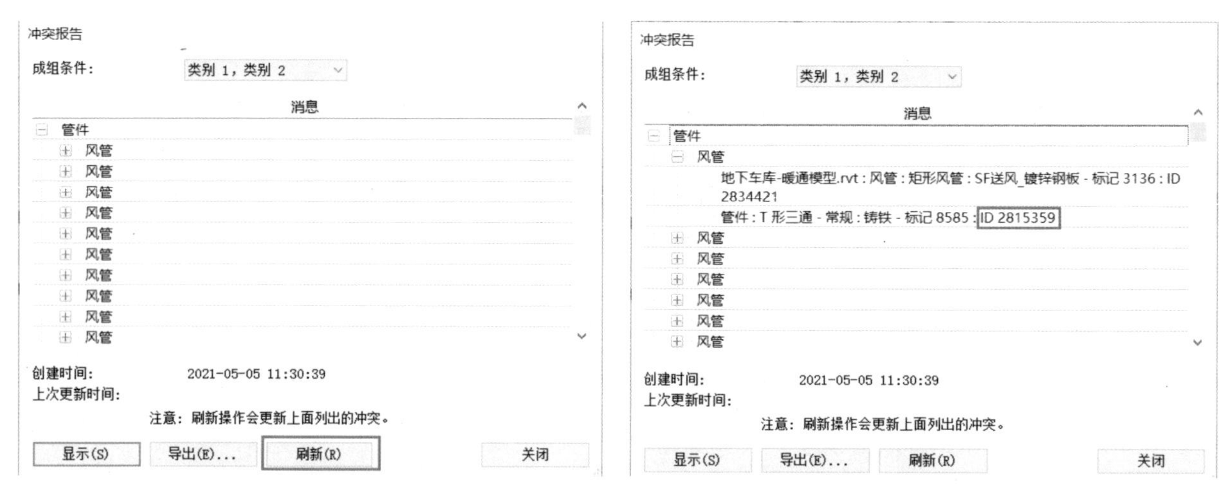

图 4.202　刷新冲突报告　　图 4.203　显示构件的 ID

单击“管理”选项卡下“查询”面板上的“按 ID 查询”命令，在弹出的“按 ID 号选择图元”对话框中输入第一个碰撞点中管件的 ID 号，单击“显示”，如图 4.204 所示，三维模型中该构件图元会高亮显示，如图 4.205 所示。

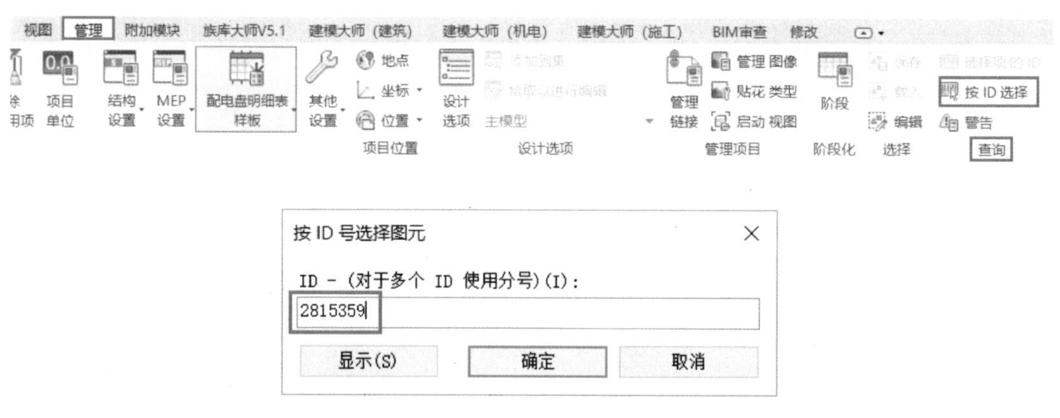

图 4.204　查询图元 ID

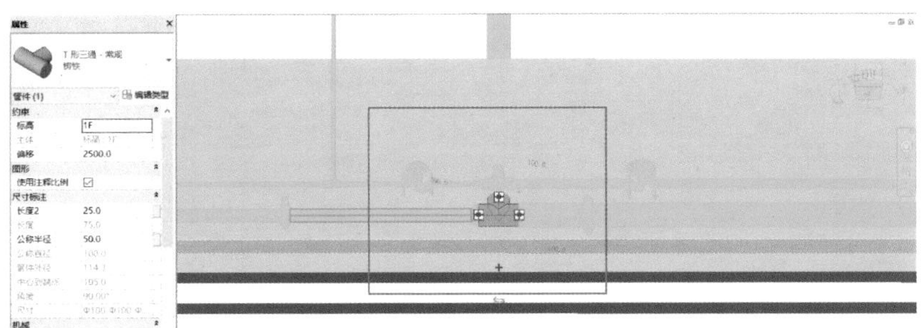

图 4.205　三维高亮显示查询构件

23.3 导出碰撞报告

单击“冲突报告”对话框下方的“导出”命令，将该冲突报告保存为名为“给排水模型与暖通模型”的“.html”格式文件，如图 4.206 所示。导出报告后将其打开，如图 4.207 所示。该冲突报告中的内容与 Revit 界面的冲突报告内容一致。

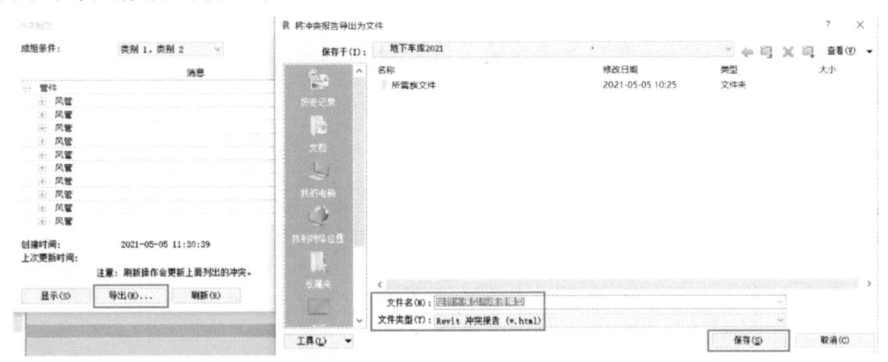

图 4.206　导出 Revit 冲突报告

冲突报告

冲突报告项目文件: C:\Users\Admin\Desktop\排水模型与暖通模型整合.rvt
创建时间: 2021-05-05 12:38:46
上次更新时间: 2021-05-05 12:38:52

	A	B
1	管道：管道类型：Y雨水_铸铁管 - 标记 12616：ID 2839326	地下车库-暖通模型.rvt：风管：矩形风管：HF回风_镀锌钢板 - 标记 3006：ID 2813159
2	管道：管道类型：Y雨水_铸铁管 - 标记 12616：ID 2839326	地下车库-暖通模型.rvt：风管管件：变径管-矩形-角度：镀锌钢板-30 度 - 标记 3520：ID 2813286
3	管道：管道类型：J给水_铸铁管 - 标记 12341：ID 2813682	地下车库-暖通模型.rvt：风管管件：矩形T形三通_中对齐_法兰：镀锌钢板 - 标记 3868：ID 2831270
4	管道：管道类型：J给水_铸铁管 - 标记 12364：ID 2814886	地下车库-暖通模型.rvt：风管：矩形风管：SF送风_镀锌钢板 - 标记 3136：ID 2834421
5	管道：管道类型：J给水_铸铁管 - 标记 12367：ID 2815186	地下车库-暖通模型.rvt：风管管件：矩形T形三通_中对齐_法兰：镀锌钢板 - 标记 3868：ID 2831270
6	管道：管道类型：J给水_铸铁管 - 标记 12367：ID 2815186	地下车库-暖通模型.rvt：风管管件：矩形 T 形三通 - 斜接 - 法兰：镀锌钢板 - 标记 3900：ID 2834420
7	管件：弯头 - 常规：铸铁 - 标记 8571：ID 2815224	地下车库-暖通模型.rvt：风管管件：矩形 T 形三通 - 斜接 - 法兰：镀锌钢板 - 标记 3900：ID 2834420
8	管道：管道类型：J给水_铸铁管 - 标记 12370：ID 2815342	地下车库-暖通模型.rvt：风管：矩形风管：SF送风_镀锌钢板 - 标记 3136：ID 2834421
9	管件：T 形三通 - 常规：铸铁 - 标记 8585：ID 2815359	地下车库-暖通模型.rvt：风管：矩形风管：SF送风_镀锌钢板 - 标记 3136：ID 2834421
10	管道：管道类型：J给水_铸铁管 - 标记 12372：ID 2815456	地下车库-暖通模型.rvt：风管管件：矩形 T 形三通 - 斜接 - 法兰：镀锌钢板 - 标记 3897：ID 2834404
11	管道：管道类型：J给水_铸铁管 - 标记 12374：ID 2815599	地下车库-暖通模型.rvt：风管管件：矩形 T 形三通 - 斜接 - 法兰：镀锌钢板 - 标记 3897：ID 2834404
12	管件：T 形三通 - 常规：铸铁 - 标记 8614：ID 2816478	地下车库-暖通模型.rvt：风管管件：矩形 T 形三通 - 斜接 - 法兰：镀锌钢板 - 标记 3897：ID 2834404
13	管件：过渡件 - 常规：铸铁 - 标记 8615：ID 2816481	地下车库-暖通模型.rvt：风管管件：矩形 T 形三通 - 斜接 - 法兰：镀锌钢板 - 标记 3897：ID 2834404
14	管道：管道类型：J给水_铸铁管 - 标记 12386：ID 2816492	地下车库-暖通模型.rvt：风管管件：矩形 T 形三通 - 斜接 - 法兰：镀锌钢板 - 标记 3894：ID 2834388
15	管道：管道类型：J给水_铸铁管 - 标记 12386：ID 2816492	地下车库-暖通模型.rvt：风管管件：矩形 T 形三通 - 斜接 - 法兰：镀锌钢板 - 标记 3897：ID 2834404
16	管道：管道类型：J给水_铸铁管 - 标记 12388：ID 2817096	地下车库-暖通模型.rvt：风管：矩形风管：SF送风_镀锌钢板 - 标记 3132：ID 2834389
17	管件：过渡件 - 常规：铸铁 - 标记 8726：ID 2817185	地下车库-暖通模型.rvt：风管：矩形风管：SF送风_镀锌钢板 - 标记 3132：ID 2834389
18	管道：管道类型：J给水_铸铁管 - 标记 12391：ID 2817196	地下车库-暖通模型.rvt：风管管件：矩形 T 形三通 - 斜接 - 法兰：镀锌钢板 - 标记 3891：ID 2834375
19	管道：管道类型：J给水_铸铁管 - 标记 12393：ID 2817332	地下车库-暖通模型.rvt：风管：矩形风管：SF送风_镀锌钢板 - 标记 3075：ID 2830250
20	管件：过渡件 - 常规：铸铁 - 标记 8797：ID 2818354	地下车库-暖通模型.rvt：风管：矩形风管：SF送风_镀锌钢板 - 标记 3075：ID 2830250
21	管道：管道类型：J给水_铸铁管 - 标记 12409：ID 2818545	地下车库-暖通模型.rvt：风管：矩形风管：SF送风_镀锌钢板 - 标记 3128：ID 2834364
22	管件：过渡件 - 常规：铸铁 - 标记 8826：ID 2818838	地下车库-暖通模型.rvt：风管：矩形风管：SF送风_镀锌钢板 - 标记 3128：ID 2834364
23	管道：管道类型：J给水_铸铁管 - 标记 12419：ID 2819204	地下车库-暖通模型.rvt：风管管件：矩形 T 形三通 - 斜接 - 法兰：镀锌钢板 - 标记 3885：ID 2834351
24	管道：管道类型：J给水_铸铁管 - 标记 12421：ID 2819329	地下车库-暖通模型.rvt：风管：矩形风管：SF送风_镀锌钢板 - 标记 3126：ID 2834352
25	管件：过渡件 - 常规：铸铁 - 标记 8549：ID 2819432	地下车库-暖通模型.rvt：风管：矩形风管：SF送风_镀锌钢板 - 标记 3126：ID 2834352
26	管道：管道类型：J给水_铸铁管 - 标记 12426：ID 2819905	地下车库-暖通模型.rvt：风管管件：矩形弯头 - 弧形 - 法兰：镀锌钢板-1.0 W - 标记 3877：ID 2834307

图 4.207　碰撞报告冲突明细

参考文献

[1] 中华人民共和国住房和城乡建设部 . 建筑信息模型应用统一标准：GB/T51212-2016[S]. 北京：中国建筑工业出版社，2017.

[2] 中华人民共和国住房和城乡建设部 . 建筑工程设计信息模型制图标准：JGJ/T448-2018[S]. 北京：中国建筑工业出版社，2019.

[3] 中华人民共和国住房和城乡建设部 . 建筑信息模型设计交付标准：GB/T51301-2018[S]. 北京：中国建筑工业出版社，2019.

[4] 刘学贤 . Revit 2016 建筑信息模型基础教程 [M]. 北京：机械工业出版社，2016.

[5] 郭进保 . 中文版 Revit 2016 建筑模型设计 [M]. 北京：清华大学出版社，2016.

[6] 黄亚斌，王全杰，赵雪锋 . Revit 建筑应用实训教程 [M]. 北京：化学工业出版社，2016.

[7] 肖春红，朱明 . 2016 Autodesk Revit 中文版实操实练 [M]. 北京：电子工业出版社，2016.

[8] 平经纬 . Revit 族设计手册 [M]. 北京：机械工业出版社，2016.

[9] 中国建筑科学研究院，建研科技股份有限公司 . 跟高手学 BIM——Revit 建模与工程应用 [M]. 北京：中国建筑工业出版社，2016.

[10]Autodesk Inc，柏慕进业 . Autodesk Revit MEP 2017 管线综合设计应用 [M]. 北京：电子工业出版社，2017.